典藏名師們的好設計

拼布美學。

拼布美學
PATCHWORK

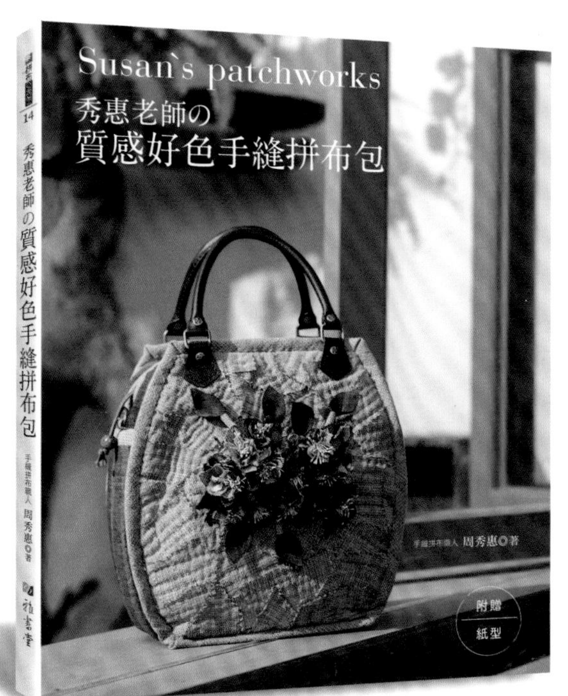
Susan`s patchworks
秀惠老師の
質感好色手縫拼布包
秀惠老師の質感好色手縫拼布包
周秀惠◎著
附贈
紙型

定價：580元

為手作布包＆手作服增添可愛小細節！

在布物上添加浮雕感的裝飾圖案，
或繡1顆全立體的甜甜圈、時尚包包、杯子蛋糕……掛在常用的袋物上，
不僅可愛吸睛，隨手按壓的反饋觸感也很紓壓唷！

OZEN EGGS

蓬軟可愛の立體刺繡

アトリエ Fil ◎著
平裝／ 80 頁／ 21×26cm
彩色／定價 350 元

Winter Edition
2020-2021 vol.51

CONTENTS

封面攝影　白井由香里
藝術指導　みうらしゅう子

KITCHEN

喜愛的布料・與手作相伴的生活

05 CONTENTS

06 **作品INDEX**

08 具實用功能！令人想要重複製作！
布小物創意集

18 YUZAWAYA訂製品
使用LIBERTY FABRICS訂製系列布料
製作便利環保購物袋

21 連載 Kurai Miyoha
Simple is Best ！簡約就是最好！

22 技法講座
必問・必學！手作的基礎講座Q&A

26 使用鬆軟挺立的袋物專用鋪棉！
可愛飽滿的布包&波奇包

28 鎌倉SWANY
精選進口布品 手作美麗冬季布包

32 連載 BAG with my favorite STORY
赤峰清香的布包物語

34 TATAMI-BERI疊緣
簡單！時尚的手作

36 連載 透過手鞠球感受季節更迭之美
手鞠的時間

41 連載 裁縫作家・加藤容子
方便好用的圍裙&小物

42 以手作迎接
聖誕節

44 連載 Jeu de Fils × 十字繡
小老鼠的針線活

46 連載 福田とし子
透過手作享受繪本世界的樂趣
～木偶奇遇記～

48 連載 細尾典子
創意季節手作
～新卷鮭的新年掛飾～

50 連載 插畫作家くまだまり
襪子動物園

52 特選亮晶晶線材
烏干紗刺繡的造型小物飾品
～口罩繩掛飾&耳環～

55 繁體中文版獨家手作企畫
布能布玩～
花頌織秋隨身包

59 繁體中文版獨家手作企畫
打開黃小珊的創作抽屜～
精靈的蘑菇屋收納魔法包

64 繁體中文版獨家手作企畫
月亮的手作小星球～
花燦冬陽小童衫

68 **COTTON FRIEND 冬季號**
製作方法

作品 INDEX

BAG

No.09
P.11・環保超商購物袋
作法｜P.75

No.08
P.10・方形環保包
作法｜P.74

No.07
P.10・扁平環保包
作法｜P.68

No.06
P.10・蛇腹褶環保包
作法｜P.73

No.22
P.16・四股辮提把小包
作法｜P.84

No.14
P.13・木環提把包
作法｜P.79

No.13
P.12・手提鞦韆包
作法｜P.78

No.12
P.12・木提把方包
作法｜P.77

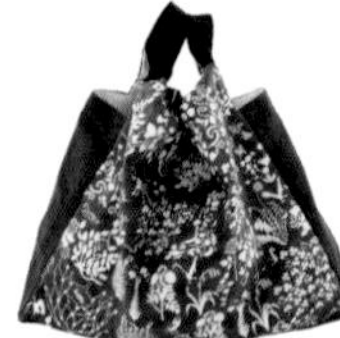
No.11
P.12・織帶提把包
作法｜P.76

No.10
P.12・圓底束口包
作法｜P.69

No.33
P.21・轉鎖手提包
作法｜P.88

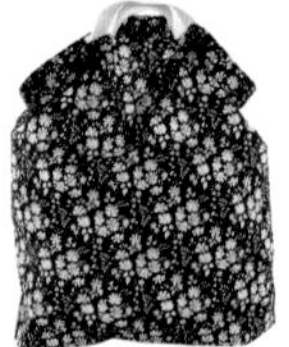
No.32
P.20・方形環保包
作法｜P.74

No.31
P.20・束口背包
作法｜P.90

No.30
P.19・購物籃型採購袋
作法｜P.87

No.29
P.19・洗衣袋
作法｜P.86

No.28
P.19・滾邊包
作法｜P.85

No.39
P.29・寬版側身方形托特包
作法｜P.99

No.38
P.29・抓褶橢圓底手提袋
作法｜P.98

No.37
P.29・方底迷你托特包
作法｜P.97

No.36
P.28・鋁框口金圓包
作法｜P.96

No.34
P.26・橢圓底托特包
作法｜P.91

POUCH

No.15
P.13・剪接波奇包
作法｜P.80

No.03
P.08・口罩收納套
作法｜P.70

No.02
P.08・除菌濕巾盒套
作法｜P.72

No.43
P.33・尼龍托特包（束口型）
作法｜P.94

No.42
P.33・尼龍托特包（拉鍊型）
作法｜P.94

No.40
P.30・附提把梯形迷你包
作法｜P.100

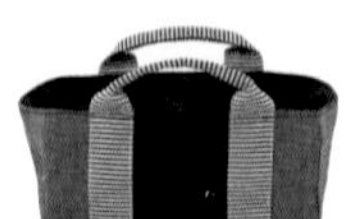
No.44
P.34・[illegible]工具袋
作法｜P.101

No.41
P.30・口罩收納夾
作法｜P.81

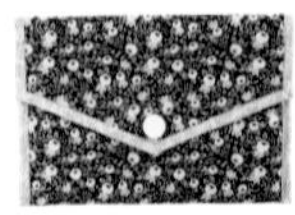
No.35
P.26・平板收納包
作法｜P.92

No.17
P.14・方形拉鍊波奇包
作法｜P.82

No.16
P.14・提袋型彈片口金包
作法｜P.81

No.04
P.09・環保面紙套
作法｜P.71

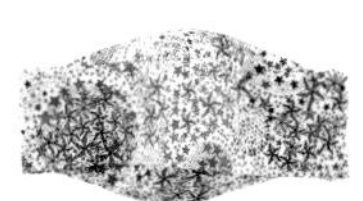

No.01
P.08・船型口罩
作法｜P.72

ZAKKA

No.57
P.47・鯨魚造型口金波奇包
作法｜P.105

COUTURE

No.55
P.44・小老鼠縫紉工具包
作法｜P.110

No.54
P.43・小老鼠波奇包～聖誕節
作法｜P.111

No.20
P.15・花形杯墊
作法｜P.83

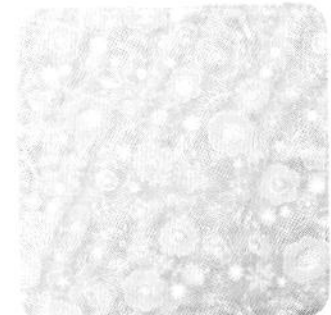
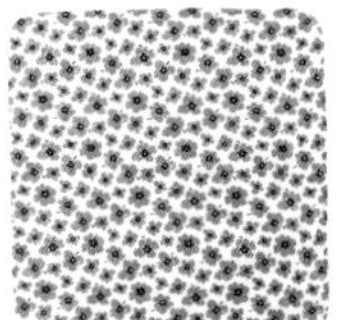

No.19
P.14・紗布手帕
作法｜P.83

No.18
P.14・布盒S・M
作法｜P.70

No.05
P.09・口罩掛繩鍊
作法｜P.09

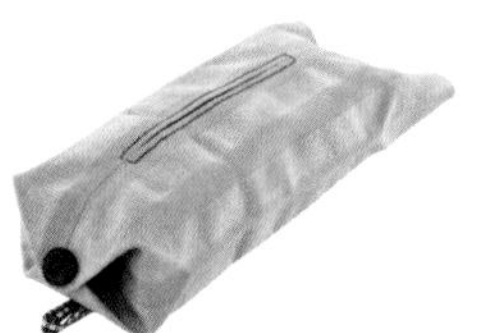

No.26
P.17・抽取式面紙套
作法｜P.93

No.25
P.16・廚房抹布吊耳
作法｜P.83

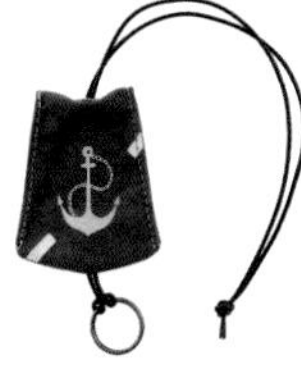

No.24
P.16・鑰匙包
作法｜P.71

No.23
P.16・卡片套
作法｜P.84

No.21
P.15・花形針插
作法｜P.80

No.47
P.37・南天竹手鞠
作法｜P.38

No.46
P.36・柚子手鞠
作法｜P.38

No.45
P.34・疊緣工具盒
作法｜P.103

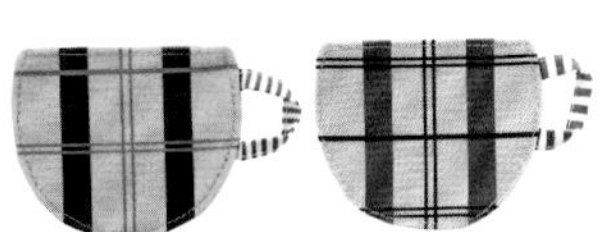

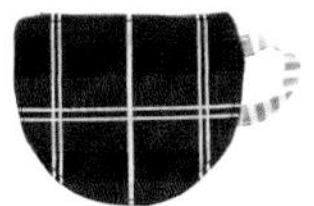

No.27
P.17・茶杯造型杯墊
作法｜P.17

No.58
P.47・小木偶皮諾丘
作法｜P.102

No.56
P.47・馬戲團旋轉吊飾
作法｜P.104

No.53
P.43・十字繡小掛飾
作法｜P.110

No.52
P.42・房屋擺飾
作法｜P.108

No.51
P.42・聖誕樹
作法｜P.108

No.50
P.42・賣火柴的小女孩
作法｜P.108

No.49
P.41・烘焙工作帽
作法｜P.107

No.48
P.41・烘焙工作服
作法｜P.106

APRON&CAP

No.60
P.50・貓咪襪子娃娃
作法｜P.50

No.59
P.49・新卷鮭的新年掛飾
作法｜P.112

COTTON FRIEND編輯部

編輯部同仁們在工作空檔，曾有這樣的對話：「要是有這樣的布小物，應該不錯吧！」「可以讓作法再簡單一些嗎？」。如今，這些想法衍生的作品，終於正式發表＆分享給你了！

cotton_friend_sewing

COTTON FRIEND / 1

具實用功能！

令人想要重複製作！

布小物創意集

Recipe of fabric accessories

本單元將介紹各種

作法簡單、使用方便的個人必備布小物。

不妨使用自己心愛的布料製作喔！

攝影＝回里純子　造型＝西森 萌　髮妝＝タニジュンコ　模特兒＝TARA

No. 01　ITEM｜船型口罩
作 法｜P.72

口罩如今已成為生活必需品之一。反正都得戴上不可，乾脆來製作一款能讓臉形看起來更美的款式吧！歷經數次嘗試後，終於誕生出令人滿意的口罩，並且絕對保證作法簡單易學。

表布＝LIBERTY FABRICS（Adelajda／3631256LDE・Sleeping Rose／3630275-AE）／株式會社LIBERTY JAPAN

Purell

No. 03　ITEM｜口罩收納套
作 法｜P.70

養成在包包裡放一個備用口罩的習慣吧！非常推薦以透明質料來製作口罩收納套，不僅作法簡單，也容易保持口罩的形狀。

背膠斜布條非常方便使用！

シール
バイアス

背膠斜布條約12㎜／TOPMAN工業株式會社

CASWELL-MASSEY
Almond & Aloe
HAND CREAM
WITH SILK

No. 02　ITEM｜除菌濕巾盒套
作 法｜P.72

除菌濕巾不會再因乾燥固化而無法使用了！只要放入咔一聲，輕鬆關上盒蓋的專用收納套裡，絕對萬無一失。

盒蓋可於生活賣場等商店購入。

不使用以黏著膠帶固定的款式，選擇以市售配件固定的款式。

No.
05 ITEM | 口罩掛繩鍊
作 法 | P.09

每當喝個飲料，或在四下無人之處脫下口罩時，你也會為了收納到哪裡而感到困擾嗎？如果有個可以像眼鏡掛繩一樣，能事先掛住口罩的掛繩鍊，一定會相當方便。選用稍微堅固耐用的細圓繩，也是重要的製作小細節喔！

細圓繩＝MARCHEN 戶外安全繩（1634・迷彩）／有限会社 MARCHEN ART STORE

No.
04 ITEM | 環保面紙套
作 法 | P.71

最近使用無外包裝環保面紙的人好像有變多的趨勢。因此製作了可擺放在屋內一角，或掛在牆壁上，方便移動拿取的收納套。

口罩掛繩鍊的作法

材料：細圓繩 粗0.3cm … 75cm
單圈3×4 ………… 2個
繩扣……………… 2個
問號鉤……………… 2個

完成尺寸：80cm
紙型：無

1

問號鉤
單圈
繩扣

繩扣（溝槽可放入細圓繩） 單圈
問號鉤

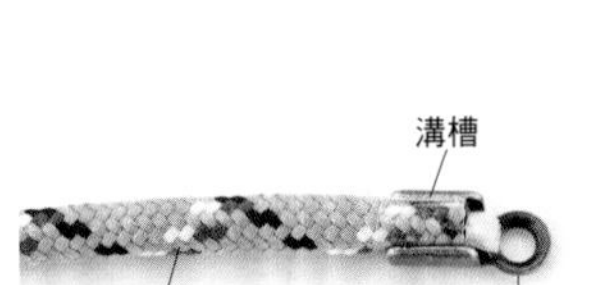

溝槽
細圓繩（75cm）
繩扣

將細圓繩（75cm）放入繩扣的溝槽內。

2

繩扣
鉗具
細圓繩

將繩扣的溝槽以鉗具壓扁，固定細圓繩。另一繩端亦以相同方式安裝繩扣。

3

問號鉤
單圈
繩扣

以單圈連接繩扣＆問號鉤。

單圈的連接方法

1

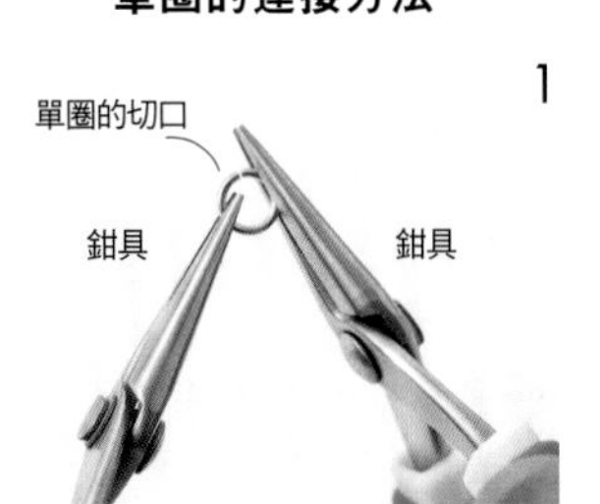

單圈的切口
鉗具
鉗具

將單圈的切口朝上，以兩把鉗具分別從左右兩側夾住。

2

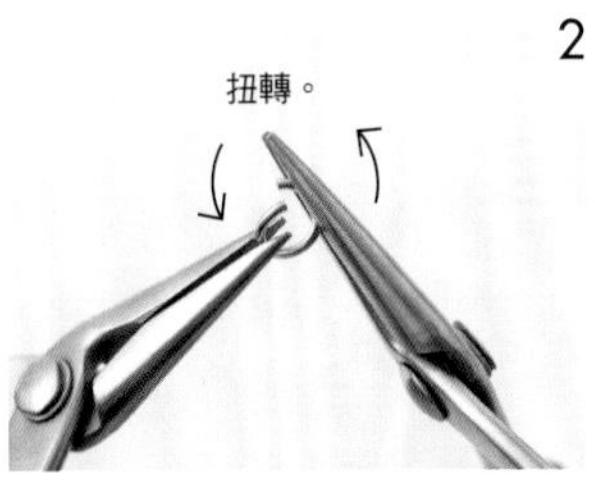

扭轉。

扭動手腕，將單圈往前後兩側拉開。

3

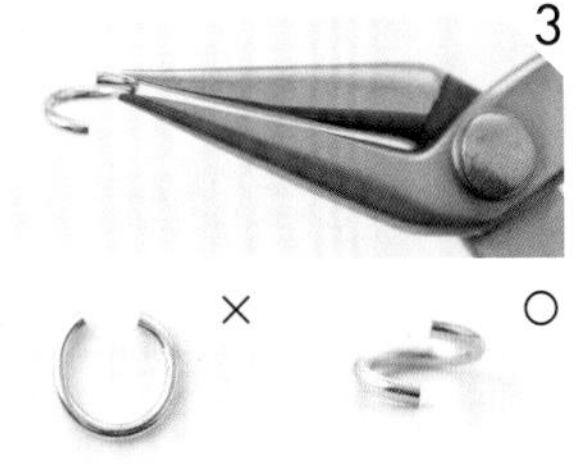

×
○

拉開單圈的模樣。請務必往前後拉開，若往左右拉開，金屬容易因磨損而斷裂。

4

扭轉。

穿入想要連接的配件後，以步驟2反向扭動手腕，緊密地閉合單圈。

No.
06 ITEM | 蛇腹褶環保包
作 法 | P.73

1

一打開袋子，原本摺疊成蛇腹狀的褶襉瞬間敞開，成為一只大容量的環保購物袋。由於是以一片尼龍布縫製完成，輕量小巧亦為其魅力所在。

摺疊方法

1

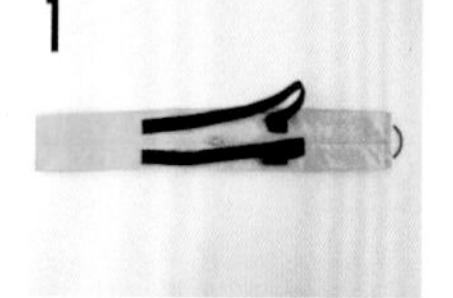

將本體沿著褶襉，摺疊成細長狀。

2

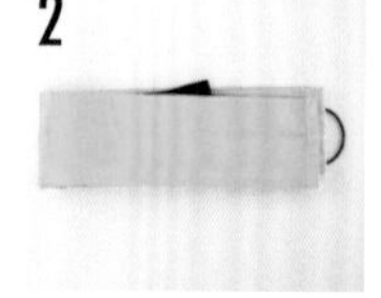

提把收入內側後，對摺。

3

從邊端開始一圈一圈地捲收。

4

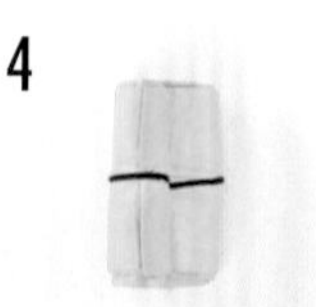

最後以鬆緊帶固定，即可收摺成小巧的尺寸！

No.
07 ITEM | 扁平環保包
作 法 | P.68

你以為只是個簡單的扁平環保包嗎？其實只要將袋子收納於右下角的束口袋內，拉緊束口繩，隨即搖身一變成為有趣的草莓造型。

摺疊方法

1

攤開環保包。

2

像是將本體完全塞入右下角束口袋般，進行收納。

3

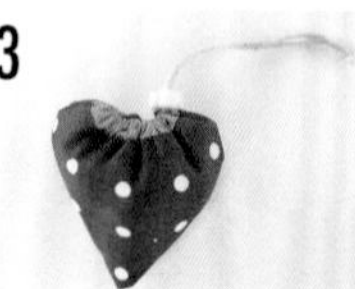

收摺完成！

No.
08 ITEM | 方形環保包
作 法 | P.74

理所當然地將購買的書籍裝入書店提供的袋子裡的情景，已成往事……但不妨試著製作一只逛書店時專用的簡約布包吧！Cotton friend手作誌亦可收納其中。

表布＝抗菌 & 防水尼龍布（114-05-152-007）／YUZAWAYA

No. 09 ITEM | 環保超商購物袋
作 法 | P.75

到便利商店或附近的熟食店、便當店等處購買盒裝熟食的時候，若身邊備有寬側身的環保購物袋，會更加方便。建議使用尼龍牛津布等，稍具彈性的素材製作。

摺疊方法

1

攤開環保購物袋。

2

將內口袋往外翻出，提把朝下摺疊。

3

本體沿著內口袋的寬度，摺疊兩側袋身。

4

將本體由下往上摺疊至口袋口處。

5

將本體裝入口袋裡。

6
收摺完成！

尼龍布的處理技法

抗菌＆防水雙重加工尼龍布／YUZAWAYA

輕薄但具有適度彈性的尼龍布，諸如尼龍牛津布、塔夫綢等質料，很適合用來製作環保購物袋。最近也有很多經過防水與抗菌加工處理的尼龍布，更方便用來製作環保袋＆雨具。

尼龍布的特徵

輕薄／耐用／防水・耐洗・經洗滌不易變形／不易皺褶／容易變鬆綻線／不耐高溫／手感較滑

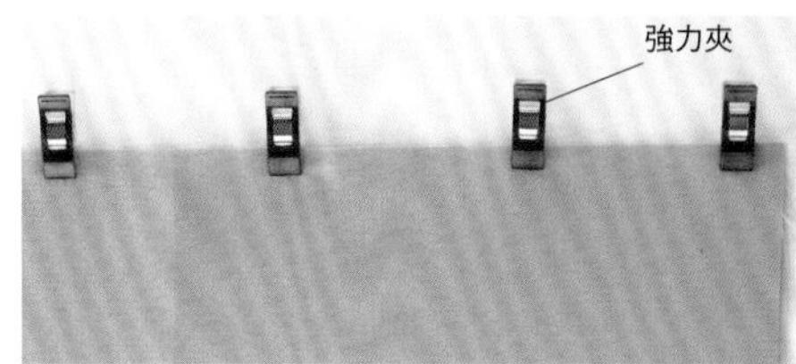
強力夾

手感較滑

尼龍布因手感較滑，容易滑脫、縫歪，所以在縫合之前建議事先以強力夾緊密地固定。雖然以珠針進行固定亦可，但依據布料質地不同，有可能會造成產生針孔的情況，因此請先確認之後再行使用。

容易變鬆綻線

因為布料強韌耐用，所以可製作出不加裡布依然牢固的手提袋，然而因面料容易變鬆綻線，因此必須進行袋縫或以斜布條進行縫份收邊處理。但亦有尼龍布是以不易綻線的織法製作而成，故請於縫製之前先行確認。

不耐高溫

尼龍布不耐高溫，若依布料種類以熨斗進行整燙，可能會發生捲縮或熔解的情形，建議另以多餘的布料進行確認較為妥當。

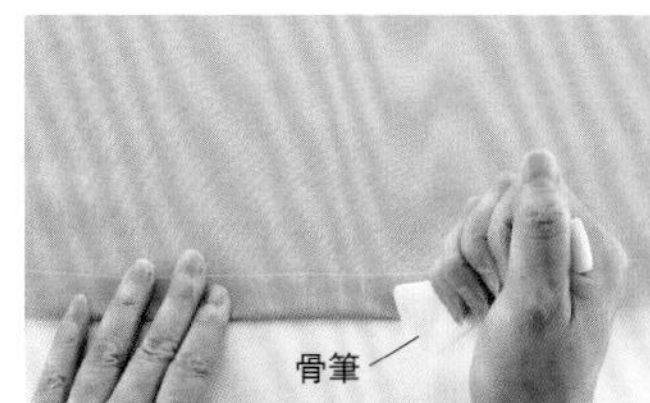
骨筆
依骨筆畫線處摺疊，再順著摺邊施力畫過，加強摺痕。

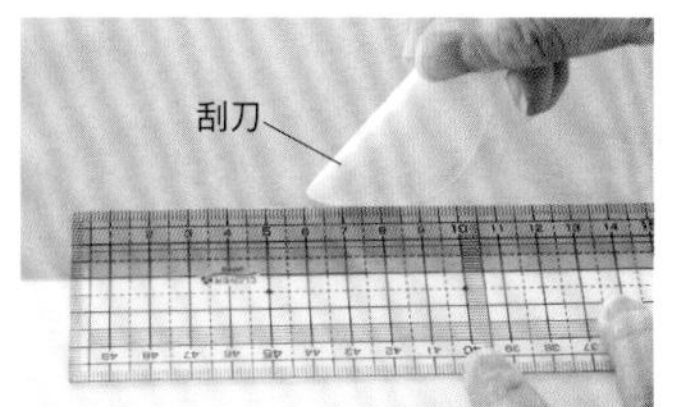
刮刀
無法使用熨斗時，以骨筆沿摺疊處作記號（壓畫摺線）。

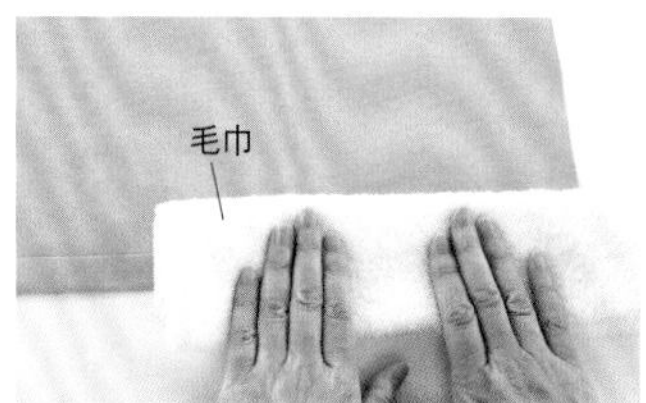
毛巾
因為尼龍布很難以熨斗燙出摺痕，所以請於熨斗整燙之後，再以捲成團狀的毛巾貼放其上方，以便一邊吸熱一邊作出摺痕。

墊布
使用熨斗的時候，可先墊一片布，再以低溫進行整燙。

不會縫歪的縫法

使用PP打包帶

PP打包帶
夾在壓布腳的左側，進行車縫。請注意避免車縫到PP打包帶。

將綁束瓦楞紙箱的PP打包帶裁剪至約20㎝，縱向切開一半。

使用壓布腳

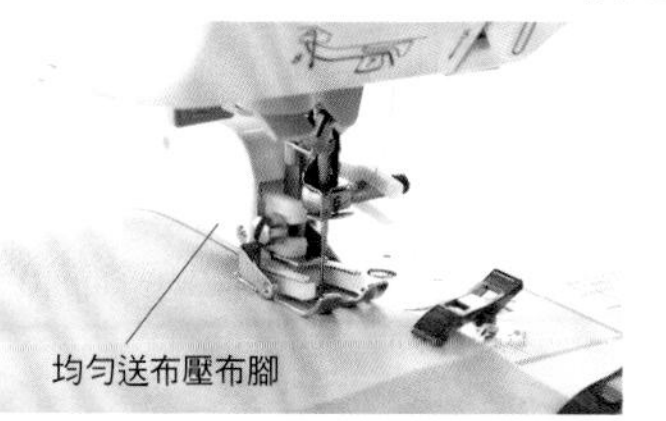
均勻送布壓布腳

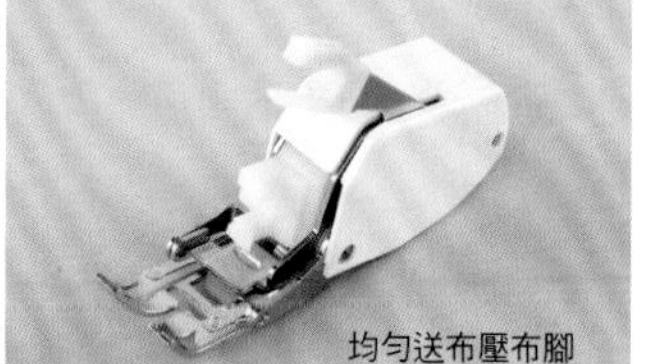
均勻送布壓布腳
附有送布齒的壓布腳。利用上下送布齒可避免縫歪或縫皺，得以美麗地完成縫製。

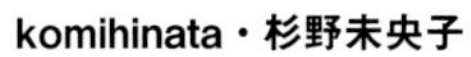

komihinata・杉野未央子

布小物作家。最新著作有《komihinataさんの布あそびBOOK（暫譯：komihinata的玩布BOOK）》Boutique社出版。

@komihinata

2

No.
11 ITEM｜織帶提把包
作 法｜P.76

束緊袋口處的織帶，即成為提把，是一款充滿趣性設計的手提袋。將側身及提把的布片，與本體底色予以統一，營造出雅緻的印象。

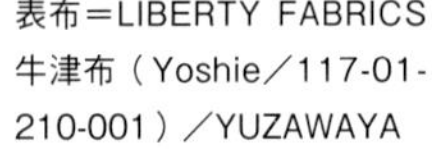

表布＝LIBERTY FABRICS牛津布（Yoshie／117-01-210-001）／YUZAWAYA

就算不收緊束口繩，直接讓袋口打開呈現水桶包的形狀，也相當出色。

No.
10 ITEM｜圓底束口包
作 法｜P.69

杉野老師近日喜愛的圓底設計。讓圓滾滾的渾圓袋形，成為簡約裝扮的視覺焦點吧！

表布＝LIBERTY FABRICS牛津布（Sleeping Rose／117-01-209-002）／YUZAWAYA

No.
13 ITEM｜手提鞦韆包
作 法｜P.78

規整的四方形樣式相同引人矚目。除了手提之外，亦可掛在手腕上，長度恰好適中的提把是設計重點。

表布＝LIBERTY FABRICS牛津布（Sleeping Rose／117-01-209-003）／YUZAWAYA

No.
12 ITEM｜木提把方包
作 法｜P.77

尺寸大小恰好能夠將Cotton friend手作誌完全橫向收納其中的橫長型手提袋。與木製提把的組合搭配極為出色。

表布＝LIBERTY FABRICS牛津布（Edenham／117-01-211-001）／YUZAWAYA
提把＝U型木製提把S／15㎝（BM06-07）／清原株式會社

No.
15 ITEM | 剪接波奇包
作法 | P.80

於兩側脇邊袋底添加細褶後，製作成圓底角的拉鍊波奇包。格子的剪接配布，是特別挑選的特色焦點。

表布＝LIBERTY FABRICS牛津布（Edenham／117-01-211-003）／YUZAWAYA

No.
14 ITEM | 木環提把包
作法 | P.79

以時髦的環形木柄提把作為裝飾焦點的束口型手提袋。尺寸恰好適合裝入手機與錢包，適合在起居生活圈附近輕便外出時攜帶。

表布＝LIBERTY FABRICS牛津布（Yoshie／117-01-210-003）／YUZAWAYA
提把＝環形木柄提把 S／13㎝（BM06-01）／清原株式會社

拉鍊的接縫方法

基本接縫方法

1

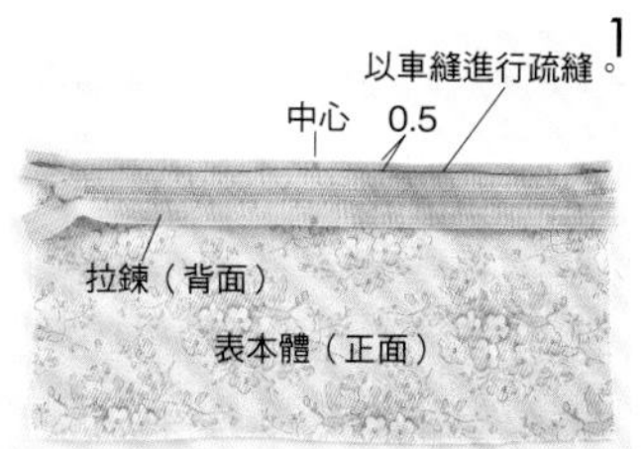

以車縫進行疏縫。
中心
0.5
拉鍊（背面）
表本體（正面）

於表本體＆拉鍊中心處作記號，對齊記號後，正面相對疊放，沿距邊0.5㎝處以車縫進行疏縫。

2

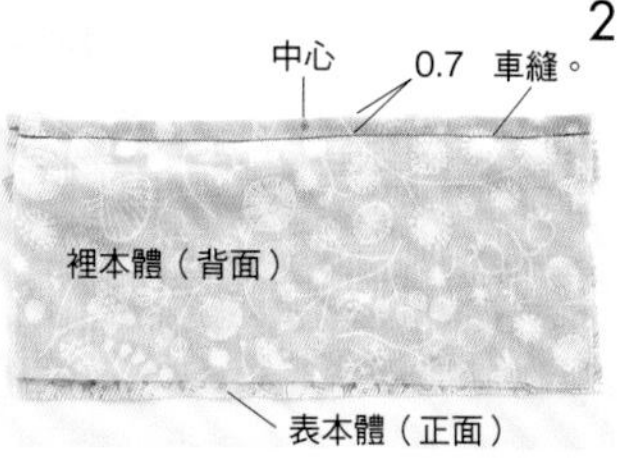

中心
0.7
車縫。
裡本體（背面）
表本體（正面）

於裡本體中心處作記號，對齊拉鍊中心點後，與表本體正面相對疊放，沿距邊0.7㎝處進行車縫。

3

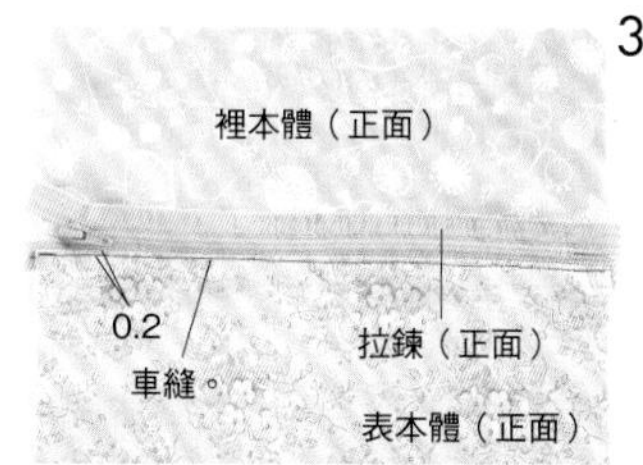

裡本體（正面）
0.2
車縫。
拉鍊（正面）
表本體（正面）

翻至正面，避開裡本體，沿距邊0.2㎝處進行車縫。

4

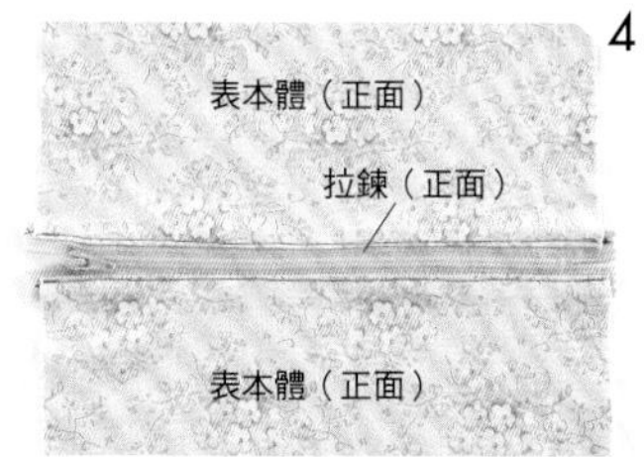

表本體（正面）
拉鍊（正面）
表本體（正面）

另一側亦以相同方式接縫。

摺疊拉鍊尾端的方法

摺疊拉鍊尾端，而非將兩端拉鍊的台布縫進去的方法。

1

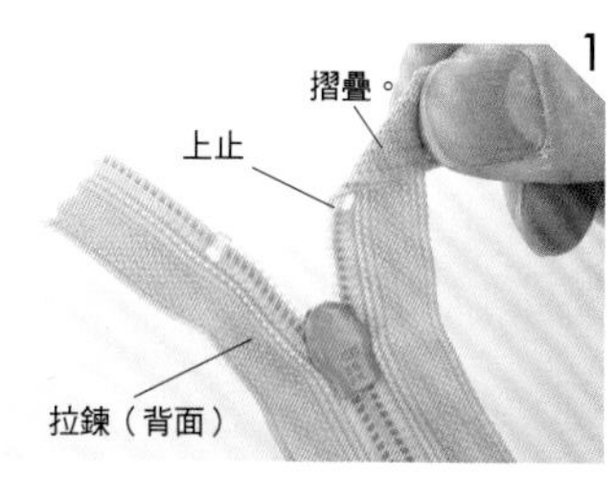

摺疊。
上止
拉鍊（背面）

將拉鍊上止處上方的台布，斜向摺往背面。

2

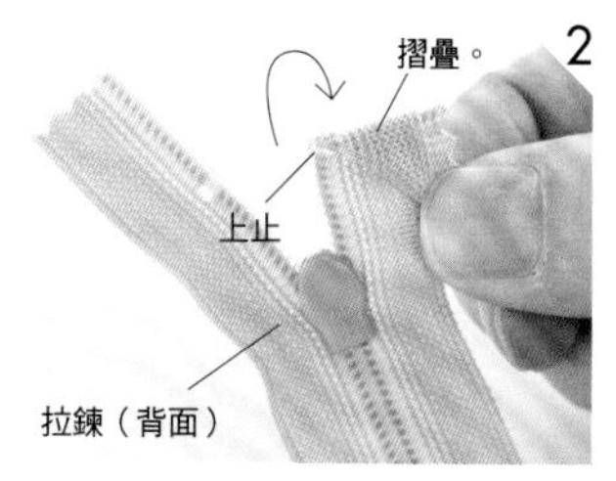

摺疊。
上止
拉鍊（背面）

由上止處再次摺疊。

3

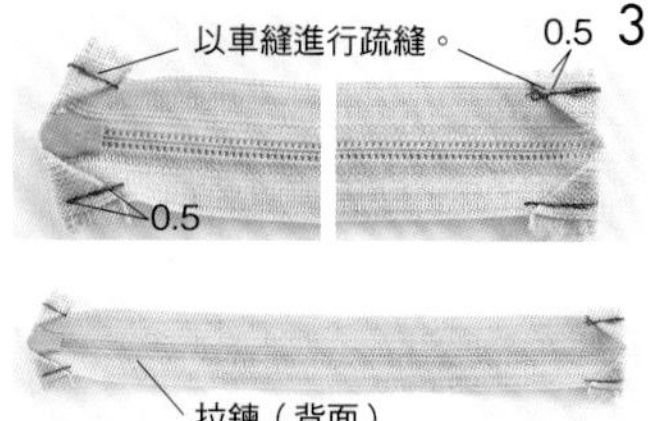

以車縫進行疏縫。
0.5
0.5
拉鍊（背面）

可將已摺入的部分以車縫進行疏縫，或以白膠黏合。將另一側與下止處的其餘3處依相同方式摺疊。

4

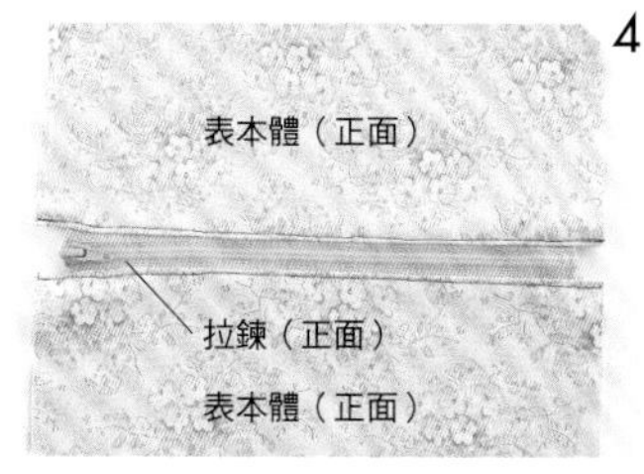

表本體（正面）
拉鍊（正面）
表本體（正面）

同樣依基本接縫方法車縫拉鍊。

裁剪拉鍊的方法

FLATKNIT®拉鍊可以使用剪刀進行裁剪，因此當拉鍊過長時，請裁剪之後再行使用。

1

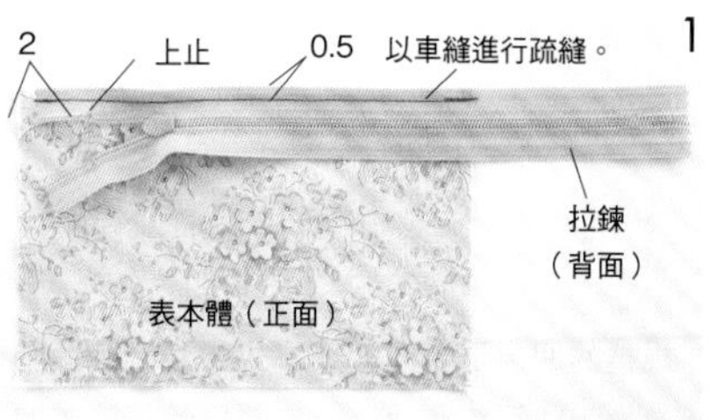

2
上止
0.5
以車縫進行疏縫。
拉鍊
（背面）
表本體（正面）

於表本體的左端算起2㎝處，將拉鍊的上止正面相對疊合，並沿距邊0.5㎝處以車縫進行疏縫。

2

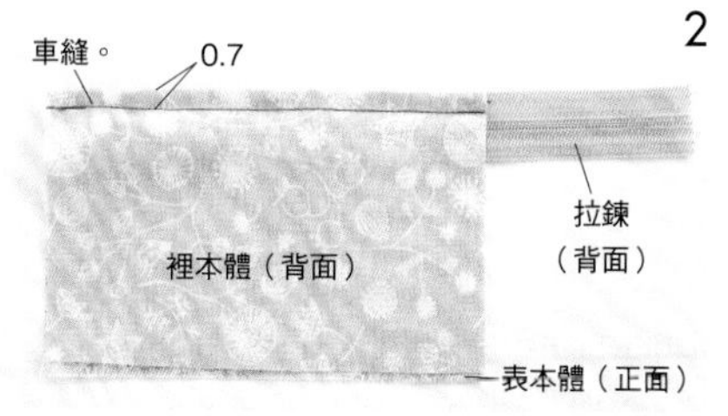

車縫。
0.7
拉鍊
（背面）
裡本體（背面）
表本體（正面）

將裡本體正面相對疊合，沿距邊0.7㎝處進行車縫。

3

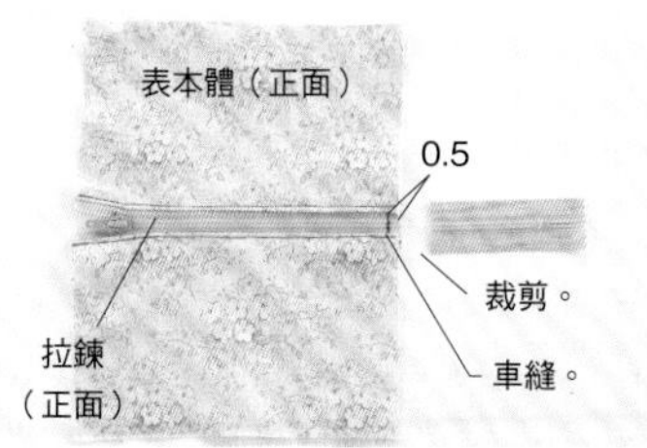

表本體（正面）
0.5
裁剪。
車縫。
拉鍊
（正面）

同樣依基本接縫方法的步驟3、4進行車縫。在右端算起0.5㎝處的鍊齒上，車縫2至3次後，剪去多餘的拉鍊。

くぼでらようこ

布小物作家。以創作可簡單縫製的美麗布小物深受好評。明年春季預定出版令人喜愛的布小物作品合集。

@dekobokoubou

3

No.
17 ITEM | 方形拉鍊波奇包
作法 | P.82

使用くぼでら老師親自設計的原創帆布製作的拉鍊波奇包。由於中央處接縫了拉鍊，因此不僅內容物可一目瞭然，容易拿取的優點也相當實用。

No.
16 ITEM | 提袋型彈片口金包
作法 | P.81

外型如托特包設計般，手掌大小的波奇包。袋口處使用了彈片口金，用來收納藥品或耳機等瑣碎的小物，相當方便。

No.
19 ITEM | 紗布手帕
作法 | P.83

從親近的手帕交好友，到家中有小孩的朋友等，當作禮物贈送，都令人愛不釋手的紗布手帕。在中央施以十字繡後，就算經過洗滌，紗布也不易變形，能夠長久保持如新。

No.
18 ITEM | 布盒S・M
作法 | P.70

可收納零散物品，讓人想要擺在客廳或裁縫桌上的布盒。可利用反摺的寬幅自由調整高度，十分方便好用。

No.
21 ITEM | 花形針插
作 法 | P.80

這個可愛的花朵造型針插，至今為止已經製作了好幾十個！背面側附加了鬆緊帶的束帶後，製作成手腕款針插墊。或不附加束帶，作成桌上型針插也OK。

No.
20 ITEM | 花形杯墊
作 法 | P.83

在容易變得千篇一律的午茶時間裡，如果能有個可愛的花朵造型杯墊，視覺上也是種享受！只要在花瓣邊緣的縫份處確實地剪出牙口，即可作出美麗的花形。

飾穗的作法

材料：繡線（5號）、厚紙板15cm×20cm

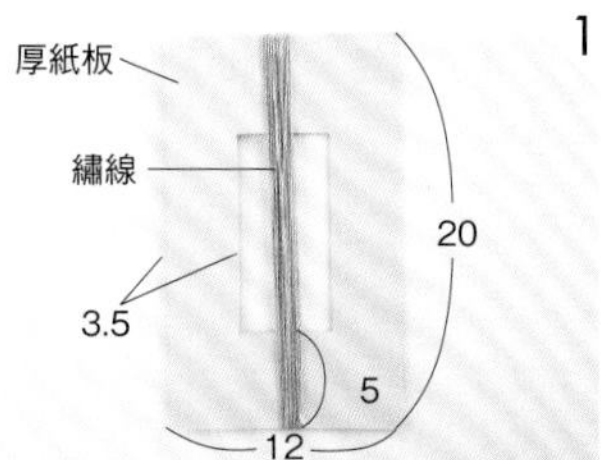

1
厚紙板
繡線
20
3.5
5
12

將厚紙板如圖所示進行裁剪，纏繞繡線20至30圈。

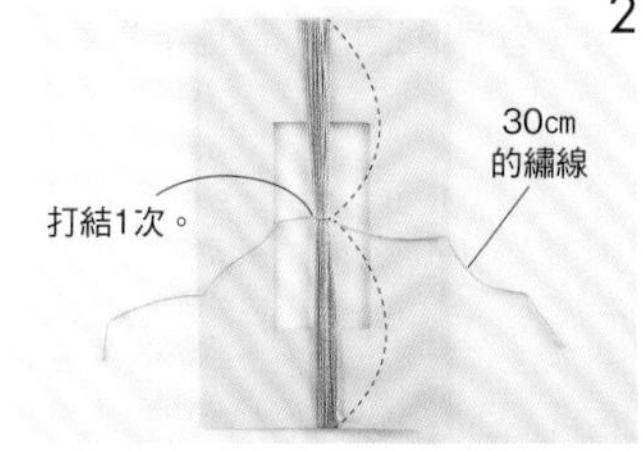

2
30cm
的繡線
打結1次。

取30cm的繡線，在中心處打結1次。

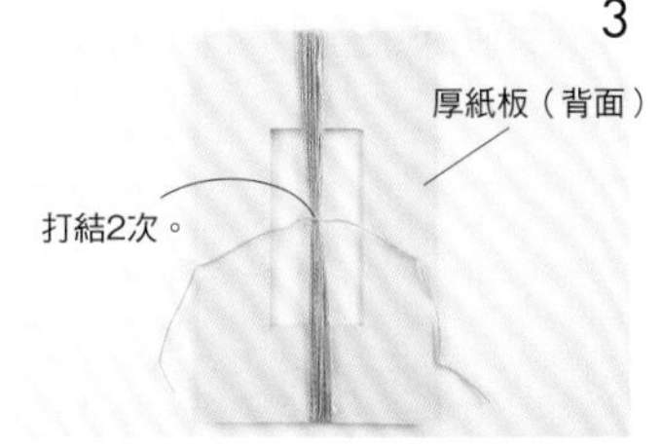

3
厚紙板（背面）
打結2次。

將厚紙板翻至背面側，再次打結2次。

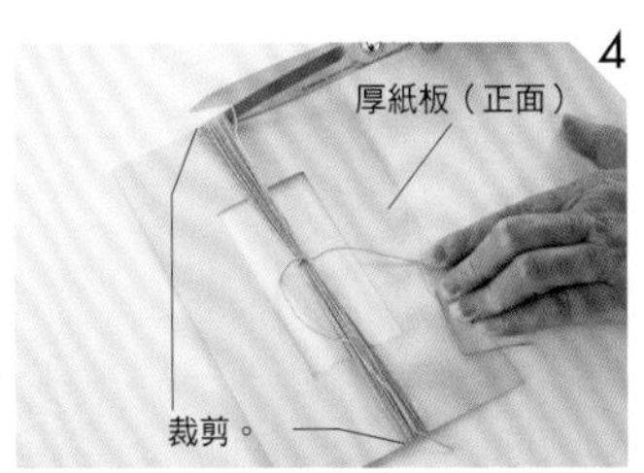

4
厚紙板（正面）
裁剪。

將厚紙板翻回正面側，將繡線的上下線圈剪開。

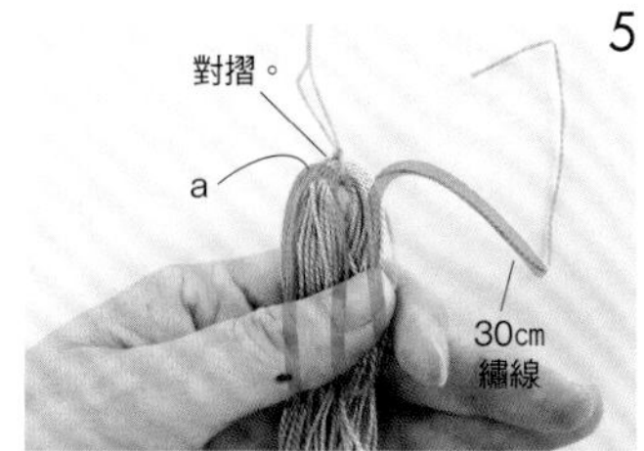

5
對摺。
a
30cm
繡線

取下厚紙板，將繡線對摺。以左手固定，並且如圖所示分配30cm的繡線，再以拇指壓住。

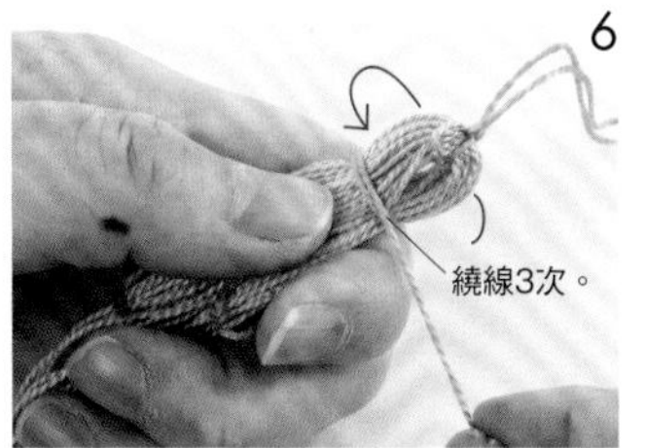

6
繞線3次。

以右手拿著較長的線端，依逆時針方向繞線3次。

7
穿入。
a

將步驟6線端由外側往內側穿入步驟5的a線圈中。

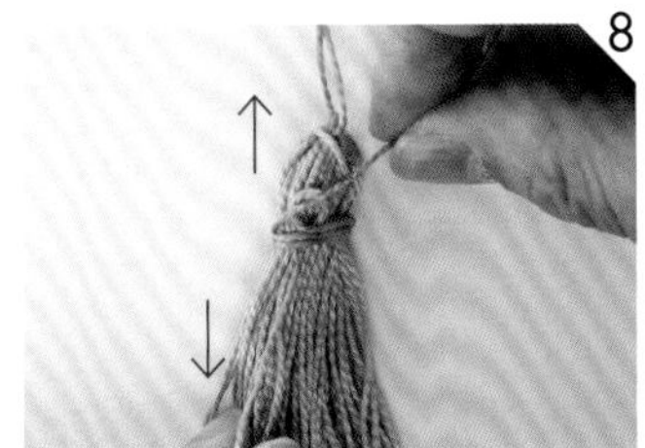

8

往上下方向拉動兩端，拉緊繡線。

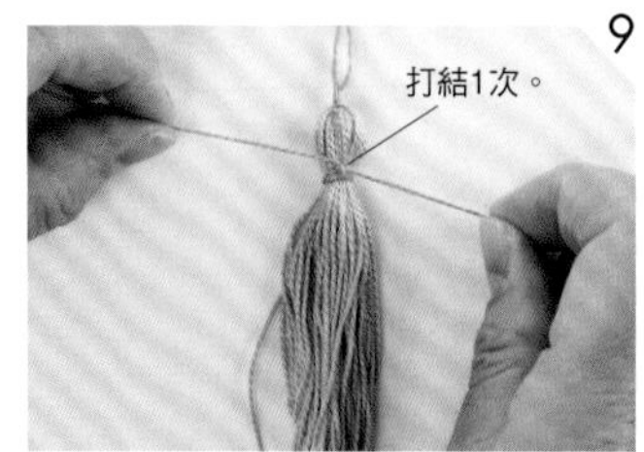

9
打結1次。

打結1次。

10
刺繡針

將線端穿入刺繡針之中，並於本體的中心入針。另一側的線端亦以相同方式入針藏線。

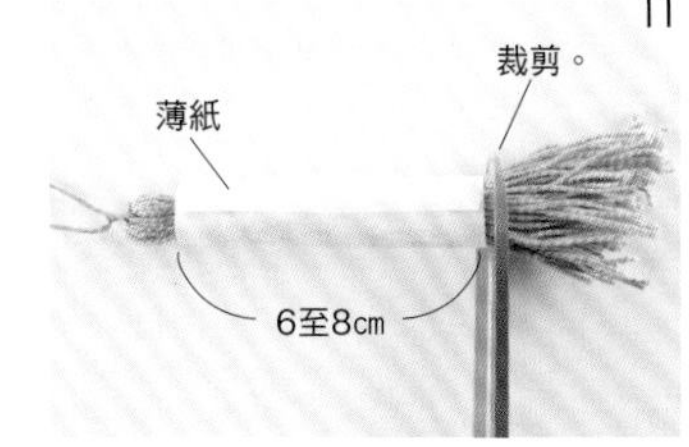

11
裁剪。
薄紙
6至8cm

將飾穗長度（6至8cm）的薄紙纏繞於本體上。修剪外露的多餘部分。

12

取下薄紙，完成。

赤峰清香

袋物作家。最新著作有《仕立て方が身に付く手作りバッグ練習帖（暫譯：手作人必備的手作包練習帖）》Boutique社出版。

@sayakaakaminestyle

4

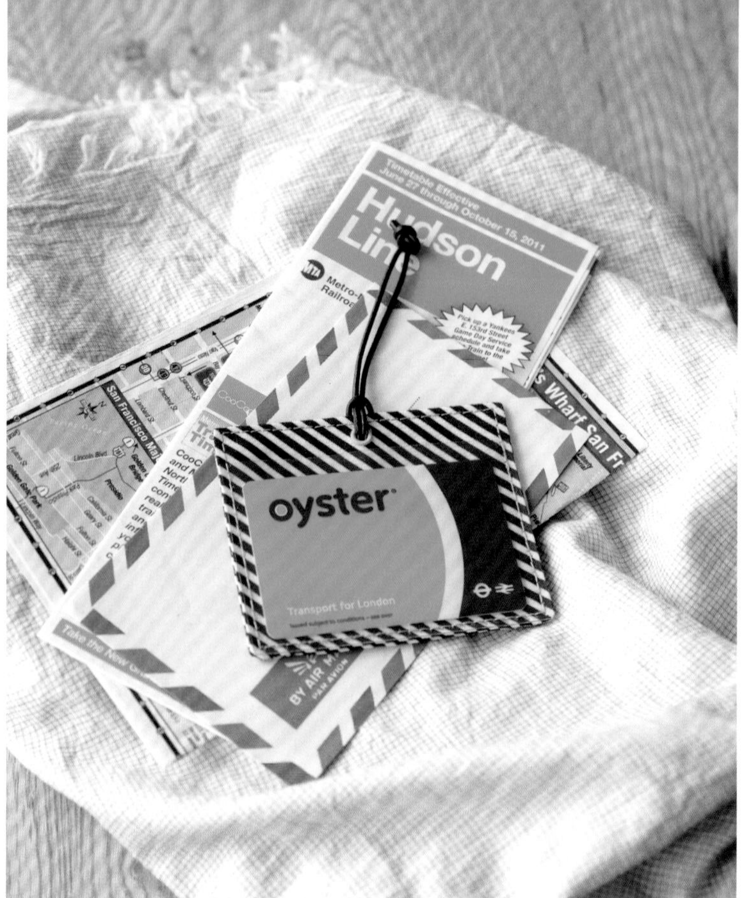

Hudson Line
oyster
Transport for London

No.
23

ITEM｜卡片套

作 法｜P.84

原本是繫在行李箱等物品上方的姓名吊牌，但最近這陣子，大家幾乎鮮少出門旅行，那不妨繫在小孩的包包等用品上，作為識別之用也很不錯。

No.
22

ITEM｜四股辮提把小包

作 法｜P.84

將五彩斑斕的零碼布布條，作成四股編的提把，為手提袋點綴出特色韻味。雖然是個簡單的扁平提把包，但只要拿在手上，肯定能獲得「好可愛喔！」如此讚賞的迷你小包。

表布＝11號帆布（#5000-21・淺灰色）／富士金梅®（川島商事株式會社）

No.
25

ITEM｜廚房抹布吊耳

作 法｜P.83

即便是已經裁剪剩下，如手掌般大小的餘布，但心愛的布料總是讓人難以捨棄。你也可以試著仿照赤峰老師的作法，將零碼布片製作成廚房抹布的裝飾吊耳，直到最後都盡情地享受布片最後價值的樂趣吧！

ORENA
CREME

No.
24

ITEM｜鑰匙包

作 法｜P.71

超級無比喜愛海洋風圖案的赤峰老師，本人原創設計了船錨圖案帆布，特意將船錨圖案截取剪下製成的鑰匙包，據說是繫在自行車的鑰匙上使用。

表布＝厚織棉布79號by Navy Blue Closet（錨鍊圖案・橄欖綠）／富士金梅®（川島商事株式會社）

No.
27 ITEM | 茶杯造型杯墊
作 法 | P.17

「茶杯」也是赤峰老師喜愛的圖案之一。此作品使用了原創設計的格子圖案帆布，縫製成多彩繽紛又充滿樂趣的布作小物。

表布＝防潑水8號帆布 by Navy Blue Closet×倉敷帆布（左上・芥末黃格子、右上・綠色格子、左下・灰色格子、覆盆子格子）／倉敷帆布（株式會社BAISTONE）

No.
26 ITEM | 抽取式面紙套
作 法 | P.93

赤峰老師注意到如果是以薄布料製作面紙套，通常在持續使用一陣子後，就會變得又破又舊。此作品使用約有11號帆布般厚度的布料製作，因此收納其中的面紙也不會歪七扭八，可保有原本的形狀。

表布＝橫條紋紡織布料～富士金梅®／川島商事株式會社

茶杯造型杯墊的作法

材料：表布（防潑水8號帆布）……15cm×15cm
裡布（厚織棉布79號）……15cm×15cm
配布（棉布）………………5cm×15cm

完成尺寸：寬約10×縱8cm
原寸紙型：A面

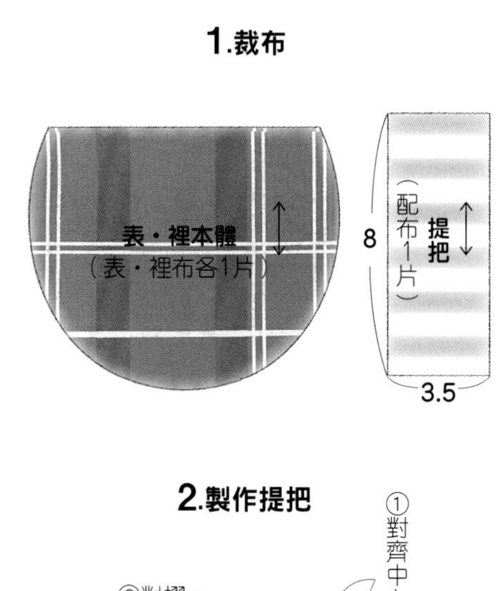

1.裁布
表・裡本體
（表・裡布各1片）
提把
（配布1片）
8
3.5
2.製作提把
①對齊中心處，摺疊。
②對摺。
③車縫。
0.2
提把
（正面）

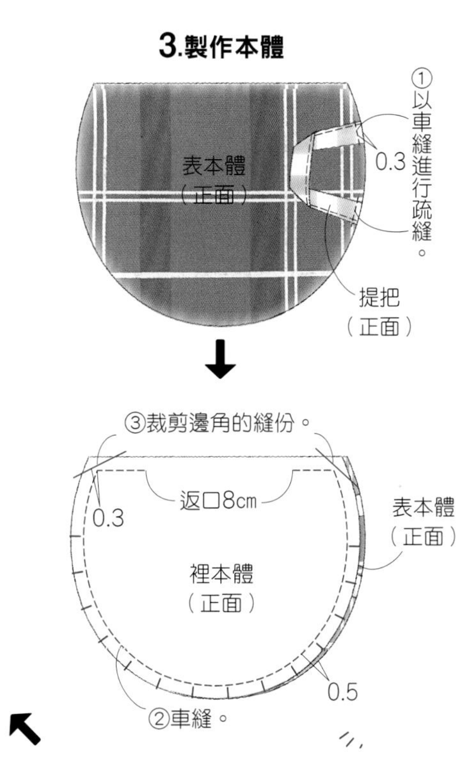

3.製作本體
①以車縫進行疏縫。
0.3
表本體
（正面）
提把
（正面）
③裁剪邊角的縫份。
返口8cm
0.3
表本體
（正面）
裡本體
（正面）
0.5
②車縫。

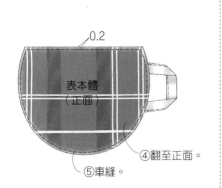

0.2
表本體
（正面）
④翻至正面。
⑤車縫。

YUZAWAYA

YUZAWAYA訂製品
使用LIBERTY FABRICS訂製系列布料
製作便利環保購物袋

搭配不同用途，
各式環保購物袋&
最適合的素材全都齊聚一堂！

YUZAWAYA訂製品
LIBERTY FABRICS
訂製系列印花布

YUZAWAYA嚴選LIBERTY FABRICS印花布的花樣，以牛津布進行製造生產。準備了目前最適合用來製作環保購物袋的牛津布、防水透濕牛津布、尼龍牛津布等三種素材。

攝影＝回里純子 造型＝西森 萌 髮妝＝ダニジュンコ 模特兒＝TARA

No.
28 ITEM｜滾邊包
作 法｜P.85

利用滾邊縫製的方式，讓可愛的LIBERTY FABRICS花紋顯得更加栩栩如生的購物袋。由於是作成可以恰好掛在肩上的肩帶長度，就算放入較重的物品，也能輕輕鬆鬆地帶著走。

表布＝LIBERTY FABRICS牛津布（Edenham／117-01-211-002）／YUZAWAYA

摺疊方法

1
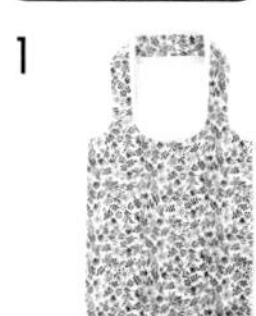
將手提袋打開後，攤平放置。

2
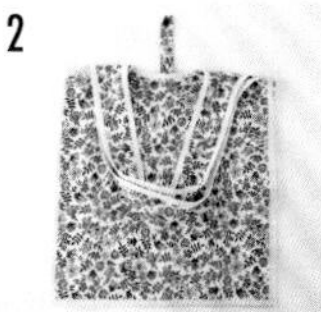
將提把朝向本體側摺疊。

3

摺疊兩側脇邊，使其成為縱長形。

4

由下往上一層一層地捲起，再以釦絆固定。

No.
29 ITEM｜洗衣袋
作 法｜P.86

諸如在前往洗衣店或自助洗衣店時，適合搬運大量衣物的便利型大尺寸摺疊袋。可收摺成小尺寸也是令人感到開心的關鍵。

表布＝LIBERTY FABRICS牛津布（Yoshie／117-01-210-002）／YUZAWAYA

摺疊方法

1
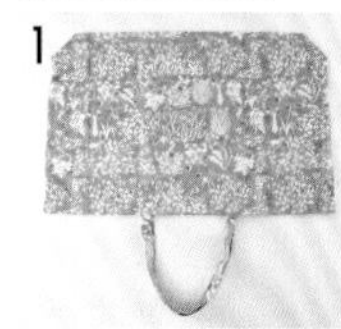
提把朝向內側，將袋子攤平放置。

2
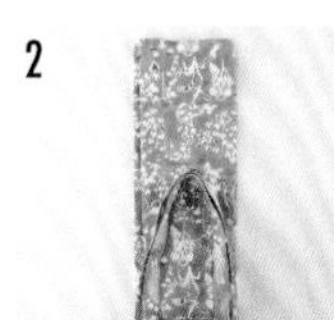
對齊口袋的寬度摺疊本體，提把亦往本體側摺疊。

3

留下袋蓋，摺疊本體。

4

將接縫於袋蓋上的釦釦與本體上的釦釦扣住固定。

內附可以另外取出，使用同一塊布料製作的袋物底板。

No.
30 ITEM｜購物籃型採購袋
作 法｜P.87

可於收銀台前迅速地攤開後，大小剛好地套在購物籃上的便利購物袋。透過將附在袋身上的綁繩拉緊的方式，能夠使袋子配合內容物調整成適合的尺寸。

表布＝LIBERTY FABRICS牛津布（Sleeping Rose／（117-01-209-001）／YUZAWAYA

摺疊方法

1
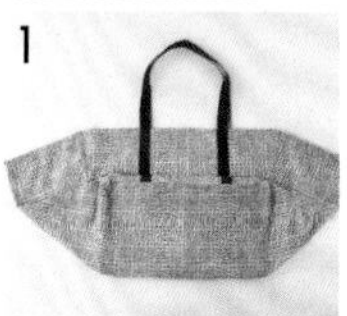
將手提袋打開後，攤平放置。

2

將兩側袋身往內側摺疊。

3
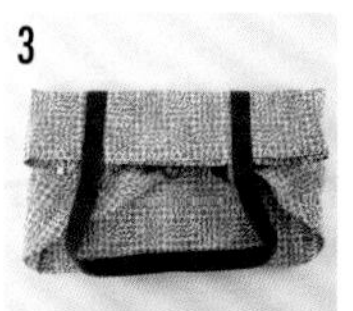
對齊底板的尺寸，摺疊手提袋上部。

4
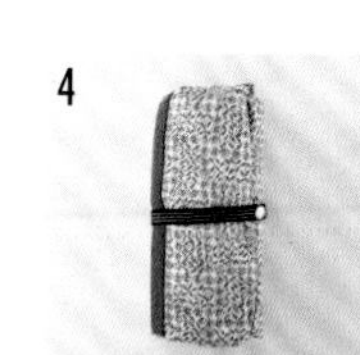
由脇邊開始一層一層地收捲摺疊，再以附件鬆緊帶固定。

No. 31 ITEM | 束口背包
作 法 | P.90

可以摺疊的束口型簡易背包。無論是搭乘公車或想要騰出雙手時，只要將購買的物品隨手放入，背在肩上就OK了。僅以一片尼龍布就能簡單縫製也是優點之一。

表布＝LIBERTY FABRICS尼龍牛津布（Small Susanna／117-01-213-001）／YUZAWAYA

摺疊方法

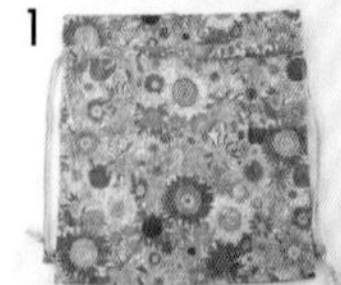
1 將手提袋打開後，攤平放置。

2 對齊口袋的尺寸，摺疊兩側脇邊。

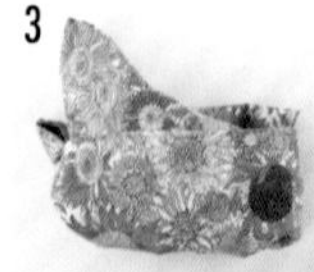
3 將本體塞入口袋裡。

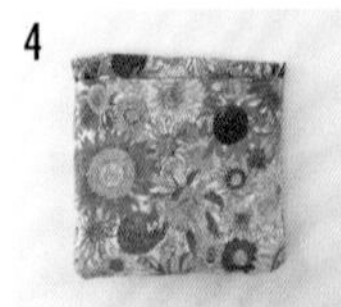
4 整理口袋整體的形狀。

No. 32 ITEM | 方形環保包
作 法 | P.74

在前往書店、手工藝店或便利商店等，想要簡單買點兒東西時可方便使用的A4尺寸環保購物袋。因為是尼龍材質，所以質量輕盈，就算隨身攜帶也相當便利。

表布＝LIBERTY FABRICS尼龍牛津布（Capel／117-01-212-001）／YUZAWAYA

Kurai Miyoha

簡約就是最好！

Simple is Best!

創作家Kurai Miyoha的連載單元「Simple is best！簡約就是最好！」。將陸續提出就Miyoha的視角來看，可稱得上「這就是最好的」作法、素材或工具等。本次使用了當今最受矚目的配件「旋轉鎖釦」，製作出流行時尚感的手提包。

攝影＝回里純子　造型＝西森 萌

取下提把，裝上金屬鍊條背帶也OK。

金屬鍊條背帶＝鍊條小圈120㎝（BM04-22）／清原株式會社

旋轉鎖釦×花式斜紋軟呢是高雅型的組合，如果替換成羊毛布或帆布的搭配，將給人更為休閒自在的印象。

No. 33 ITEM | 轉鎖手提包
作　法 | P.88

以花式斜紋軟呢帶出大人風的氣質。5㎝的充足側身，使包型極具安定感。旋轉鎖釦五金的尺寸雖小，但存在感爆棚。因為是以螺絲與釦爪安裝固定，所以也能減少搖晃振動的問題，使用上倍感安心。

口金＝旋轉鎖釦五金・方型S・G（BM04-01）／清原株式會社

profile
Kurai Miyoha

畢業於文化學園大學的造型系。在裁縫設計師母親Kurai Muki的帶領下，自年幼時期就非常熟悉裁縫世界。畢業之後，作為「KURAI・MUKI・Atelier」（倉井美由紀工作室）的成員開始活動。貫徹KURAI・MUKI流派「輕鬆縫製、享受時尚」的縫製精神，並同時身兼母親的好幫手、縫紉教室的講師、版型師、創作家等多重身份，過著充實忙碌的日子。https://shop-kurai-muki.ocnk.net/　kurai_muki

必問・必學！

手作的基礎講座Q&A

募集眾多初學者對手作技法的煩惱，將在此一一解答。
本單元將針對一些似懂非懂的布料、針線相關問題進行回答。

Q. 不瞭解布料的名稱。

A. 以下針對手作誌Cotton friend中經常使用的布料進行說明。
請從布料的素材感與厚度等要素，挑選適合作品概念的布料吧！

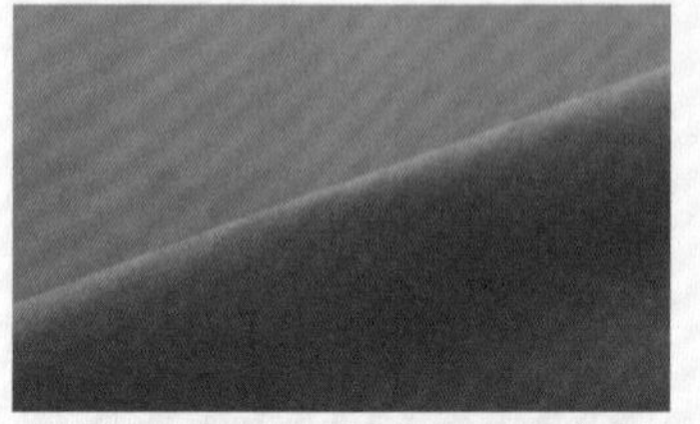

棉麻布

薄型布料……質料雖然輕薄，卻具有適度的彈性、乾爽的手感。具有如絲質般的光澤與膚觸。英國LIBERTY公司的招牌碎花棉布（TANA LAWN）尤其著名。適合用來製作洋裝，或活用其柔軟優點的手袋、小物。

牛津布（oxford）

中厚型布料……每2條經線、緯線一併交織而成的平織布。大約是介於平紋精梳棉布與帆布之間的厚度。材質強韌且容易縫製，適合製作成後背包與波士頓包等。

平織布

一般布料……在經、緯線上，以幾乎相同粗細的織線紡織而成。相較於細平布，織目顯得稍大，布面帶有粗糙的樸素風格。與平紋精梳棉布一樣，非常適合初學者，可使用的範圍相當寬廣。易於手縫，也很適合運用在拼布上。

平紋精梳棉布

一般布料……具有纖細的橫條（緯向畝條），屬織目緊密的平織布。具有彈性，帶有適度的光澤。質料耐用且易於縫製，適合裁縫初學者。上至洋裝下至小物的表布、裡布，可使用的範圍相當廣泛。

亞麻布（麻布）

一般～中厚型布料……以麻紡織而成的平織布。在小物、手提袋的製作上，建議使用不易起皺且具有適度厚度的亞麻布。面料粗糙，織線上具有獨特的結節之處為其魅力所在。

雙層紗布

薄型布料……將2片紗布疊放織成的布料。由於布質輕薄，膚觸柔軟，且吸水性佳，因此非常適合用來製作成嬰兒物品或口罩等小物。

帆布

厚型布料……原用於製作船帆，是一種厚實強韌的平織布。號碼越小，代表布料越厚。因為是以粗線緊密紡織而成，堅固耐用，所以在以家庭用縫紉機車縫時，建議使用約10號為止的帆布。

尼龍布

一般～中厚型布料……具有光澤，堅固耐用且防水。即便不加裡布也能保有形狀，質地輕盈，適合製作環保購物袋。

Q. 一旦剪掉布耳，就不知道布紋方向了。

A. 平行布耳的縱向布稱為布紋，裁布圖（布料的裁剪方法）上是以箭頭方向來表示。依據布料方向的不同，延展度也有所差異，因此可拉伸布料來辨別。製作小物或手提袋時，也有可能會因為花紋的方向，或為了不浪費裁剪來變更布紋。

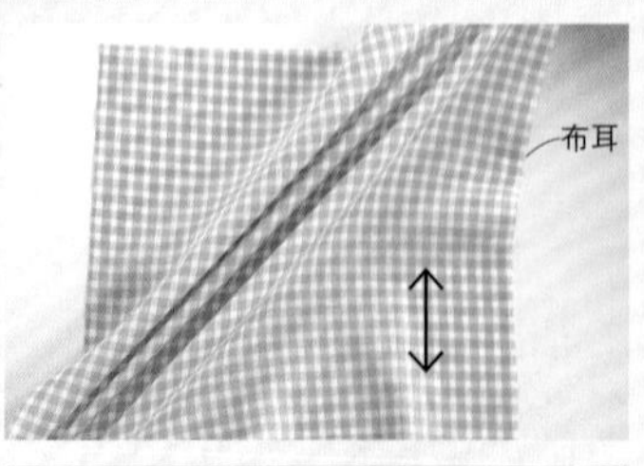
布耳

斜向（與布耳呈45°）

比起橫向更容易延展。製作斜布條時為斜向進行裁剪。

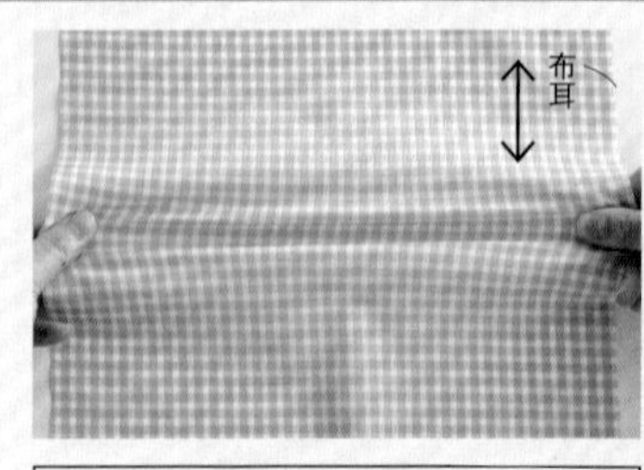
布耳

橫向（垂直布耳）

容易延展。

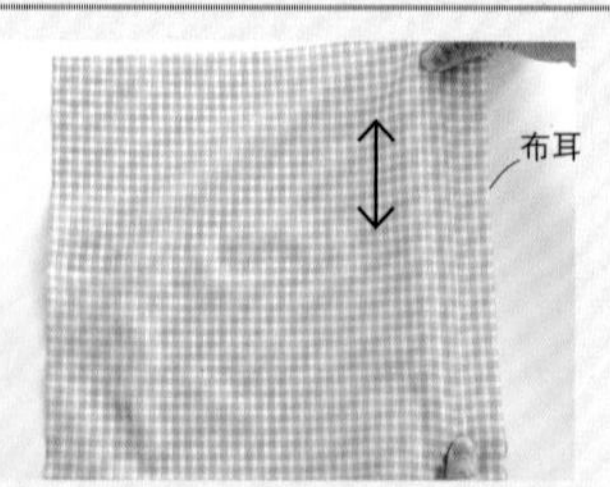
布耳

縱向（平行布耳）

幾乎無法延展。

Q. 置水浸泡過比較好嗎？置水浸泡的方法為何？

A. 置水浸泡是為了事先讓布料收縮。除了可防止成品在洗滌後縮水的情況，也能藉此重新調整布紋的歪斜，洗去多餘的顏色，預防使用中掉色。在製作會經常洗滌清潔的手作包、小物、洋裝時，請務必事先進行。只要買回布料後置水浸泡，之後隨時都可以使用。

● 不可進行置水浸泡的布料
羊毛布、絲織布、帆布等，無法水洗的布料。

● 不必進行置水浸泡的布料
洋裝裡布、緞面布、尼龍布等，遇水不會收縮的化纖布。

● 建議進行置水浸泡的布料
棉布、紗布、丹寧布、麻布等，容易遇水收縮的天然素材、天然素材與化學纖維的混紡布料。

置水浸泡的方法

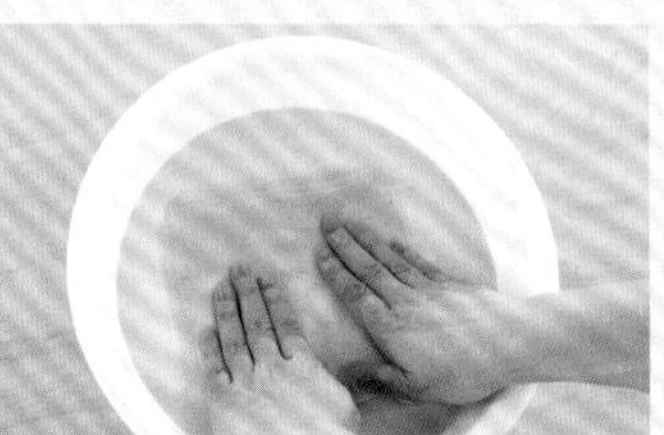

①將已摺疊好的布料浸泡於水中，使其吸取水分，靜置1小時（亞麻布則為半天）。

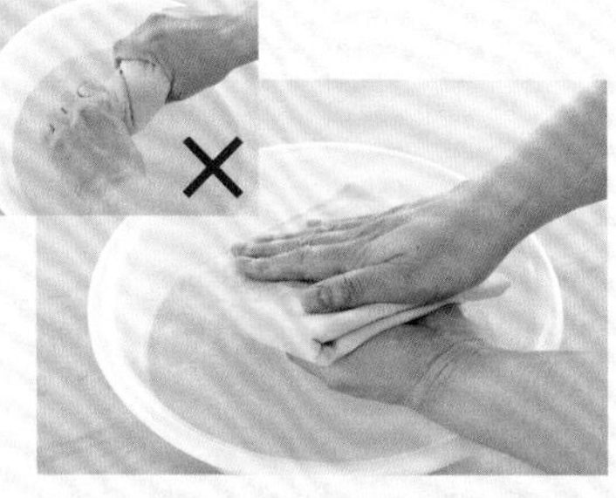

②以手掌壓平般將水擠出。由於布紋會歪斜扭曲，造成布面起皺，因此請避免手擰布料。大型布片可放入網袋裡，輕輕脫水。

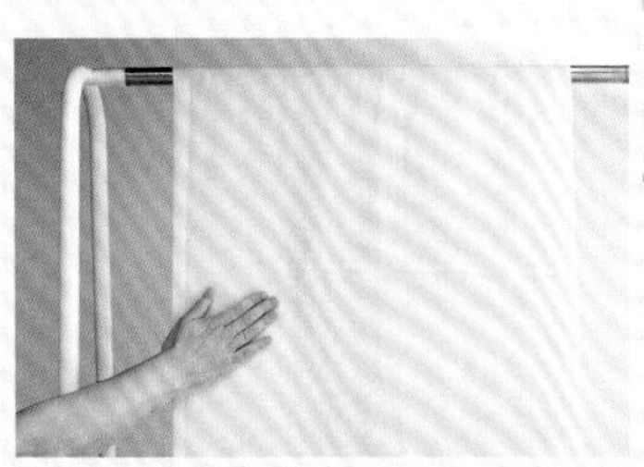

③依布寬對摺，撫平皺褶後，進行陰乾。

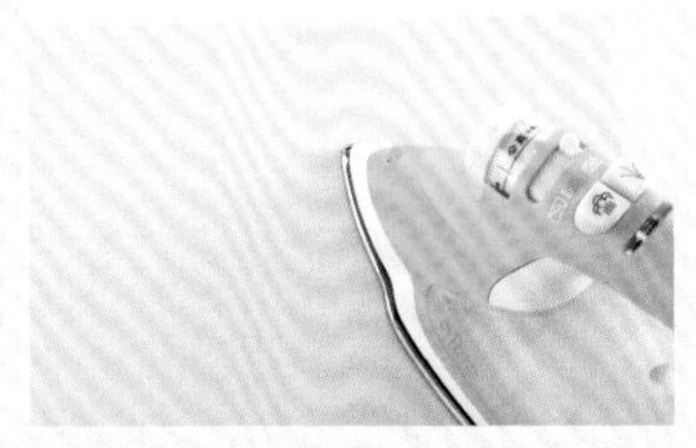

④在完全乾燥前的半乾狀態時收進來，整理布紋後，以熨斗整燙。

Q. 請教教我們方便作記號的工具。

A. 不妨配合素材與色彩，挑選容易使用的工具吧！依布料材質的差異，也有可能會造成記號不易消除的情況，因此請務必先於布邊處進行測試後，再行使用。

摩擦鋼珠筆

雖然並非布料專用的製品，不過卻可以在塑膠或合成皮上作記號。由於一經加熱，記號隨即消失，因此亦可使用在能夠以熨斗整燙的布料上作記號。

【消除方法】

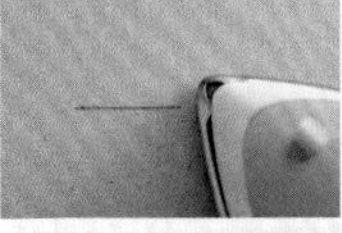

摩擦、以熨斗整燙。

蒸氣消失蠟粉土

以蠟製作而成的粉土筆。只要一經熨斗整燙，記號隨即消失不見，因此在深色面料上描繪線條時，相當方便好用。

【消除方法】

以熨斗整燙。

布用水消自動鉛筆

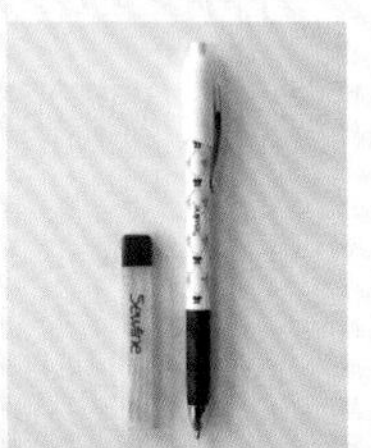

可樂牌Clover（株）

自動鉛筆型的粉土筆。可以配合布料，更換筆芯的顏色。方便描繪纖細、清晰的線條，便於細緻的作業。顏色由淺色至深色皆可使用。

【消除方法】

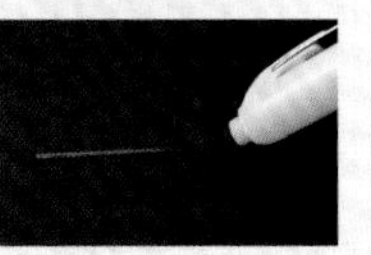

專用橡皮擦、洗滌。

水消筆（遇水即消失的類型）

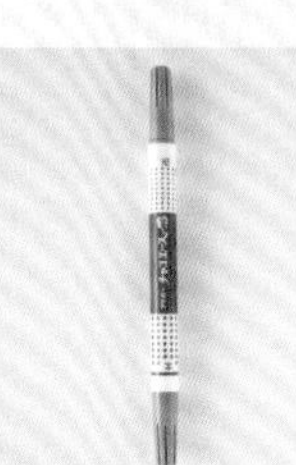

麥克筆型的粉土筆。由於輕畫即可確實畫出超細的線條，並且水洗即可清除，因此用在刺繡的底稿等，相當方便。

【消除方法】

水洗、專用的記號消去筆。

氣消筆（放置一段時間後，記號自動消失的類型）

麥克筆型的粉土筆。經過一段時間，記號就會自動消失，適用於釦眼等醒目處的畫記。由於記號會完全消失不見，也很適合使用在須立即縫合處的記號上。

【消除方法】

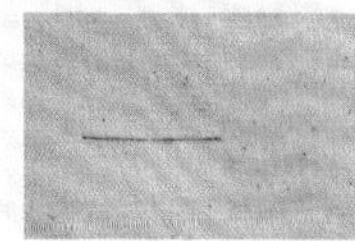

自然消失、水洗，專用的記號消去筆。

粉式記號筆

可樂牌Clover（株）

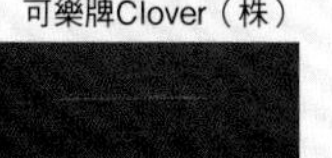

粉狀的筆型粉土筆。由於輕易就能描畫長線，因此非常便於畫記洋裝的縫份記號，或在布料上直接畫線，進行裁剪。顏色由淺色至深色皆可使用。

【消除方法】

以手拍除、水洗。

水溶性色鉛筆

可樂牌Clover（株）

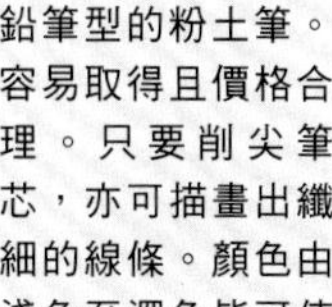

鉛筆型的粉土筆。容易取得且價格合理。只要削尖筆芯，亦可描畫出纖細的線條。顏色由淺色至深色皆可使用。

【消除方法】

以附屬的筆刷擦拭、水洗。

Q. 雖然備有方眼定規尺，卻不是很擅長使用。

A. 只要正確使用方眼的刻度，添加縫份記號就會變得簡單容易。

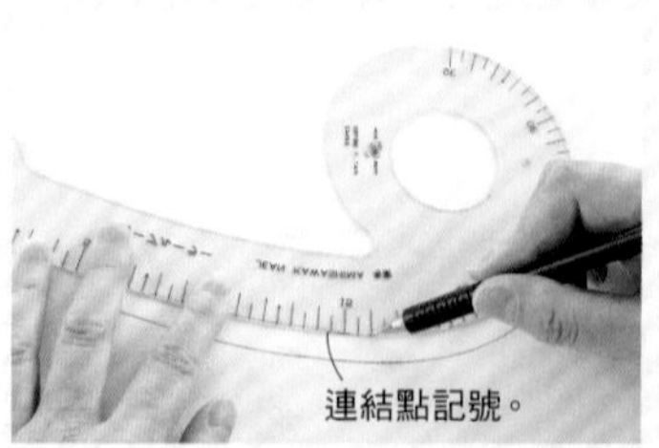
連結點記號。

③使用曲線用定規尺，連結點記號。

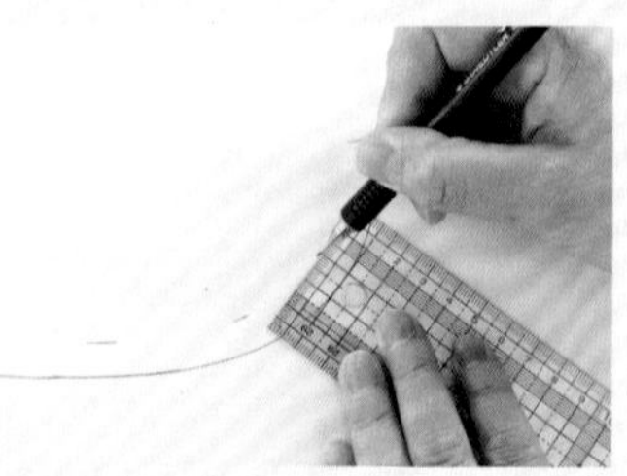

②弧線或較細緻的部分，可縱向使用定規尺，在幾處畫上點記號。

於紙型上描畫縫份記號。

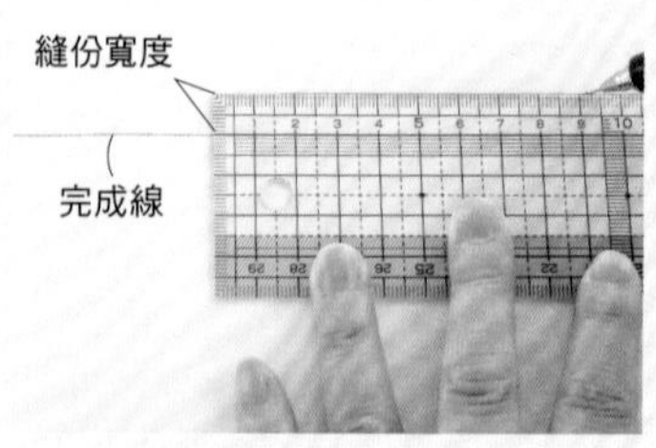
縫份寬度
完成線

①將完成線對齊定規尺上縫份寬的刻度後，畫出縫份寬的記號線。

於布料上描畫縫份記號。

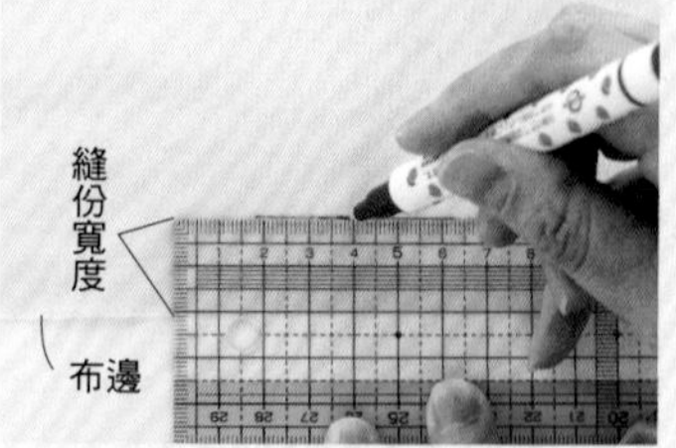
縫份寬度
布邊

將布邊對齊定規尺上縫份寬的刻度後，畫出縫份寬度的記號線。
方眼定規尺／可樂牌Clover（株）

Q. 基本上已經可以正確使用手縫針，但想進一步瞭解手縫針的種類。

A. 手縫針分為日本針與美國針等兩種。早期，日本針為和裁使用，筆直且堅硬；美國針則為洋裁使用，具有不易折斷且柔軟的特徵。但是近年來在品質上已幾無差異，不妨就選擇自己方便使用的針款吧！此外亦有各式各樣長度與粗細的種類，只要配合縫合的布料來選擇，即可非常輕鬆地完成縫製。 全部縫針皆為／可樂牌Clover（株）

美國針

針粗：1至12號，數字越大，針越細。
針長：分為短針、長針二種。

厚型布料：4、5號
一般布料：7號
薄型布料：9號

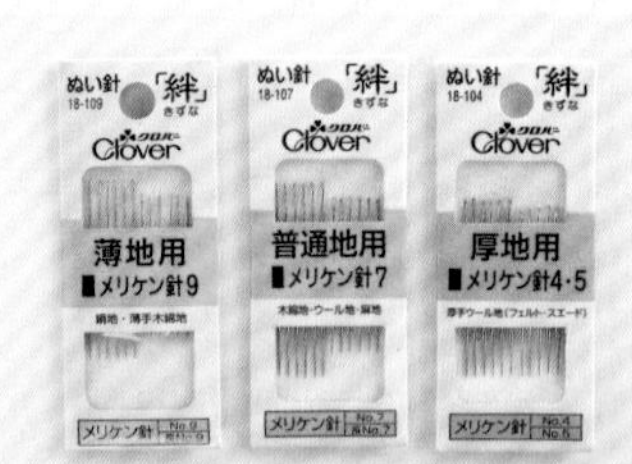

ぬい針
18-107
「絆」
きずな
Clover
普通地用
メリケン針7
木綿地・ウール地・麻地
メリケン針
No.7
長No.7
針粗

日本針

針粗：數字越大，針越細。
三→棉線用 四→絹線用
針長：數字越大，針越長。
織棉針：使用絲光棉線的織物用針。
庫克針：鎖縫領子時使用的針。

厚型布料：中庫克針
一般布料：三之五 三之三 三之二
薄型布料：四之三 四之二

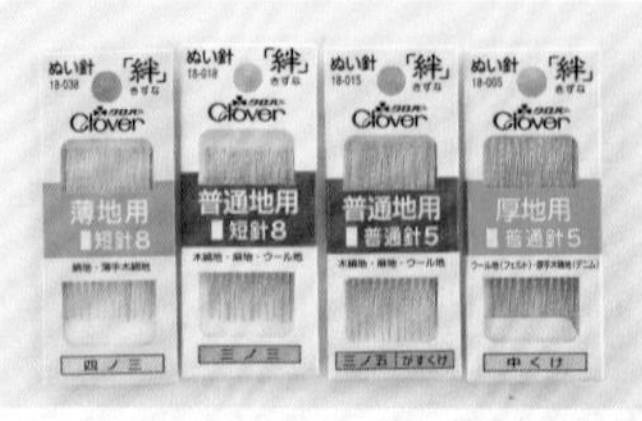

ぬい針
18-015
「絆」
きずな
Clover
普通地用
普通針5
木綿地・麻地・ウール地
三ノ五 がすくけ
針粗
針長
舊名

一般而言，厚型布料→使用粗針、薄型布料→使用細針，粗縫→使用長針、細縫→使用短針。

適合接縫鈕釦時使用的手縫針

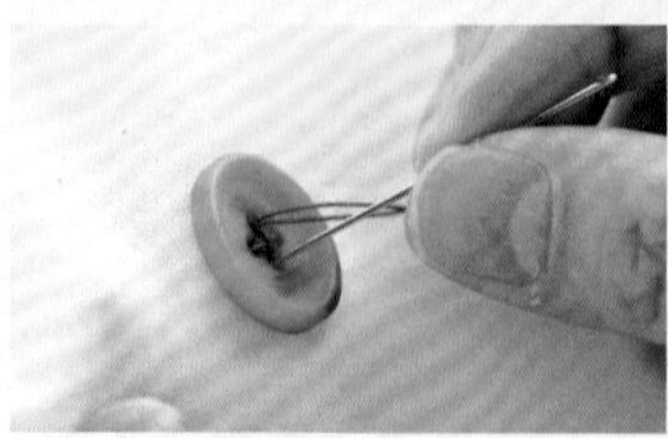

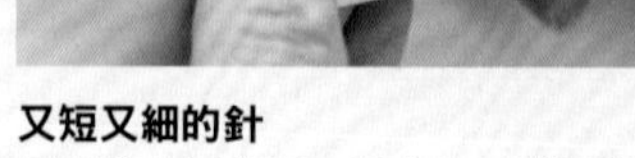

厚型布料 又長又粗的針
日本針：中庫克針 **美國針**：5號長針

薄型布料 又短又細的針
日本針：三之三、三之二 **美國針**：7號短針

適合藏針縫下襬時使用的手縫針

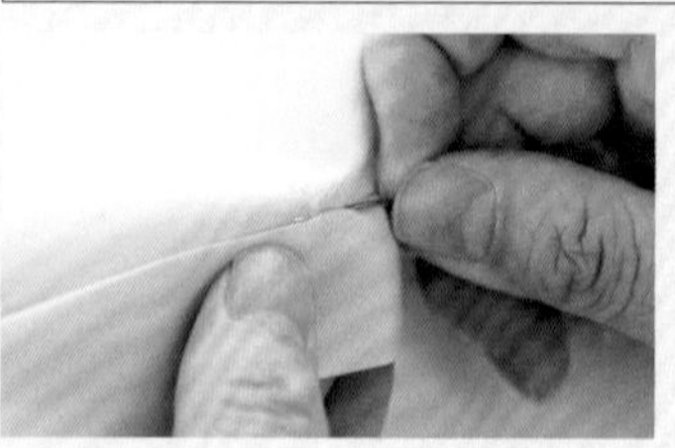

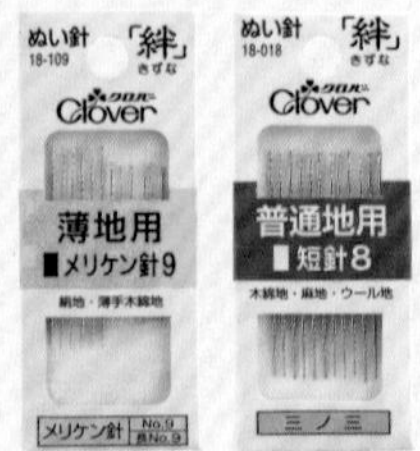

又短又細的針
日本針：三之二、二之二 **美國針**：9號短針

Q. 一定要使用手縫線嗎？可以使用車縫線來代替嗎？

A. 車縫線為了於縫製時不容易斷線，故線撚方向為左撚設計；手縫線則為了使縫線不易纏繞，線撚方向為右撚設計。縫製距離稍短時，雖然亦可使用車縫線來代替，但手縫線在縫製時比較不容易捲線糾結，屬於較為柔順好縫的線材，因此建議事先準備幾款常用色的手縫線較為妥當。

分別有棉質與化纖的兩種線材。棉線較為安穩滑順、好縫；化纖較為牢固，具有清洗後不易縮絨的特徵。不妨依用途或好用度來進行挑選吧！

化纖線

Schappe Spun
手縫線 #50
（株）FUJIX

Schappe Spun
手藝手縫線
（株）FUJIX

KING hi-spun
鈕釦線 #20
（株）FUJIX

適用於薄型布料、一般布料、浴衣等的本縫或藏針縫等。

適用於厚型布料的手縫、接縫鈕釦等。

棉線

棉線太口 #20

棉線細口 #30

棉質手縫線 #30
（株）FUJIX

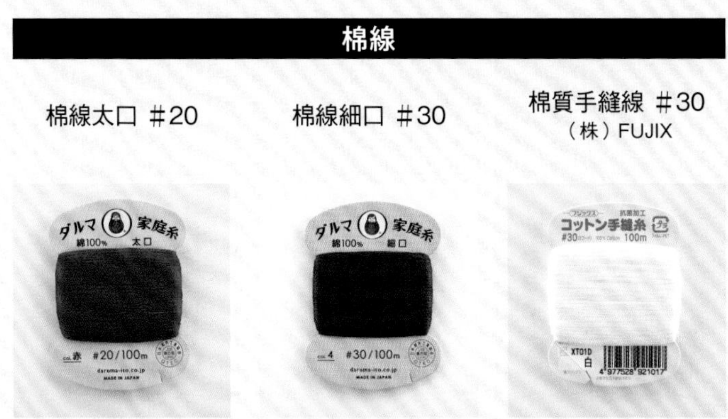

適用於薄型布料、一般布料、浴衣等的本縫或藏針縫等。

Q. 不曾使用過頂針器。頂針器是必要的嗎？

A. 一旦熟悉了頂針器的使用，藏針縫或疏縫時，手縫就會變得格外輕鬆。
不妨試試看和裁的基本運針吧！

運針的方法

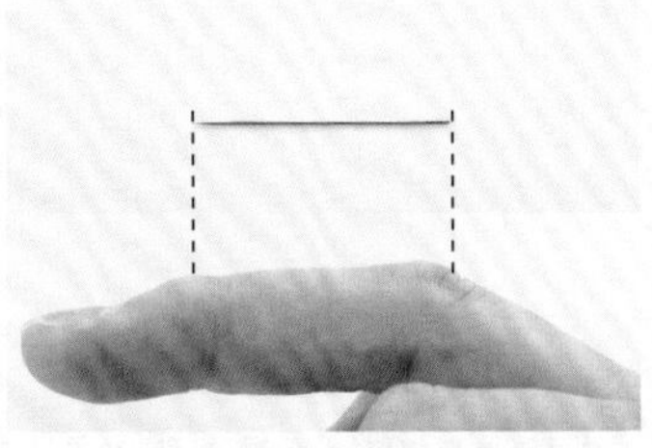

針長：只要使用與中指第2指關節相同長度的縫針，即可輕鬆進行手縫。

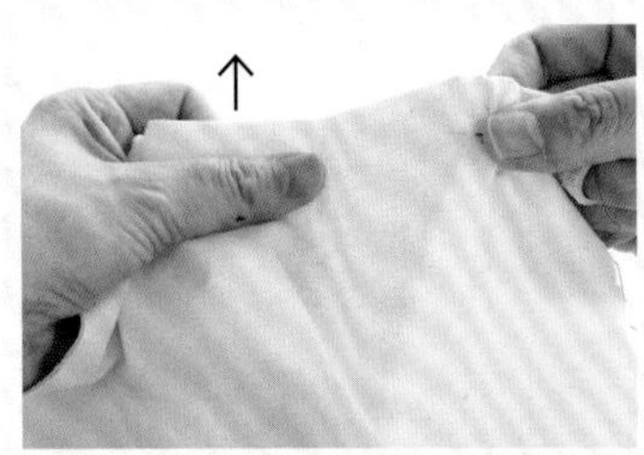

②以右手食指將針尖推出正面側，大拇指離開。同時，將左手布推往後側。輪流重複步驟①、②，進行運針。僅將左手往前後方向移動，右手固定後，僅以指尖動作。

頂針器的使用方法

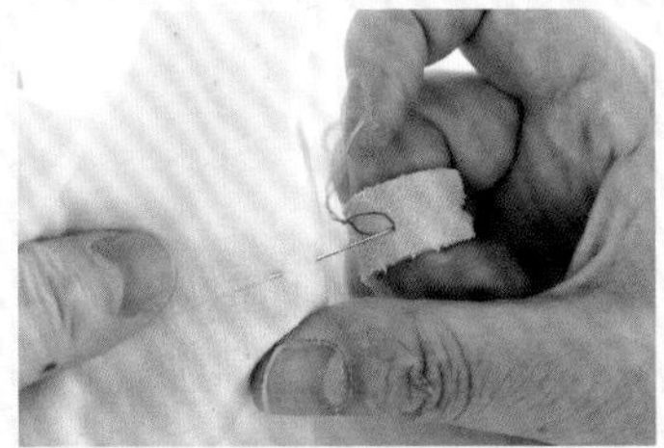

在抽出縫針時，可利用戴著頂針器的中指指背推送縫針的後側。

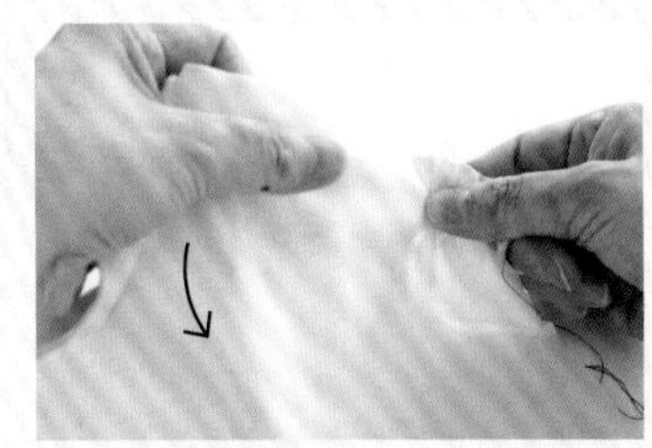

①以右手大拇指推針，往背面側刺入。同時，將左手布拉至前側。請與布面呈直角刺入手縫針。

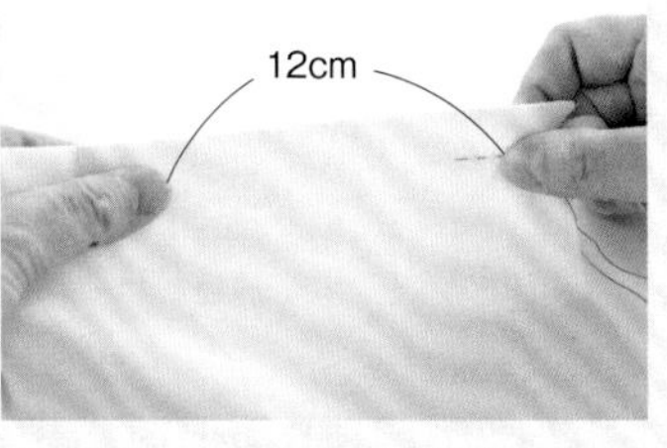
12cm

布的拿法：右手與左手張開大約12㎝左右，避免鬆鬆地拿著布，宜將布面繃緊拉直後拿好。

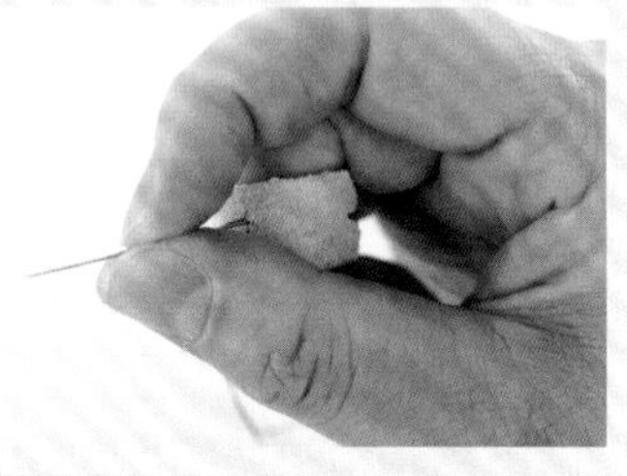

針的拿法：以食指與大拇指夾住，並將手縫針的後側貼放於戴頂針器的中指指背處。

頂針器的作法

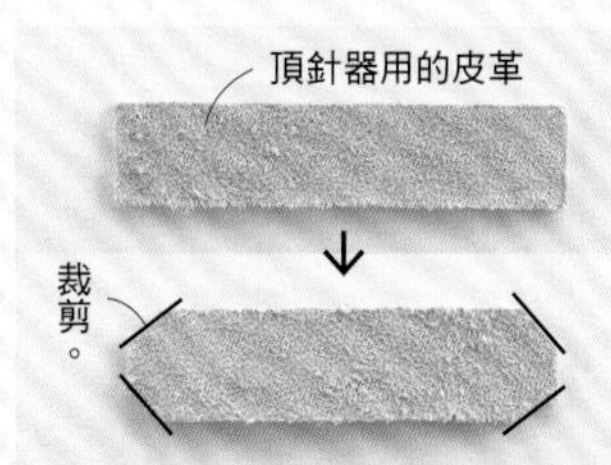
頂針器用的皮革
裁剪。

①將頂針器用皮革的邊角進行裁剪。

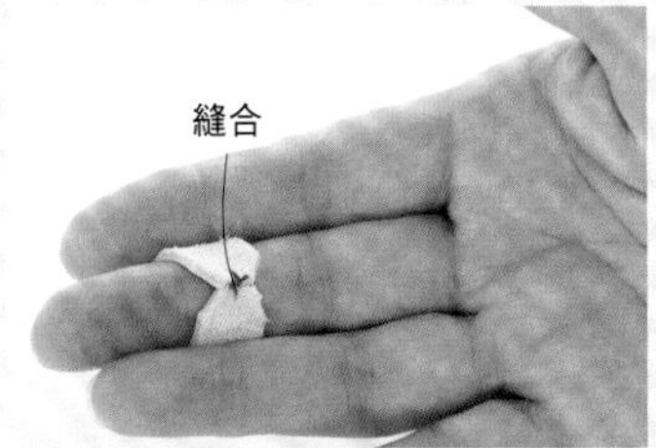
縫合

②配合中指第2指關節的粗細進行裁剪，以線縫合。

使用鬆軟挺立的袋物專用鋪棉！

可愛飽滿的布包＆波奇包

專為手作布包＆波奇包等小物特製研發的立體鋪棉，
編輯部已確認了完成品可呈現出蓬鬆挺立的美感。你也務必嘗試看看！

No.
35 ITEM｜平板收納包
作 法｜P.92

將本體表布完整燙貼「蓬鬆挺立袋物專用鋪棉・薄型」的信封造型收納袋。成品彈性柔軟且富有蓬度，用來攜帶平版電腦或筆電等，令人相當放心。

鋪棉＝蓬鬆挺立袋物專用鋪棉・薄型（MK-BG80-1P）／日本VILENE株式會社 表布＝平織布（RP305-BK1） 裡布＝平織布（RP306-BL2） 配布＝平織布（RP308-M12M）／COTTON＋STEEL

兼具夾層功能的拉鍊口袋相當便利。

No.
34 ITEM｜橢圓底托特包
作 法｜P.91

手袋本體燙貼「蓬鬆挺立袋物專用鋪棉・厚型」，拉鍊口袋使用「蓬鬆挺立袋物專用鋪棉・薄型」製作而成。就算將本體整片黏貼上立體鋪棉，布面也不會產生皺褶，可確實保有獨自站立程度的立體形狀。在寒冷的季節裡，試著縫製一個帶來溫暖手感的手作包吧！

袋底用鋪棉＝蓬鬆挺立袋物專用鋪棉・厚型（MK-BG120-1P） 中體用鋪棉＝蓬鬆挺立袋物專用鋪棉・薄型（MK-BG80-1P）／日本VILENE株式會社
表布＝平織布（RP101-NA2） 裡布＝平織布（RP107-BL1）／COTTON＋STEEL
提把用芯襯＝提把內襯9mm（BM02-08）／清原株式會社

ふんわり
バッグの
接着わた
薄手

注意！超神奇！

蓬鬆挺立袋物專用鋪棉

ふんわり
バッグの
接着わた
厚手

point 1

薄型&厚型可靈活運用

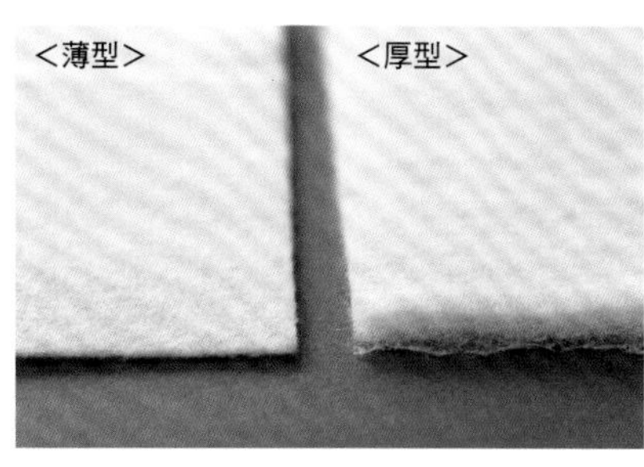
<薄型>
<厚型>

搭配創作的設計及作法，適時使用薄型或厚型立體鋪棉，來完成更加洗鍊的作品。作品No.34的橢圓底托特包是於本體與袋底處使用厚型立體鋪棉，口袋與提把的一部分使用薄型立體鋪棉，運用不同厚度來完成縫製。

point 2

製作布包&波奇包時最適合的好用尺寸

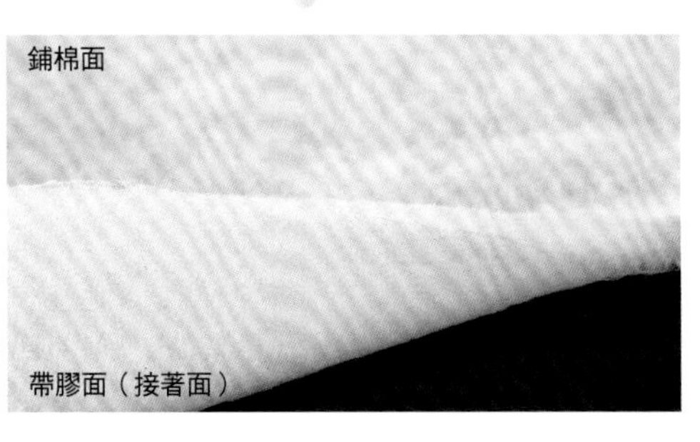
鋪棉面
帶膠面（接著面）

為厚度大約4至5㎜（厚型）、3至4㎜（薄型）的紙襯狀化纖棉之單面帶膠的布包&波奇包專用立體鋪棉。使用熨斗即可輕鬆接著。

意外具有蓬度的鋪棉，由於保管上也很佔空間，因此很多人會在每次使用時才購買需要的量。「蓬鬆挺立袋物專用鋪棉」已被裁剪成適合製作布包&波奇包大小剛好的尺寸，所以不會造成裁剪上的浪費。

＜單包的尺寸＞ 蓬鬆挺立袋物專用鋪棉（厚型）……45×96㎝
蓬鬆挺立袋物專用鋪棉（薄型）……45×100㎝

point 3

以熨斗輕鬆接著

觸摸棉襯時，一面摸起來感覺蓬鬆柔軟，另一面則是粗糙不平滑。粗糙不平滑的面就是帶膠的接著面。經熨斗整燙，黏膠受熱融化後，即可接著於布面上的方法。這種簡單快速，能夠美麗地牢貼之處為其魅力所在。

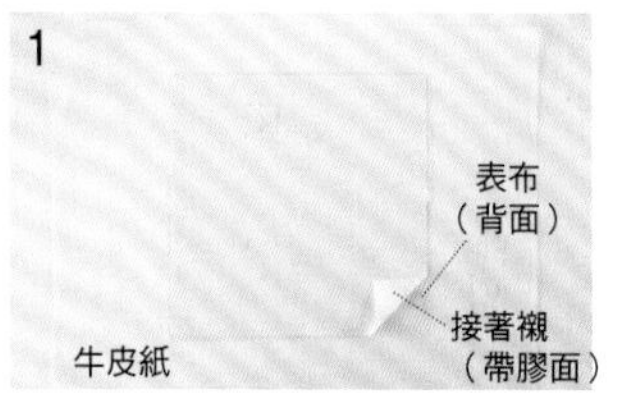
1
表布
（背面）
接著襯
（帶膠面）
牛皮紙

將裁剪得比布片略小一圈的「蓬鬆挺立袋物專用鋪棉」背膠面朝下放置。

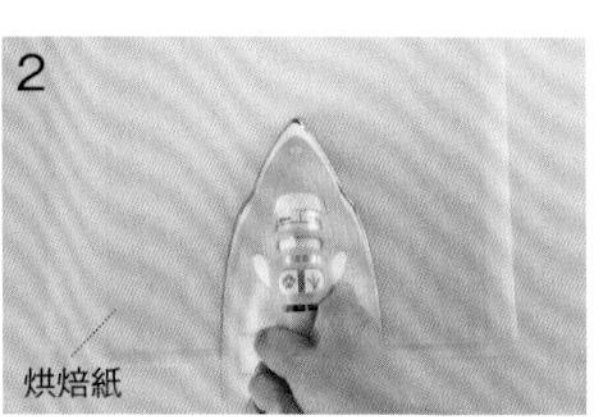
2
烘焙紙

於「蓬鬆挺立袋物專用鋪棉」上方貼放烘焙紙（或牛皮紙），熨斗本身不移動，而是由上往下施重，予以傳熱般地整燙。

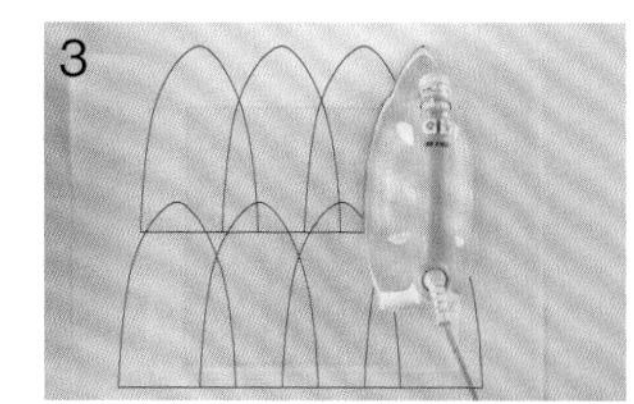
3

重複步驟2，使「蓬鬆挺立袋物專用鋪棉」均勻地接著於布面上。

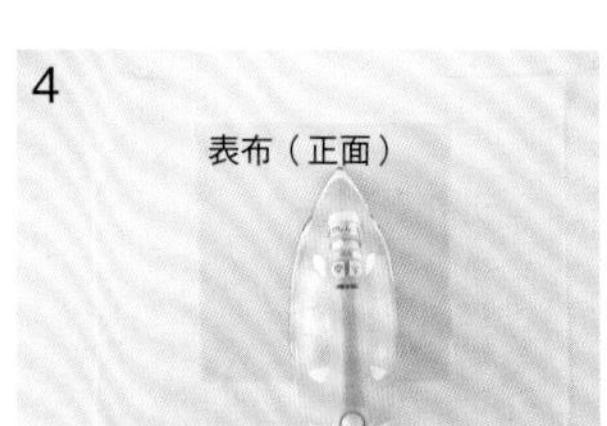
4
表布（正面）

由布片的正面側慢慢地滑動似的以熨斗整燙，使其牢牢地接著在一起。

point 4

成品極美！帶有絕妙的蓬鬆感

「要選用哪一種鋪棉比較好呢？」「一旦黏貼之後，布面竟變得皺皺的！」在使用鋪棉及接著襯時感到相當棘手的手作人或許還不少。「蓬鬆挺立袋物專用鋪棉」是專為沒有接著襯處理經驗的初學者所開發的商品，容易處理之處為其特徵所在。可不損害布料表面的質感，完全展現出鋪棉本身的蓬鬆感。

蓬鬆挺立袋物專用鋪棉（薄型）
商品編號：MK-BG80-1P
尺寸：45×100㎝／單包

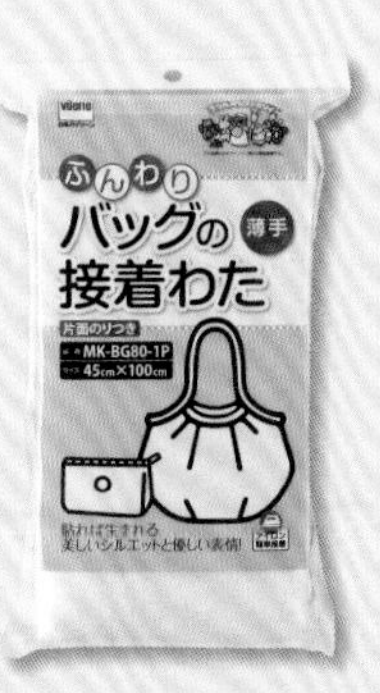
ふんわり
バッグの
接着わた
薄手

蓬鬆挺立袋物專用鋪棉（厚型）
商品編號：MK-BG120-1P
尺寸：45×96㎝／單包

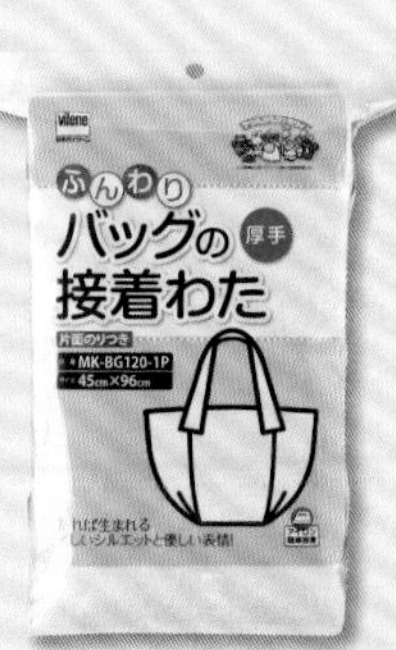
ふんわり
バッグの
接着わた
厚手

鎌倉SWANY
精選進口布品
手作美麗冬季布包

在人氣布品店～鎌倉SWANY裡，冬季限定的緹花布＆起毛素材的布料正人氣熱賣中。不妨試著活用素材本身的質感，製作出美麗的手作包吧！

攝影＝回里純子　造型＝西森 萌　髮妝＝タニジュンコ

No. 36 ITEM｜鋁管口金圓包
作 法｜P.96

使用一打開就會大大敞開的鋁框口金。由於側身具有13cm，收納能力相當充沛，且兼具安定感。

圖右・表布＝進口緹花布（IS9103-3）
圖左・表布＝進口緹花布（IS9103-2）
／鎌倉SWANY

No.
37 ITEM | 方底迷你托特包
作 法 | P.97

使用橫條花樣的起毛布＆素色的復古帆布進行拼接縫製的典雅托特包。是非常適合放入隨身物品，便攜出門的尺寸。接縫型的皮革提把則為整體提升了特色質感。

圖右・表布＝進口緹花布（IS6055-1）
圖左・表布＝進口緹花布（IS6055-2）
／鎌倉SWANY

No.
38 ITEM | 抓褶橢圓底手提袋
作 法 | P.98

阿拉伯式圖案的花樣（蔓藤花紋）給人大人風的印象。藉由添加於橢圓袋底＆本體上的尖褶，得以展現出圓滾滾渾圓外形的時尚手提袋。

表布＝進口緹花布（IS9101-1）
／鎌倉SWANY

No.
39 ITEM | 寬版側身方形托特包
作 法 | P.99

如購物袋般，但附有側身的方形托特包。像是將本體進行緣編修飾地施以壓線，作出袋角＆加固美麗的方正袋型。

表布＝進口緹花布（IS7082-1）
／鎌倉SWANY

No.
40 ITEM｜附提把梯型迷你包
作　法｜P.100

作　法｜P.100

在內附拉鍊的梯形波奇包上，接縫了皮革提把之後，製作成迷你手提袋。建議可用來收納裁縫工具、文具、化粧品等，容易散亂的小物品。

圖右・表布＝進口緹花布（IS4005-1）
圖左・表布＝進口緹花布（IS4002-1）
／鎌倉SWANY

PERSPECTIVES IN LEADER EFFECTIVENESS

No.
41 ITEM｜口罩收納夾
作　法｜P.81

可臨時放置口罩或存放備用口罩，以魔鬼氈固定，取放皆順手的口罩收納夾。由於質地輕薄如手帕般，是可隨身攜帶的便利小物。

圖右・表布＝進口緹花布（IS4001-1）
中央・表布＝進口緹花布（IS7081-1）
圖左・表布＝進口緹花布（IS4003-1）
／鎌倉SWANY

穿上時覺得「好舒服！這就是我想要的樣子！」

不隨著流行時尚而有所改變的簡潔線條，
帶點小巧思的經典修身款式，
27款展現自我的上衣／洋裝／褲子／外套，
隨興穿著，搭出喜歡的休閒&俐落味兒。

就是喜歡這樣的自己
May Me的
自然自在手作服

就是喜歡這樣的自己
May Me的自然自在手作服
伊藤みちよ◎著
平裝／88頁／21×26cm
彩色＋單色／定價450元

BAG with my favorite STORY

赤峰清香的布包物語

以閱讀及欣賞電影作為興趣，並用以轉換情緒的赤峰老師，將在各期伴隨感想文，向大家介紹想要推薦的書籍或電影，並製作取其內容為創作意象的設計包款。請跟著「布包物語」的企劃單元，進一步了解布包作家的創作背景小故事吧！

攝影＝回里純子　造型＝西森 萌　髮妝＝タニジュンコ　模特兒＝TARA

由於是以刺繡集中視覺焦點的設計，線材推薦使用日本Fujix Schappe Spun＃30號機縫線。

EARL GREY

本體外側附有可收納小物的口袋

KITCHEN

肩帶＆提把的2way款式，也是方便使用的加分重點。

No.
43 ITEM｜尼龍托特包（束口型）
作法｜P.94

No.
42 ITEM｜尼龍托特包（拉鍊型）
作法｜P.94

此作品使用的CEBONNER®布料，本身帶有棉布般質感，但輕盈且強韌耐用，很適合作為高度使用性袋物的素材。袋口有拉鍊型＆束口型兩種款式，可依個人喜好選擇製作。使用縫紉機內建裝飾性針趾，加上刺繡花樣的商標風格刺繡，妝點出整體的特色韻味。

〔NO.42〕
表布＝尼龍短纖維素材CEBONNER®（CB8783-8・淺駝色）
配布＝尼龍短纖維素材CEBONNER®（CB8783-30・海軍藍）／富士金梅®（川島商事株式會社）
〔NO.43〕
表布＝尼龍短纖維素材CEBONNER®（CB8783-8・淺駝色）
配布＝尼龍短纖維素材CEBONNER®（CB8783-25・紅色）／富士金梅®（川島商事株式會社）
〔NO.42・43通用〕
鉚釘釦＝雙面釦環・小（SUN11-134・AG）
D型環＝D型環40mm（SUN11-106・AG）
／清原株式會社

《キッチン》吉本ばなな
新潮文庫發行

與《キッチン》相遇，是當時為了上大學而隻身來到東京，開始獨自一人生活之際的事。對我而言，這是一本讓我讀了還想再讀，回味無窮的書。個人覺得這並不是一部愛情向的文集，而是在刻劃面對身邊的人去世，那些克服了孤獨的人們的故事。雖然過程有讓人感到痛徹心扉般痛苦的辛酸，卻也總能在讀至結尾時，使內心得到平靜溫暖、豁然開朗的釋然。

《キッチン》最大的魅力，在於那本身優異的情景描寫功力。

「儘管如此，在黃昏的夕陽餘暉環抱下，她以纖細的手為草木澆灌。隨著透明的水流，一道虹彩閃現在綺麗的柔光之中。」

這一段最能刺激五感的描述，在透明感中纖細至極的畫面，是何等美麗的情境啊！

另外，書中出現許多強而有力的名句，也是本書的一大魅力。其中令我印象最深刻的莫過於以下這句話。

「當年紀愈來愈大，會遇到更多形形色色的難關。好幾次都已經跌入谷底深淵。無數次苦痛的折磨、無數次挺了過來。絕對不能屈服認輸。咬緊牙關撐下去。」

儘管跌進了層層深淵，陷入無比絕望之中，每天依舊吃著每一餐，迎接明天的到來。進食就代表生存，關係到未來的存續。人心之所以能夠獲得救贖，正是美味的食物與人情的溫暖，我在讀完這本書後，重新認識到這一點。啊——好想吃美味的炸豬排飯呀！

話說，在這個故事當中，出現了好幾個需要使用大型包包的場景。像是外出購買無法一把抱住的大量食材，或美影小姐到外地出差，以及雄一先生為了逃避現實的外出遠行……我不自覺地萌生了一種好想送他們兩人一個質量輕盈、超大尺寸的托特包當作禮物的念頭！此作品也因此繡上了美影小姐最喜歡的場所KITCHEN，以及雄一先生經常沖泡的茶EARLGREY的電腦文字刺繡。

キッチン
Banana Yoshimoto
吉本ばなな
新潮文庫

※中譯《廚房》
吉本芭娜娜◎著

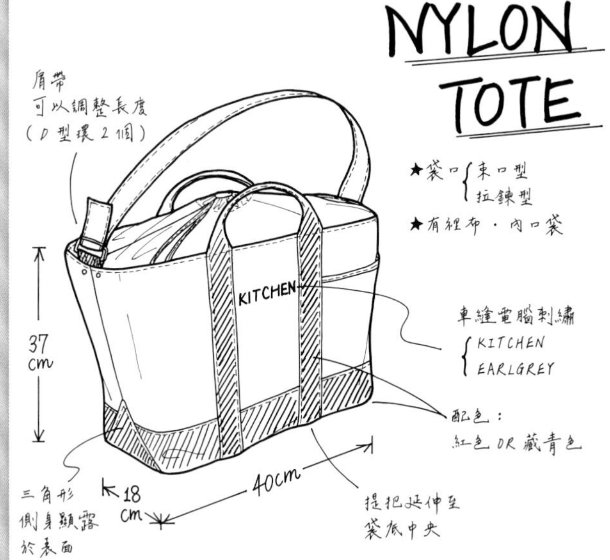
NYLON
TOTE
肩帶
可以調整長度
（D型環2個）
★袋口｛束口型
拉鍊型
★有裡布・內口袋
KITCHEN
車縫電腦刺繡
｛KITCHEN
EARLGREY
37cm
配色：
紅色 OR 藏青色
三角形
側身顯露
於表面
18cm
40cm
提把延伸至
袋底中央

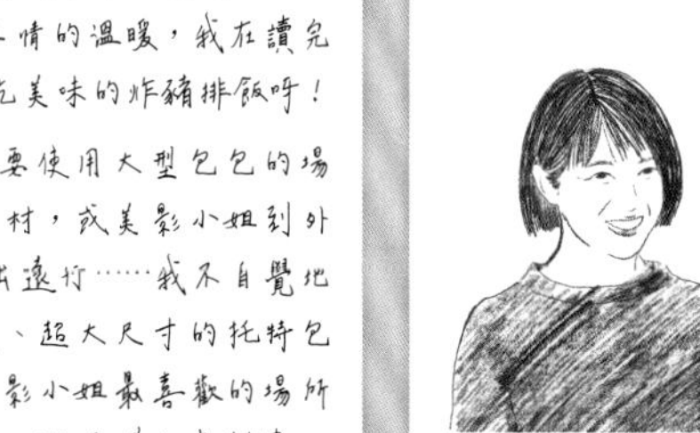

profile **赤峰清香**

畢業於文化女子大學服裝學科。於VOGUE學園東京校＆橫濱校，以講師身分進行活動。最新著作《仕立て方が身に付く 手作りバッグ練習帖（暫譯：學習縫製方式 手作包練習帖）》Boutique社出版，內附原寸紙型，且因詳盡的步驟圖解讓人容易理解而大獲好評。

http://www.akamine-sayaka.com/

@sayakaakaminestyle

疊緣 TATAMI-BERI

簡單！時尚的手作

包覆榻榻米邊緣的「疊緣（榻榻米布邊）」，
近日因作為手藝用素材而備受矚目。
你也不妨試著挑戰看看可以輕鬆製作，
成品別具時尚感的疊緣手作吧！

攝影＝回里純子　造型＝西森 萌

No. 44

No. 45

布包作家・赤峰清香的疊緣布作！

No. 44 ITEM｜疊緣工具袋
作 法｜P.101

No. 45 ITEM｜疊緣工具盒
作 法｜P.103

誠如赤峰老師所說「如果有一個收納瑣碎物品專用的小袋子，家裡將倍感清爽整齊。」將拼接疊緣製成的工具收納袋＆布盒，成組搭配使用，肯定更加便利。收納裁縫工具、搖控器或口罩等生活必需品，也很合適。順帶一提，據說赤峰老師是用來收納自己平時經常聆聽的CD。

[No.44]表布＝疊緣 lent（119・銀灰色）、lent（122・暗灰色）、條紋（09・紅×白）／高田織物株式會社
[No.45]表布＝疊緣 lent（104・奶油黃）、lent（103・淺駝色）、條紋（10・藍×白）／高田織物株式會社

疊緣大剖析！

疊緣的特徵

疊緣的常見尺寸，寬約8㎝。顏色＆花樣豐富多樣，且為容易處理的素材，因此從幾年前起，就以作為手工藝素材開始備受矚目。如今，甚至在手藝用品店、大型居家修繕中心或一部分的雜貨用品店等，都可以購得裁剪成易於使用的長度規格。

什麼是疊緣？

榻榻米是和室裡不可欠缺要素，而包覆這長方形榻榻米縱長邊的布，就叫做「疊緣」。具有預防榻榻米邊角的磨損，以及收緊鋪滿的榻榻米與榻榻米之間縫隙的功能。它曾經有過依不同顏色與花樣來代表使用者身份的時代，也曾以絹、麻、棉等素材製作。現今以合成纖維的材質蔚為主流，無論顏色或花樣皆可自由挑選。

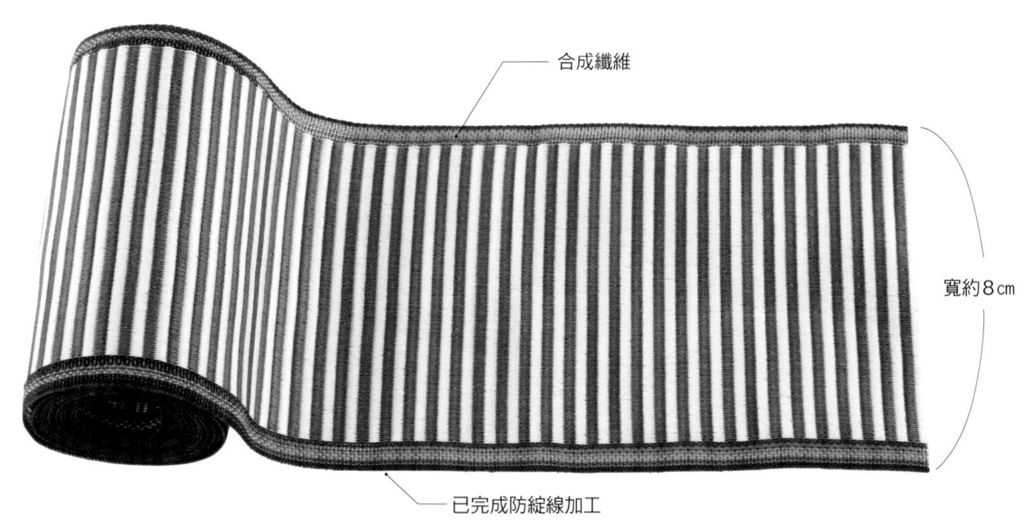
合成纖維
寬約8㎝
已完成防綻線加工

疊緣的各種使用方法

作為新手作素材而受到矚目的疊緣，諸如波奇包、注連繩飾、祝儀袋等，各式各樣的雜貨已紛紛製造上市。

AMABIE

赤峰老師重點教學！

布包作家・赤峰清香

@sayakaakaminestyle

疊緣的手作重點筆記

- ☑ 疊緣的裁剪相當輕鬆容易！無須如一般布料般辨別布紋，即可進行縫製處理。
- ☑ 因為是以條狀規格販售，就算沒有可大幅度攤開布料的空間也OK。
- ☑ 因為兩端皆已進行收邊處理，所以不必擔心綻線的問題，令人格外放心。
- ☑ 因為使用熨斗會導致布料熱融，所以嚴禁熨斗整燙！但疊緣很容易就能作出摺痕，因此只要使用滾輪骨筆作記號就十分便利。
- ☑ 縫線亦可使用日本Fujix Schappe Spun＃60號機縫線，但赤峰老師使用＃30號，可使針趾較為密合於具有彈性的疊緣。

photo : Yukari Shirai　styling : HAL　@flower.atelier.haru

Serialization / **TEMARiCIOUS**

透過手鞠球感受季節更迭之美

手鞠的時間

位於東京・西荻窪的草木染線與手鞠商店「TEMARiCIOUS」的連載正式登場！每當纏線製作手鞠時，心情也跟著圓潤暖和了起來。快！事不宜遲，一起動手來纏線吧！

No. 46 ITEM｜柚子手鞠
作 法｜P.38

層層重疊的三角形花樣，就像是在晴空萬里的冬季天空下悄悄綻放的柚子花。取三種黃色系的手鞠繡線各2股，以表現出深淺變化的層次感。再以深綠色的手鞠繡線，繡上新鮮水嫩的柚子葉。

纏線＝細線（黃色）
繡線＝手鞠線（深黃色・淺膚色・淺黃色・深綠色）／TEMARiCIOUS

啜口柚子茶暫時歇會兒——
以柚子手鞠的下午茶組合傳達意境，進行陳列。
散落在壺底下的紅豆，
其紅色具有驅邪辟凶的含意。
日本也有部分地區會在冬至時，
吃一碗紅豆粥＆南瓜一起熬煮的「糯米南瓜煮物」。

以手鞠作為迎接冬季的準備

「在這次連載中，想要透過手鞠來表現季節的移轉。」TEMARiCIOUST的安部振奮地說著他的構想，因此呼應季節，製作了大小剛好可以完全放在單手掌心上，無比可愛的「柚子手鞠」與「南天竹手鞠」。

「當我思考著代表冬天的圖案時，腦海中忽然浮現出冬至的柚子，以及過年時的南天竹。」冬至＝「湯治」（冬至與湯治日文發音相同）、柚子＝「融通圓滿」（柚子與融通日文發音相同）。由於兩者諧音相同，因此被認為冬至當天若能泡個柚子澡，就「不會感冒，可身體健康地度過寒冬」。在進行六等分渡線的素球手鞠上，逐一纏線組合三角形圖樣，最後完成了柚子的果實，隨著觀賞視角不同，也能看到柚子花喔！

另外，雖與柚子手鞠為相同的作法，藉由改變繡線顏色的方式，也能配置出南天竹手鞠。過年的插花擺飾中不可欠缺的南天竹，由於日文的南天與難転讀音相同（難を転じて福となす，譯：災禍轉成為福氣），所以自古以來就被視為吉祥好采頭的樹木。

SHOP

TEMARiCIOUST
東京都杉並區西荻北3-13-12
http://temaricious.com/
@temaricious

No.
47 ITEM ｜南天竹手鞠
作 法 ｜P.38

與No.46柚子手鞠的作法、設計幾乎完全相同，但將繡線改成以南天竹為概念的顏色。僅僅改變繡線顏色，整體印象就完全改觀，也是手鞠創作的樂趣之一。

纏線＝細線（淺粉紅色）
繡線＝手鞠線（朱紅色・苔蘚綠・淺粉紅色・淺茶色）

一打開盒蓋，就見到手鞠花朵盛開的模樣！
更令人驚喜的，
是與乾燥的永生花一起填滿盒子的巧思。
盒裝的設計可直接作為新春擺飾，
或當作新年賀禮也很推薦。

淺卡其色的繡線，是以南天竹的葉子進行染色。南天竹自古以來就被視為具有驅魔及去災解厄功效，是經常被擺放於玄關處的室內植物。

以當季的草木進行染色的線材

TEMARiCIOUS線材，皆是在店內的染色專用工作室內進行染色。冬季時，使用花期結束的金木犀或整修剪定的杏木樹枝等素材。與每種顏色的邂逅都是一期一會的難能可貴。就算使用相同素材、以相同方式進行染色，也會有些許差異，但這也是染色的有趣之處。

作法

No.
46 柚子手鞠

1.製作素球（環形台）

薄紙
稻糠
1

將稻糠置放於薄紙上。

圓周長15cm／稻糠10ｇ 薄紙15cm×15cm

工具・材料

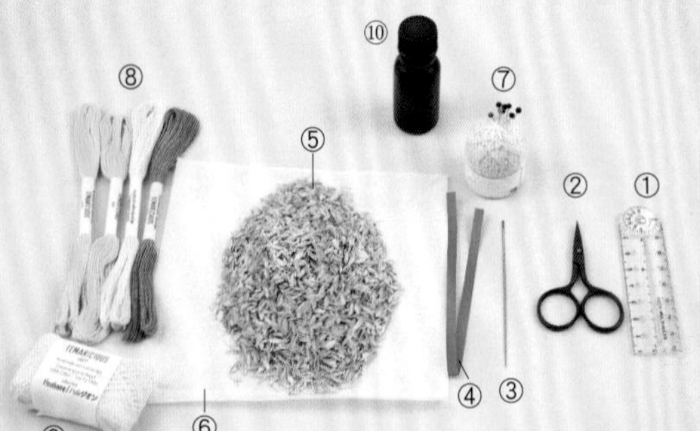
⑩
⑧
⑦
⑤
②
①
④
③
⑨
⑥

①定規尺
②剪刀
③針（手鞠用針，或厚布用針9cm）
④紙條20cm（捲紙或裁剪成寬5mm條狀的影印紙）
⑤稻糠
⑥薄紙
⑦珠針
⑧手鞠繡線
⑨手鞠纏線（細線）
⑩精油
筆記用具

精油
2

依喜好於稻糠中添加精油。

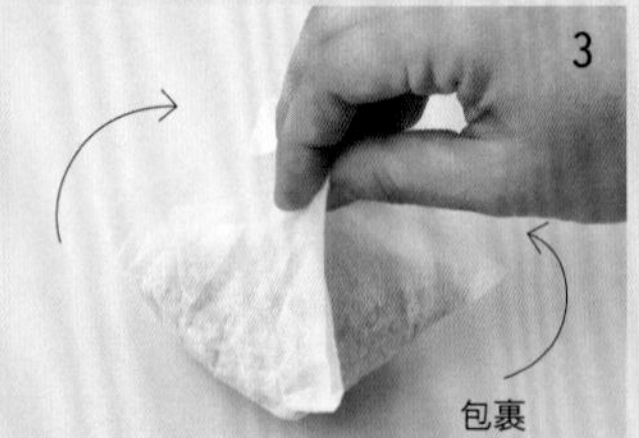
3
包裹

以薄紙包裹稻糠。

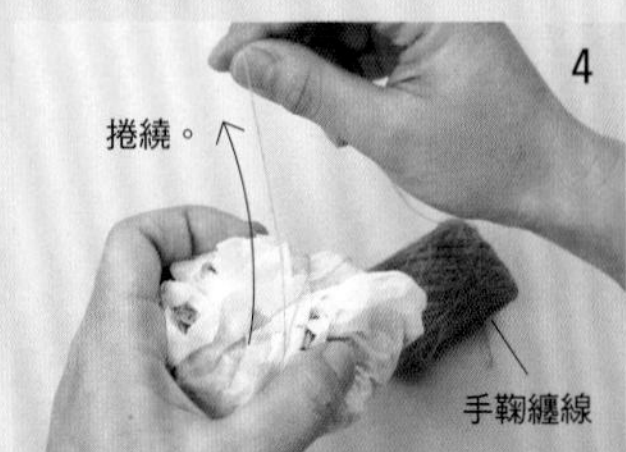
捲繞。
4
手鞠纏線

薄紙避免重疊地捏成小球狀，並以手指壓住纏線的一端，開始輕輕地纏繞底線。

5

隨機纏繞底線，形成如哈密瓜網眼般的紋路。期間，偶爾以手掌滾動，整塑成小球狀。

6
緊密纏繞。

待薄紙已被隱藏了八成左右，開始緊密地纏繞底線。並確認球體狀態，使圓周大約為15cm，一直纏繞至薄紙完全隱藏為止。

線端
7
針

待纏線完之後，將針插在素球上，線端穿過針眼。

8
針

將針抽出，線端藏入素球之中。

北極
9
赤道
南極

素球完成。上端稱為北極，下端稱為南極，中心則稱為赤道。

2.進行分球（六等分）

珠針
1
北極

於隨機的位置上取北極，並插入珠針（定位）。可依北極、南極、赤道更換珠針的顏色，比較容易分辨清楚。

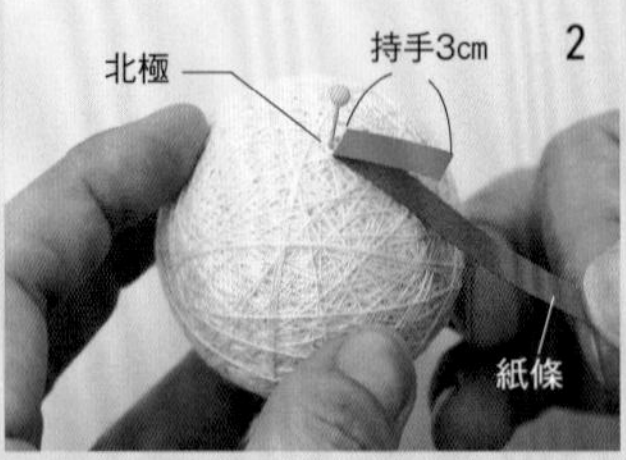
北極
持手3cm
2
紙條

將紙條末端摺疊3cm（此稱為持手），貼放於北極處。

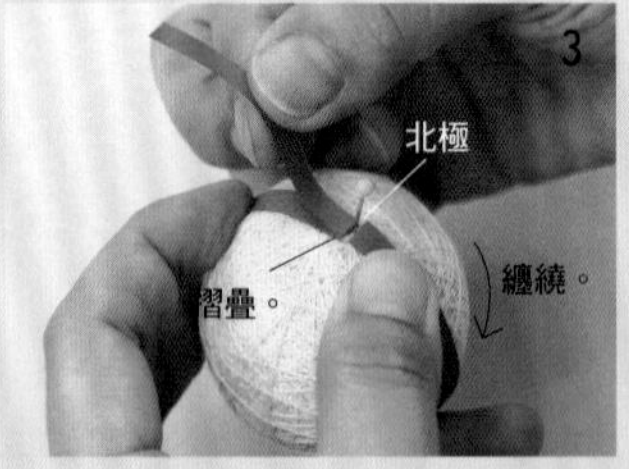
3
北極
纏繞。
摺疊。

以紙帶於素球上纏繞1圈。對齊步驟2已摺疊好的位置，摺疊另一端。

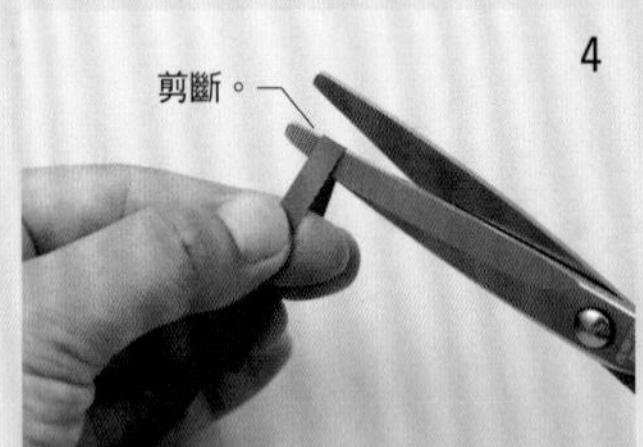
剪斷。
4

依步驟3摺疊位置進行裁剪，以此測量素球的圓周。

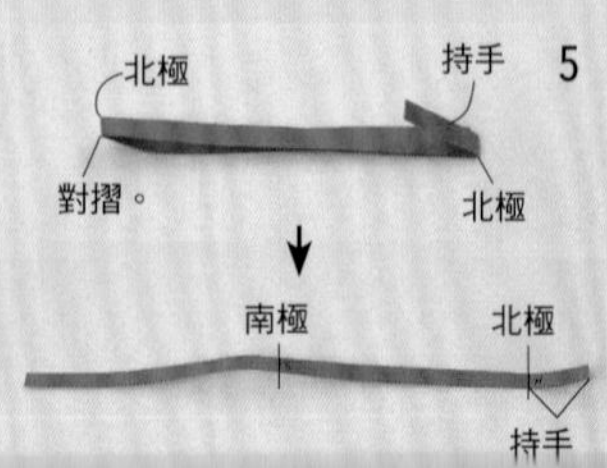
北極
持手
5
對摺。
北極
南極
北極
持手

持手保持摺疊的狀態，將紙條對摺。步驟2中摺疊的位置為北極，對摺處為南極。

珠針
6
北極
紙條

暫時取下北極的珠針，疊放上紙條，刺入紙條北極處，再次刺在相同位置。

纏繞。
珠針
7
南極
紙條

將紙條纏繞於素球上，並於紙條南極左脇邊刺入珠針。

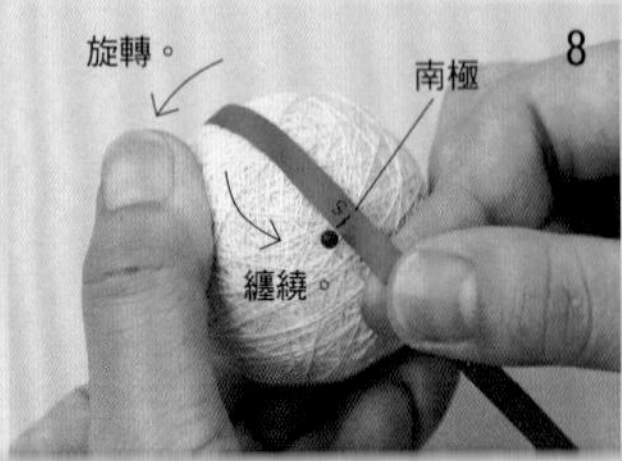
旋轉。
南極
8
纏繞。

將素球轉至赤道側，重新纏繞紙條，測量北極與南極之間幾處位置，一邊避開步驟7的珠針位置，一邊決定正確的南極位置。

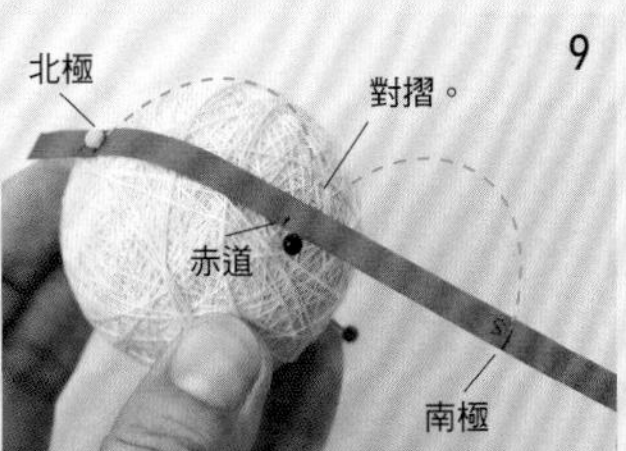
9
北極
對摺。
赤道
南極

在紙條的北極與南極之間對摺，找出赤道的位置。再次將紙條纏繞於素球上，於赤道位置的左脇邊刺入珠針。

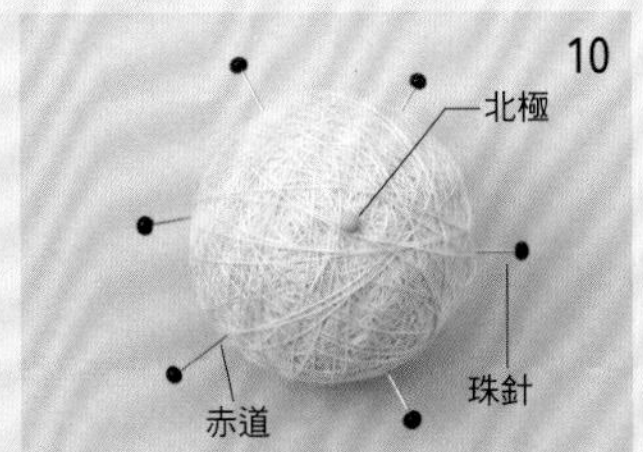
10
北極
珠針
赤道

旋轉素球，依相同方式以紙條測量赤道位置，隨機於6處刺入珠針。取下紙條。

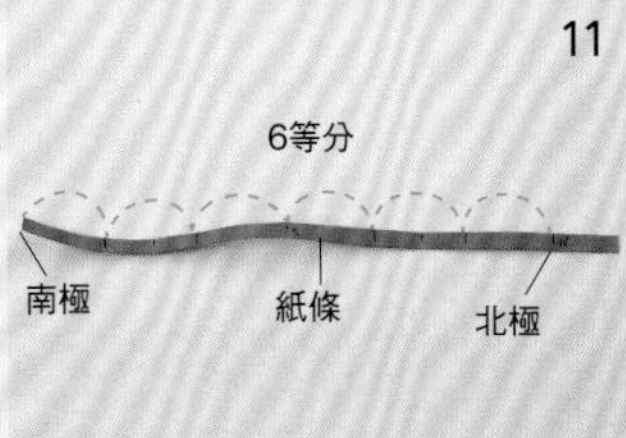
11
6等分
南極
紙條
北極

在紙條的北極與南極之間，作6等分記號。

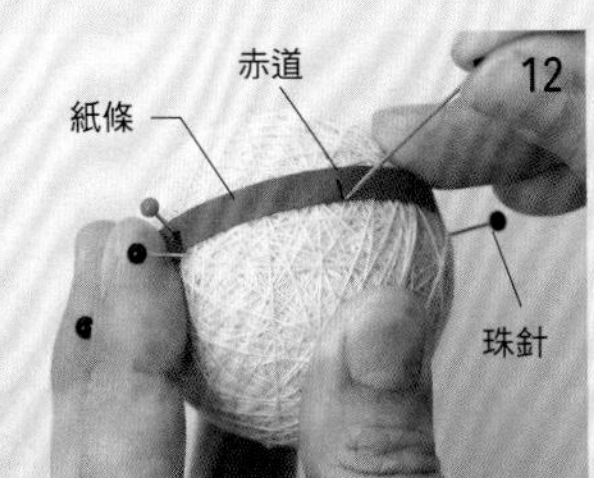
12
赤道
紙條
珠針

將紙條纏繞於步驟10測量的赤道位置，並將珠針重新刺入步驟11的6等分記號處。

13
北極
赤道
南極

北極、南極選定，赤道已分6等分。

3.添加分球線

1
北極
3
針

取2股分球線用的繡線穿入針中，在距離北極3cm處入針，並由北極出針。

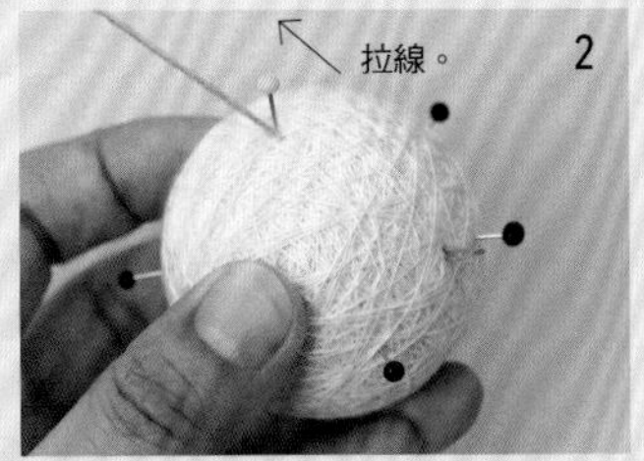
2
拉線。

抽針，拉動繡線將線端藏入素球中。步驟1、2為刺入手鞠針的基本技法。

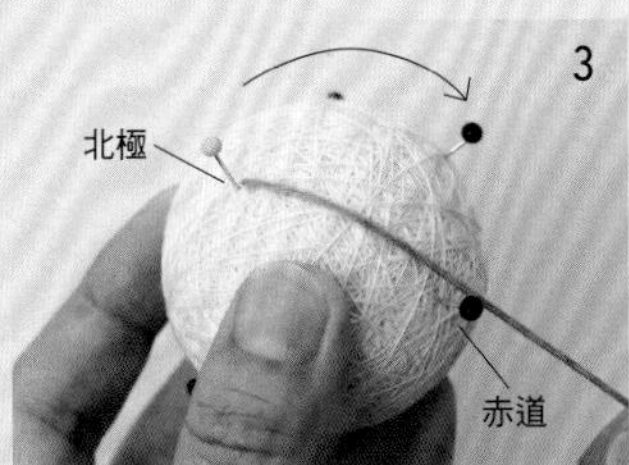
3
北極
赤道

避免繡線脫落，使繡線位於入針的相同側（在此統一為珠針右側），通過赤道上珠針的右側。

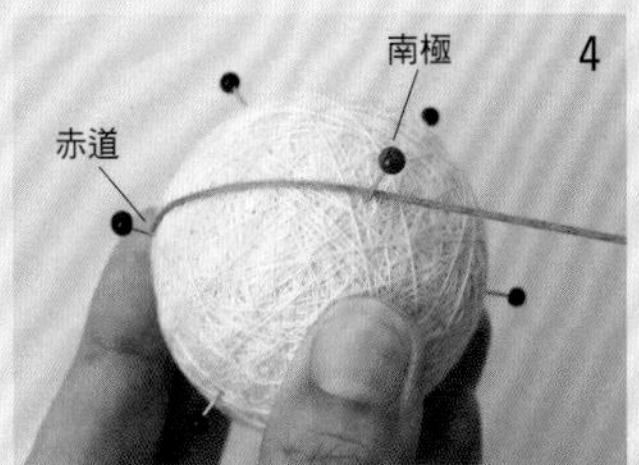
4
南極
赤道

依相同方式，通過南極珠針的右側。

5
北極

返回北極，並通過珠針的右側，依步驟3、4相同作法，再通過相鄰的赤道上珠針的右側。

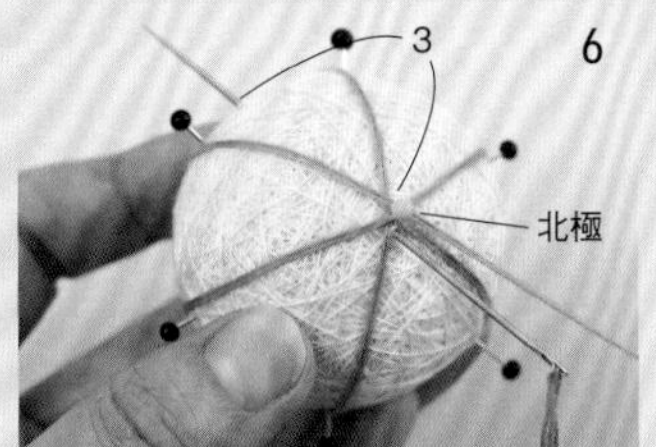
3
6
北極

依相同方式通過6條赤道上的珠針，最後在繡線左側往北極入針，再從距離3cm處出針，剪斷繡線。

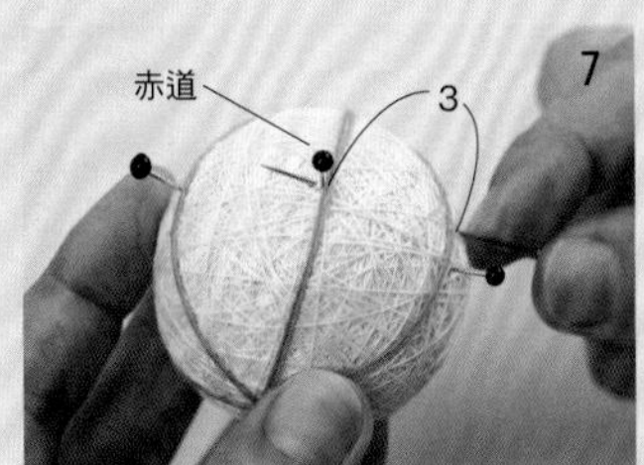
赤道
3
7

在距離赤道珠針3cm處入針，於赤道出針。依步驟2相同作法，拉動繡線。

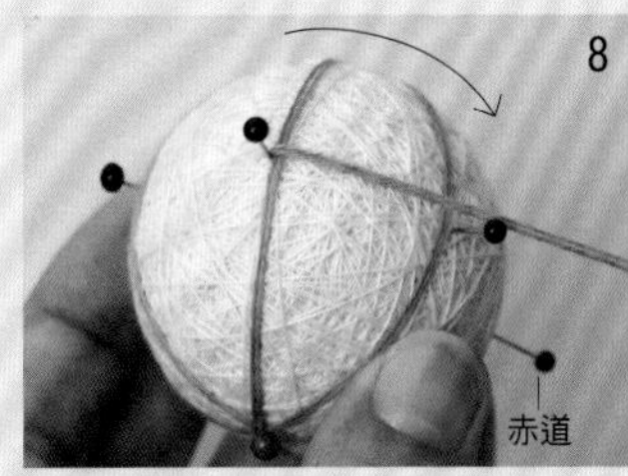
8
赤道

使繡線位於入針的相同側，通過赤道珠針的右側。

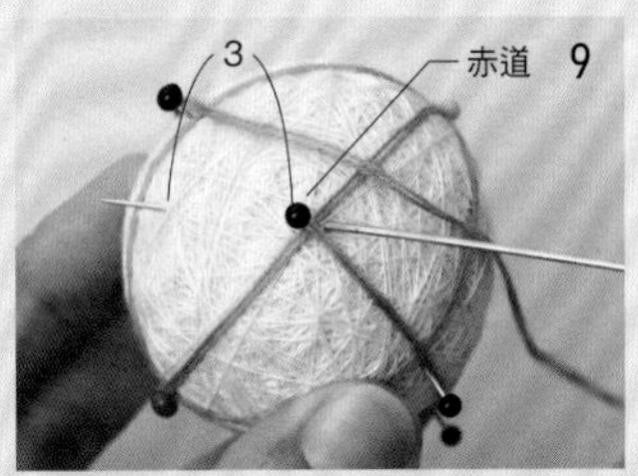
3
赤道
9

完整地纏繞1圈，回到赤道起始點的珠針處，在與其交錯的北極＆南極繡線段前側刺入手鞠針，再從距離3cm處出針，剪斷繡線。

4.進行三角形挑繡

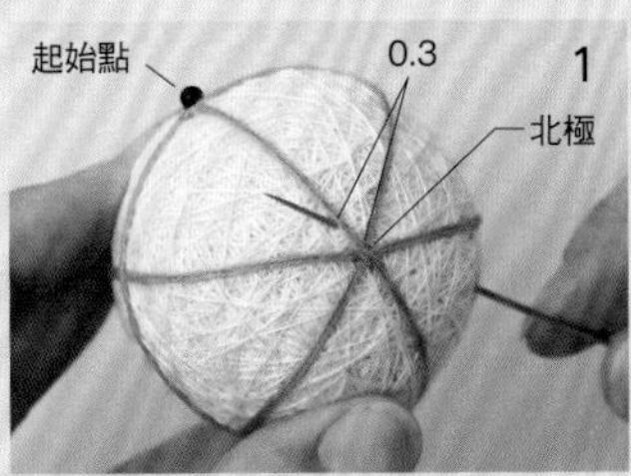
起始點
0.3
1
北極

決定赤道的起始點，取下除此以外的珠針。取2股繡線，在距北極0.3cm處的繡線左側出針。

2
0.3
北極
起始點

依順時針方向跳過1條繡線，在距北極0.3cm處的繡線右側往左穿入手鞠針。請注意避免2股渡線呈扭曲纏線狀。

3
0.3
北極

順時針方向跳過1條繡線，依相同方式挑繡。

起始點
0.3
4
北極

返回起始點，於繡線的左側往上0.3cm處，斜向刺入手鞠針，開始挑繡第2圈。

3
5

重複步驟2至4，挑繡3圈。待繡完之後，於距離3cm處出針，剪斷繡線。

起始點
6
0.3

第2段將素球起始點移至於右側，並由起始點的左側相鄰繡線開始挑繡。於第1段算起0.3cm的分球線左側出針。

7

依第1段相同方式挑繡。

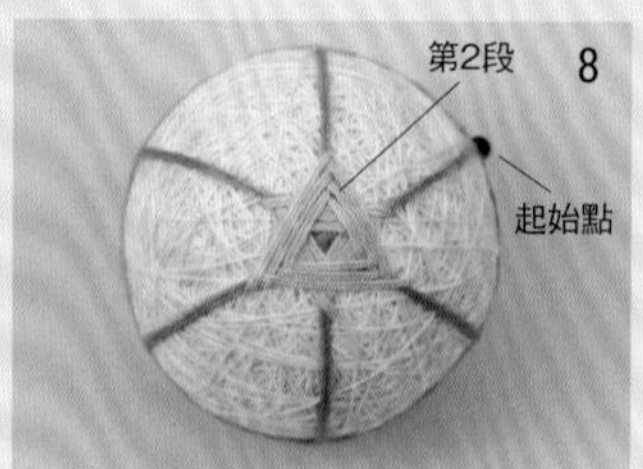
第2段 8
起始點

第2段挑繡完成。

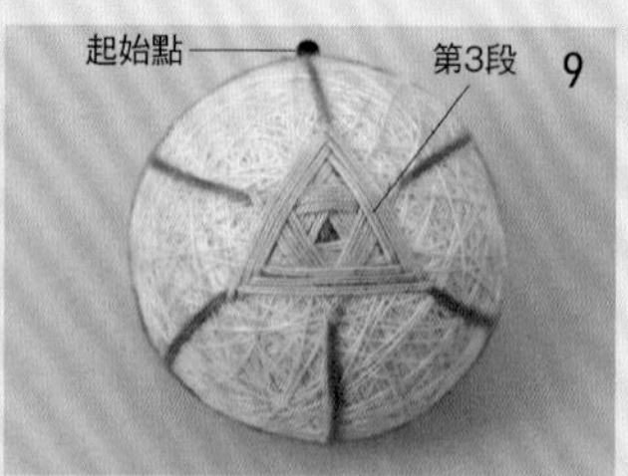
起始點
第3段 9

第3段返回起始點，依第1段相同方式挑繡。

10

第4段依第2段相同方式，由起始點的左側相鄰繡線開始挑繡。重複以上步驟，共挑繡6段。南極側亦以相同方式挑繡。

5.繡上葉子

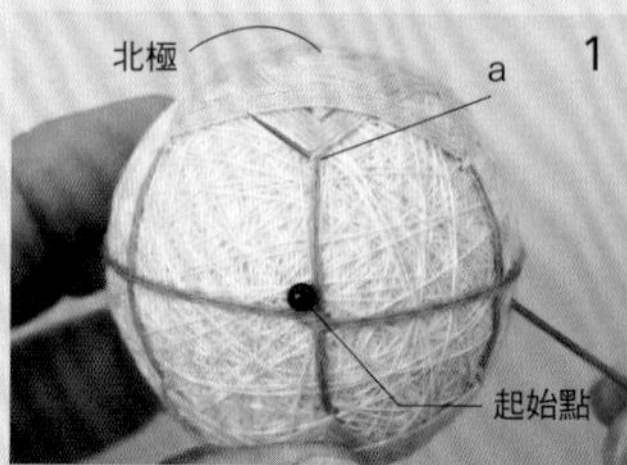
北極
a 1
起始點

添加葉子的輔助線。於起始點的三角端邊緣（a）出針。

2

依順時針方向跳過1條繡線，自三角形挑繡的邊端縱向刺入手鞠針。

3

依相同方式穿縫3處，固定繡線。

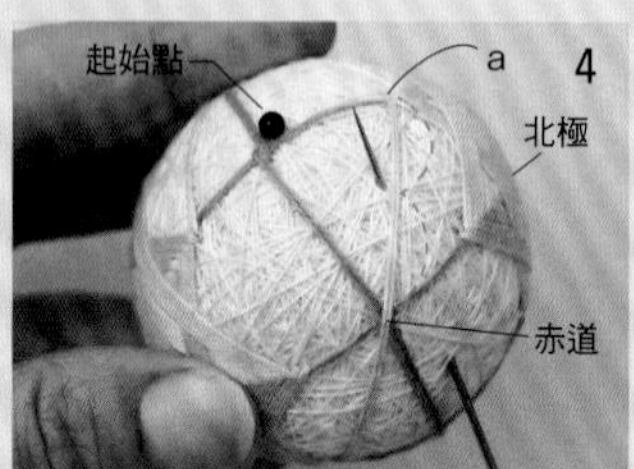
起始點
a 4
北極
赤道

挑繡葉子。於赤道與a的一半位置上出針。

5

避免造成繡線扭曲纏繞，沿著輔助線，往下垂放。

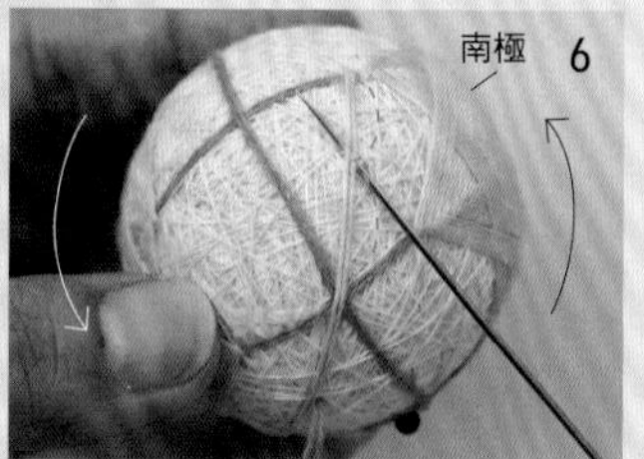
南極 6

改變素球上北極與南極的位置，由繡線右側往左側挑繡另一側與步驟4相同的位置。此處為了方便辨識而避開繡線，但實際上繡線已事先配置在輔助線上。

北極 7
0.3

再次將素球朝向北極側操作，於步驟4右側刺入手鞠針，再往上方0.3cm左側斜向挑繡。

8

重複4次步驟4至7。剩餘的2處也以相同方式挑繡。

YOKO KATO

方便好用的圍裙&小物

裁縫作家・加藤容子至今製作過的圍裙，數量竟多達200件以上！本期將重點介紹10月發行的新作《使い勝手のいい、エプロンと小物（暫譯：方便使用的圍裙與小物）》中未收錄，個人私藏的烘焙工作服&烘焙帽。

攝影＝回里純子　造型＝西森 萌　髮妝＝タニジョンコ　模特兒＝TARA

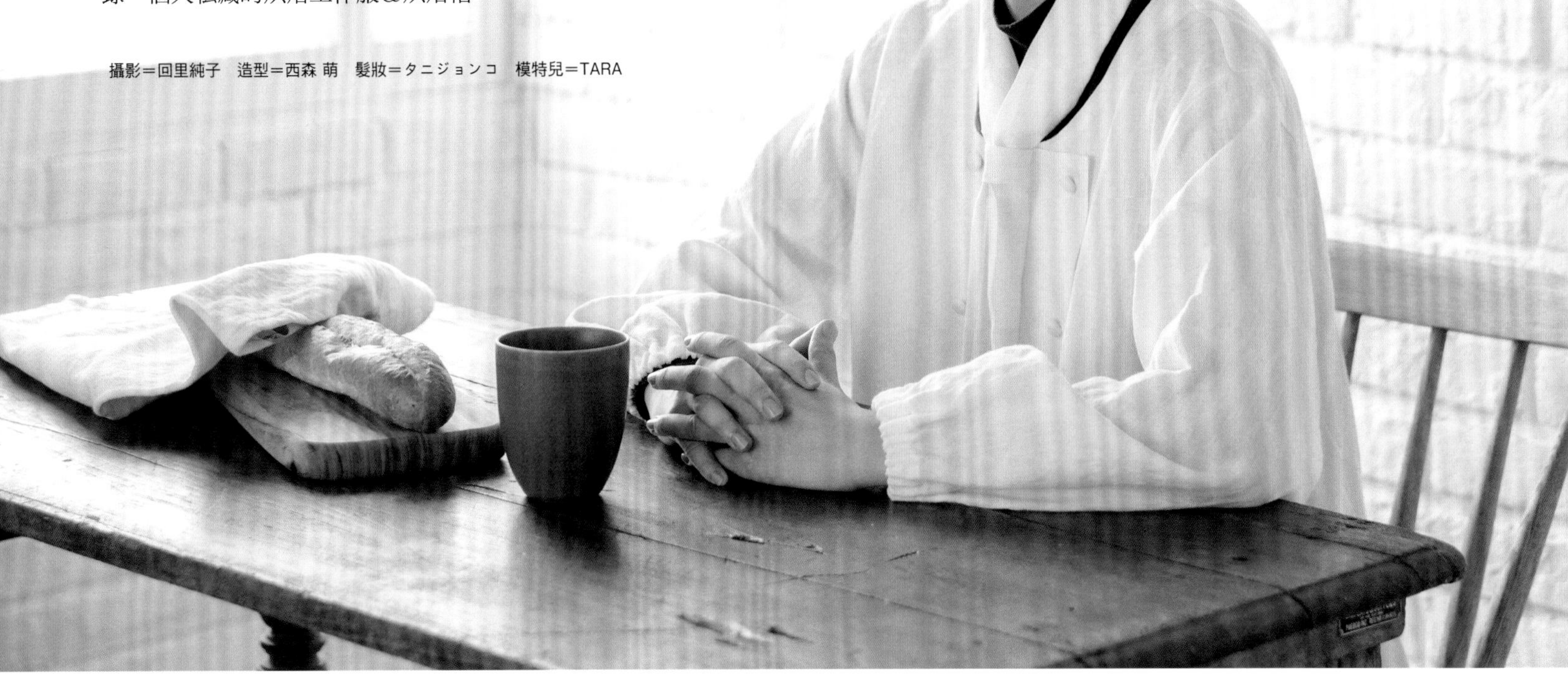

No.49 ITEM | 烘焙工作帽
作法 | P.107

以No.48烘焙工作服相同布料製作的成套烘焙帽。若要製作成寒冷季節時的外出帽，建議使用深色亞麻布料。

高支紗亞麻布（RN5066-19）／La Toile

No.48 ITEM | 烘焙工作服
作法 | P.106

某天醉心於烘焙麵包之際，心想機會難得，突然有股很想穿上整套烘焙工作裝來準備材料的想法。因為是以像穿上割烹着（烹飪服）的感覺來製作，所以除了做麵包之外，無論進行釀造味噌的準備或製作季節性的醃製食品時，都不必擔心弄髒衣服，非常深得我心。

高支紗亞麻布（RN5066-19）／La Toile

profile **加藤容子**

縫紉作家。目前在各式裁縫書籍和雜誌中，刊載許多作品。為了能夠達成「任何人都容易製作，並且能漂亮完成」的目標，每 件創作都是謹慎地檢視作法&反覆調整製作而成，因此發表作品皆深具魅力。近期著作《使い勝手のいい、エプロンと小物（暫譯：方便使用的圍裙與小物）》Boutique社出版。

https://blog.goo.ne.jp/peitamama　@yokokatope

使い勝手のいい、
エプロンと
小物
加藤容子著

以手作迎接

聖誕節

一年一度的聖誕節即將到來，
在此將由兩位作家與你分享
精心設計的聖誕節手作小物。

攝影＝回里純子　造型＝西森 萌

THE
LITTLE MACTH
Seller
SAFTY 1845 MATCHES
H.C.ANDERSEN
MADE IN DANMARK

No. 51

No. 50

No. 52

福田よしこ 聖誕節手作小物

No. 50至 No. 52

ITEM｜賣火柴的小女孩（No.50）
聖誕樹（No.51）
房屋（No.52）

作　法｜P.108

「嘗試創作以童話《賣火柴的小女孩》為主題的作品。」福田老師寄來的盒子裡，裝著三個手掌般大小的火柴盒。抽開盒蓋，隨即看見藏身其中的袖珍型賣火柴的小女孩&聖誕樹。隨手擺設在桌上，彷彿就能讓人聽見聖誕鈴聲一般。

在房屋擺飾的盒子裡，裝有小型LED燈，隱約可見屋內透出的一縷亮光。

No.
53

Jeu de Fils ×十字繡 小老鼠的針線活

No. **53** ITEM｜十字繡小掛飾（鳥兒＆愛心）

作　法｜P.110

使用1目刺子繡描繪圖案，作出邊長約4㎝，造型如小抱枕般的聖誕節小掛飾。內裡塞入羊毛，當作針插墊使用也OK。

※圖・下「房屋＆狗十字繡小掛飾」為欣賞作品。

No.
54

No. **54** ITEM｜小老鼠波奇包～聖誕節

作　法｜P.111

2020一整年，在Jeu de Fils連載單元中為大家展現歡樂表情的小老鼠們，搖身一變成為聖誕節禮物了！無論是拉雪橇的繞線回針繡，或點綴於聖誕樹上的小珠子等，都增添了幾分色彩。B5大小的對摺波奇包，可依據收納其中的內容物改變尺寸，方便靈活使用。

Jeu de Fils
×
十字繡

小老鼠的
針線活

刺繡家・Jeu de Fils高橋亞紀的十字繡連載單元最終章——本期就讓我們一起來完成，將從春季號開始持續製作至今的裁縫工具們一併收納其中的縫紉工具包吧！

No.
55 ITEM｜小老鼠縫紉工具包
～coffret de couture～
圖案｜P.45
縫製方法｜P.110

線材、剪刀、星星與王冠……布面上填滿了可愛十字繡圖案的對摺波奇包。除了春季號製作的針插、夏季號的針具收納包、秋季號的小布盒之外，還可一併放入刺繡框及剪刀等。精心設計的尺寸，大小適中又好用。

No.
55

攝影＝回里純子　造型＝西森 萌　製作協力＝Labo. Jeu de Fils　為貝浩子

profile

Jeu de Fils・高橋亞紀

刺繡家。經營Jeu de Fils工作室。從小就對刺繡感興趣，居住法國期間正式學習刺繡，於當地的刺繡圈出道。一邊與各地的手藝家進行交流，一邊開始蒐集古刺繡、布品與相關資料等，返回日本後成立工作室。目前除於工作室與文化中心舉辦講座，也於雜誌與web上發表作品。

http://www.jeudefils.com/

完美收藏從春季號起累積製作的寶貝作品，
裁縫工具組終於大功告成！

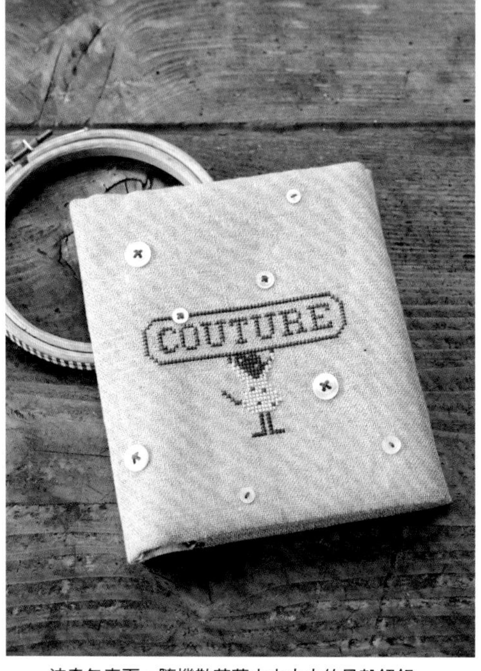

COUTURE

波奇包表面，隨機散落著大大小小的貝殼鈕釦。

No.55 小老鼠縫紉工具包 ～coffret de couture～

※波奇包的縫製方法參見P.110。

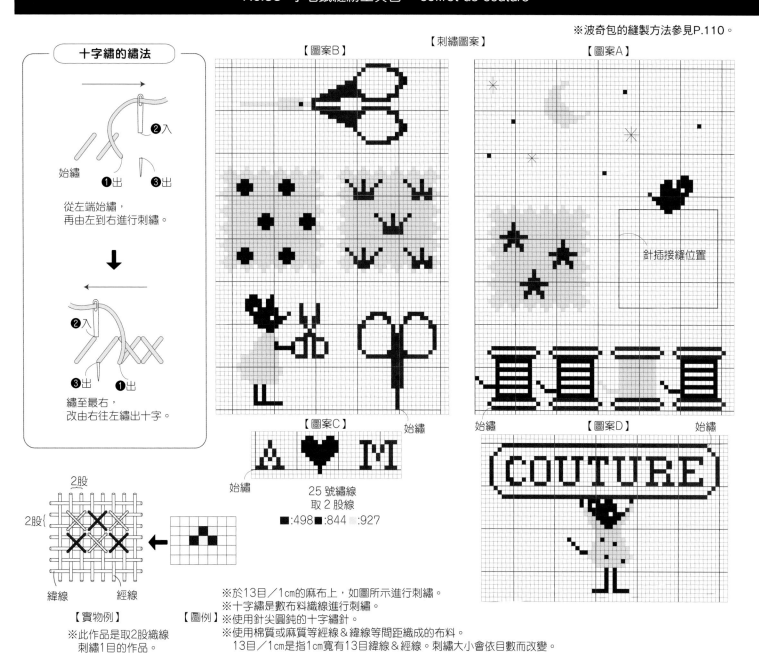

十字繡的繡法

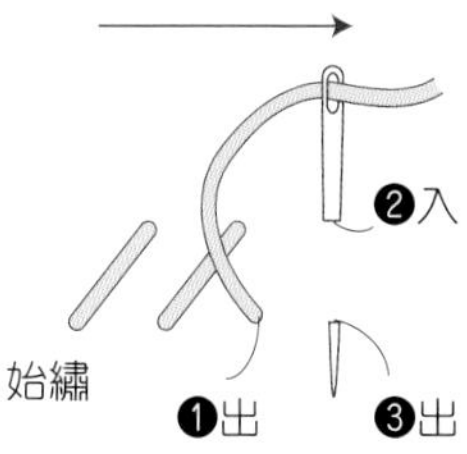

❷入

始繡 ❶出 ❸出

從左端始繡，
再由左到右進行刺繡。

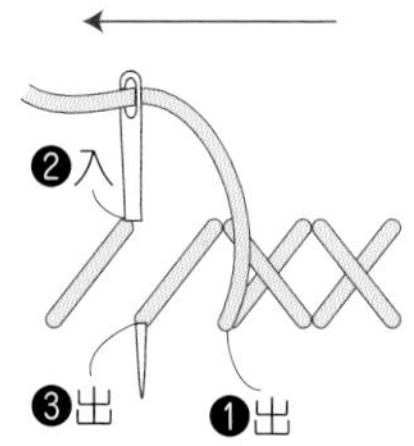

❷入

❸出 ❶出

繡至最右，
改由右往左繡出十字。

【刺繡圖案】

【圖案B】

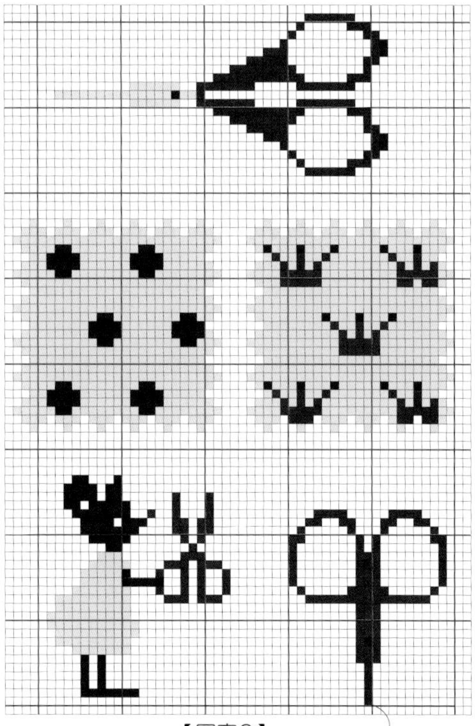

始繡

【圖案A】

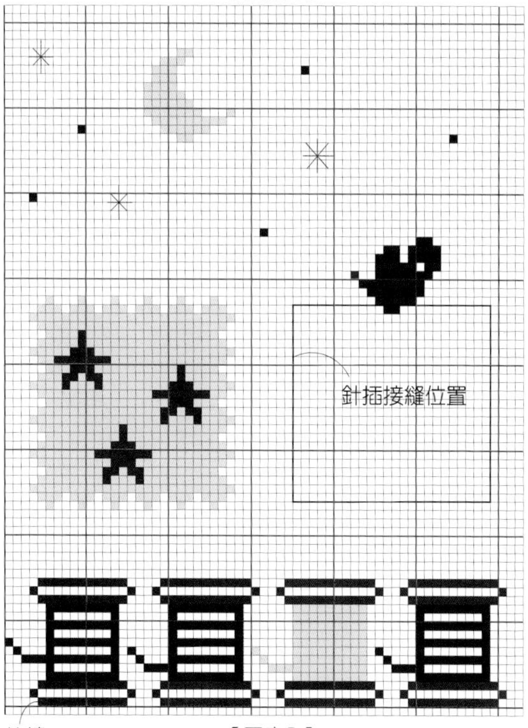

針插接縫位置

始繡

【圖案C】

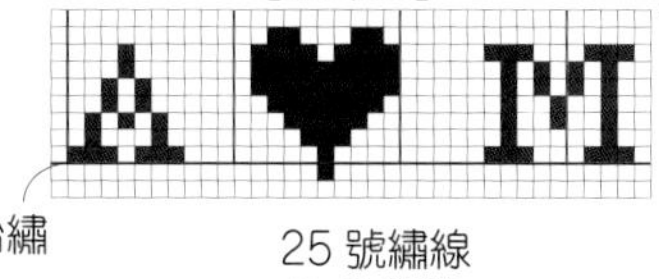

A ♥ M

始繡

25號繡線
取2股線
■:498■:844 :927

【圖案D】

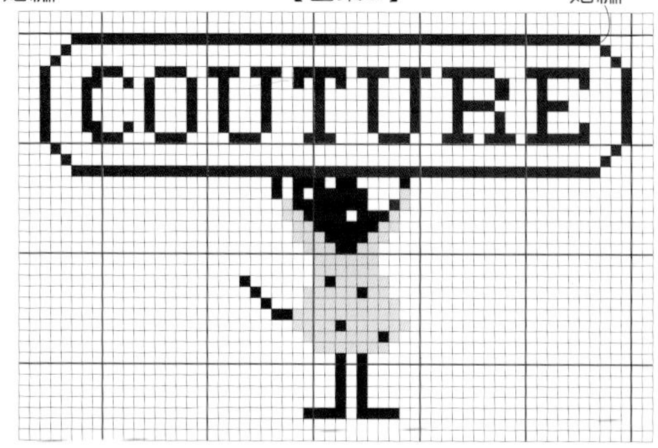

始繡

COUTURE

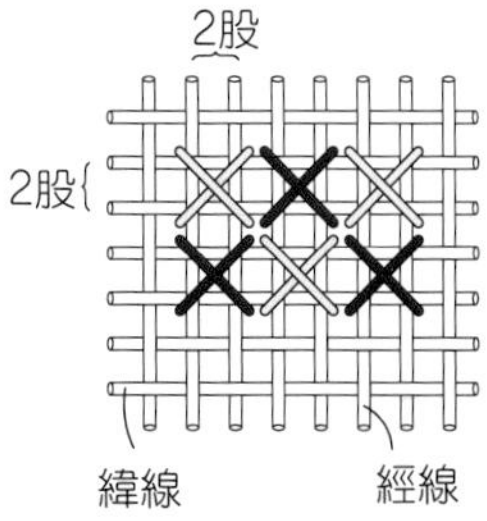

2股

2股{

緯線 經線

【實物例】

※此作品是取2股織線
刺繡1目的作品。

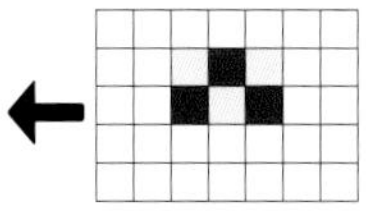

【圖例】

※於13目／1㎝的麻布上，如圖所示進行刺繡。
※十字繡是數布料織線進行刺繡。
※使用針尖圓鈍的十字繡針。
※使用棉質或麻質等經線＆緯線等間距織成的布料。
13目／1㎝是指1㎝寬有13目緯線＆經線。刺繡大小會依目數而改變。

Toshiko Fukuda

透過手作享受繪本世界的樂趣

～木偶奇遇記～

The Adventures of Pinocchio

手藝設計師福田とし子以繪本為題材的人氣連載第4回。
本期福田老師選擇的喜愛繪本是《木偶奇遇記》，
一起來欣賞書中登場的可愛繪圖將如何以手作方式呈現吧！

攝影＝回里純子　造型＝西森 萌

【木偶奇遇記】

玩具老木匠傑佩托（Geppetto）親手雕刻出來的木偶～皮諾丘（Pinocchio），被藍仙子賦予了生命，經過各式各樣的邂逅與歷練後，逐漸學會了勇敢、誠實與無私的冒險物語。

No. 57 ITEM ｜鯨魚造型口金波奇包
作 法 ｜P.105

靈感來自在海上遭到鯨魚國王一口吞下的皮諾丘。將大大張口的鯨魚嘴巴，作成口金包的樣式。只要放入內容物後，身體就會跟著膨脹，變成如鯨魚般的造型。

ABC

No. 56 ITEM ｜馬戲團旋轉吊飾
作 法 ｜P.104

將欺騙皮諾丘的欺詐師狐狸＆以團長Stromboli為首的馬戲團進行圖像實物化。每一個圖案都非常可愛，當成聖誕節飾品也很有氣氛唷！

HOHNER

No. 58 ITEM ｜小木偶皮諾丘
作 法 ｜P.102

鼻子使用真正的樹枝，全長約40cm的皮諾丘布偶。將因為在遊樂島貪玩而長出驢子耳朵的皮諾丘完美地呈現出來。

profile **福田とし子**

手工藝設計師。持續於刺繡、編織與布小物類的手工藝書刊上發表眾多作品。手作誌連載是以福田老師喜愛的繪本為主題，介紹兼具使用、裝飾、製作樂趣的作品。

https://pintabtac.exblog.jp/

@beadsx2

攝影＝回里純子　造型＝西森 萌

Seasonal Handmade Recipe
from Noriko Hosoo

細尾典子的創意季節手作

～新卷鮭的新年掛飾～

和布小物作家細尾典子
一起沉浸在季節感手作的第6回連載。
本期特製——新年掛飾，
將與你一起迎向嶄新的一年！

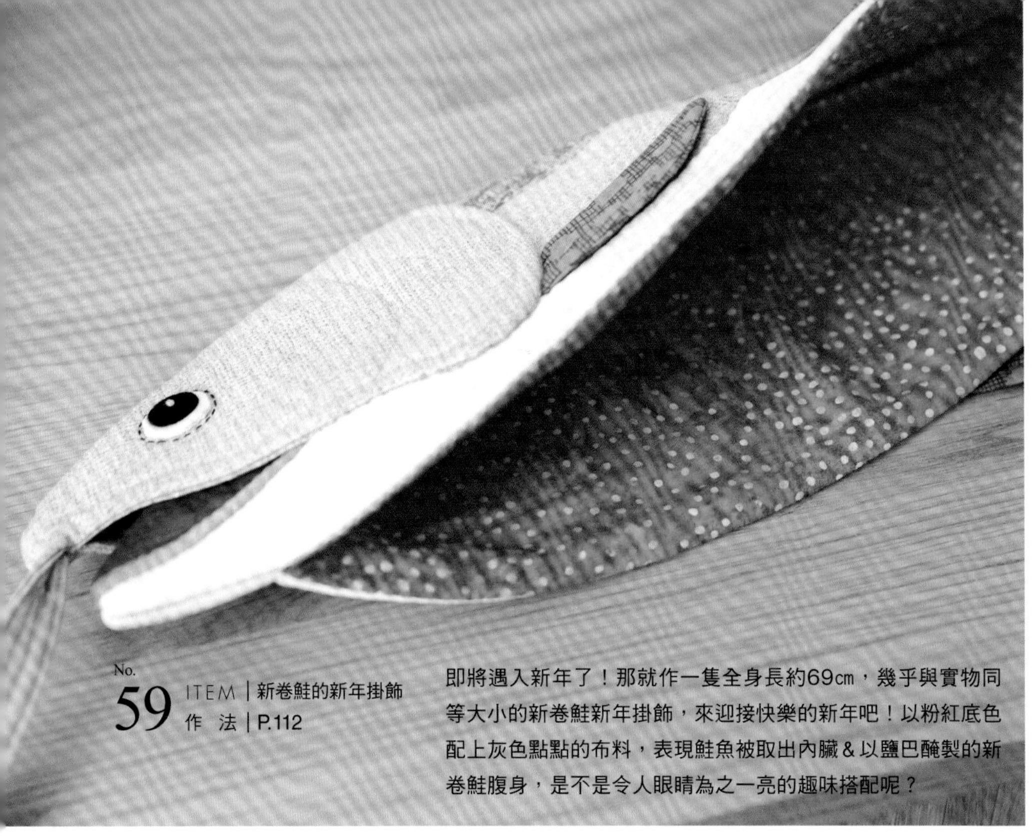

No.
59 ITEM｜新卷鮭的新年掛飾
作　法｜P.112

即將邁入新年了！那就作一隻全身長約69cm，幾乎與實物同等大小的新卷鮭新年掛飾，來迎接快樂的新年吧！以粉紅底色配上灰色點點的布料，表現鮭魚被取出內臟＆以鹽巴醃製的新卷鮭腹身，是不是令人眼睛為之一亮的趣味搭配呢？

在細尾老師生長的地區，有一個不成文的習俗規定：一講到新年禮品，就非新卷鮭莫屬。據說鮭魚自古以來就被視為能夠「趨吉避凶」，是過年期間不可或缺的吉祥物。今年雖然多災多難，但讓我們一起期許：新的一年一定更好！

profile

細尾典子

居住於神奈川縣。以原創設計享受日常小物製作樂趣的布小物作家。長年於神奈川縣東戶　經營拼布、布小物教室。第一本著作《かたちがたのしいポーチの本（暫譯：造型有趣的波奇包之書）》由Boutique社出版，收錄了許多看起來開心，作起來有趣的作品。
@norico.107

ITEM｜**迷你鮭魚造型鉛筆袋**
（欣賞作品）

迎接新年時，內心總會強烈地期許能夠「趨吉避凶」，因此將鮭魚圖像化製成鉛筆袋。因為中間包夾著鋪棉，也很適合當成眼鏡袋使用。僅僅擺放在一旁，書桌周圍就瞬間整個活潑明亮了起來。

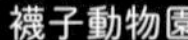

襪子動物園

No.
60 ITEM｜貓咪襪子娃娃
作 法｜P.50

使用成人尺寸，23㎝至25㎝的襪子製作。手腳取用腳踝處的羅紋部分，雖然帶有線條花樣，但正好可成為重點裝飾，因此大力推薦。若使用繽紛色彩的襪子來製作，可愛感也會倍增唷！

連載

Kumada Mari

襪子動物園

使用任何人都有的「襪子」來製作可愛的動物吧！連載第2回，登場的是圍著條紋圍巾的那個可愛孩子（喵～）。

攝影＝回里純子　造型＝西森 萌

profile

くまだまり Kumada Mari

手藝作家、插畫師。以手藝作品為主軸，涉獵刺繡、貼布縫、黏土細工等多元領域，作品收錄於眾多手作書籍＆雜誌中。近期著作《はじめての切り紙（暫譯：第一次玩紙雕）》主婦之友社發行。

材料：襪子2隻（襪長10㎝左右）、0.8㎝鈕釦2顆、25號繡線（銘黃色）、皮片5㎝×5㎝、
車縫線（白色）、手藝填充棉花 適量
完成尺寸：約37㎝
紙型：無

貓咪的作法

1.裁剪

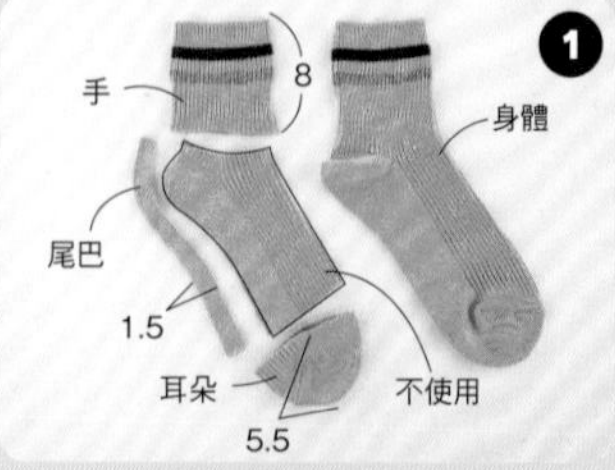

1
手
8
身體
尾巴
1.5
耳朵
5.5
不使用

1隻襪子直接當作身體使用，另1隻襪子則如圖所示，裁剪出手、尾巴、耳朵部分。

2.製作身體

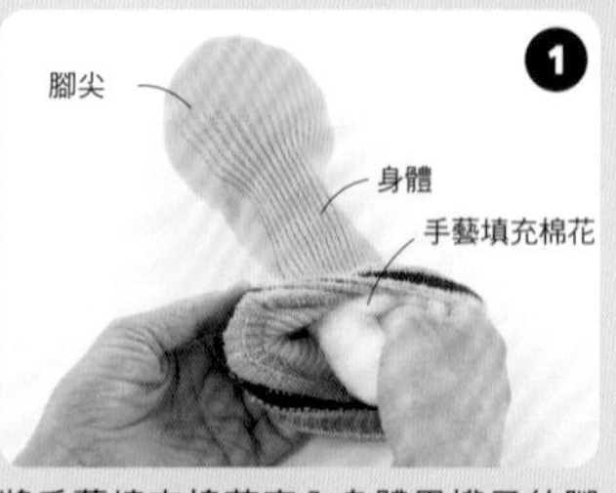

1
腳尖
身體
手藝填充棉花

將手藝填充棉花塞入身體用襪子的腳尖處。

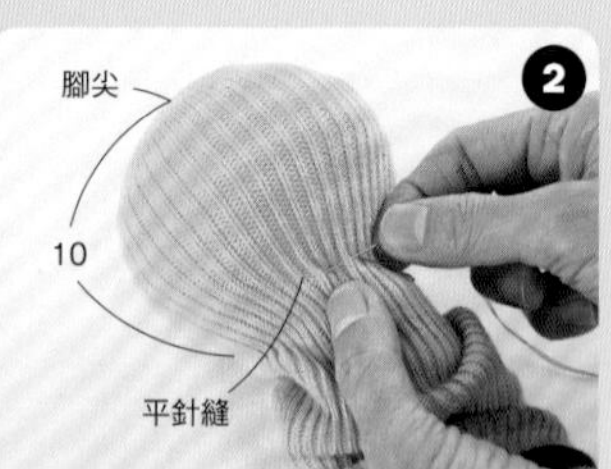

2
腳尖
10
平針縫

在距腳尖約10㎝處，平針縫一圈。

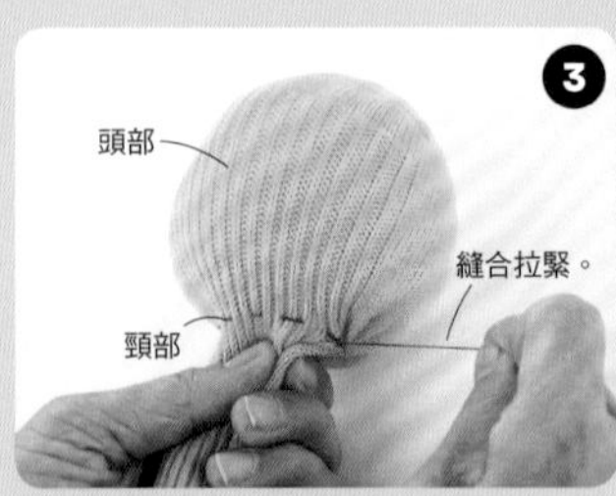

3
頭部
縫合拉緊。
頸部

拉緊縫線。腳尖部分作為頭頂，縫合拉緊的部分作為頸部。

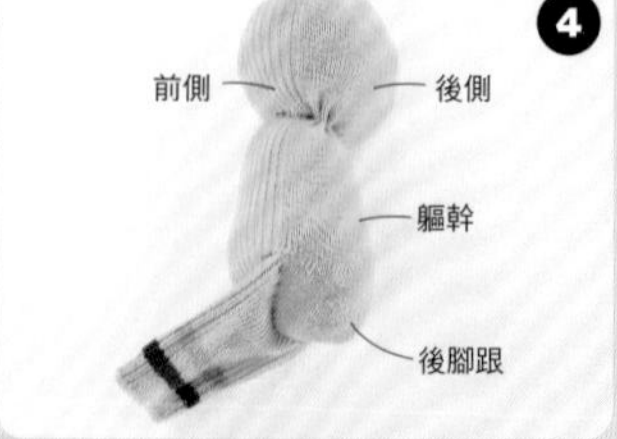

4
前側
後側
軀幹
後腳跟

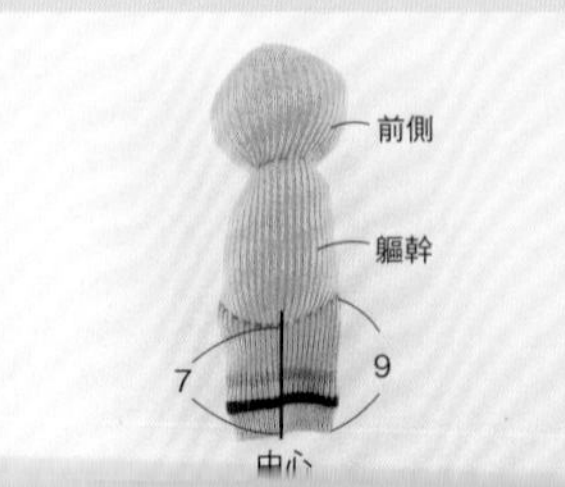

前側
軀幹
7
9
中心

依相同方式塞入手藝填充棉花，製作軀幹。將棉花塞至後腳跟部分為止。以後腳跟側為後側，腳背側為前側。疊合腳踝羅紋處，依圖示位置縫合。

3.製作足部

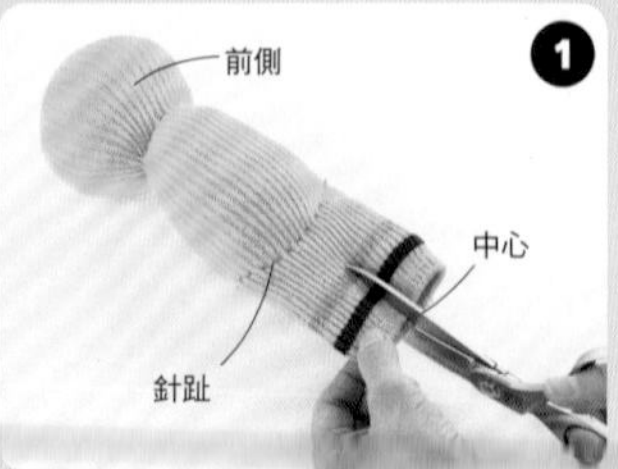

1
前側
中心
針趾

取襪口中心處，縱向裁剪至針趾之前。

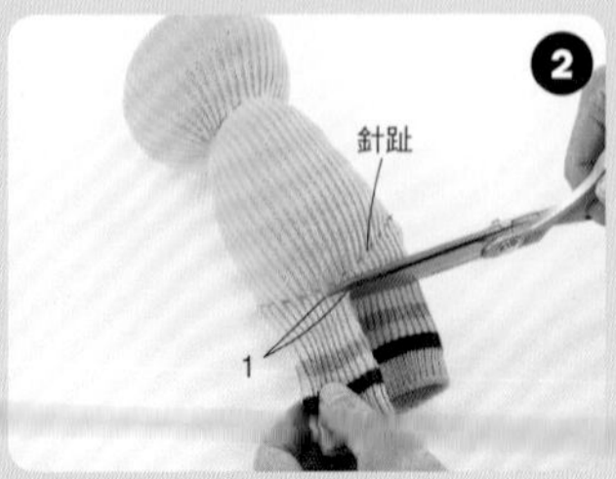

2
針趾
1

在針趾前側橫向剪開1㎝。

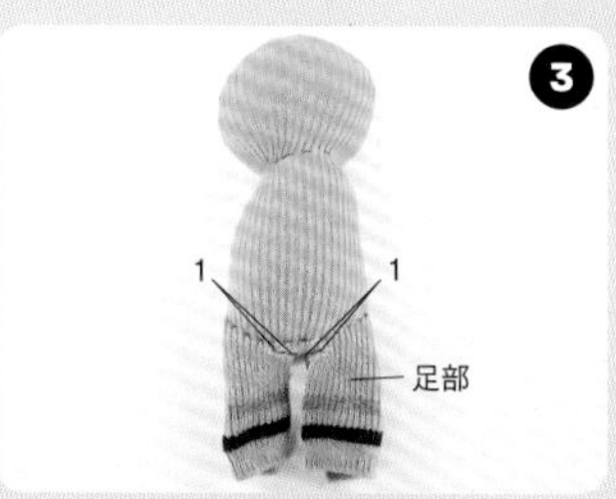
3
1
1
足部
另一側也以相同方式橫向剪1㎝。此部分作為足部。

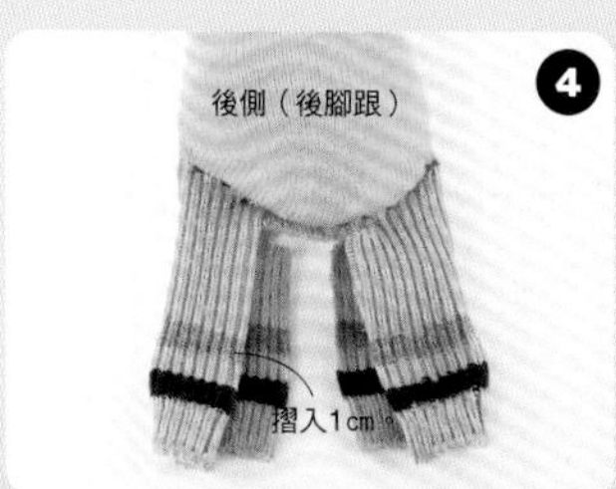
4
後側（後腳跟）
摺入1㎝。
看著後側（後腳跟側），將上方一片（後側片）內摺1㎝。

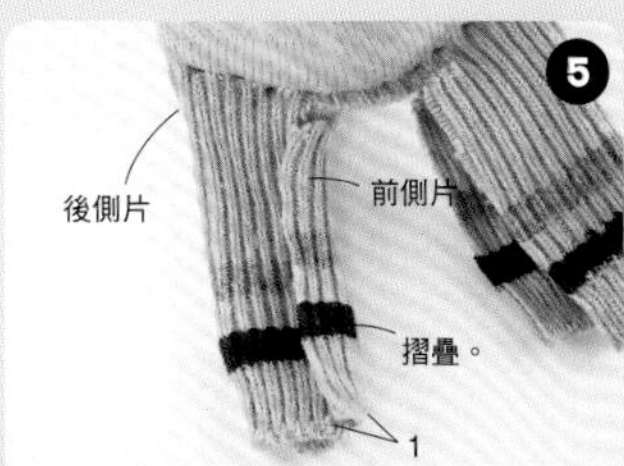
5
後側片
前側片
摺疊。
1
前側片摺1㎝，包住步驟❹。另一腳也依相同作法，左右對稱地摺疊。

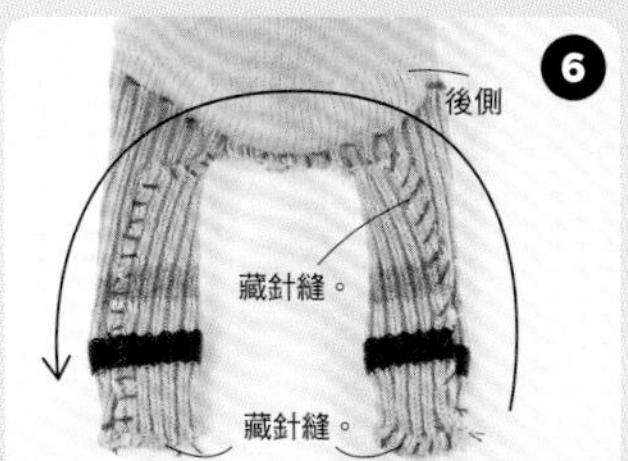
6
後側
藏針縫。
藏針縫。
由右往左進行一圈藏針縫。下方也以藏針縫縫合。

4.製作耳朵

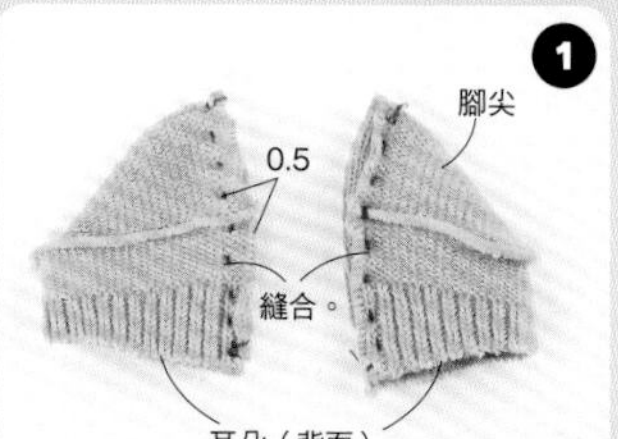
1
腳尖
0.5
縫合。
耳朵（背面）
疊合耳朵用部分的腳背＆襪底，縱向對半裁剪，再各自正面相對重疊＆縫合。

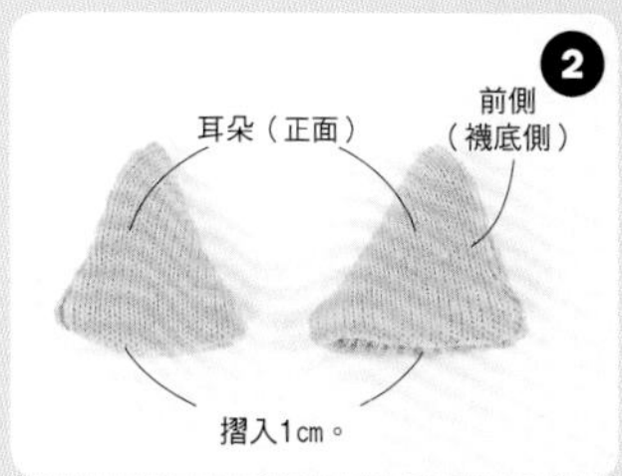
2
耳朵（正面）
前側
（襪底側）
摺入1㎝。
翻至正面，將下方往內側摺入1㎝。以襪子底側為耳朵前側。

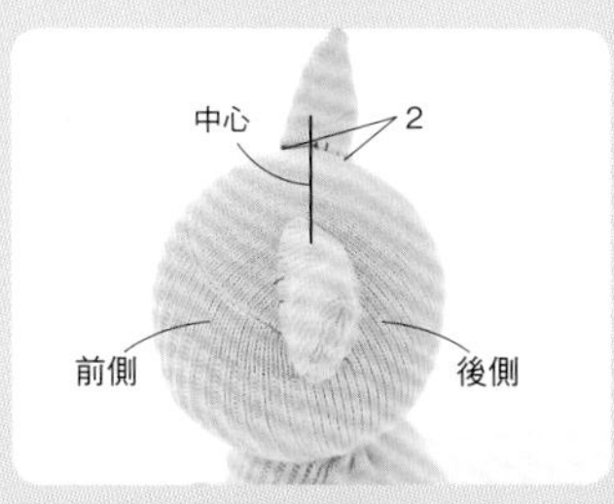
中心
2
前側
後側
將耳朵藏針縫固定於圖示的位置。不使耳朵變形，立體地接縫上去。

5.製作手部

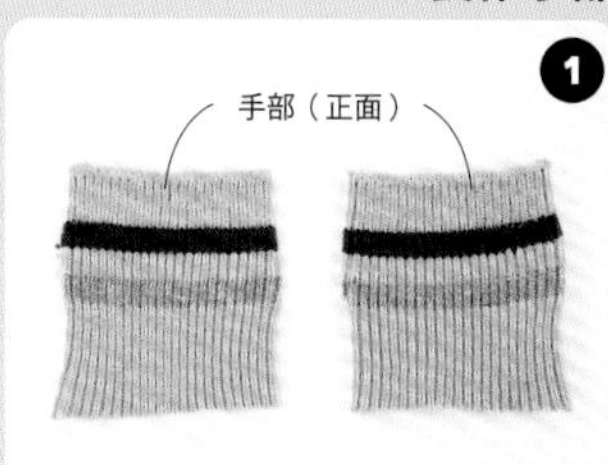
1
手部（正面）
將手用的部分，縱向對半裁剪成2片。

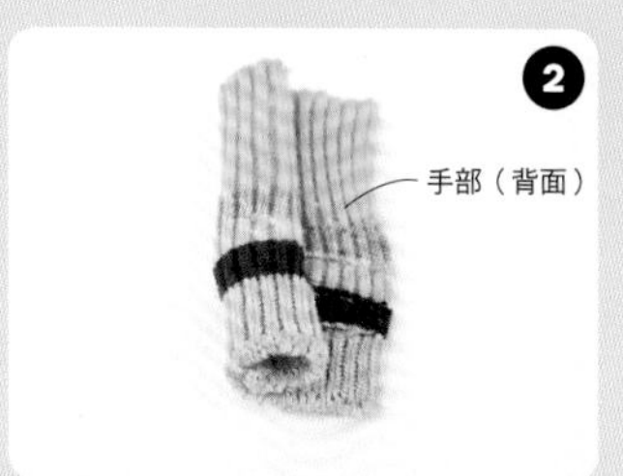
2
手部（背面）
由邊端開始捲繞。

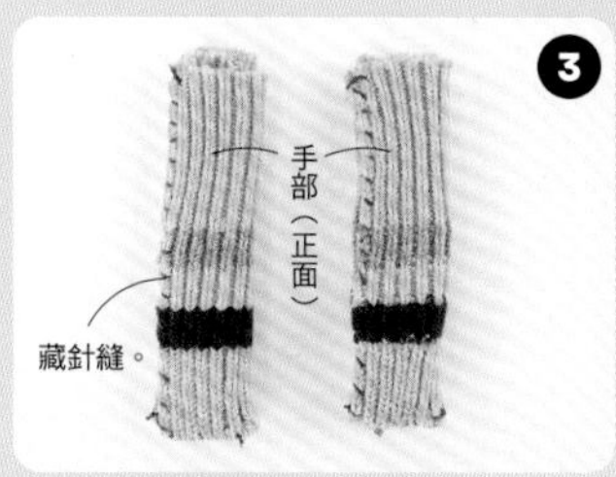
3
手部（正面）
藏針縫。
將裁邊以藏針縫縫合。

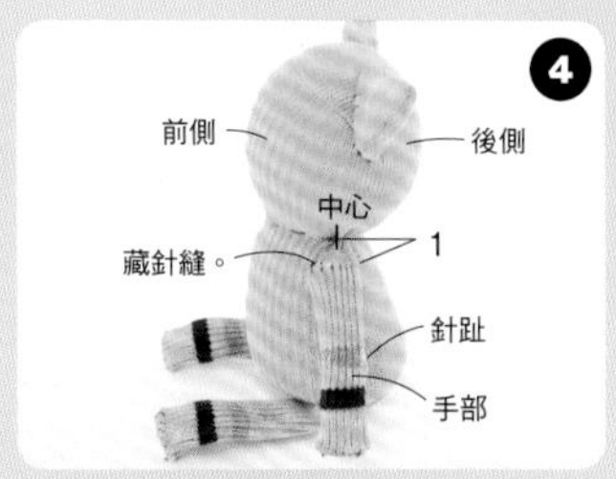
4
前側
後側
中心
1
藏針縫。
針趾
手部
以針趾處為手部後側，並參考圖示，均衡地藏針縫固定於身軀適當位置。另一手也以相同方式縫合固定。

6.製作尾巴

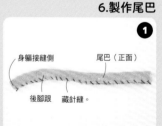

1
身軀接縫側
尾巴（正面）
後腳跟
藏針縫。
將尾巴部分的兩布邊縫合。以後腳跟側作為軀幹接縫側。

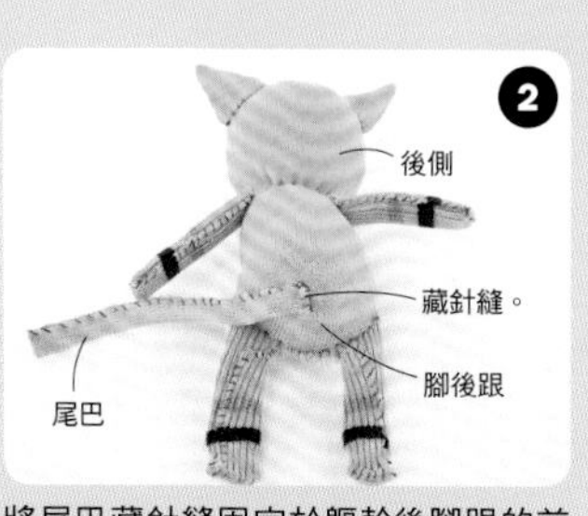
2
後側
藏針縫。
腳後跟
尾巴
將尾巴藏針縫固定於軀幹後腳跟的前端。

7.製作臉部

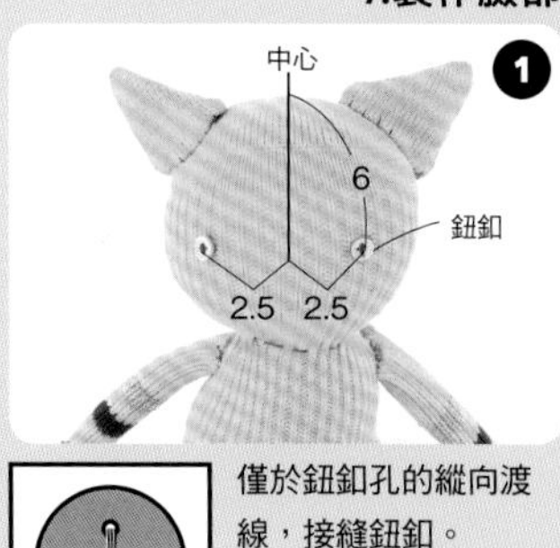
1
中心
6
鈕釦
2.5
2.5
僅於鈕釦孔的縱向渡線，接縫鈕釦。

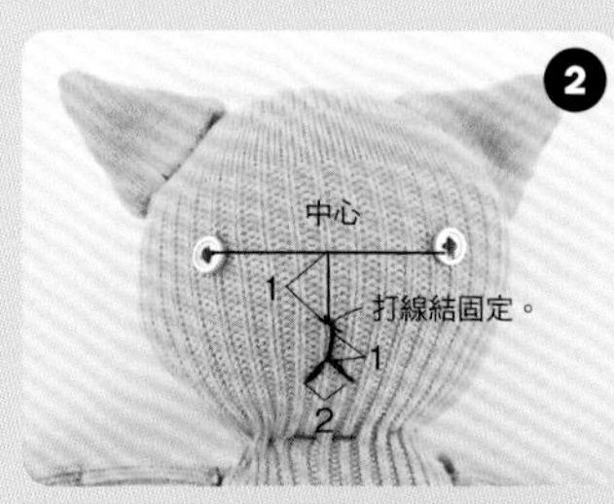
2
中心
1
打線結固定。
1
2
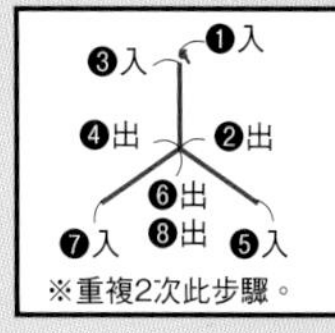
❸入
❶入
❹出
❷出
❻出
❽出
❼入
❺入
※重複2次此步驟。
作嘴巴刺繡。取2股繡線，穿縫2次。

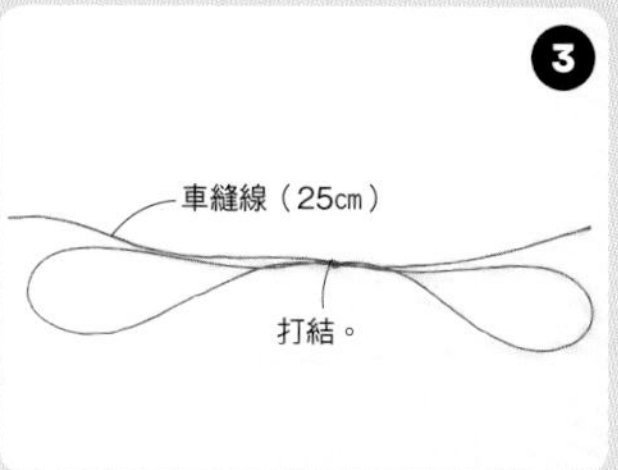
3
車縫線（25㎝）
打結。
將車縫線（25㎝）摺疊成3等分，並將中心打結，製作鬍鬚。

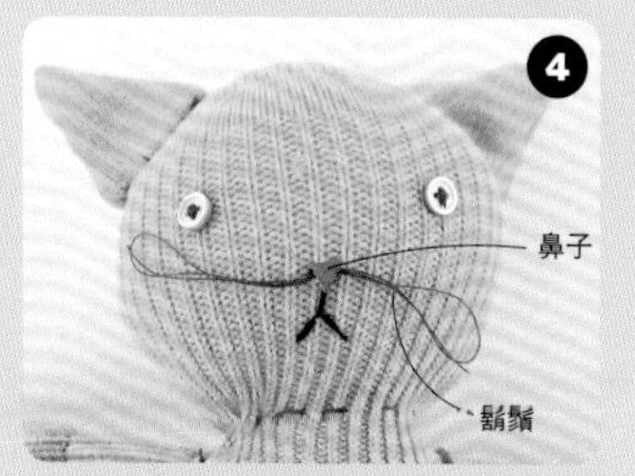
4
鼻子
鬍鬚
將嘴巴線結塗上白膠，疊上步驟❸繡線的結眼，並黏貼上以皮片裁剪的鼻子。

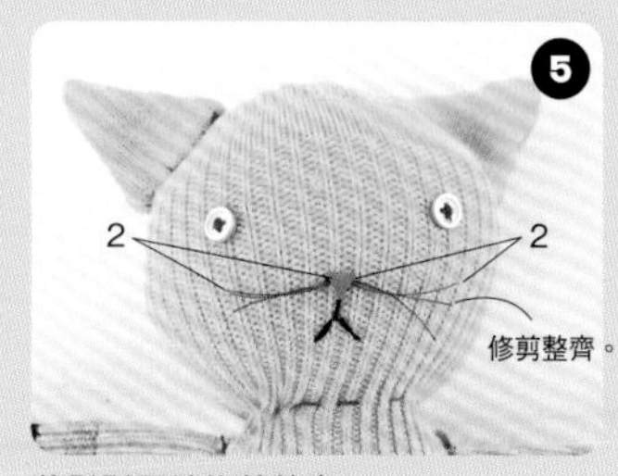
5
2
2
修剪整齊。
將鬍鬚兩端修剪整齊。

完成！

※圍上以喜歡的襪子布角等製作的圍巾，會更有溫馨感喔！

攝影＝回里純子　造型＝西森 萌　模特兒＝TARA

特選亮晶晶線材
烏干紗刺繡的造型小物飾品
～口罩繩掛飾＆耳環～

儼然已成為外出標準配備的口罩，要不要試著挑戰看看戴上時讓人眼睛一亮，使用FUJIX「Sara」、「Soie et」、「LAME」、「Sparkle Lame」等燦爛耀眼的線材製作的烏干紗刺繡小飾品呢？

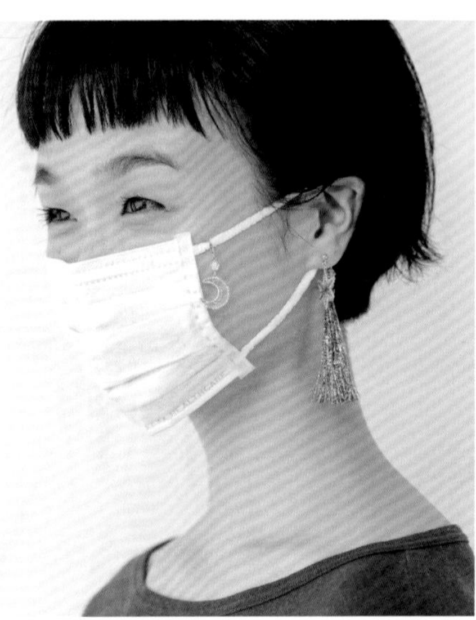

示範作者是……

刺繡作家・kana
https://www.kanaodachi.com/
@ckmnxa

moon&star（欣賞作品）

在以鐵絲製作的月亮與星星上纏繞「LAME」線材。內側以「Sparkle Lame」渡線，增添裝飾。星星耳環繫上「LAME」飾穗，在耳邊輕盈搖曳時，宛如流星般的璀璨。

口罩繩掛飾・moon
使用線材……外框／LAME（LM2） 內側渡線／Sparkle Lame（LM109）
耳環・star
使用線材……外框／LAME（LM3） 內側渡線／Sparkle Lame（LM105）
飾穗／LAME（LM5）

leaf&grape（欣賞作品）

活用「Soie et」緞染線，製作出呈現立體感的葡萄×葡萄葉的套組飾品。內側刺繡加上了「Sparkle Lame」線材，使成品更加晶燦耀眼。

口罩繩掛飾・leaf
使用線材……外框／Soie et（514） 內部刺繡／Sparkle Lame（LM111）
耳環・grape
使用線材……外框／Soie et（505） 內部刺繡／Sparkle Lame（LM206）

round&drop

作 法｜round...P.53
drop...欣賞作品

使用帶有高級感光彩的線材「Sara」，仿造寶石製作而成的飾品。使用市售的配件，再仔細地纏繞上「Sara」。內側的渡線則使用「Sparkle Lame」來表現閃爍光芒。

口罩繩掛飾・round
使用線材……外框／Sara（78） 內側渡線／Sparkle Lame（LM104）
耳環・drop
使用線材……外框／Sara（61） 內側渡線／Sparkle Lame（LM108）

亮晶晶線材千變萬化

Sparkle Lame
（金屬光澤線）

Sparkle Lame
100% Polyester
150m

散發著微妙色調的閃爍光彩，精緻高質感的細金蔥線。無論是手縫，或作為機縫的上線使用皆可。色彩變化豐富，可以運用於各種類型的作品。

線長：150m
顏色：24色
使用針：車縫針14號、法國刺繡針7至8號
素材：聚酯纖維100%

LAME
（金蔥線）

LAME

帶有亮麗光彩的粗金蔥線。既可作為手縫線，亦可當作車縫的下線＆拷克的彈性線使用，將金蔥的耀眼光彩添加於作品當中。

線長：80m（極光色）、100m（彩色）
顏色：1色（極光色）、11色（彩色）
使用針：法國刺繡針3至5號
素材：聚酯纖維100%

Soie et
（手染絹線）

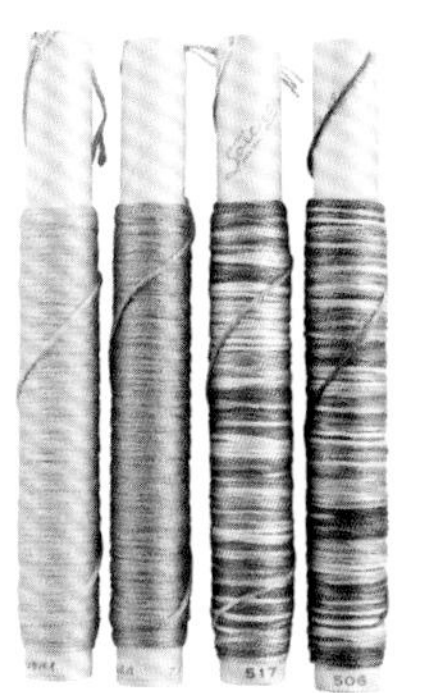

25支紗的3股刺繡線，具有100%純真絲製的高雅光澤與柔細膚觸。是由京都的絹線染匠職人們親手進行染色，因此線材皆具有迷人的柔和色調。

線線長：15m
顏色：45色（單色）、25色（漸層色）
使用針：法國刺繡針5號
素材：真絲100%

Sara

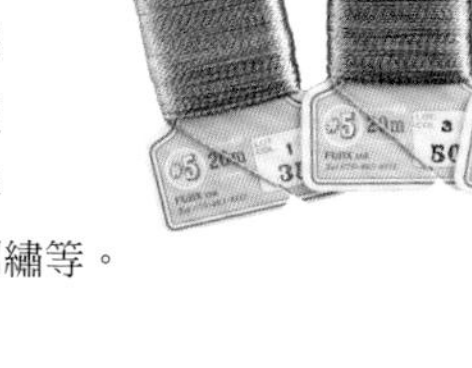
Sara
Sara
Sara

手縫刺繡線。屬於粗紗線，舒爽的觸感＆絲綢般高雅的光澤為其魅力所在。因為是100%純聚酯纖維，所以不易褪色，非常適合製作飾穗或重點裝飾的刺繡等。

線長：20m
顏色：20色（單色）
使用針：法國刺繡針3至5號
素材：聚酯纖維100%

線材廠商　株式會社FUJIX

不作止縫結、不作線結，正反兩面皆美的刺繡。

材料：真絲烏干紗、O型圈（直徑1.5cm）、單圈、問號鉤、珠子5mm、9針2cm

線材：MONOCOLOR＃100、Sara、Sparkle Lame

工具：刺繡框、記號筆（氣消型）、刺繡針、剪刀

1.暫時固定

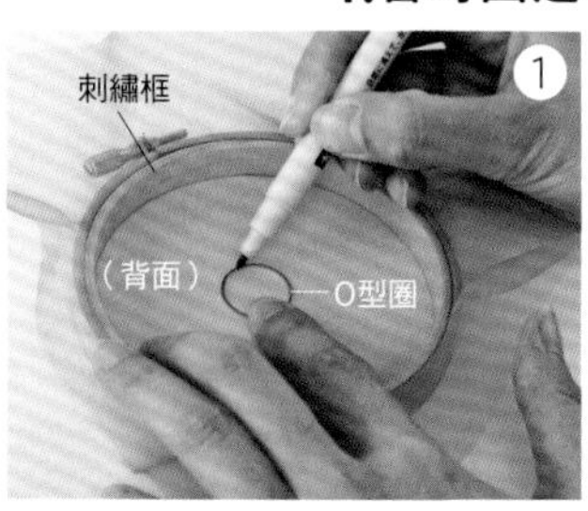
1
刺繡框
（背面）
O型圈

將烏干紗嵌入刺繡框內。背面側朝上，將O型圈放置於中心附近，以記號筆沿著O型圈外圍描畫輪廓。

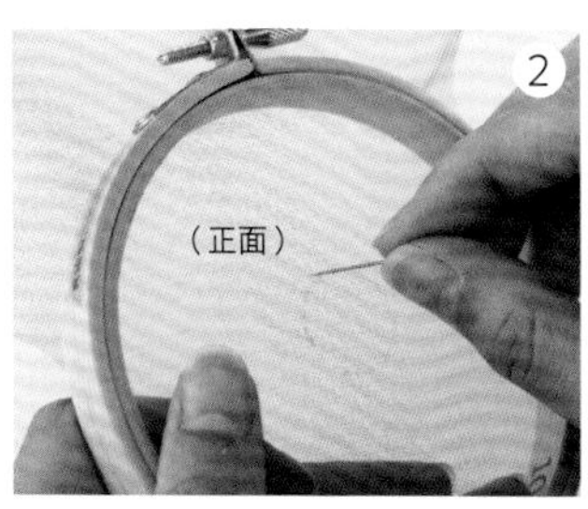
2
（正面）

取1股MONOCOLOR（60cm）繡線穿入刺繡針中，不作止縫結，直接由正面側刺在步驟①的記號上。

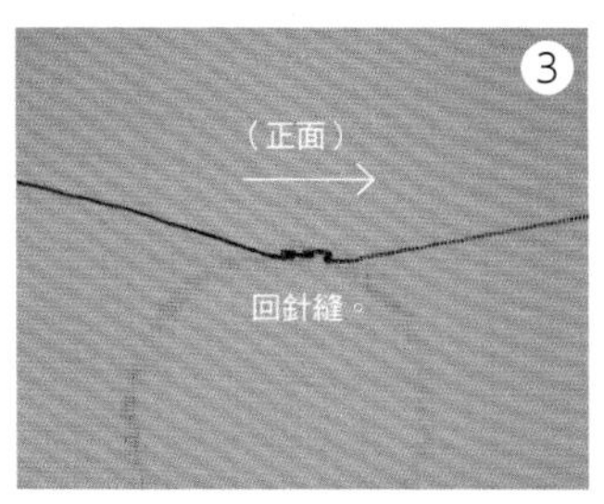
3
（正面）
回針縫。

大約預留5cm左右的線頭，自記號處上方，往右細密地進行3針回針縫。（為了更淺顯易懂，在此將繡線改以不同顏色進行解說。）

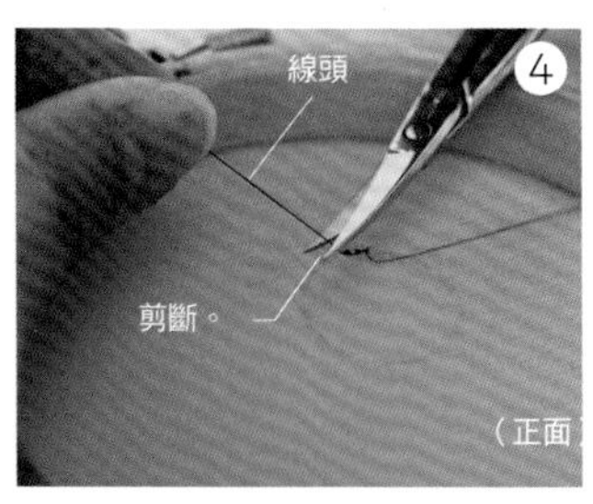
4
線頭
剪斷。
（正面）

剪斷線頭。

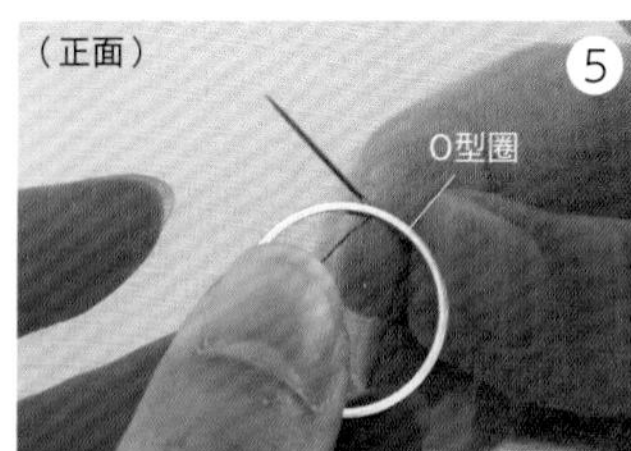
（正面）
5
O型圈
翻至正面朝上後，將O型圈貼放於記號上方，並在回針縫止點的位置，由背面側往O型圈的外圍刺入刺繡針。

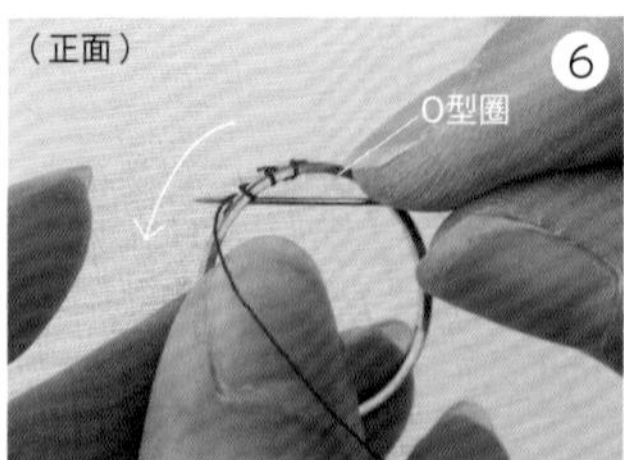
（正面）
6
O型圈
於回針縫相反方向（左側）1至2㎜處，在O型圈內圍刺入刺繡針。重複此步驟，沿著記號線暫時固定O型圈。

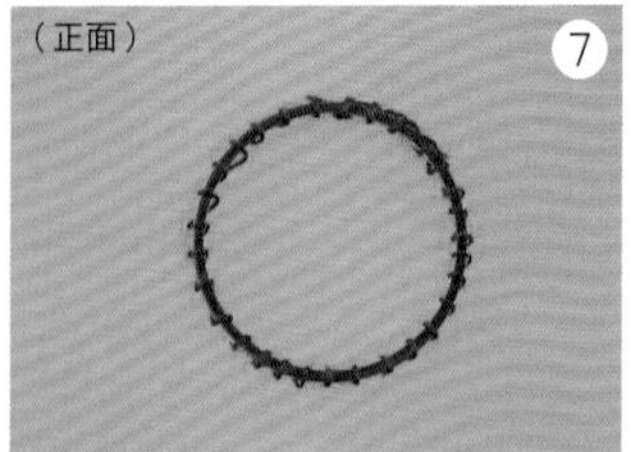
（正面）
7
進行一圈疏縫固定，止縫點亦於O型圈邊緣進行回針縫之後，剪斷繡線。

2.正式縫製

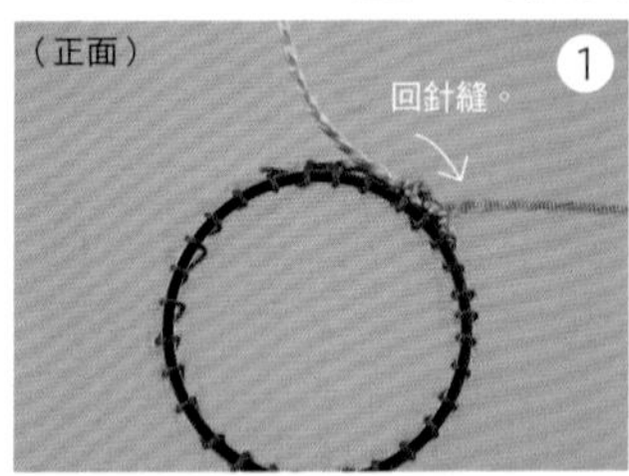
（正面）
1
回針縫。
取1股Sara（60㎝）繡線穿入刺繡針中，依步驟**1**-②至④相同方式進行回針縫。

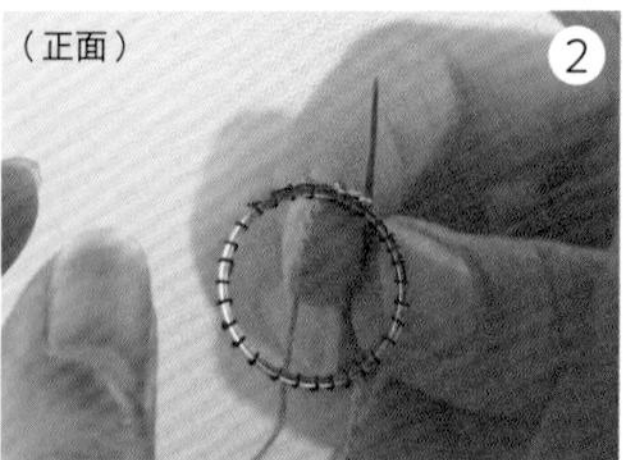
（正面）
2
在回針縫止點處，由背面側往O型圈的外圍出針。

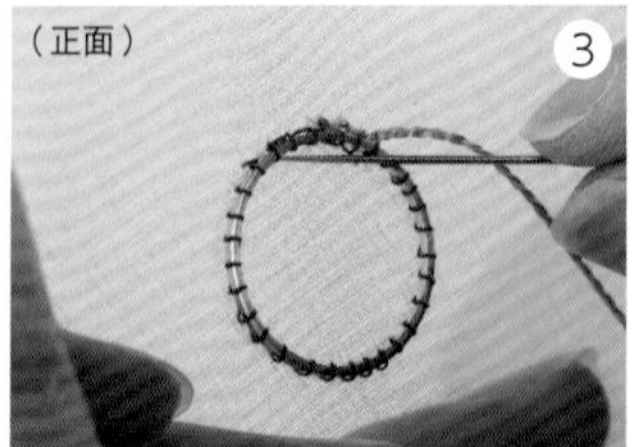
（正面）
3
跨過O型圈，刺入正下方內圍，再於②位置旁邊出針，重複此步驟。渡線是為了隱藏O型圈，請保持緊密地穿縫。

（正面）
4
單圈
待縫滿半邊之後，將單圈貼放在O型圈的邊端，一起縫合約3針。

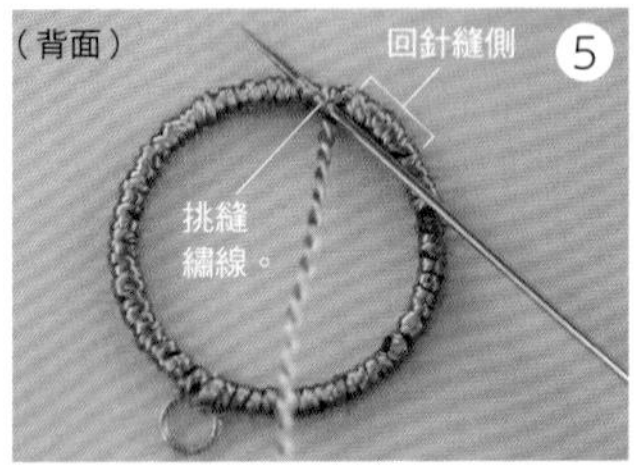
（背面）
5
回針縫側
挑縫
繡線。
於止縫點挑縫回針縫反方向的繡線，分2、3次穿入繡線後，剪線。

3.進行內側刺繡

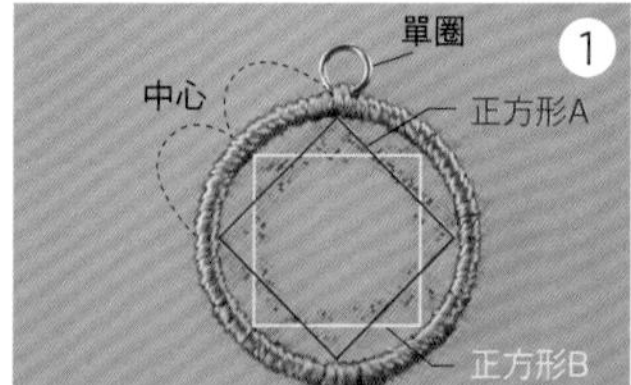
1
單圈
中心
正方形A
正方形B
（正面）
以單圈位置為基準點，將內圓分成四等分，並以記號筆描畫正方形A。以正方形A的單邊中心為基準點，再依相同方式取四等分畫出正方形B。

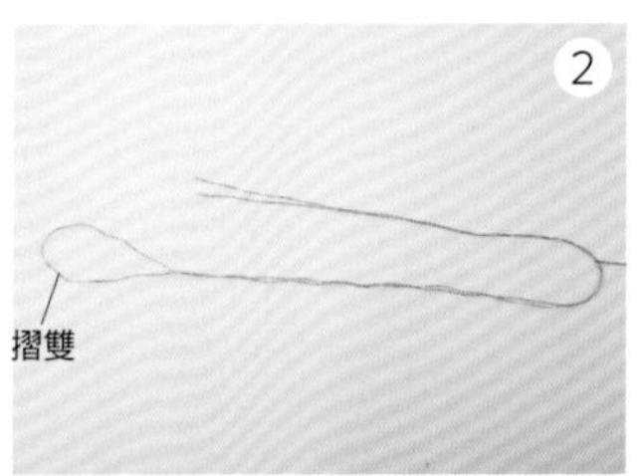
2
摺雙
將Sparkle Lame繡線（80㎝）對摺，穿入刺繡針中。如圖所示，使摺雙側的線段較長。

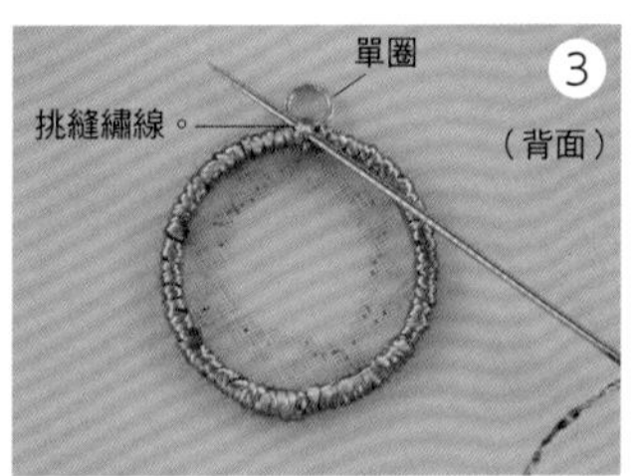
單圈
3
挑縫繡線。
（背面）
挑縫背面側單圈末端的接縫處繡線。

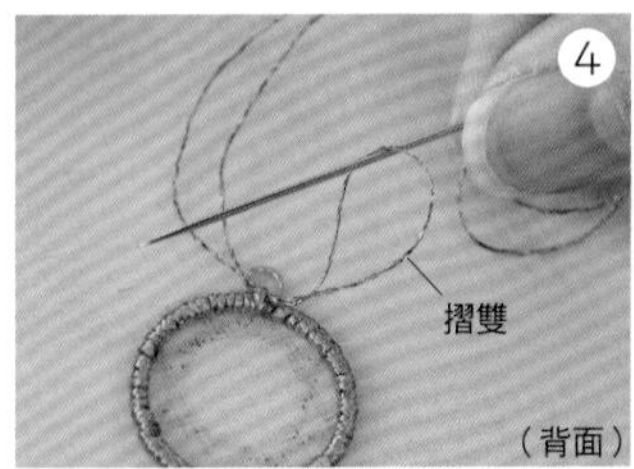
4
摺雙
（背面）
將刺繡針穿入線圈之中，拉緊繡線。

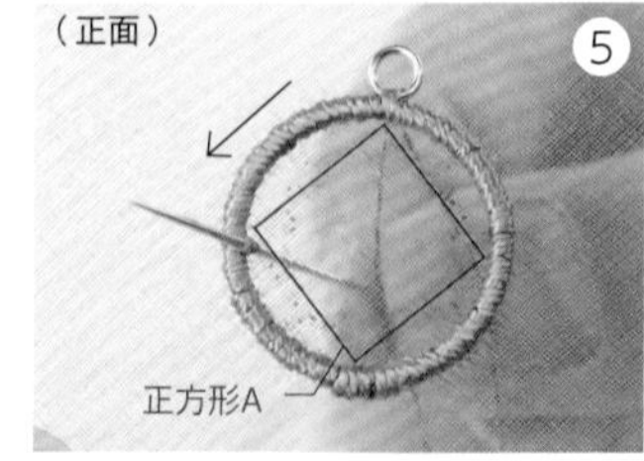
（正面）
5
正方形A
由正方形A的左側邊角出針。為了避免弄破烏干紗，請刺入框線處。

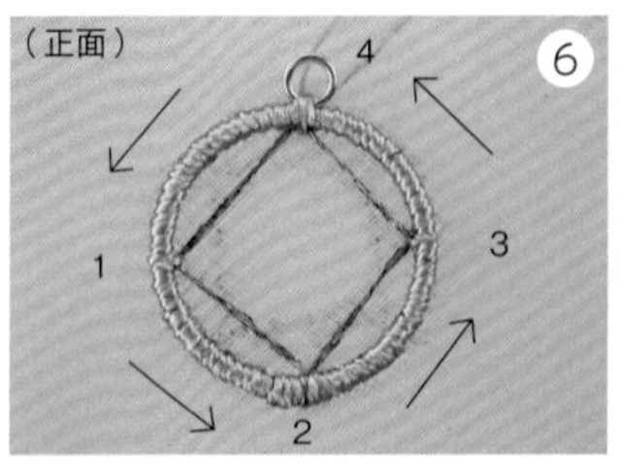
（正面）
4
6
1
3
2
依相同方式將正方形A的邊角依逆時針方向縫製，再返回單圈的位置。

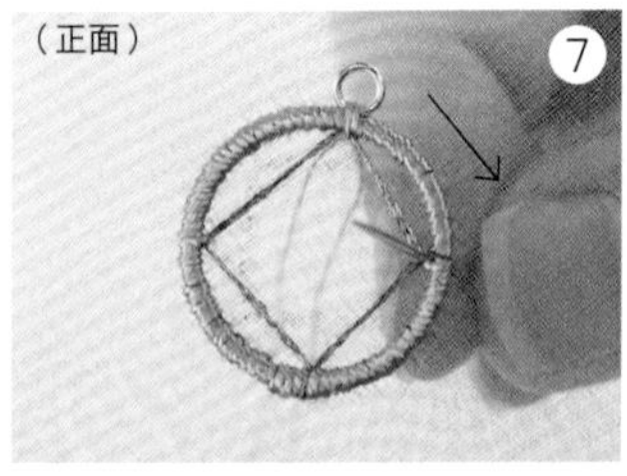
（正面）
7
接著，依相同方式呈順時針方向縫製，將尚未渡線的面也繡上正方形。

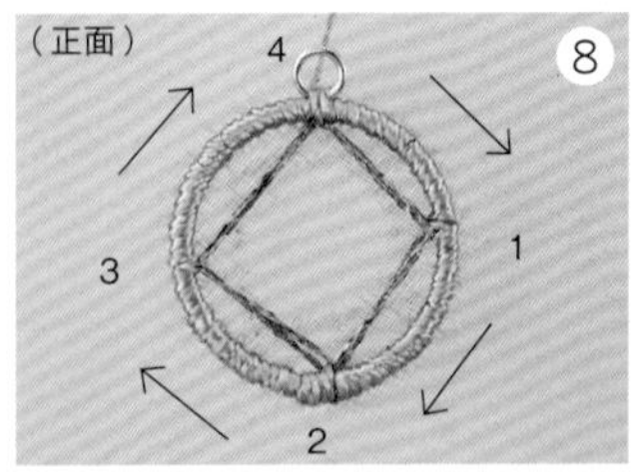
（正面）
4
8
3
1
2
雙面皆完成正方形渡線。

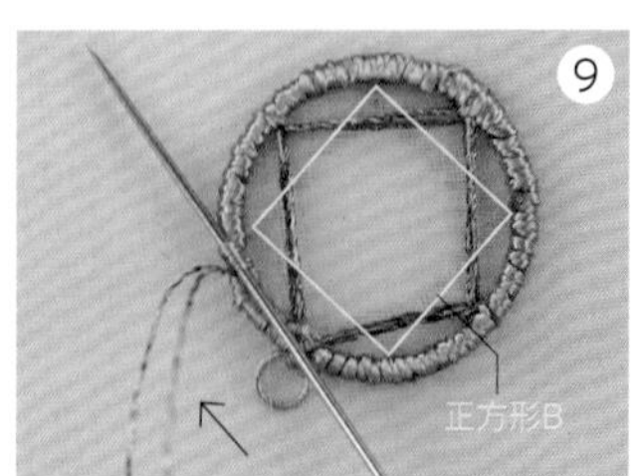
9
正方形B
翻至背面側，將繡線穿入邊框的接縫處中，於正方形B右側邊角的位置出針。

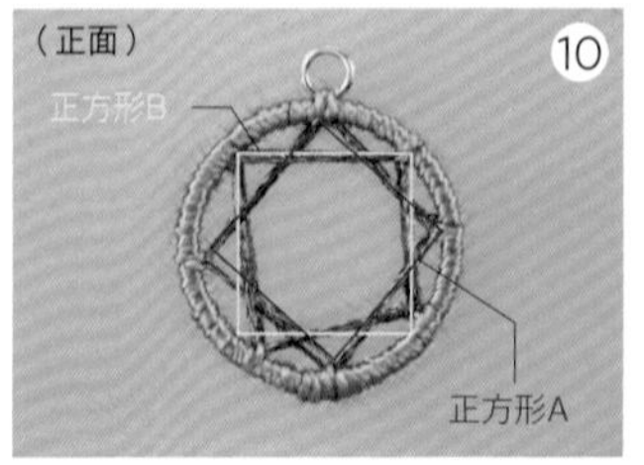
（正面）
10
正方形B
正方形A
依⑤至⑧相同方式，進行正方形B的雙面縫製，最後在止縫點處穿入邊框的繡線中，剪線。

4.完成作品

（正面）
裁剪。
1
沿刺繡的邊緣裁剪烏干紗。建議選用刀尖較為尖銳的小剪刀，比較方便修剪。並請注意避免剪到刺繡線。

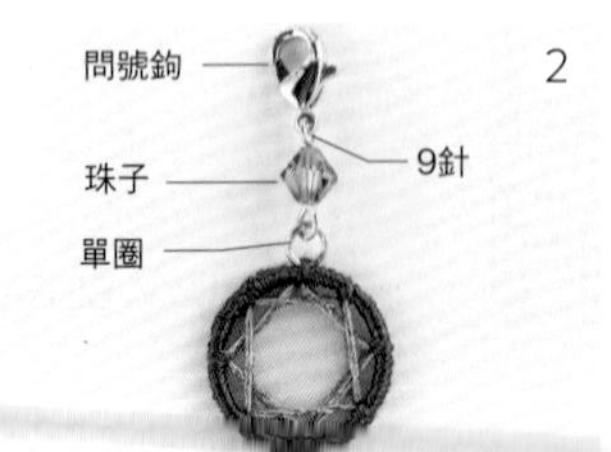
問號鉤
2
珠子
9針
單圈
9針穿入珠子，連接問號鉤＆單圈，完成！

布能布玩

花頌織秋隨身包

以鮮明花朵交織秋日的浪漫情懷，
喝杯茶，拾起針，
在微涼午後，品嚐手作的小美好。

■攝影場地協助／隆德布能布玩台北迪化店
■作品設計・製作・示範教學・作法文字提供／蘇怡綾店長
■攝影／MuseCat Photography 吳宇童
■採訪執行・企畫編輯／黃璟安

師資介紹

Introduction

蘇怡綾 老師

現任：
布能布玩台北迪化店店長

BERNINA

示範機型 | BERNINA480

花頌織秋隨身包

★原寸紙型B面

※本作法裁布尺寸已含縫份，若有特別標示縫份，請依標示製作。

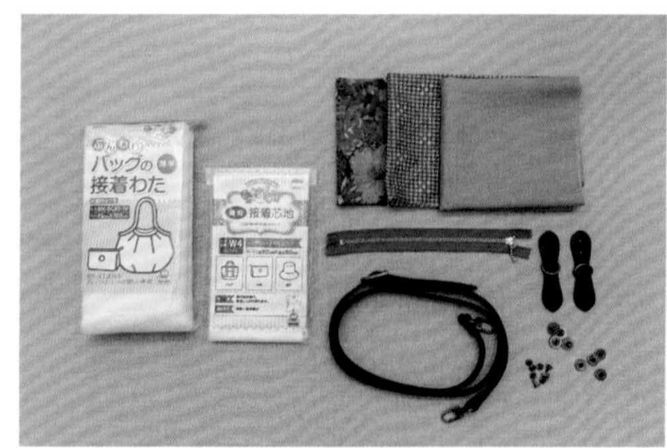

材料

薄・Vilene包包接著棉（單面膠）
Vilene紮實硬挺型接著襯
表布花布1尺
配色布素布1.5尺
裡布1尺
20cm拉鍊1條
斜背帶1付
側身皮片2付
強磁撞釘2組
鉚釘4組

布能布玩拼布生活工坊
官方網站 http://www.patchworklife.com.tw/
官方臉書 https://www.facebook.com/Longteh1997/

how to make

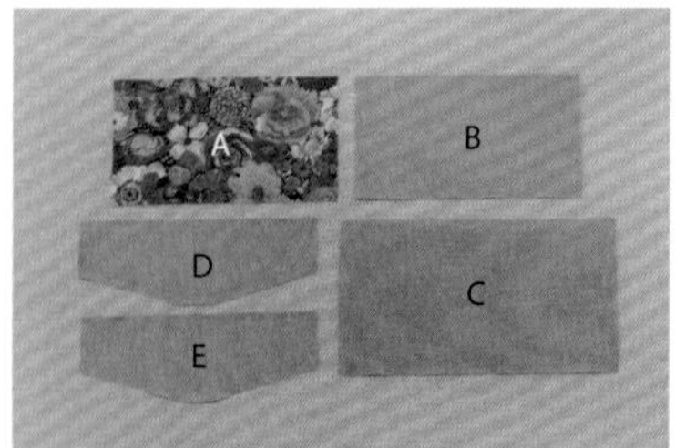

1 裁剪前片口袋：13.5×25cm、表布A、裡布B各1片（需燙不含縫份棉+襯）前片表布C：16×30cm 1片、依紙型裁剪袋蓋表布D、裡布E各1片（只需燙襯）

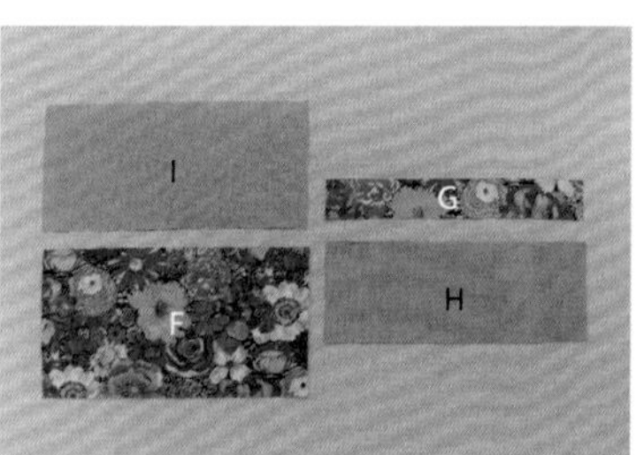

2 裁剪後片表布F：16×30cm 1片（需燙不含縫份棉+襯）、後片口袋G：4.5×30cm、H：11×30 cm、後片口袋裡布I：14×30×1片（不需燙棉及襯）

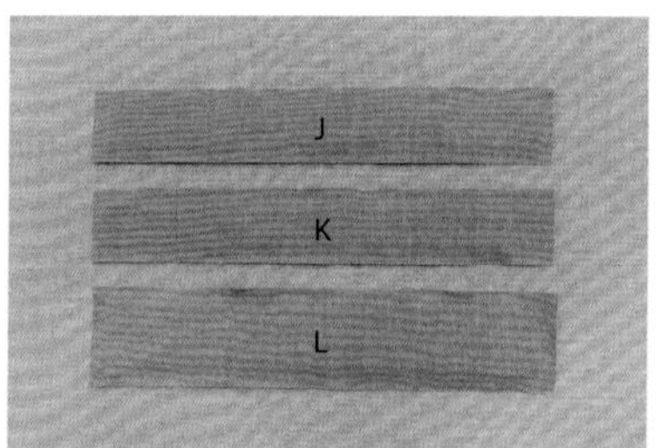

3 裁剪拉鍊口布：4.5×30 cm 2片J.K、底：6×30 cm 1片L

4 使用#50號均勻送布齒在前後片表布(C.F)及底布(L)上壓線。

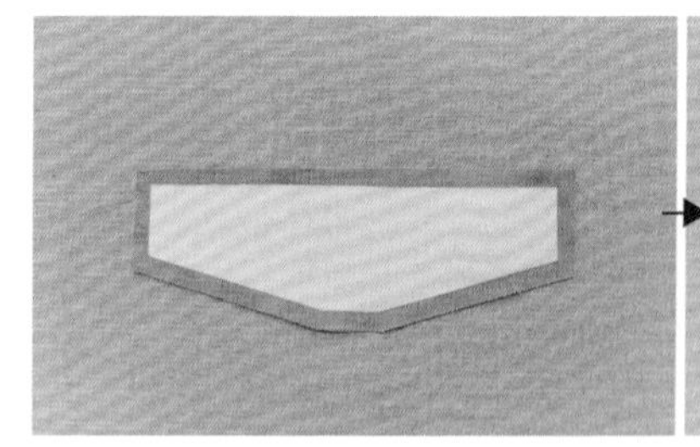

5 將D+E（上方不車縫）、A+B（下方不車縫）正面相對車縫後，翻至正面再車縫裝飾線。

6 將G.H車縫後，再與I接合，於上方車縫裝飾線。

7 裁剪前片裡口袋10×18cm 2片，正面相對車縫（下方不車縫）翻至正面後再車縫裝飾線。

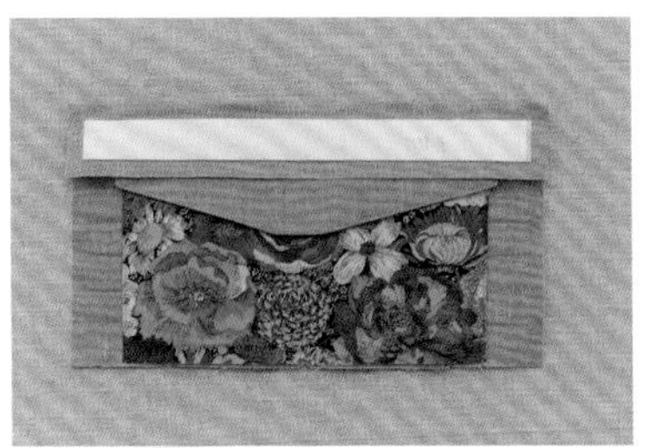

8 將步驟**7**放在前片表布上，固定兩側。並於中間車縫間隔線，再放上前片口袋固定兩側。

9 將組合完成的後片口袋置於後片表布，疏縫固定兩側。

10 拉鍊口布+袋蓋+前片表布三層車縫固定，後片相同方法固定。

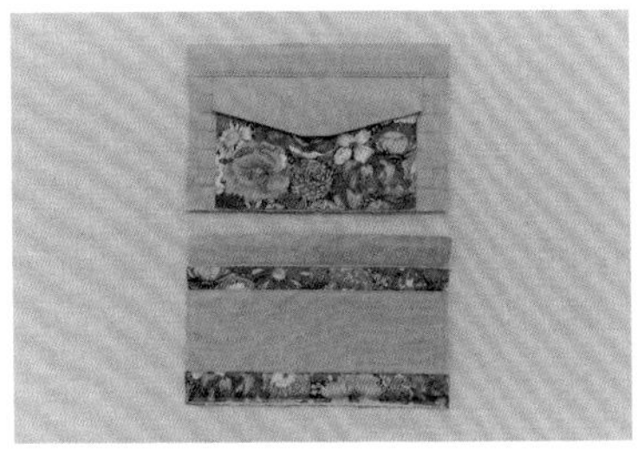

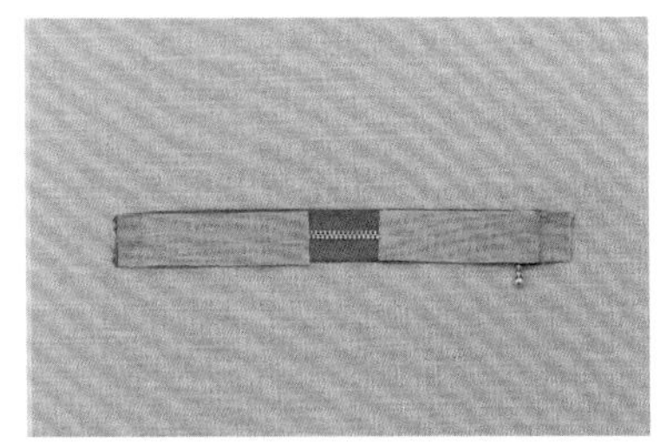

11 車縫完成。於拉鍊口布上車縫裝飾線。

12 袋蓋、後片口袋釘上撞釘磁釦。

13 裁剪2.5×10 cm 2片，車縫固定於拉鍊頭尾。

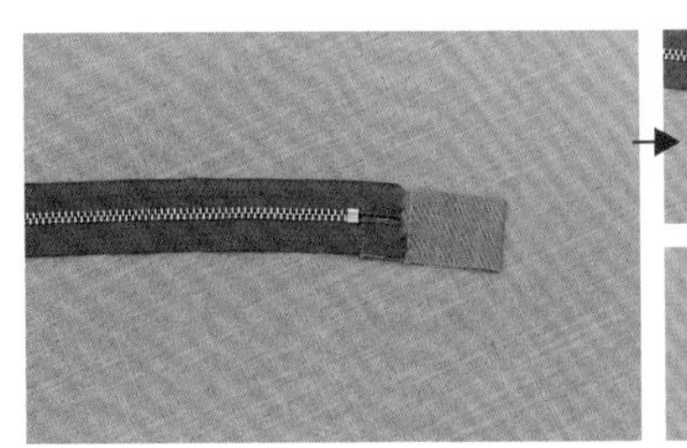
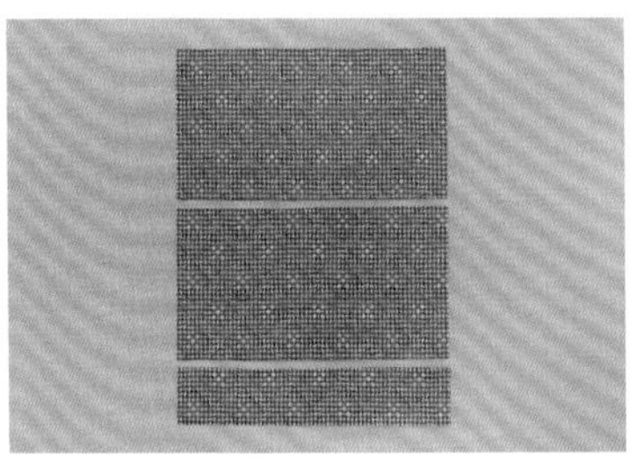

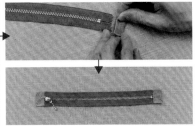

14 如圖對摺三次後車縫固定。

15 裁剪裡布18.5×30 cm 2片、6×30 cm 1片。

16 前片與裡布夾車拉鍊。

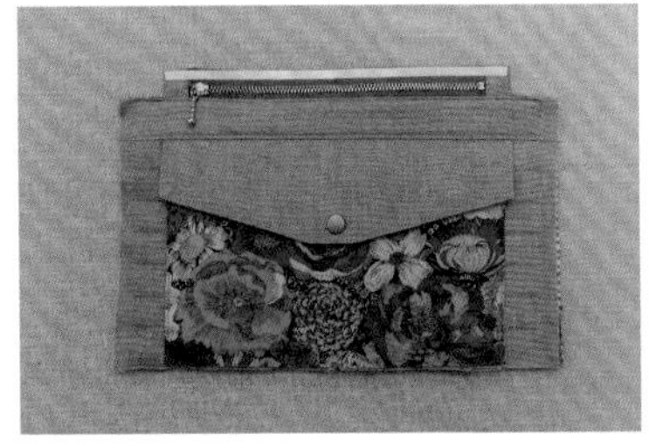
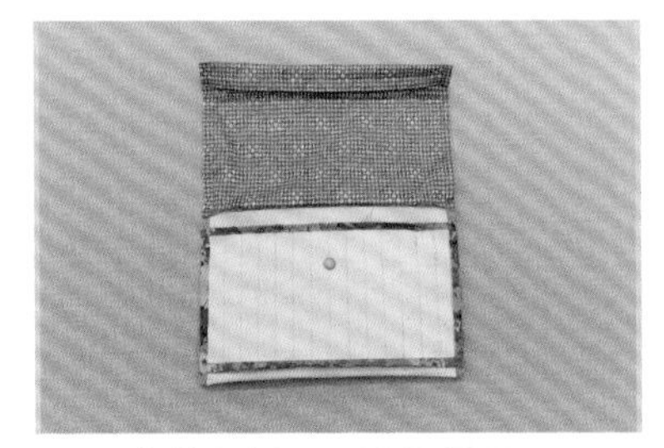

17 後片相同作法夾車拉鍊，表裡底再車縫接合。

18 車縫兩側，一側需留返口。

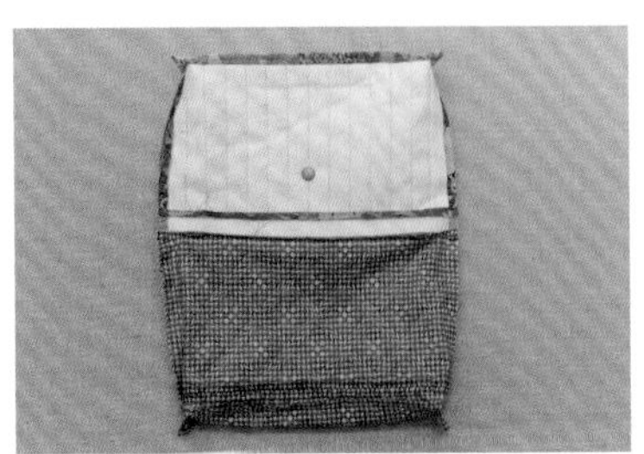

完成。

19 車縫底角4CM。

20 翻至正面。

21 打上兩側皮片，裝上背帶即完成。

小閣樓的
針線生活

打開黃小珊的創作抽屜

精靈的蘑菇屋收納魔法包

從小閣樓出發，前往森林，沿途看到的景色都變成創作的發想。
回到小閣樓，打開我的神奇抽屜，小精靈已迫不及待地迎接我的到來。
這一次，我們與精靈朋友相伴，一起尋訪魔法森林的蘑菇屋吧！

Introduction

wagon

f 黃小珊 的小閣樓

夢想以創作來自給自足，最愛做自己想要的東西。
然後發現很多人其實也好需要和喜愛，就是最大的幸福。
為了讓更多人體驗幸福，正努力推廣手作課程，
希望你也能親自來體驗手作的幸福時光。
https://garret2005.pixnet.net/blog

大蘑菇屋束口包♪

短絨布料包覆硬挺的膠板，
製作出柔和但堅固的立體巨型蘑菇。
束口的袋口設計，產生自然的皺褶弧度，
袋身則是三個小精靈足以安心藏身的大容量（笑）。

小精靈束口包♪

小精靈的任務是——
利用顏色，幫你分門別類地收納包中小物。
抽繩一拉就變成了精靈的尖帽。
圓圓的鼻子和白波浪瀏海，都是小精靈的可愛之處。

■作品設計・製作・作法圖文&圖片提供／黃小珊
■執行編輯／陳姿伶

小精靈束口包

完成尺寸：約寬16X高20cm

A膚色棉布（臉布）
18cm×7cm×2片

B黃印花棉布（衣服布）
18cm×10cm×2片

C紅色棉布（束口布）
18cm×16cm×2片

D星星棉布（裡布）
18cm×28cm×1片

E其他
白色波浪織帶 寬3cm×長18cm×2條
黃色波浪織帶 寬3cm×長10cm×1條
束口繩（粗0.1cm棕色蠟繩）40cm×2條
黑色織帶 寬1cm×長18cm×2條
白色日型環 寬1cm×1個　黑色珠珠（6mm）2顆
黑色釦子（3mm）2顆　帽頂毛球（3.5cm）1顆
鼻子毛球（1cm）1顆

※A至D棉布尺寸皆已內含1cm縫份。
※除了C束口布參見紙型A面，ＡＢＤ皆依材料尺寸裁剪＆依作法圖進行縫製。

1. 臉部裝飾

2片臉布分別縫上白色波浪織帶。
（僅臉布前片縫上眼睛及鼻子毛球）

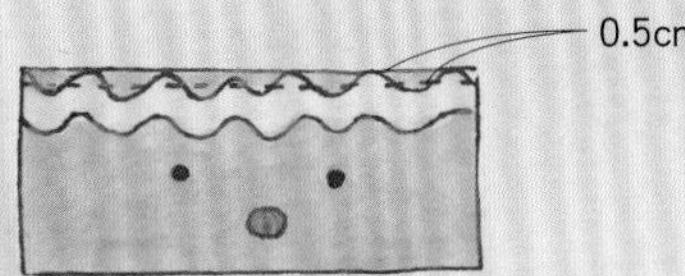
0.5cm

2. 衣服裝飾

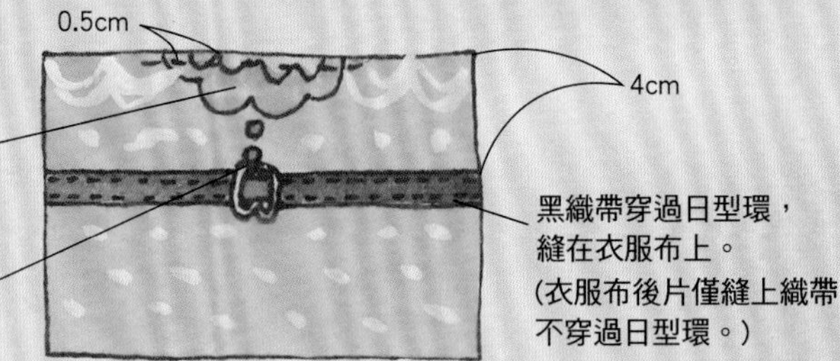
0.5cm
4cm
縫上黃色波浪織帶，
形成領子狀。
黑織帶穿過日型環，
縫在衣服布上。
（衣服布後片僅縫上織帶，
不穿過日型環。）
縫2顆釦子。

3. 接縫表布布塊

臉布與衣服布正面相對縫合。

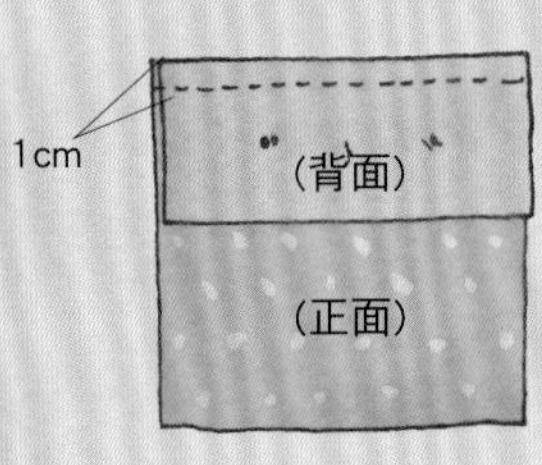
1cm
（背面）
（正面）

翻開至正面，縫份倒向衣服側，
壓線0.5cm。

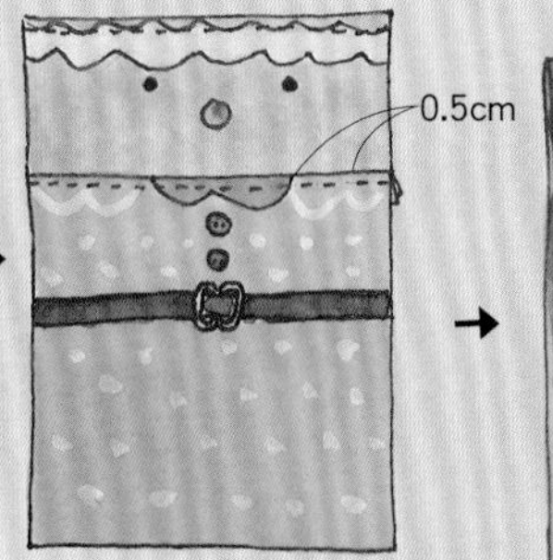
0.5cm

臉布上側邊，
再接縫束口布。

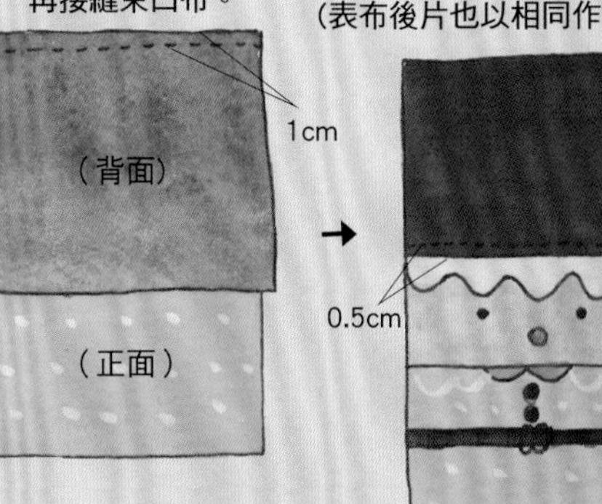
1cm
（背面）
（正面）

翻開至正面，縫份倒向束口布側，
壓線0.5cm。表布前片接縫完成！
（表布後片也以相同作法接縫）

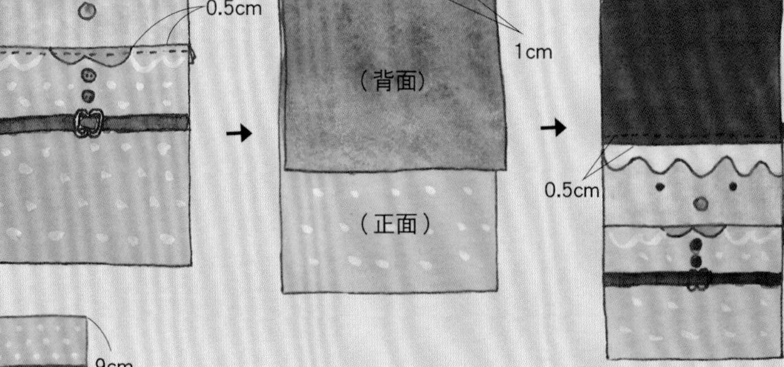
0.5cm

4. 接縫表布＆裡布

束口布前片與裡布，
正面相對縫合。

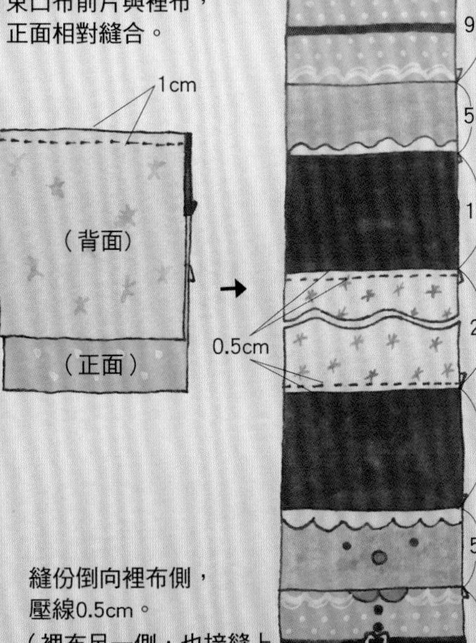
1cm
（背面）
（正面）
0.5cm
9cm
5cm
14cm
26cm
14cm
5cm
9cm

縫份倒向裡布側，
壓線0.5cm。
（裡布另一側，也接縫上
束口布後片。）

正面相對對摺，並對齊各布塊，
先縫合衣服底側，再預留穿繩口、
返口不縫，縫合兩側。

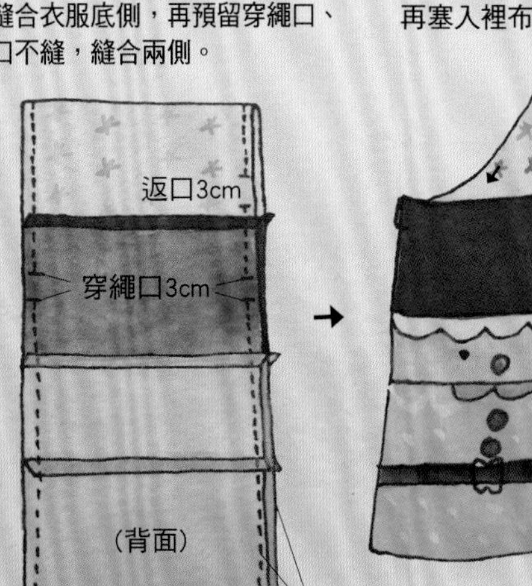
返口3cm
穿繩口3cm
（背面）
1cm

從返口翻至正面，
拉出裡布縫合返口，
再塞入裡布整理形狀。

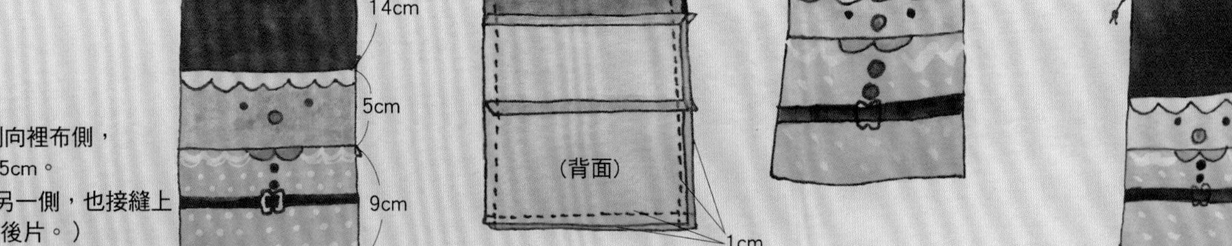

5. 製作束口

在束口布口，
止縫通道一圈。

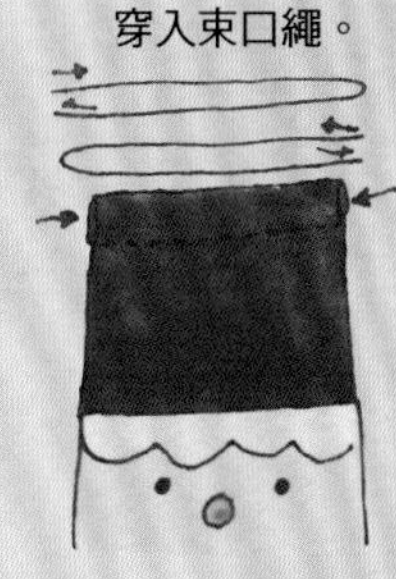
1.5cm

穿入束口繩。

6. 縫毛球裝飾

束口頂端縫上毛球裝飾。

大蘑菇屋束口包

完成尺寸：約寬22X高28cm

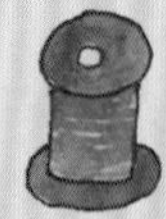

材料

A 米白條絨布（袋身布）62cm×32cm×1片
B 橘雲彩絨布（束口布）41cm×38cm×2片
C 綠雲彩絨布
（袋底布）直徑21cm圓片×2片
（滾邊條）65cm×5cm×1片
D 胚布（皺褶布）80cm×10cm×1片
E 薄膠板（袋身裡板）61.2cm×14cm×1片
F 厚膠板（袋底裡板）直徑19cm圓片×2片
G 木紋皮革（門・窗）12cm×10cm
H 黃色棉布（門・窗裡布）12cm×6cm
I 其他
束口繩（粗5mm真皮繩）88cm×2條
金色鉚釘 5mm×4組
門把手五金零件 1個
米白色壓克力顏料
雙面膠帶、書衣膠帶
裝飾皮片2個

※A袋身布、B束口布、C袋底布、D皺褶布皆已內含1cm縫份。
※除了B束口布、C袋底布、F底厚膠板、G門・窗參見紙型A面，其餘皆依材料尺寸裁剪＆依作法圖進行縫製。

1.製作蘑菇屋袋身

袋身布正面相對縫合。

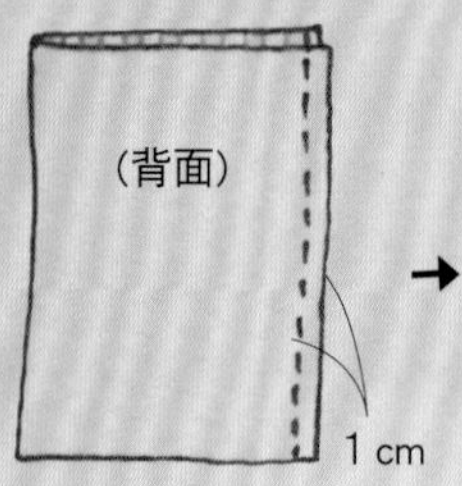
（背面）
1 cm

打開縫份，壓線0.5cm。

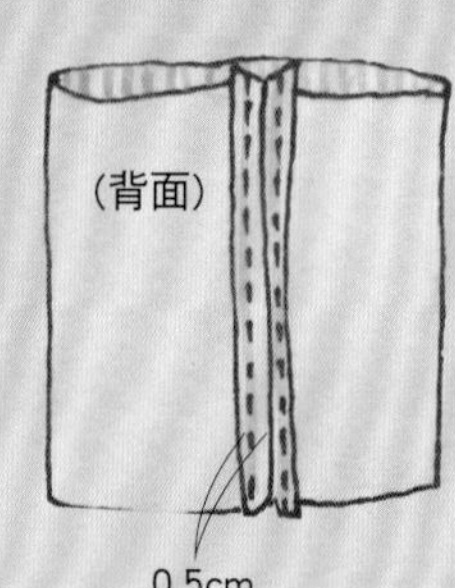
（背面）
0.5cm

將薄膠板捲成筒狀，以雙面膠交疊黏合，再以書衣膠帶（布膠帶）加強黏合。

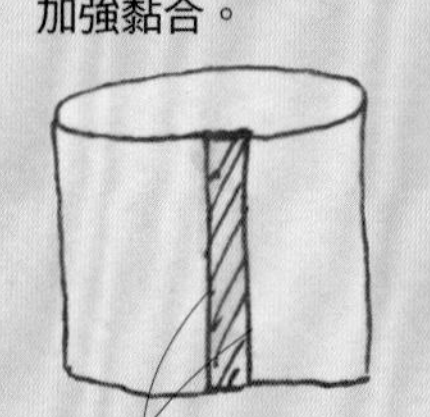
重疊黏合1.2cm。

套疊筒狀膠板＆袋身布。

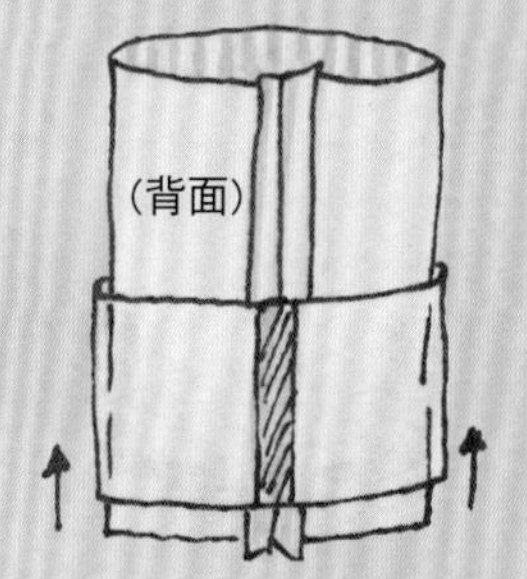
（背面）

袋身布往下翻摺，包覆膠板後縫合。

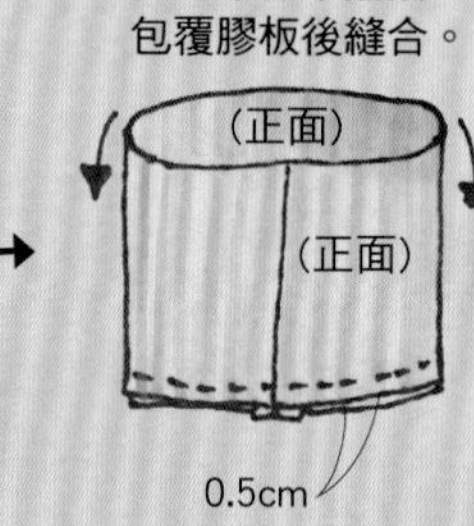
（正面）
（正面）
0.5cm

2.製作底部

以雙面膠黏合2片底厚膠板，再以書衣膠帶加強黏合。

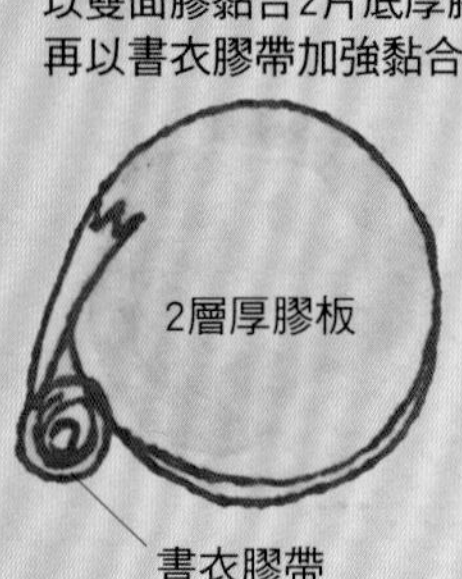
2層厚膠板
書衣膠帶

內外底布中間夾入底厚膠板，縫合。

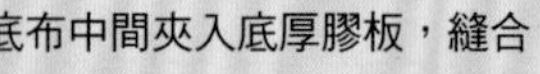
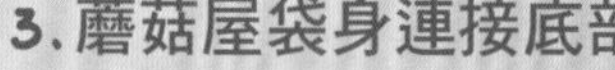
布料
2層厚膠板
布料

0.5cm

3.蘑菇屋袋身連接底部

將袋身與底布疏縫固定。

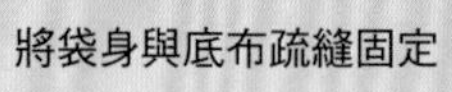
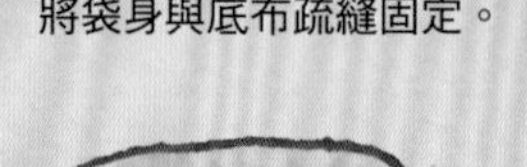
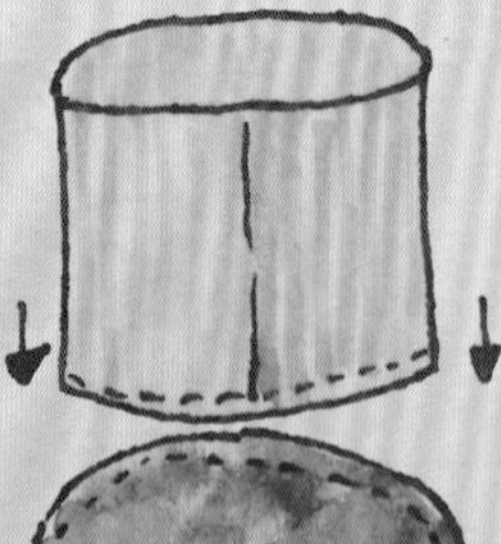

疏縫0.5cm

滾邊條與袋身正面相對，對齊底邊，縫合一圈。

（背面）
（正面）
邊端摺疊1cm。

（背面）
1cm

4.底部包邊

滾邊條另一側摺1cm縫份。

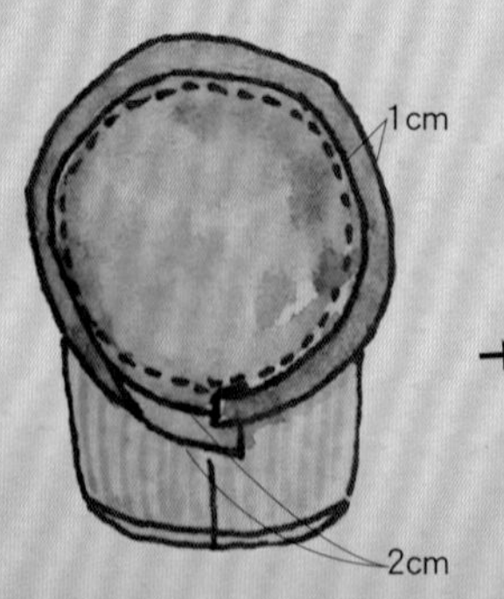
1cm
2cm

包向袋底縫合。

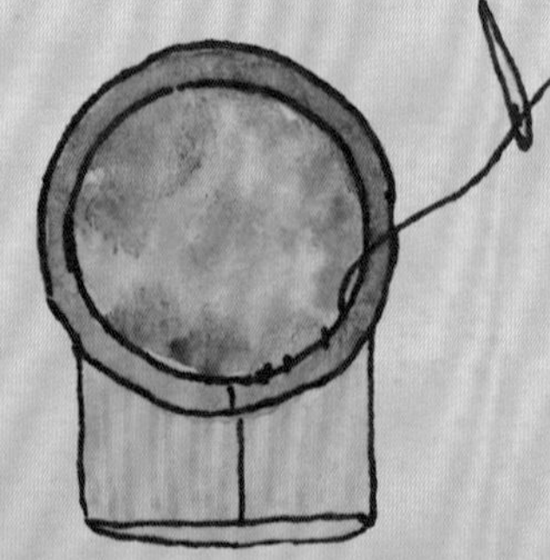

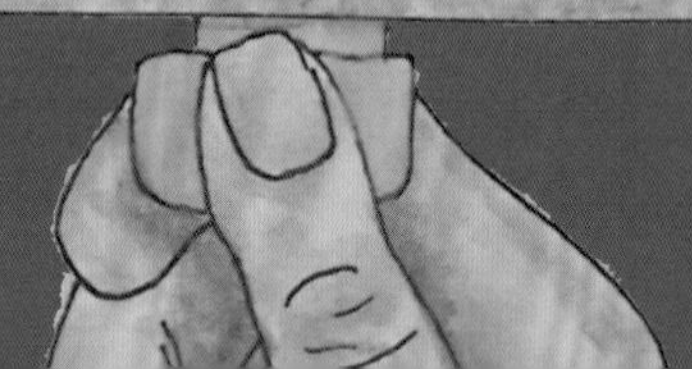

5.製作束口布

束口布正面相對，預留穿繩口不縫，縫合兩側邊。

（背面）
1cm

打開縫份，壓線固定。

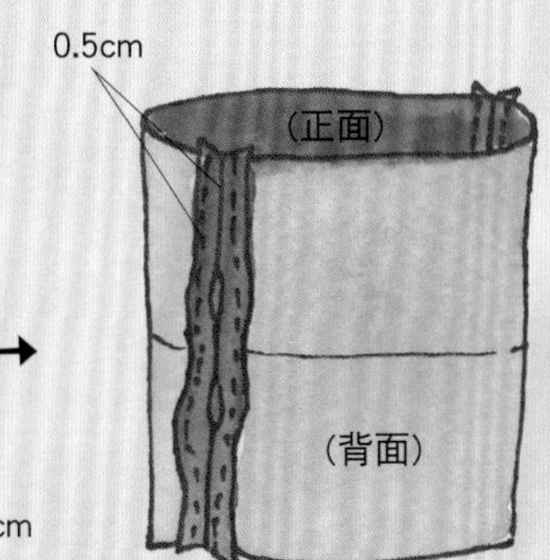
0.5cm
（正面）
（背面）

束口布背面相對，對摺，止縫穿繩通道。

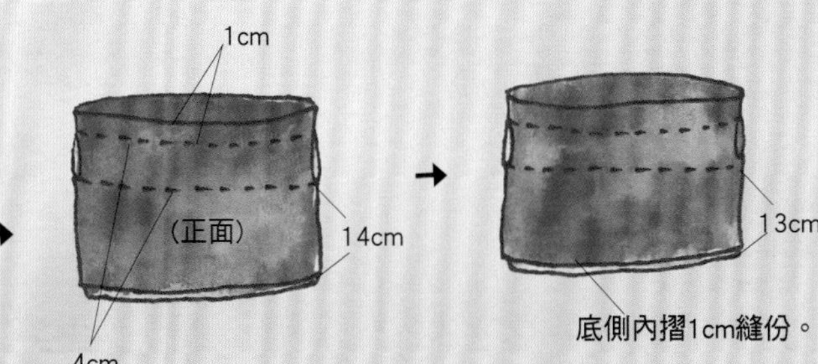
1cm
（正面）
14cm
4cm
13cm
底側內摺1cm縫份。

6.製作&接縫蘑菇皺褶布

對摺縫合成布圈狀，打開縫份壓線固定。

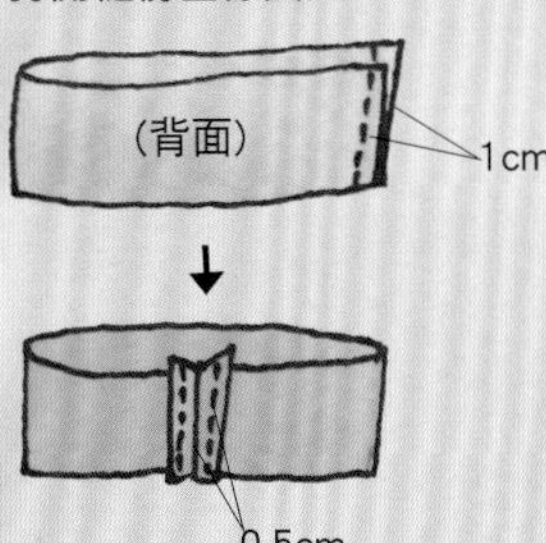
（背面）
1cm
0.5cm

上下對摺後，縫合一圈固定。

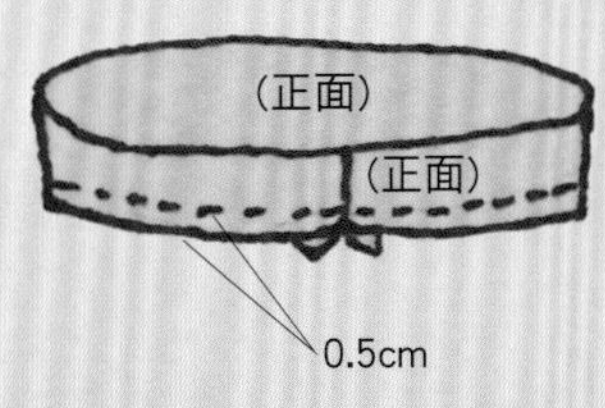
（正面）
（正面）
0.5cm

布圈夾入步驟5束口布之間1cm。

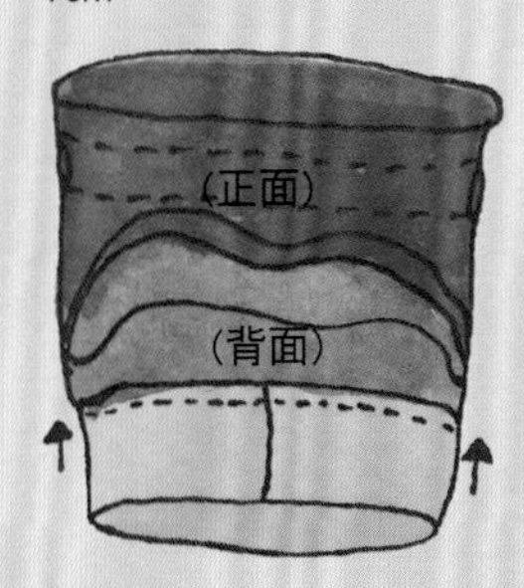
（正面）
（背面）

縫合一圈。

（正面）
0.5cm

7.縫合皺褶布與袋身

在皺褶布摺雙邊，平針縫一圈抽皺。

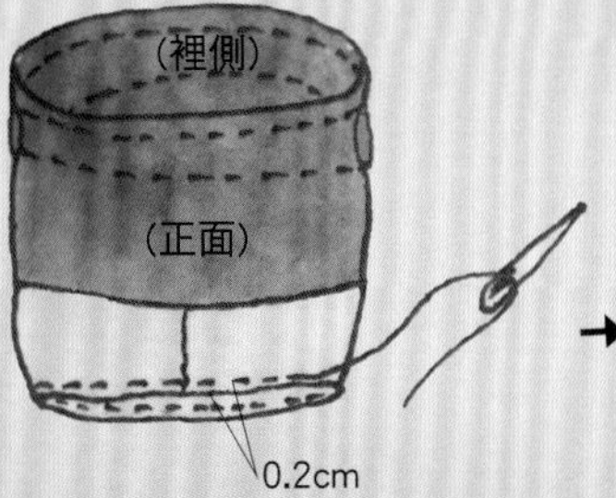
（裡側）
（正面）
0.2cm

將皺褶布＆束口布翻至裡側，與袋身正面相對套疊(將膠板往下推)。使抽皺布抽緊至與袋身尺寸相合，縫合一圈(沿著中心的膠板邊緣縫合)，完成後向上翻起束口布。

1cm
（裡側）

8.穿入抽繩

2條皮繩分別穿入穿出。

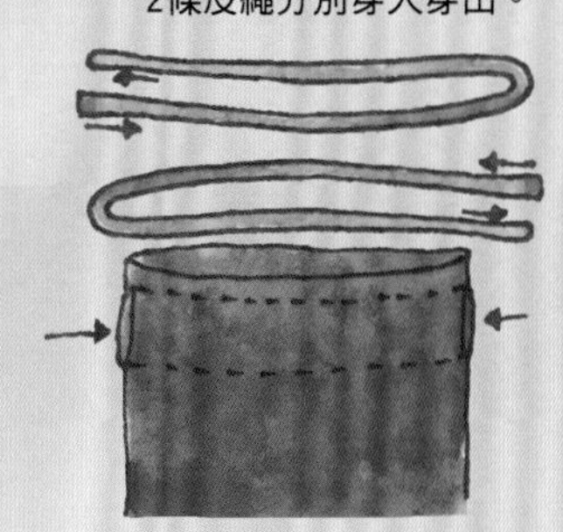

〈固定繩頭〉

中間塗白膠稍作固定。

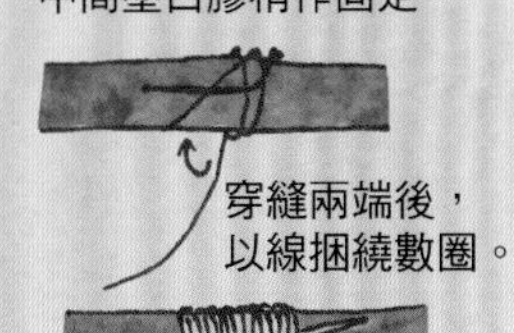

穿縫兩端後，以線捆繞數圈。

藏入線頭。

9.製作門窗裝飾

裁剪適當大小的棉布，黏貼於皮革背面。

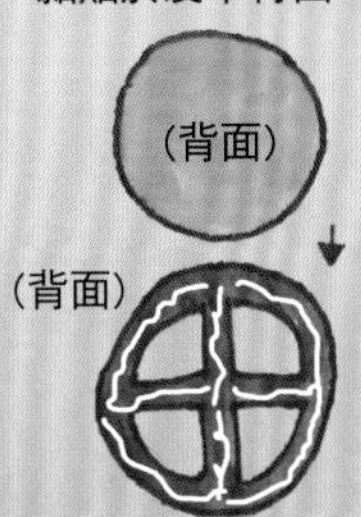
（背面）
（背面）

門片鏤空處背面同樣黏上布料，正面黏上裝飾皮片，並以鉚釘固定門把五金。

10.繪製斑點

門窗皮革片縫至袋身上。
先收緊束口布，再以白色壓克力顏料繪製斑點。

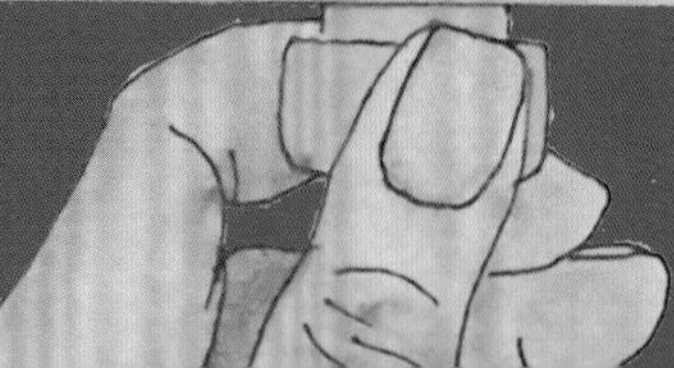

Tsuki

花燦冬陽小童衫

冬日陽光映入窗扉，
穿著媽媽牌的手製棉麻小衫，
有一種舒適自在的安心感。

■作品設計・製作・示範教學・作法文字提供／月亮
■作法繪圖／9點以後玩手作
■攝影／MuseCat Photography 吳宇童
■小模特兒／羅筠茜 ■造型／許小泥
■採訪執行企畫編輯／黃璟安

Introduction

月亮 Tsuki

愛手作，愛繪本，愛音樂，
愛與小孩玩在一起の平凡家庭主婦。
FACEBOOK請搜尋月亮Tsuki

月亮的手作小星球

搭配手作小書，
簡約氣質的小淑女登場！

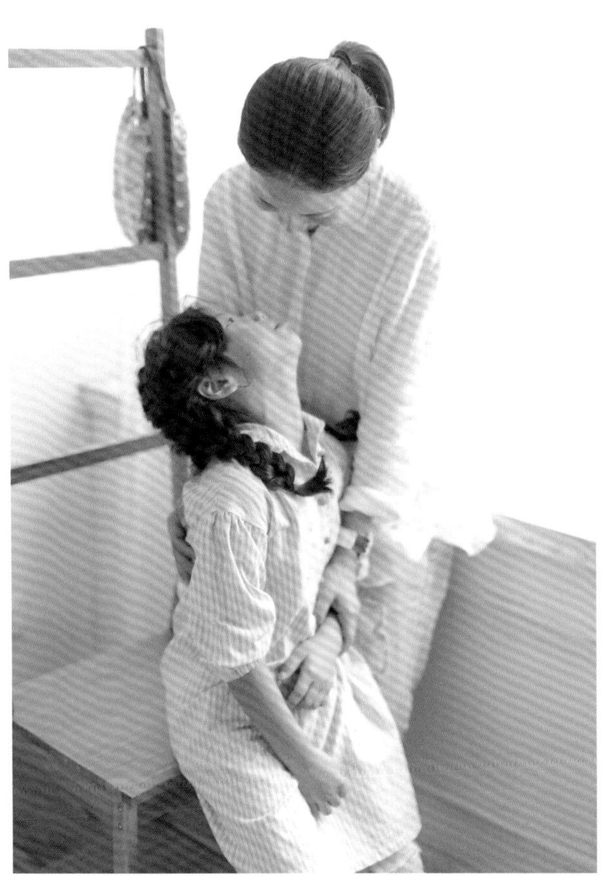

另一款花色，輕輕柔柔，是讓人倍感安心的暖黃。

小童衫

※建議穿著尺寸：
適合尺寸90cm至120cm（可依個人身高調整裙長）
★原寸紙型 B 面

材料 表　布：寬150cm
前配布：寬38×36cm
接著襯：寬90cm×30cm
釦　子：寬1cm4個
鬆緊帶：寬1cm長約38cm
＊表布長度可依自己喜好增長或減短。

how to make

※指定之外縫份皆為1cm。

處在背面燙薄襯

裁布圖

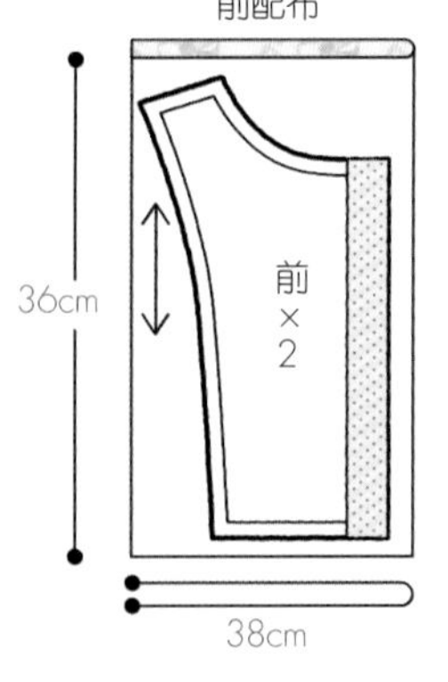

前配布
36cm
前×2
38cm

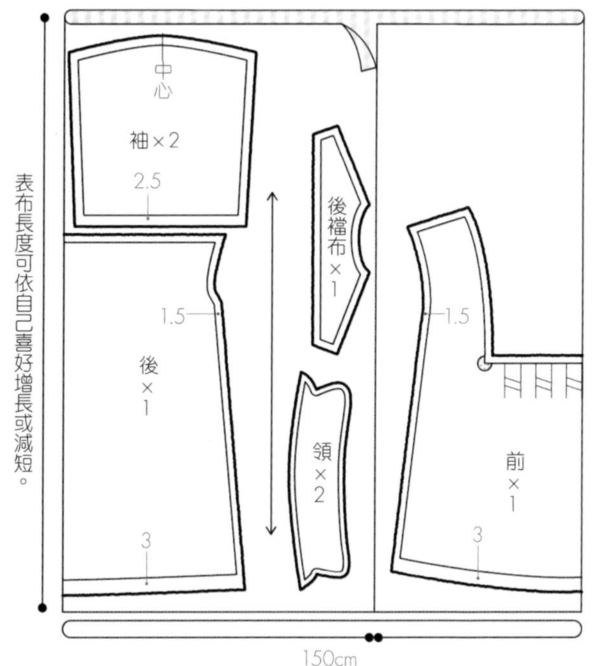

中心
袖×2
2.5
後襠布×1
1.5
後×1
領×2
前×1
3
表布長度可依自己喜好增長或減短。
150cm

縫製順序

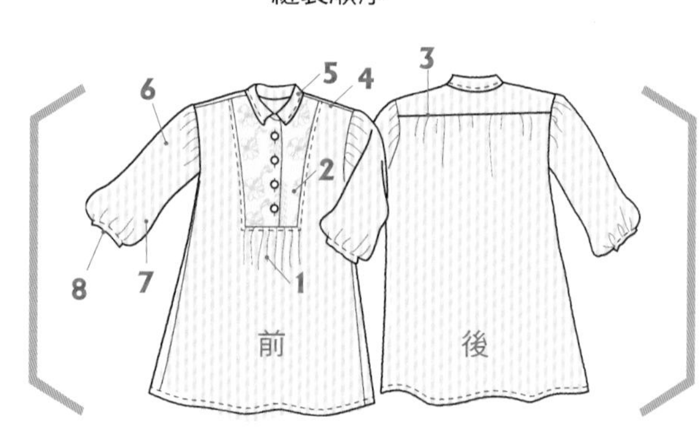

6
5
4
3
2
1
8
7
前
後

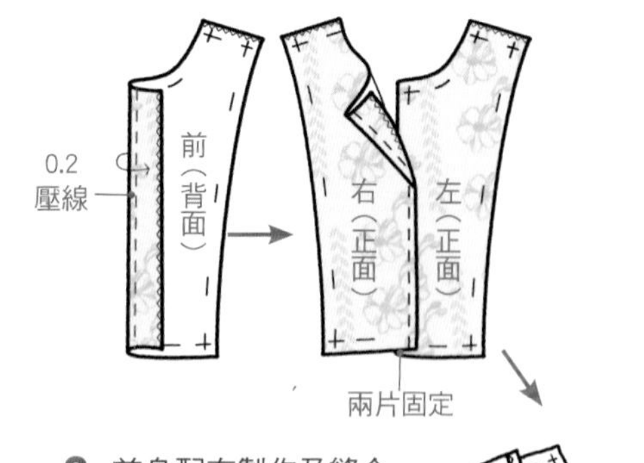

0.2壓線
前(背面)
右(正面)
左(正面)
兩片固定

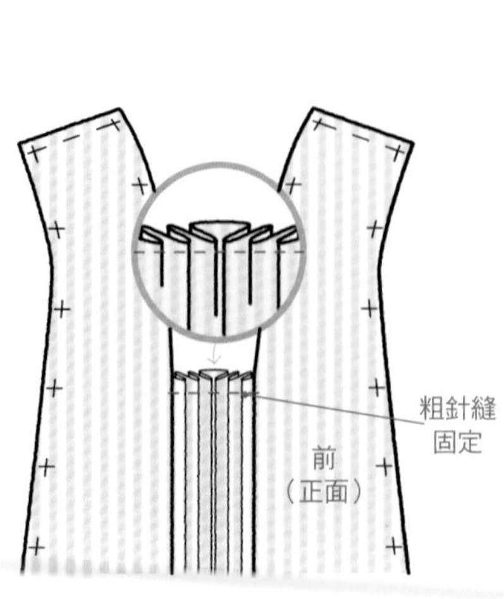

粗針縫固定
前(正面)

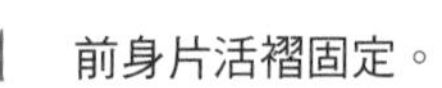

1 前身片活褶固定。

2 前身配布製作及縫合。

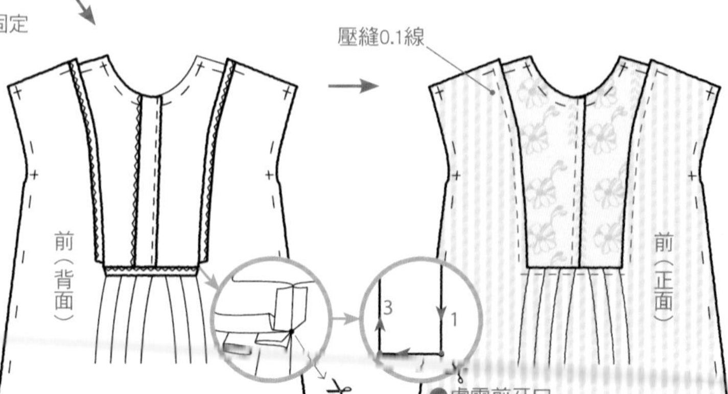

壓縫0.1線
前(背面)
前(正面)
3
1
●處需剪牙口
身片需剪牙口

月亮的手作小星球

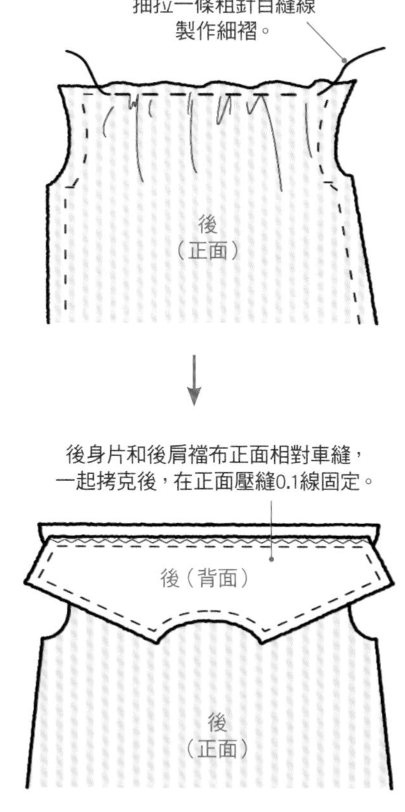
抽拉一條粗針目縫線
製作細褶。
後
（正面）
後身片和後肩襠布正面相對車縫，
一起拷克後，在正面壓縫0.1線固定。
後（背面）
後
（正面）

3 後身片抽皺褶後，接合後肩襠布。

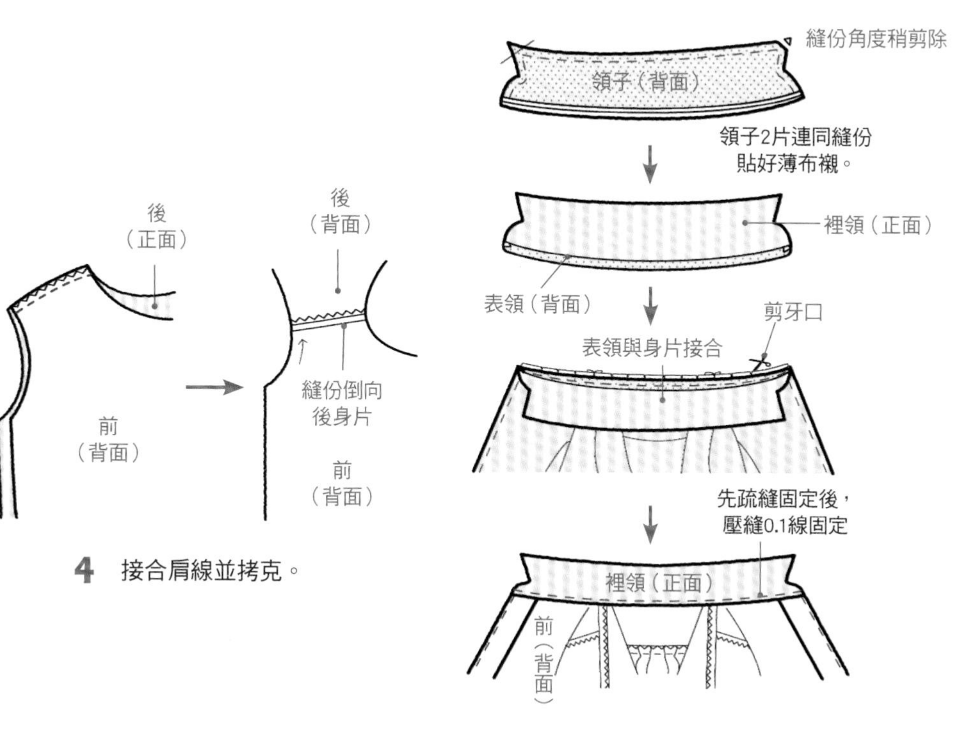
後
（正面）
前
（背面）
後
（背面）
縫份倒向
後身片
前
（背面）
縫份角度稍剪除
領子（背面）
領子2片連同縫份
貼好薄布襯。
裡領（正面）
表領（背面）
剪牙口
表領與身片接合
先疏縫固定後，
壓縫0.1線固定
裡領（正面）
前
（背面）

4 接合肩線並拷克。

5 領子製作及身片接合。

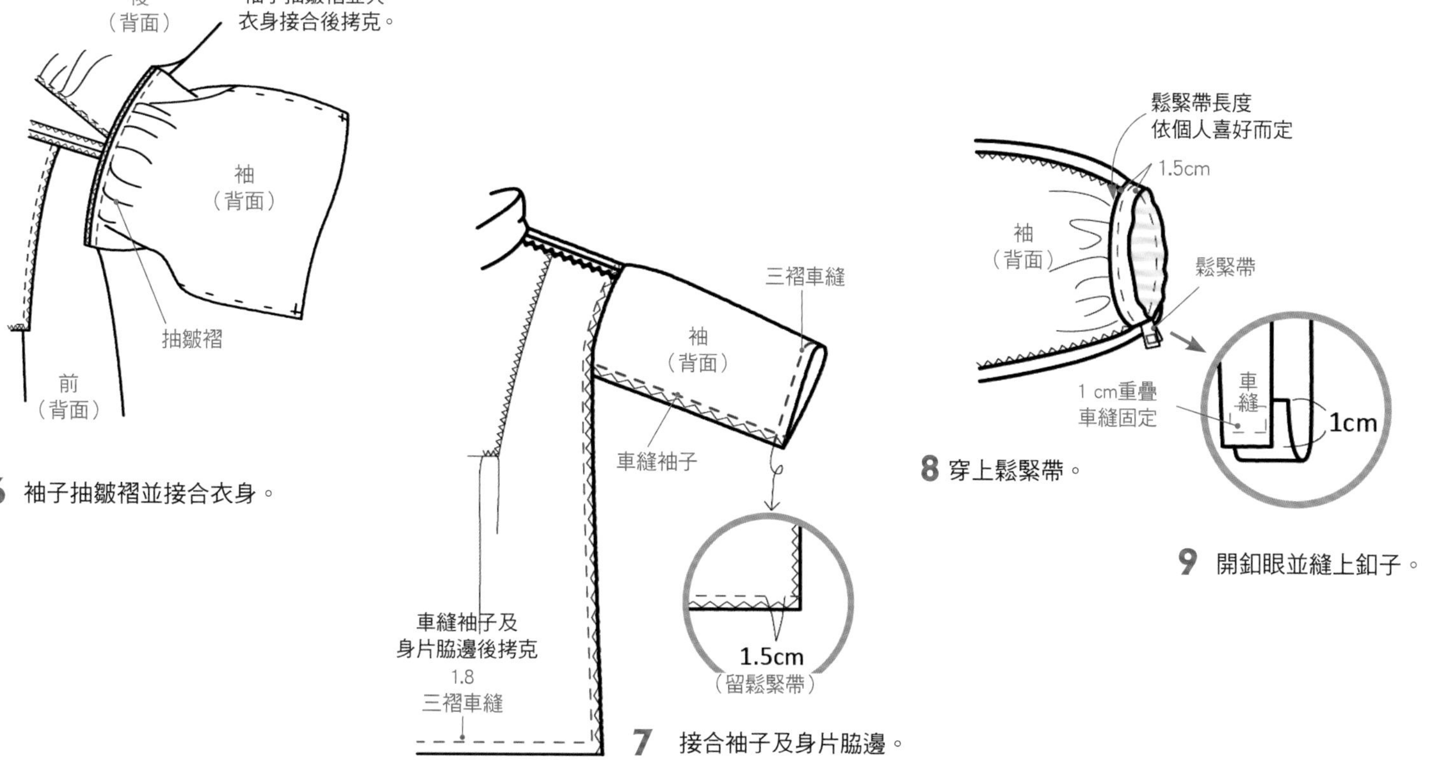
後
（背面）
袖子抽皺褶並與
衣身接合後拷克。
袖
（背面）
抽皺褶
前
（背面）
三褶車縫
袖
（背面）
車縫袖子
車縫袖子及
身片脇邊後拷克
1.8
三褶車縫
1.5cm
（留鬆緊帶）
鬆緊帶長度
依個人喜好而定
1.5cm
袖
（背面）
鬆緊帶
1 cm重疊
車縫固定
車
縫
1cm

6 袖子抽皺褶並接合衣身。

7 接合袖子及身片脇邊。
袖口及衣身下襬均以三褶車縫固定。

8 穿上鬆緊帶。

9 開釦眼並縫上釦子。

完成尺寸

寬40×長33cm

原寸紙型

無

材料

表布（尼龍布）110cm×60cm

配布（棉布）50cm×15cm

圓繩 粗0.5cm 60cm

繩擋 1個

P.10_ No.07

扁平環保包

裁布圖

※標示的尺寸已含縫份。

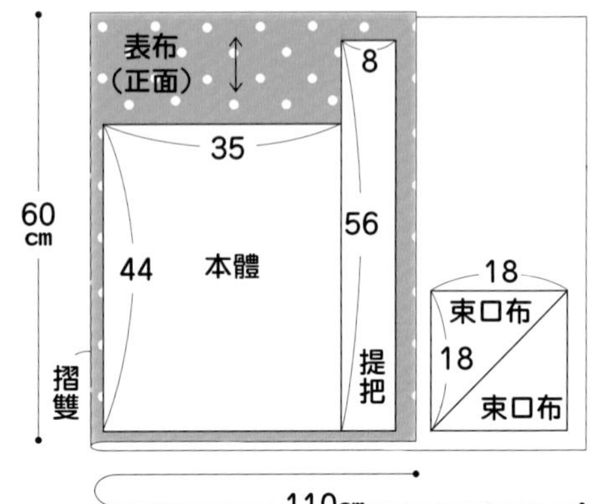

表布
（正面）
8
35
60cm
44
本體
56
提把
摺雙
18
束口布
18
束口布
110cm

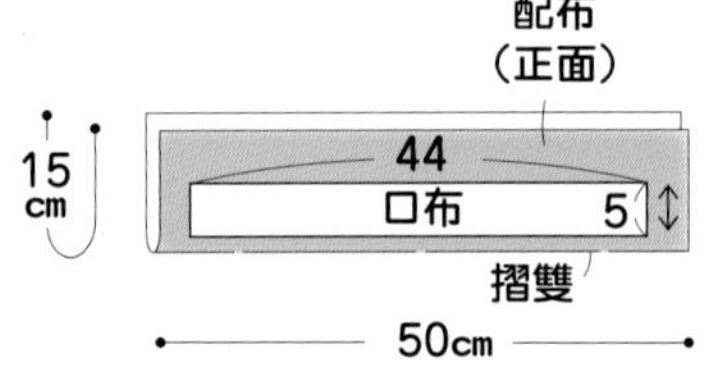

配布
（正面）
15cm
44
口布
5
摺雙
50cm

1. 接縫束口布

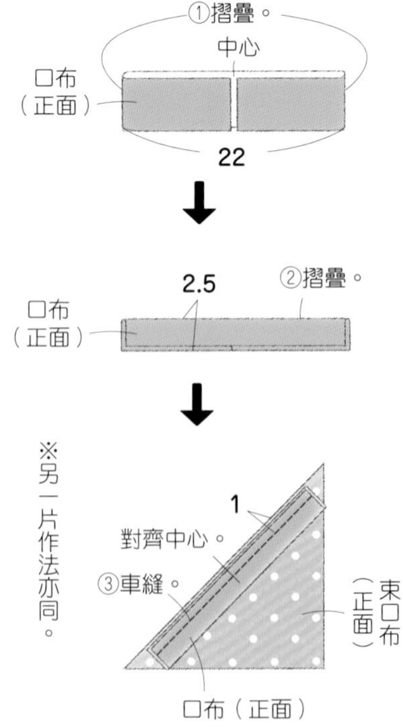

①摺疊。
中心
口布
（正面）
22
2.5
②摺疊。
口布
（正面）
※另一片作法亦同。
1
對齊中心。
③車縫。
束口布
（正面）
口布（正面）

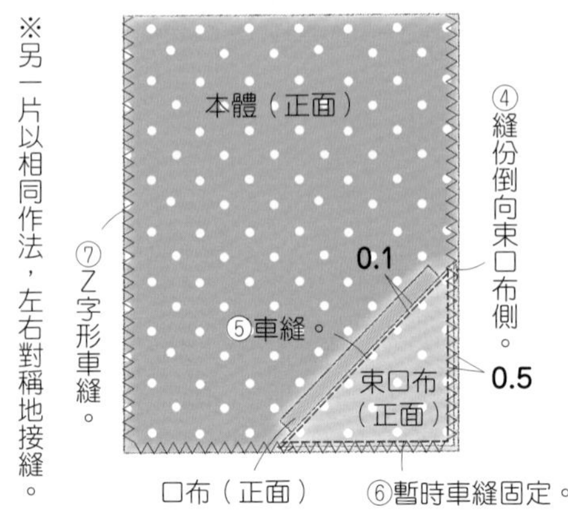

※另一片以相同作法，左右對稱地接縫。
本體（正面）
④縫份倒向束口布側。
⑦Z字形車縫。
0.1
⑤車縫。
束口布
（正面）
0.5
口布（正面）
⑥暫時車縫固定。

2. 接縫提把

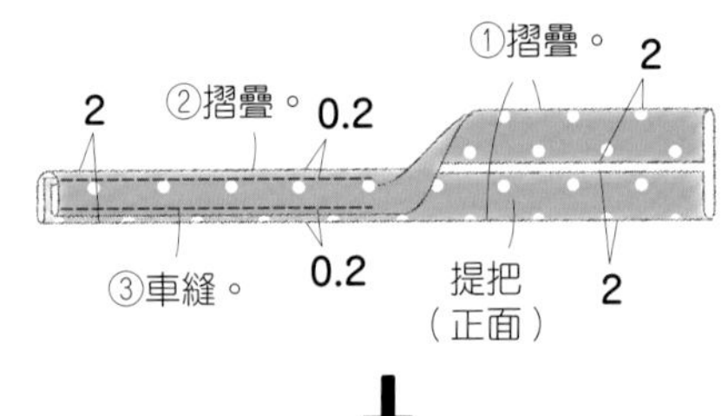

①摺疊。
2
2
②摺疊。
0.2
③車縫。
0.2
提把
（正面）
2

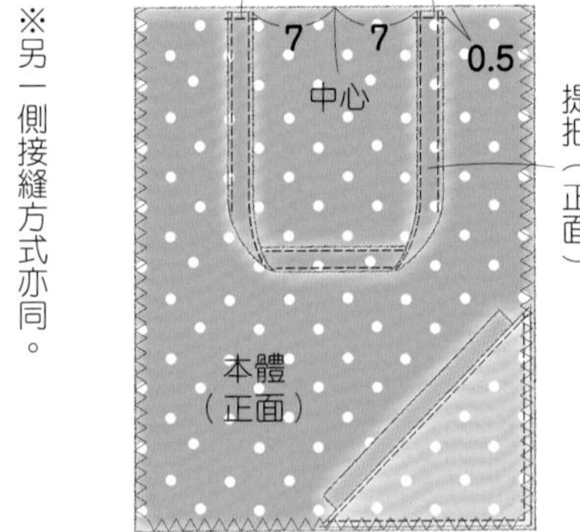

④暫時車縫固定。
7
7
0.5
中心
※另一側接縫方式亦同。
提把
（正面）
本體
（正面）

3. 製作本體

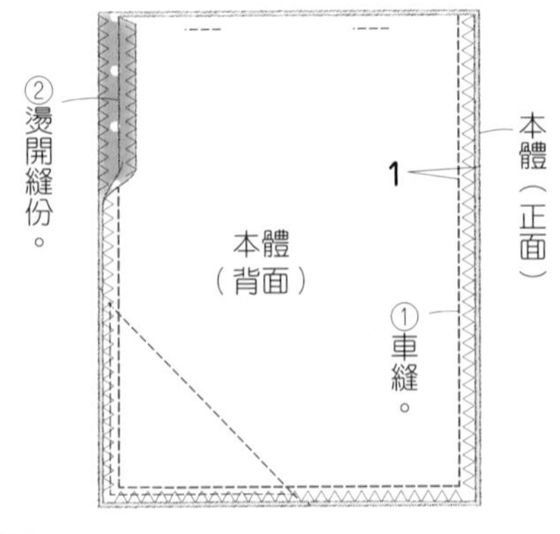

②燙開縫份。
1
本體
（正面）
本體
（背面）
①車縫。

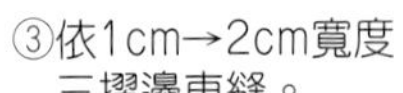

③依1cm→2cm寬度
三摺邊車縫。

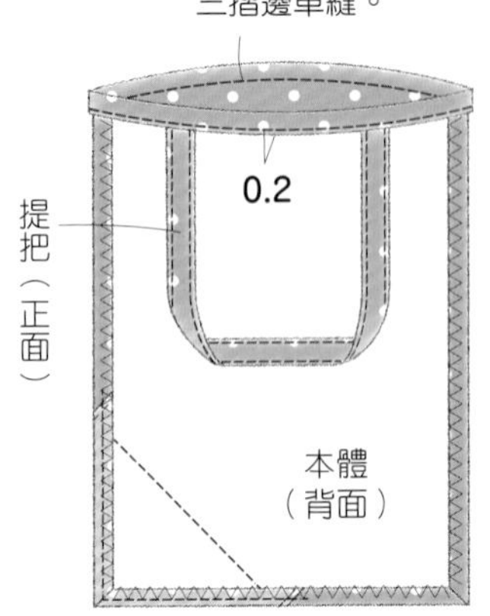

0.2
提把（正面）
本體
（背面）

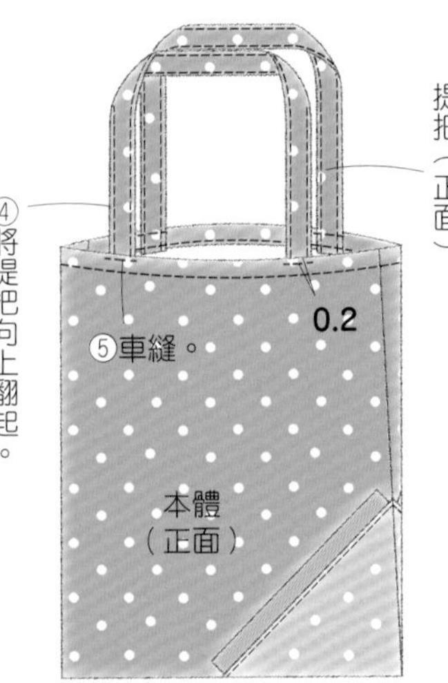

提把（正面）
④將提把向上翻起。
0.2
⑤車縫。
本體
（正面）

4. 穿入圓繩

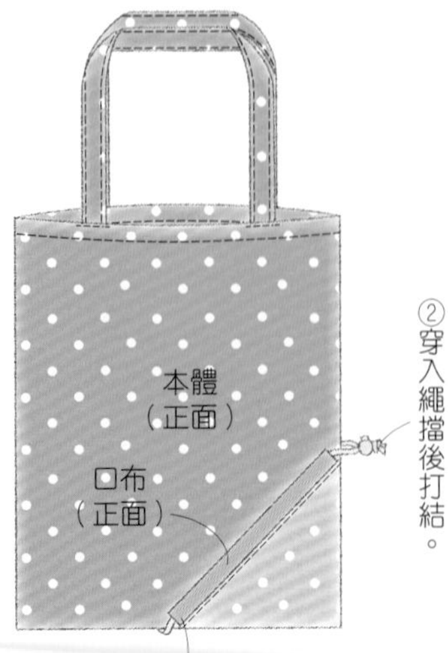

本體
（正面）
口布
（正面）
②穿入繩擋後打結。
①穿入圓繩（60cm）。

完成尺寸	材料
高20cm×直徑13cm	**表布**（牛津布）65cm×35cm **配布**（牛津布）65cm×65cm

原寸紙型

A面

P.12_ No.10
圓底束口包

1. 裁布

※除了表．裡底之外皆無原寸紙型，請依標示尺寸（已含縫份）直接裁剪。

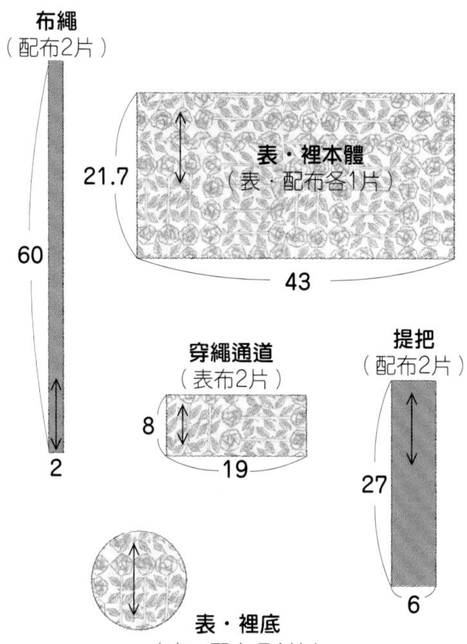

布繩
（配布2片）
60
2
表・裡本體
（表・配布各1片）
21.7
43
穿繩通道
（表布2片）
8
19
提把
（配布2片）
27
6
表・裡底
（表・配布各1片）

2. 製作本體

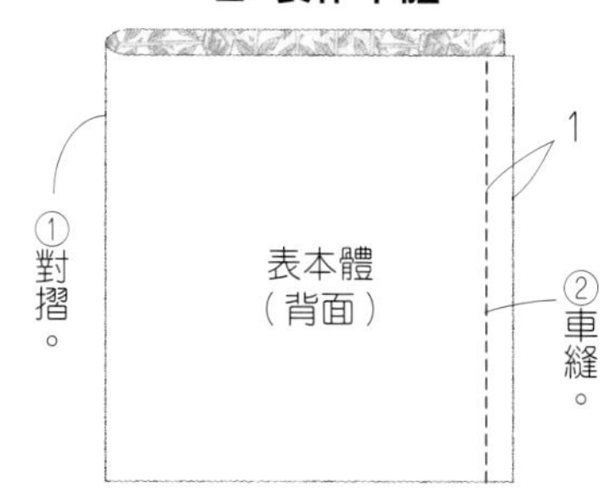

1
①對摺。
表本體
（背面）
②車縫。

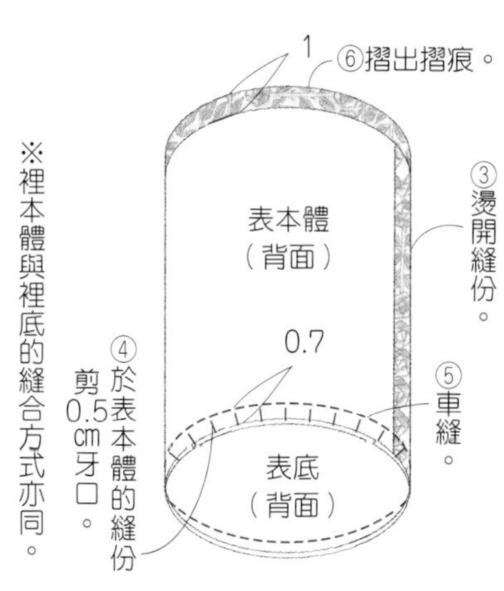

1
⑥摺出摺痕。
③燙開縫份。
表本體
（背面）
0.7
⑤車縫。
④於表本體的縫份剪0.5cm牙口。
表底
（背面）
※裡本體與裡底的縫合方式亦同。

3. 製作提把＆束口布繩

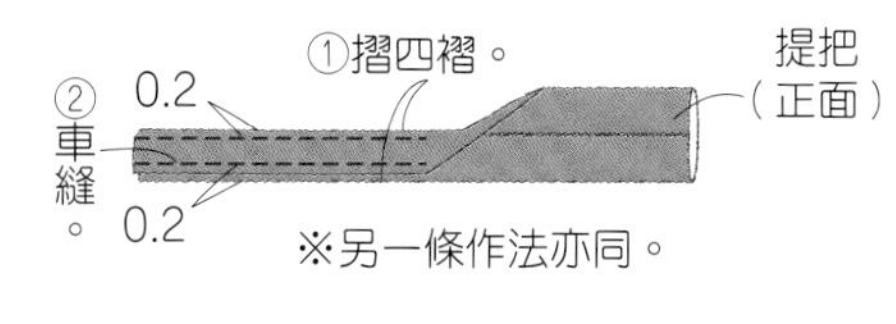

①摺四褶。
提把
（正面）
②車縫。
0.2
0.2
※另一條作法亦同。

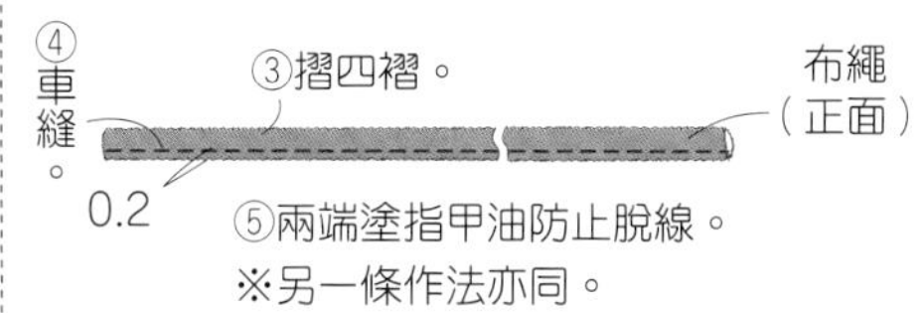

④車縫。
③摺四褶。
布繩
（正面）
0.2
⑤兩端塗指甲油防止脫線。
※另一條作法亦同。

4. 套疊表本體＆裡本體

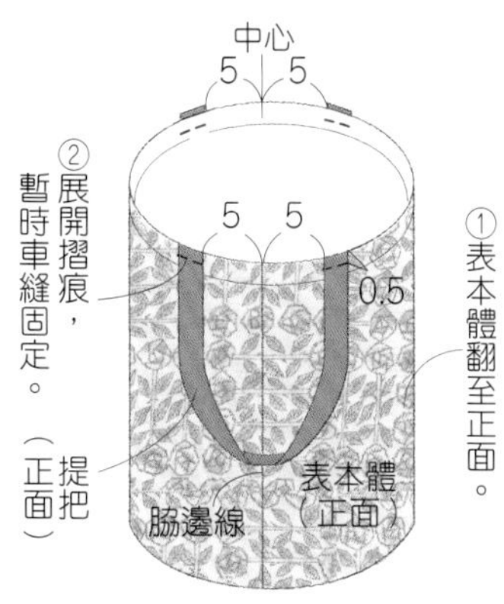

中心
5
5
②展開摺痕，暫時車縫固定。
5
5
0.5
①表本體翻至正面。
（正面）提把
脇邊線
表本體
（正面）

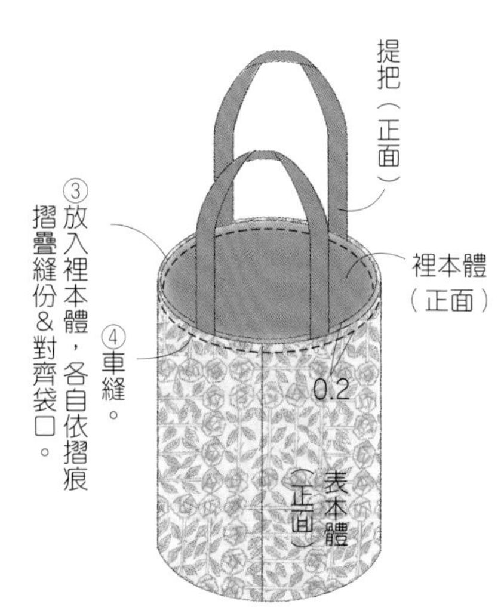

提把（正面）
③放入裡本體，各自依摺痕摺疊縫份＆對齊袋口。
④車縫。
裡本體
（正面）
0.2
表本體
（正面）

5. 縫上穿繩通道

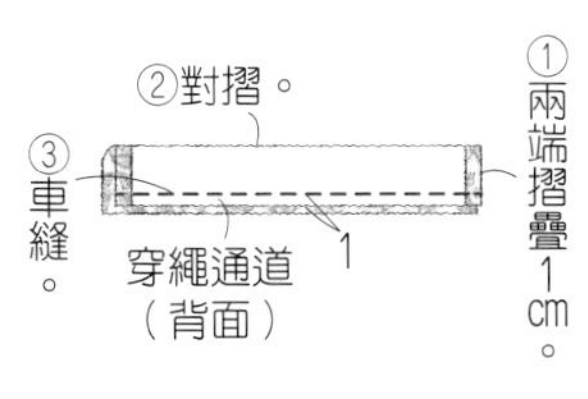

②對摺。
①兩端摺疊1cm。
③車縫。
穿繩通道
（背面）
1

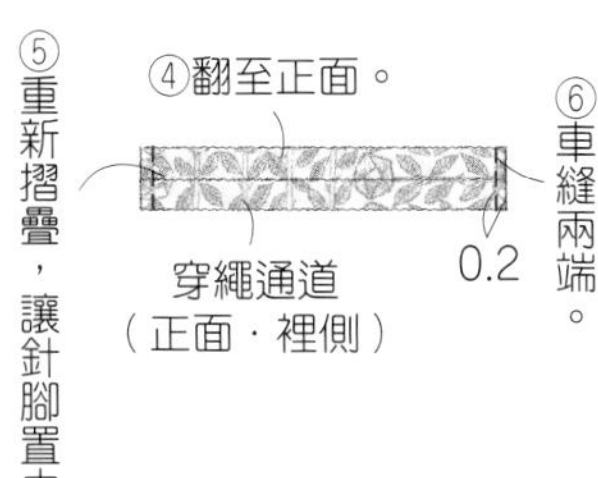

⑤重新摺疊，讓針腳置中。
④翻至正面。
⑥車縫兩端。
穿繩通道
（正面・裡側）
0.2

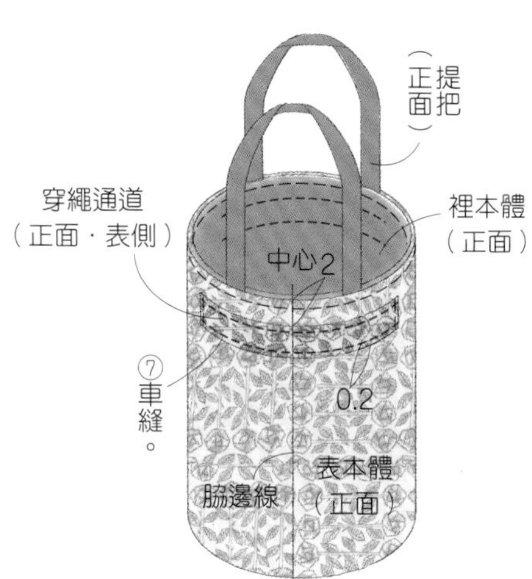

提把
（正面）
穿繩通道
（正面・表側）
裡本體
（正面）
中心
2
⑦車縫。
0.2
脇邊線
表本體
（正面）

6. 穿入布繩

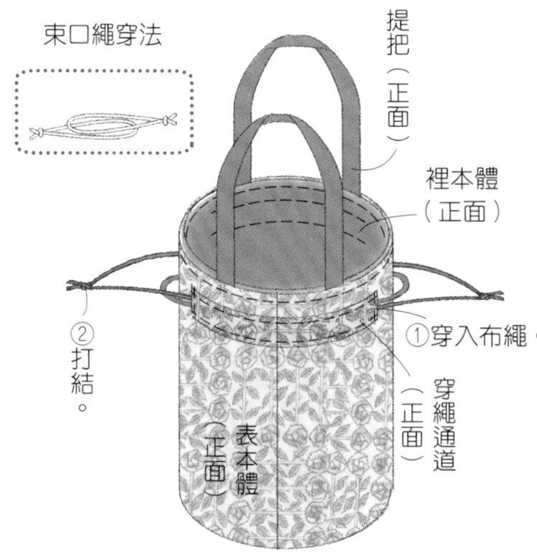

束口繩穿法
提把（正面）
裡本體
（正面）
②打結。
①穿入布繩。
穿繩通道
（正面）
表本體
（正面）

完成尺寸

寬11.5×長20cm（不含耳絆）

原寸紙型

A面

材料

表布（防水布）25cm×25cm

A4透明文件夾 1個

滾邊斜布條（附接著膠）寬12mm 70cm

塑膠四合釦 14mm 1組

P.08_ No.03

口罩收納套

1. 裁布

※除了圓角之外皆無原寸紙型，請依標示尺寸（已含縫份）直接裁剪。

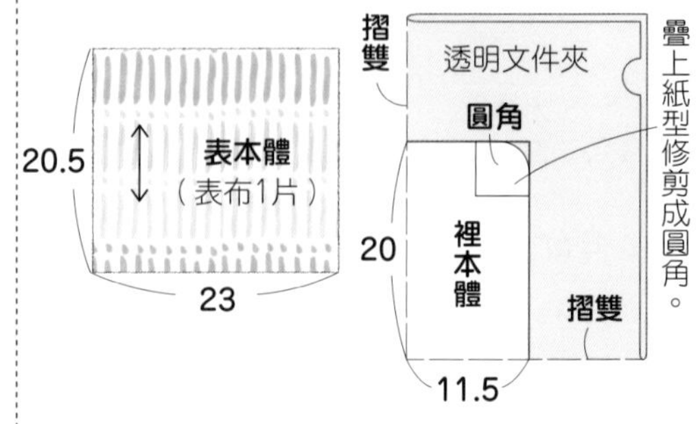

20.5
表本體
（表布1片）
23
摺雙
透明文件夾
圓角
疊上紙型修剪成圓角。
20
裡本體
摺雙
11.5

2. 製作本體

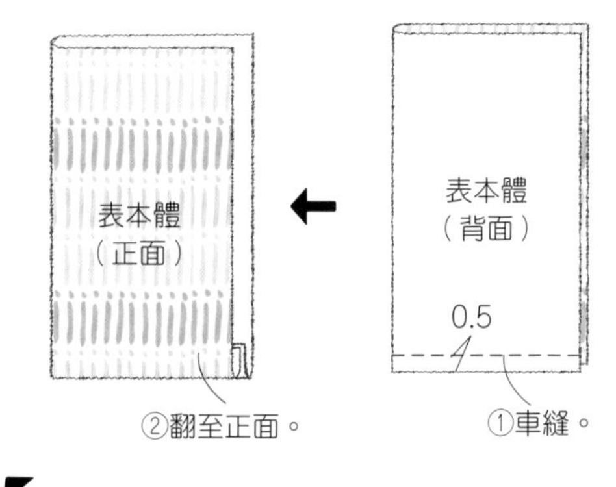

表本體
（正面）
表本體
（背面）
0.5
②翻至正面。
①車縫。

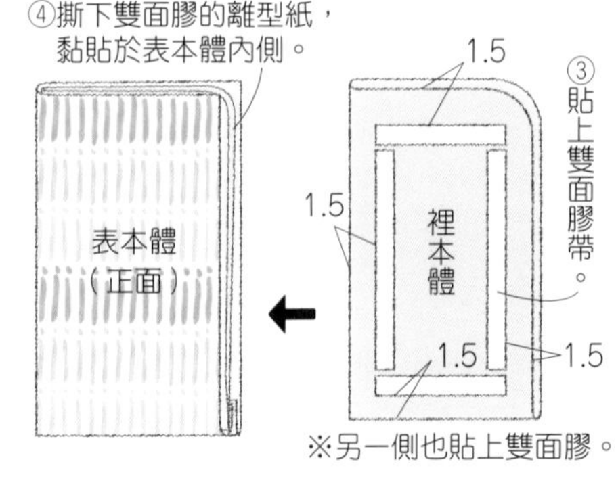

④撕下雙面膠的離型紙，黏貼於表本體內側。
表本體
（正面）
1.5
③貼上雙面膠帶。
1.5
裡本體
1.5
1.5
※另一側也貼上雙面膠。

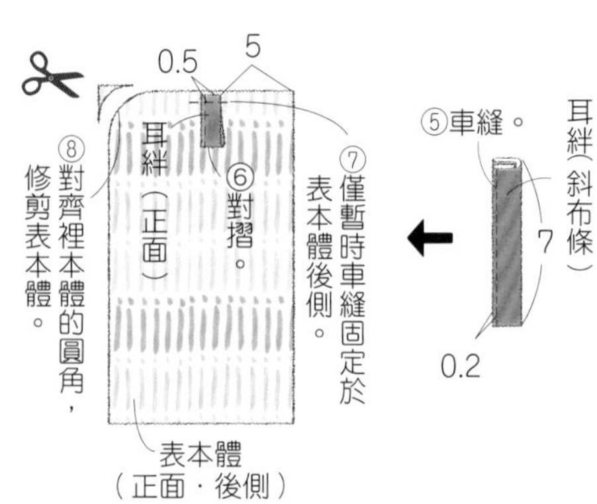

0.5
5
⑧對齊裡本體的圓角，修剪表本體。
耳絆（正面）
⑥對摺。
⑦僅暫時車縫固定於表本體後側。
表本體
（正面・後側）
⑤車縫。
耳絆（斜布條）
7
0.2

3. 進行滾邊

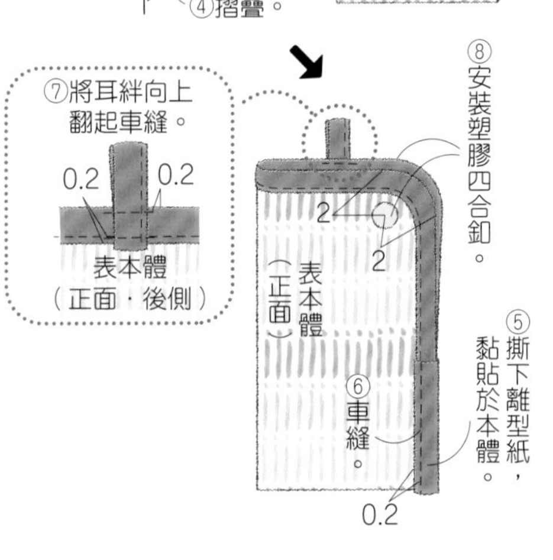

①自圓角起，上下延伸疊合。
斜布條（正面）
④摺疊。
斜布條（10cm）
表本體
（正面）
②撕下離型紙，黏貼於本體。
③車縫。
0.2
表本體
（正面）
7
1
④摺疊。
⑦將耳絆向上翻起車縫。
0.2
0.2
表本體
（正面・後側）
⑧安裝塑膠四合釦
2
2
表本體（正面）
⑥車縫。
⑤撕下離型紙，黏貼於本體。
0.2

完成尺寸

寬8×高8×側身8cm

寬10×高11×側身10cm

原寸紙型

無

材料（■…S ■…L）

表布（帆布）40cm×40cm・45cm×45cm

裡布（厚木棉布）40cm×40cm・45cm×45cm

P.14_ No.18

布盒S・M

1.裁布

※■…S・■…M

※標示的尺寸已含縫份。

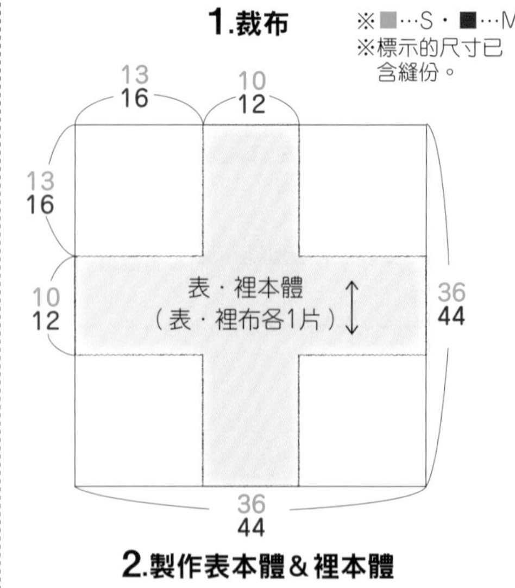

13
16
10
12
13
16
表・裡本體
（表・裡布各1片）
10
12
36
44
36
44

2.製作表本體&裡本體

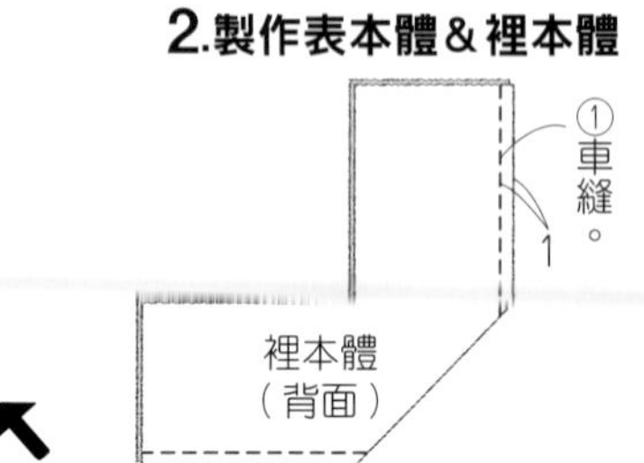

①車縫。
1
裡本體
（背面）

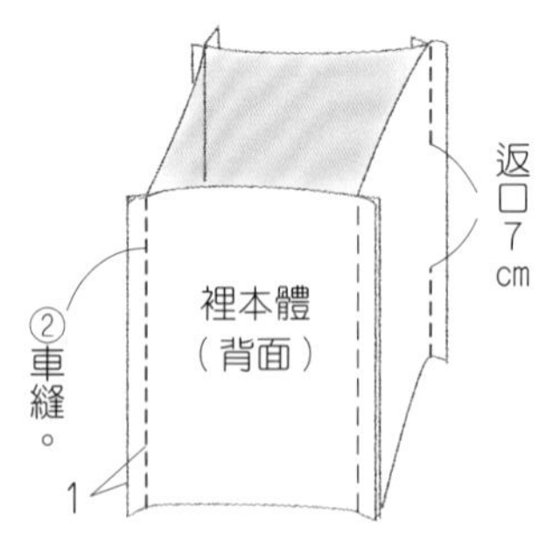

返口7cm
裡本體
（背面）
②車縫。
1

※表本體作法亦同，但不預留返口。

3.套疊表本體&裡本體

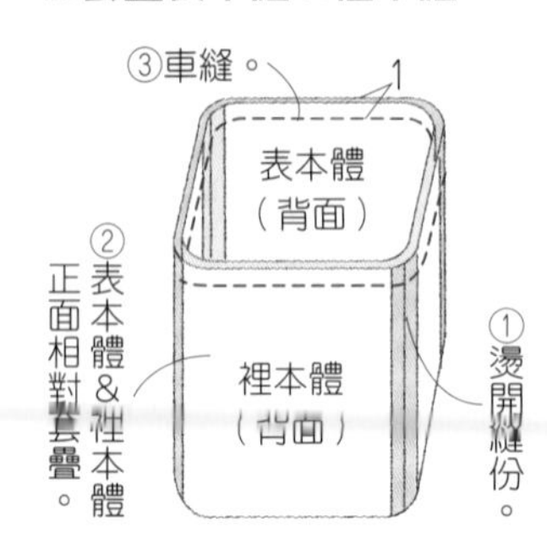

③車縫。
1
表本體
（背面）
②表本體&裡本體正面相對套疊。
裡本體
（背面）
①燙開縫份。

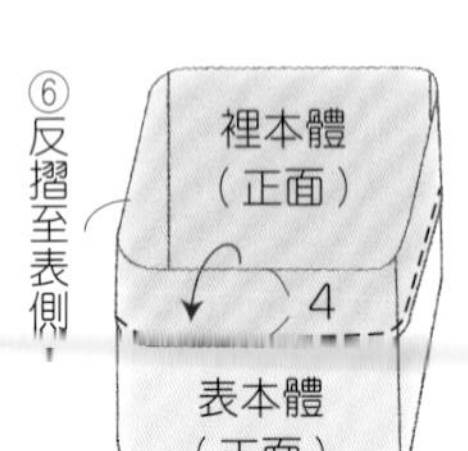

⑥反摺至表側。
裡本體
（正面）
4
表本體
（正面）

⑤車縫。 0.5

裡本體（正面）

表本體（正面）

④翻至正面，縫合返口。

完成尺寸

寬11×長26×側身5cm
（不含布繩）

原寸紙型

無

材料

表布（棉布）40cm×30cm
配布（棉布）50cm×35cm
FLATKNIT拉鍊 30cm 1條

P.09_ No.04
環保面紙套

1.裁布

※標示的尺寸已含縫份。

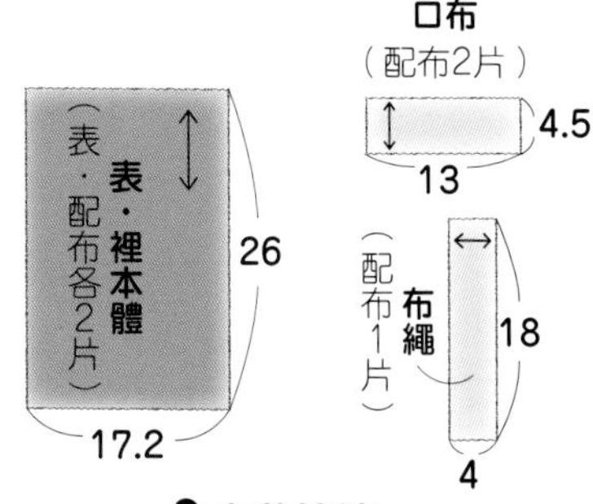

口布
（配布2片）
4.5
13
表・裡本體
（表・配布各2片）
26
17.2
布繩
（配布1片）
18
4

2.安裝拉鍊

①安裝拉鍊（參見P.13「修剪拉鍊的方法」）。

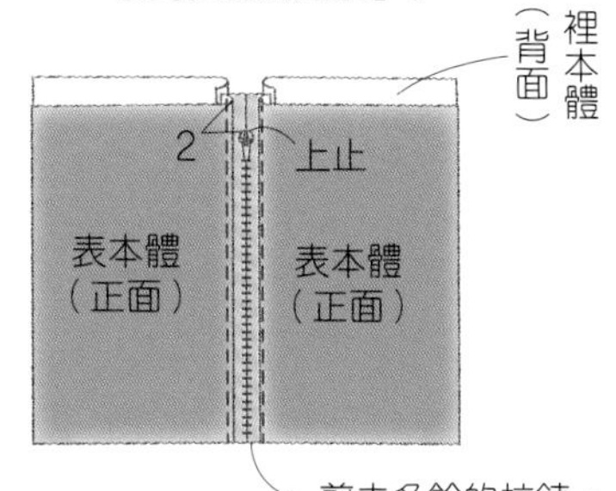

裡本體
（背面）
2
上止
表本體
（正面）
表本體
（正面）
剪去多餘的拉鍊。

3.縫合本體

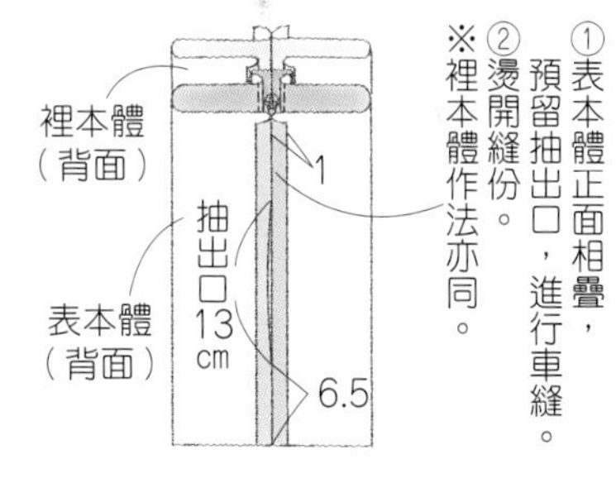

①表本體正面相疊，預留抽出口，進行車縫。
②邊開縫份。
※裡本體作法亦同。
裡本體
（背面）
1
抽出口
13cm
表本體
（背面）
6.5

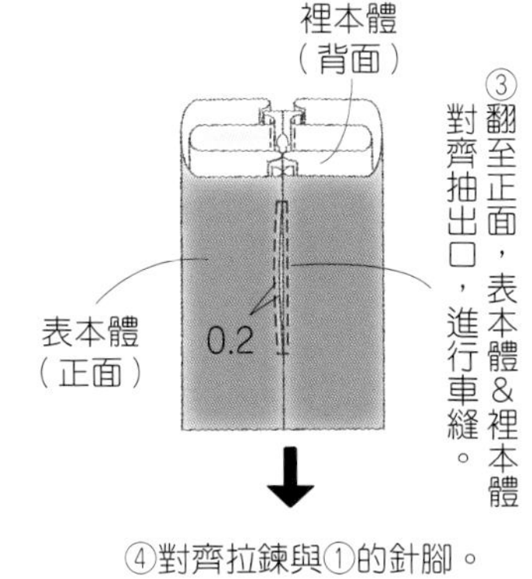

裡本體
（背面）
③翻至正面，表本體＆裡本體對齊抽出口，進行車縫。
表本體
（正面）
0.2

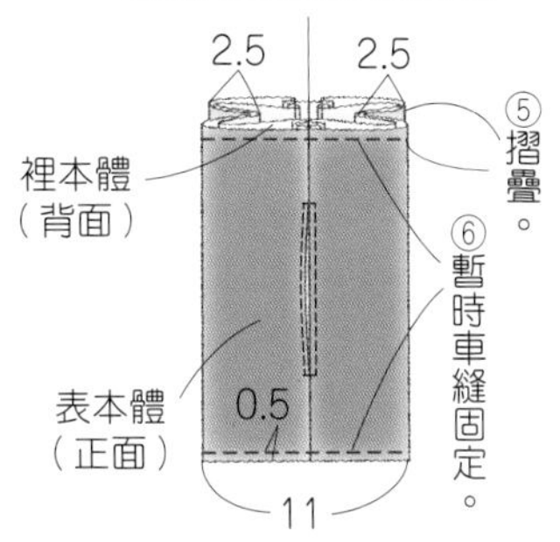

④對齊拉鍊與①的針腳。
2.5
2.5
裡本體
（背面）
⑤摺疊。
⑥暫時車縫固定。
表本體
（正面）
0.5
11

4.縫上布繩

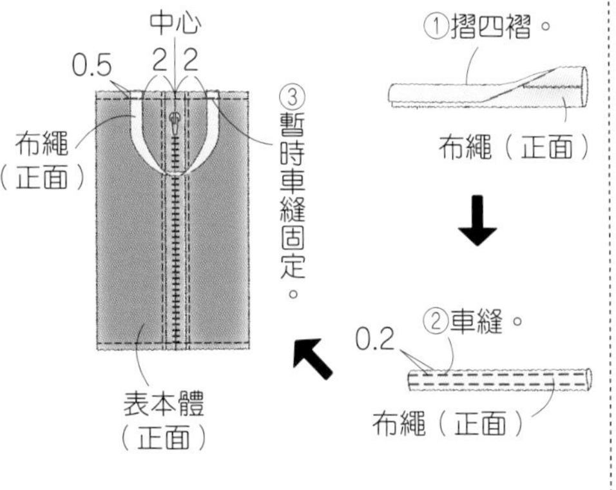

中心
0.5
2
2
布繩
（正面）
③暫時車縫固定。
表本體
（正面）
①摺四褶。
布繩（正面）
0.2
②車縫。
布繩（正面）

5.接縫口布

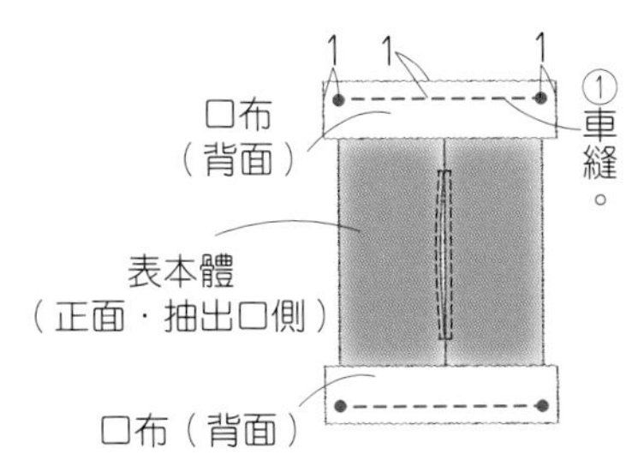

1
1
1
口布
（背面）
①車縫。
表本體
（正面・抽出口側）
口布（背面）

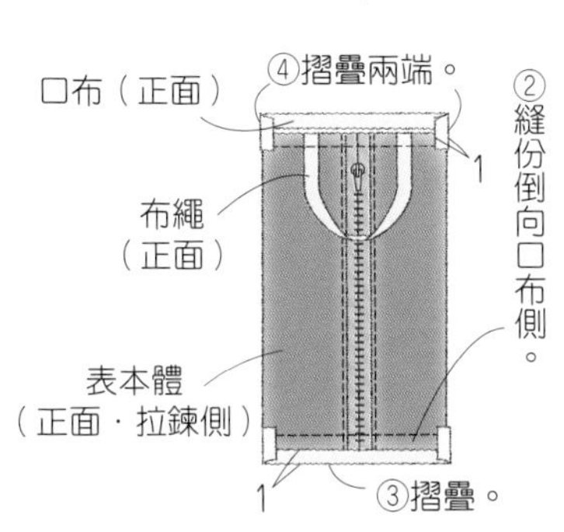

口布（正面）
④摺疊兩端。
②縫份倒向口布側。
1
布繩
（正面）
表本體
（正面・拉鍊側）
1
③摺疊。

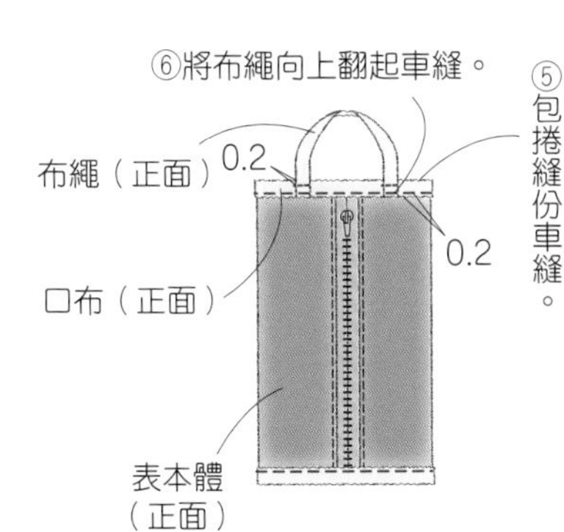

⑥將布繩向上翻起車縫。
⑤包捲縫份車縫。
布繩（正面）
0.2
0.2
口布（正面）
表本體
（正面）

完成尺寸

寬6.5×長8cm（不含皮繩）

原寸紙型

A面

材料

表布（棉厚織79號）20cm×20cm
雞眼釦（內徑0.5cm）1組／**皮繩** 粗0.2cm 70cm
雙圈環 直徑2.5cm 1個

P.16_ No.24
鑰匙包

1.裁布

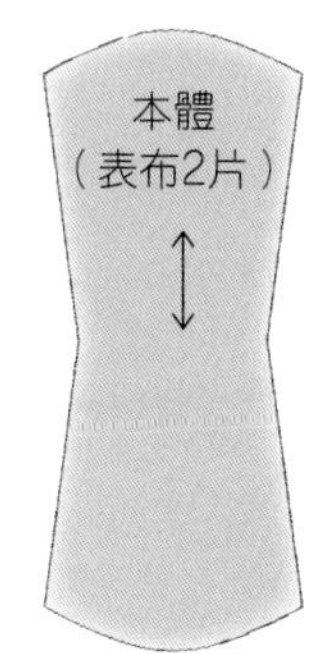

本體
（表布2片）

2.縫合本體

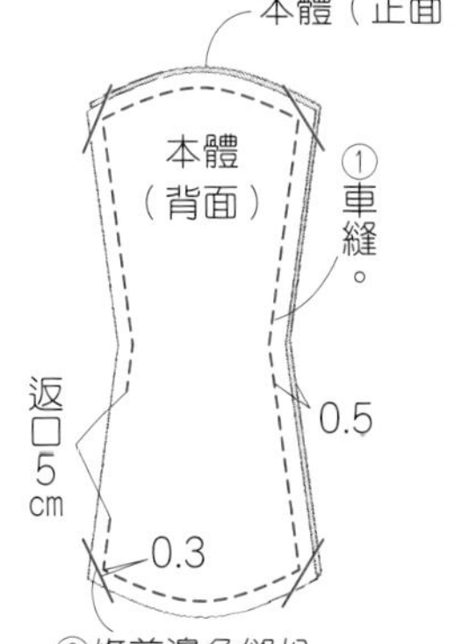

本體（正面）
本體
（背面）
①車縫。
0.5
返口5cm
0.3
②修剪邊角縫份。

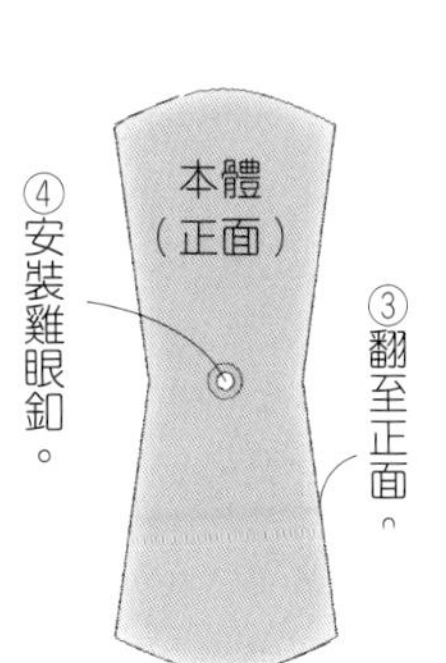

本體
（正面）
④安裝雞眼釦。
③翻至正面。

3.穿入皮繩

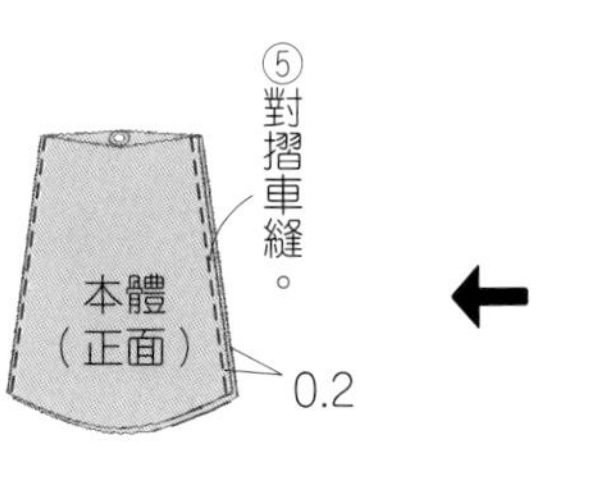

⑤對摺車縫。
本體
（正面）
0.2

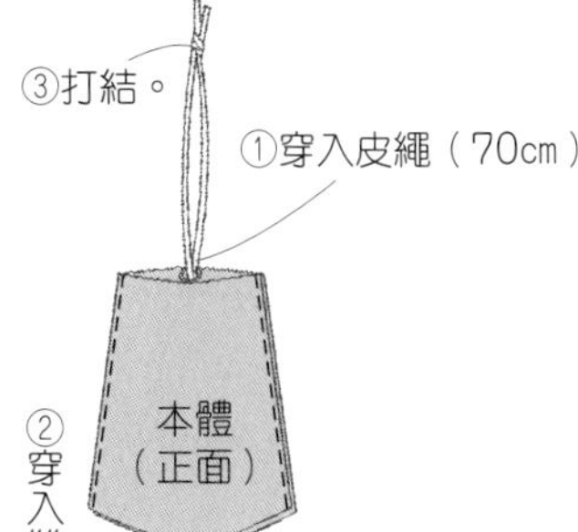

③打結。
①穿入皮繩（70cm）。
本體
（正面）
②穿入雙圈環。

完成尺寸
寬20×長約12cm

原寸紙型
A面

材料
表布(細棉麻布)30cm×20cm
裡布(雙層紗布)25cm×20cm
口罩用鬆緊帶 40cm

P.08_ No.01 船型口罩

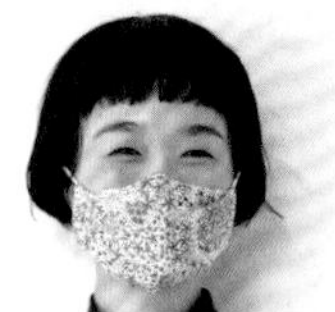

1.裁布

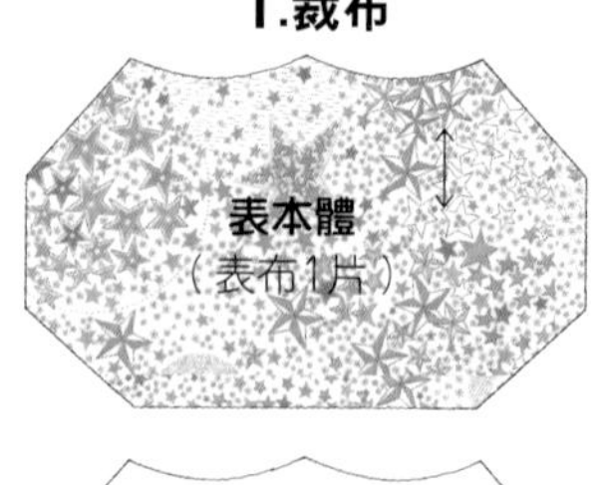

表本體
(表布1片)
裡本體
(裡布1片)

2.疊合表本體&裡本體

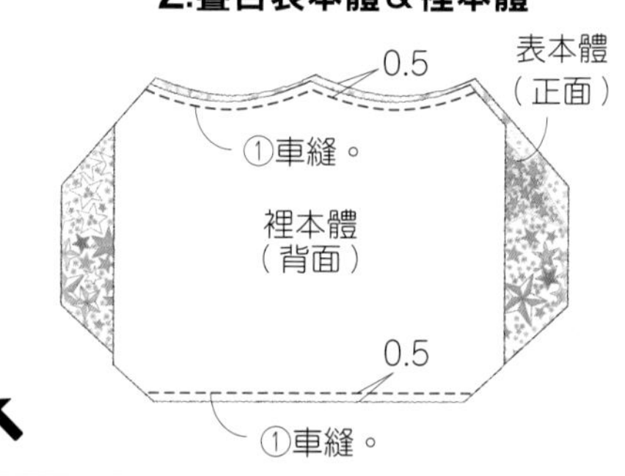

0.5
表本體
(正面)
①車縫。
裡本體
(背面)
0.5
①車縫。

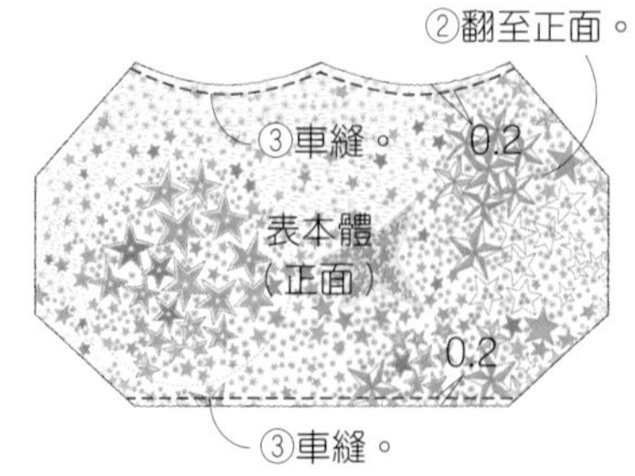

②翻至正面。
③車縫。
0.2
表本體
(正面)
0.2
③車縫。

3. 摺疊褶襉

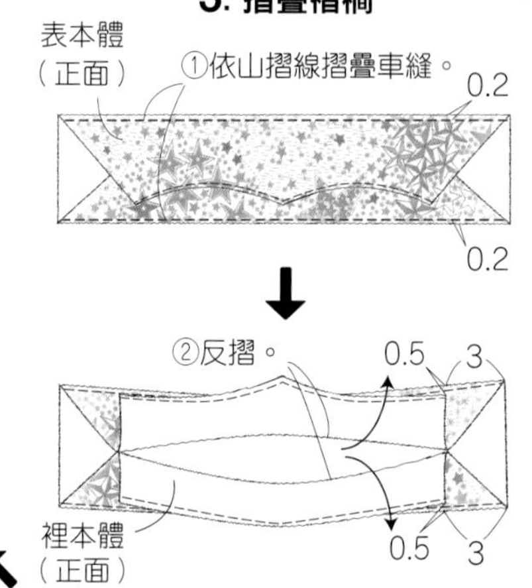

表本體
(正面)
①依山摺線摺疊車縫。
0.2
0.2
②反摺。
0.5
3
裡本體
(正面)
0.5
3

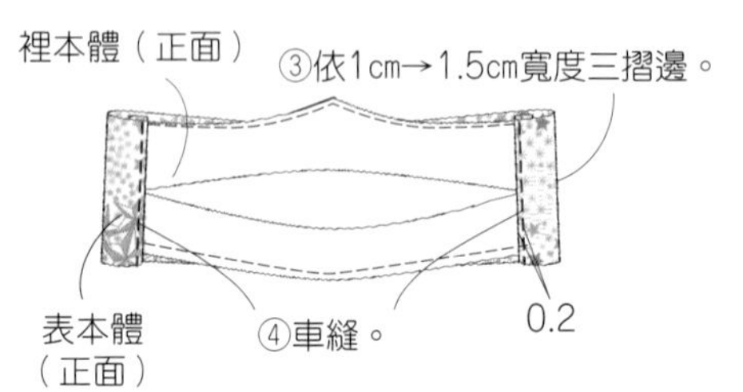

裡本體(正面)
③依1cm→1.5cm寬度三摺邊。
表本體
(正面)
④車縫。
0.2

4.穿入鬆緊帶

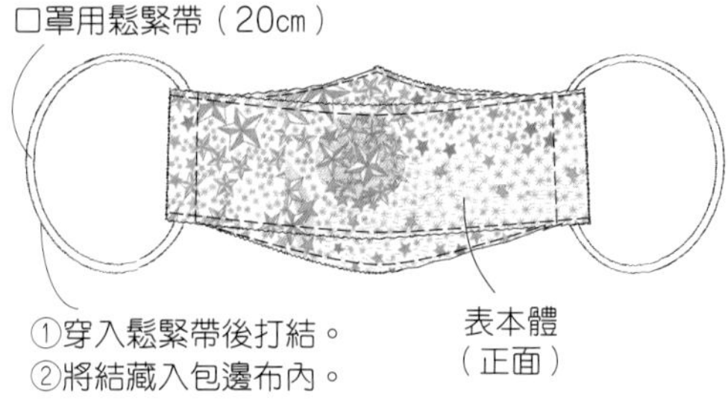

口罩用鬆緊帶(20cm)
①穿入鬆緊帶後打結。
②將結藏入包邊布內。
表本體
(正面)

完成尺寸
寬9×長14×側身3cm
(不含耳絆)

原寸紙型
無

材料
表布(防水布)30cm×20cm
配布(棉布)20cm×15cm
濕巾掀蓋 1個
FLATKNIT拉鍊 20cm 1條

P.08_ No.02 除菌濕巾盒套

1.裁布

※標示的尺寸已含縫份。

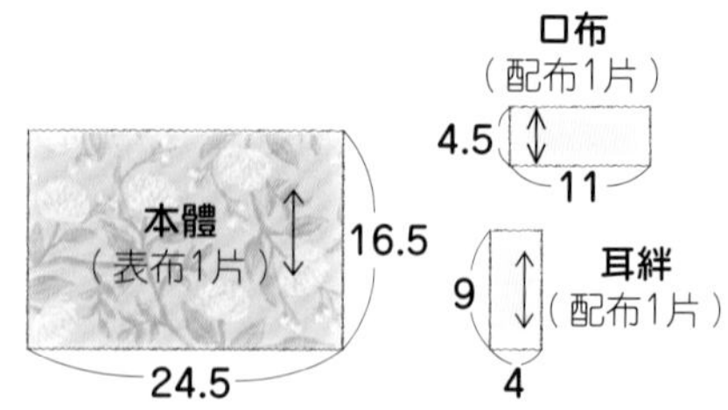

口布
(配布1片)
4.5
11
本體
(表布1片)
16.5
24.5
9
耳絆
(配布1片)
4

2.安裝拉鍊

①安裝拉鍊(參見P.13「修剪拉鍊的方法」)。

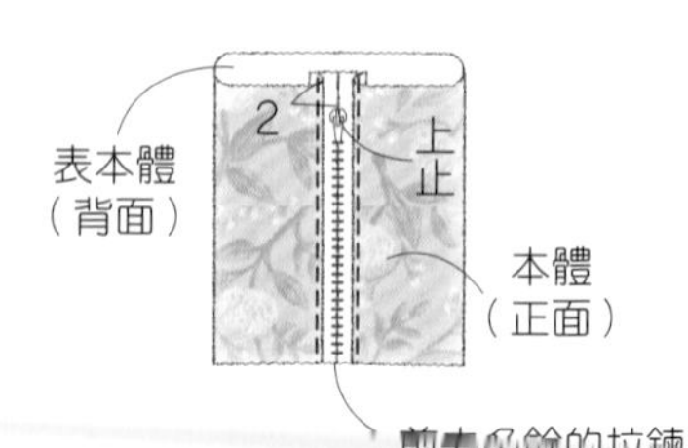

表本體
(背面)
2
上止
本體
(正面)
剪去多餘的拉鍊。

3.縫合本體

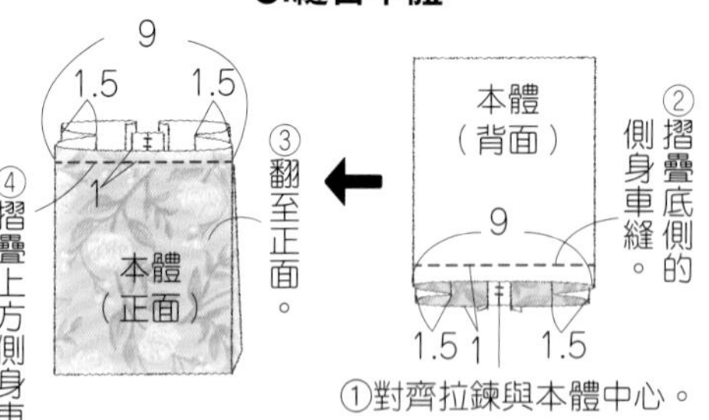

9
1.5
1.5
1
本體
(正面)
④摺疊上方側身車縫。
③翻至正面。
本體
(背面)
9
②摺疊底側的側身車縫。
1.5
1
1.5
①對齊拉鍊與本體中心。

4.縫上耳絆

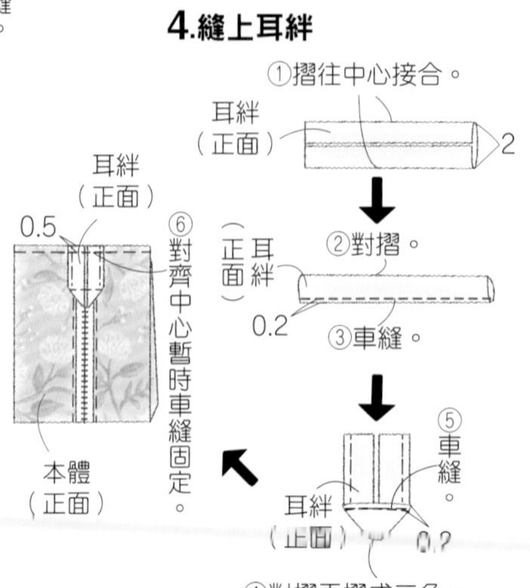

①摺往中心接合。
耳絆
(正面)
2
②對摺。
耳絆
(正面)
0.2
③車縫。
⑤車縫。
耳絆
(正面)
0.2
④對摺再摺成三角。
0.5
耳絆
(正面)
⑥對齊中心暫時車縫固定。
本體
(正面)

5.接縫口布

6.裝上掀蓋

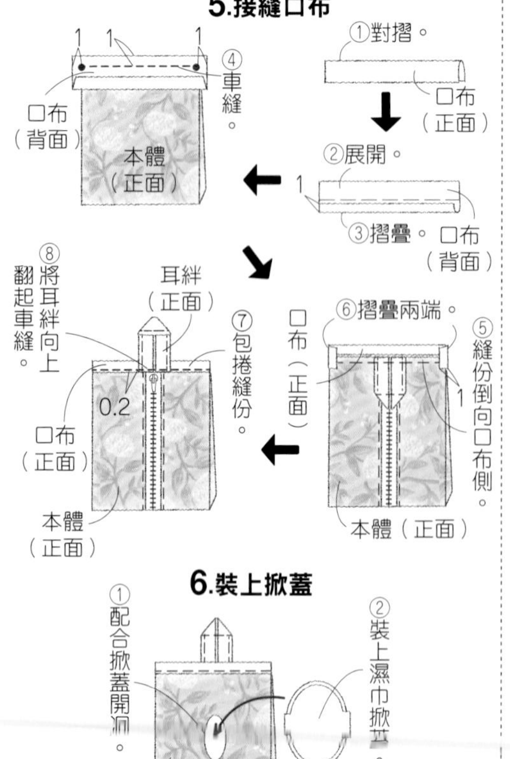

1
1
1
④車縫。
口布
(背面)
本體
(正面)
①對摺。
口布
(正面)
②展開。
1
③摺疊。
口布
(背面)
⑧將耳絆向上翻起車縫。
耳絆
(正面)
⑦包捲縫份。
0.2
口布
(正面)
本體
(正面)
口布(正面)
⑥摺疊兩端。
⑤縫份倒向口布側。
1
本體(正面)
①配合掀蓋開洞。
②裝上濕巾掀蓋。
本體
(正面)

完成尺寸	材料
寬65×長10cm（摺疊狀態）	**表布**（尼龍布）75cm×100cm **壓克力提把織帶** 寬2.5cm 100cm **圓鬆緊帶** 粗0.3cm 20cm **樹脂拉鍊** 30cm 2條
原寸紙型 **無**	

P.10_ No.06

蛇腹褶環保包

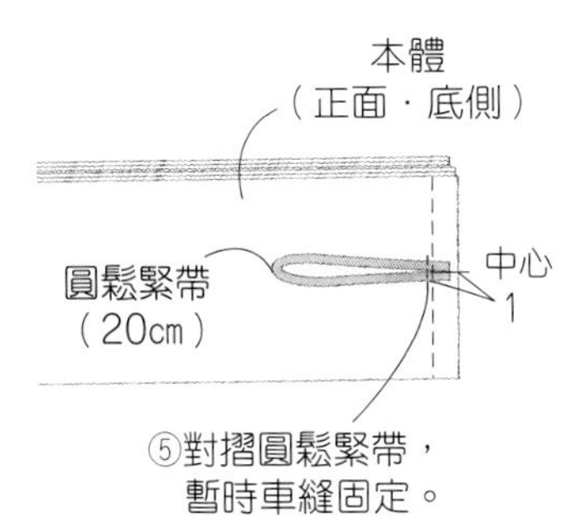
本體
（正面・底側）
圓鬆緊帶
（20cm）
中心
1
⑤對摺圓鬆緊帶，
暫時車縫固定。

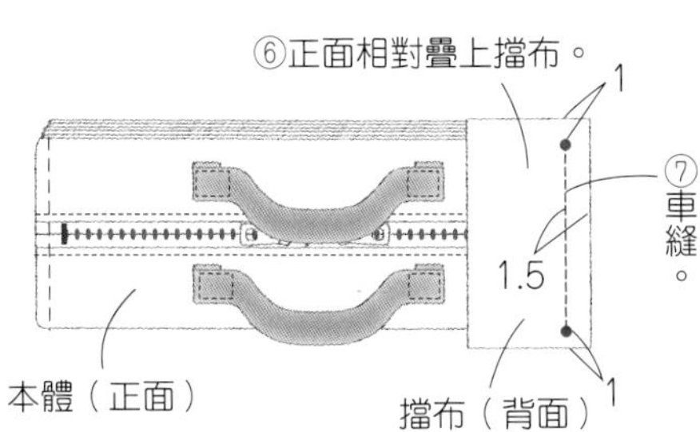
⑥正面相對疊上擋布。
1
⑦車縫。
1.5
本體（正面）
擋布（背面）
1

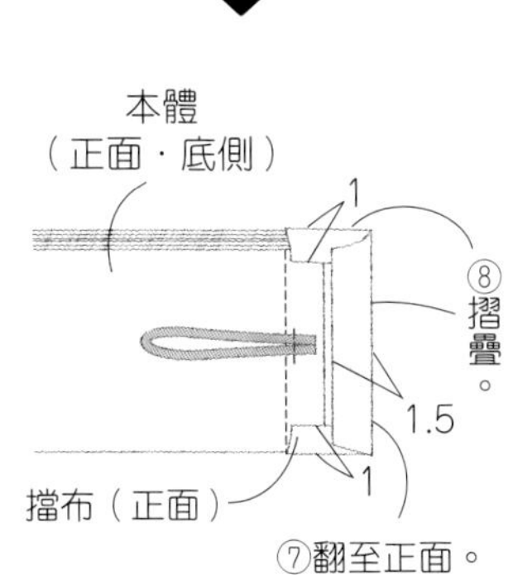
本體
（正面・底側）
1
⑧摺疊。
1.5
1
擋布（正面）
⑦翻至正面。

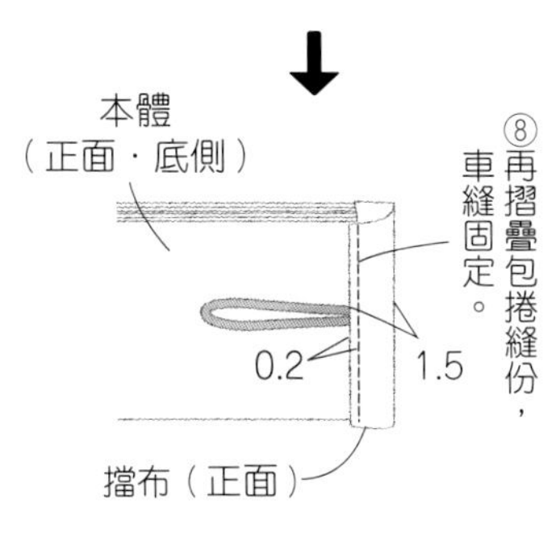
本體
（正面・底側）
⑧再摺疊包捲縫份，車縫固定。
0.2
1.5
擋布（正面）

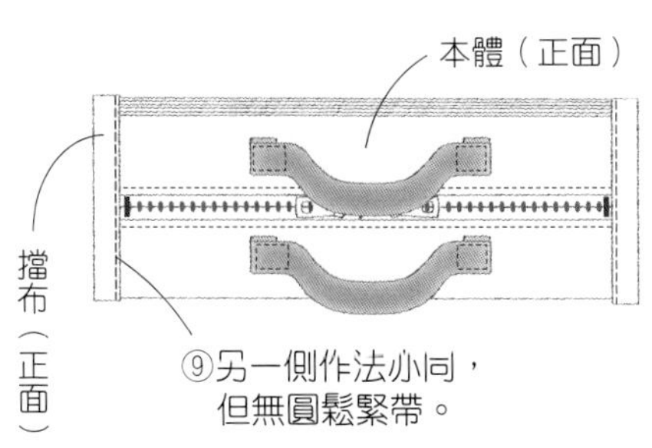
本體（正面）
擋布（正面）
⑨另一側作法亦同，
但無圓鬆緊帶。

2.接縫提把

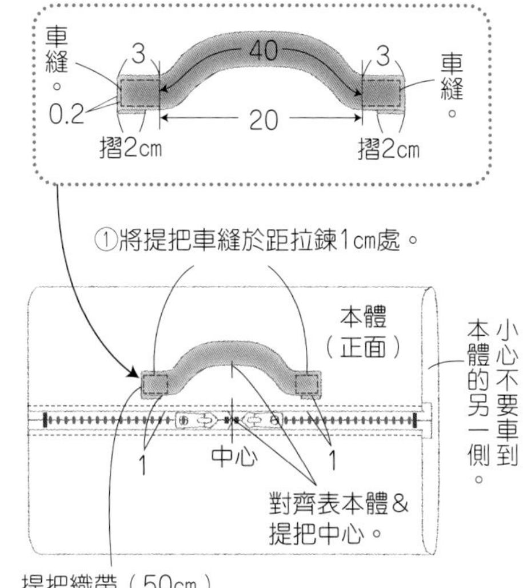
車縫。
3
40
3
車縫。
0.2
20
摺2cm
摺2cm
①將提把車縫於距拉鍊1cm處。
本體
（正面）
小心不要車到本體的另一側。
1
中心
1
對齊表本體&
提把中心。
提把織帶（50cm）

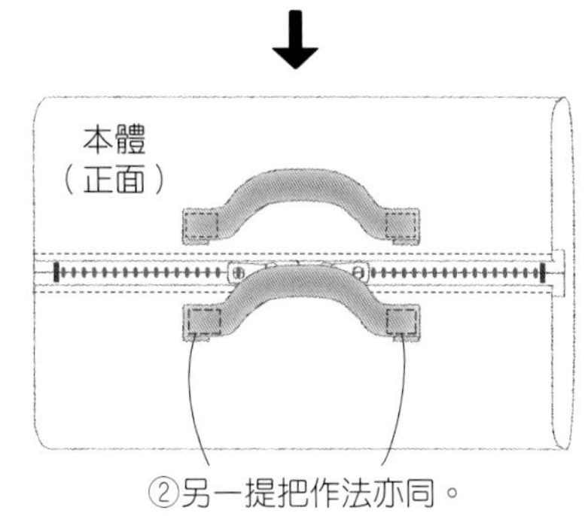
本體
（正面）
②另一提把作法亦同。

3.摺疊本體＆收邊

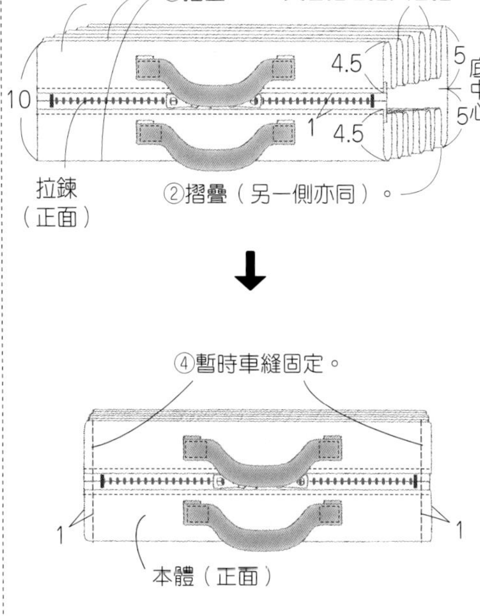
本體
（正面）
①摺疊。
③其餘以4cm寬度，
交替摺山摺與谷摺。
4.5
5
底中心
10
1
4.5
5
拉鍊
（正面）
②摺疊（另一側亦同）。
④暫時車縫固定。
1
1
本體（正面）

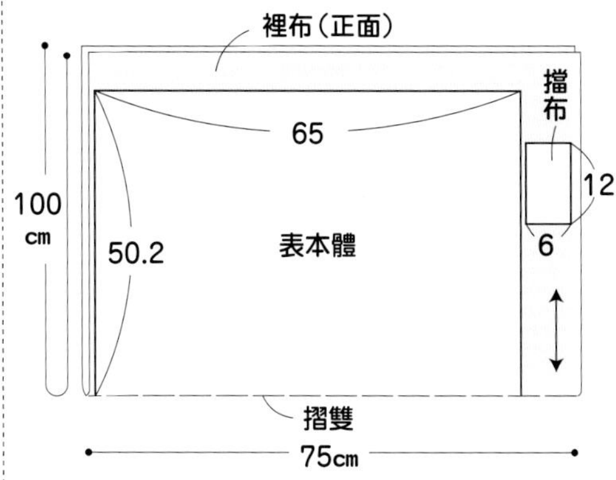
裁布圖
※標示的尺寸已含縫份。
裡布（正面）
擋布
65
12
100
cm
50.2
表本體
6
摺雙
75cm

1.安裝拉鍊

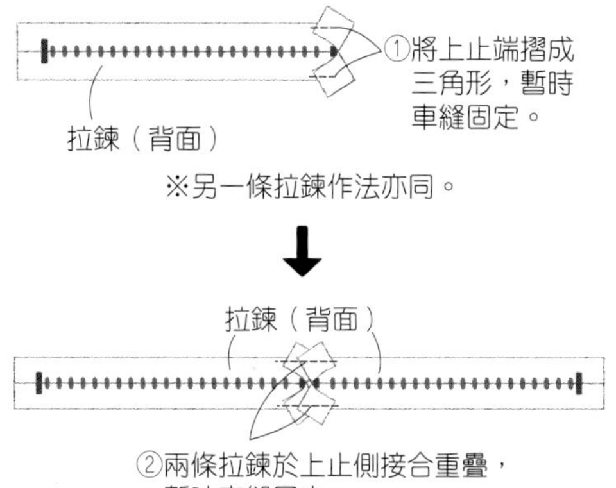
①將上止端摺成
三角形，暫時
車縫固定。
拉鍊（背面）
※另一條拉鍊作法亦同。
拉鍊（背面）
②兩條拉鍊於上止側接合重疊，
暫時車縫固定。

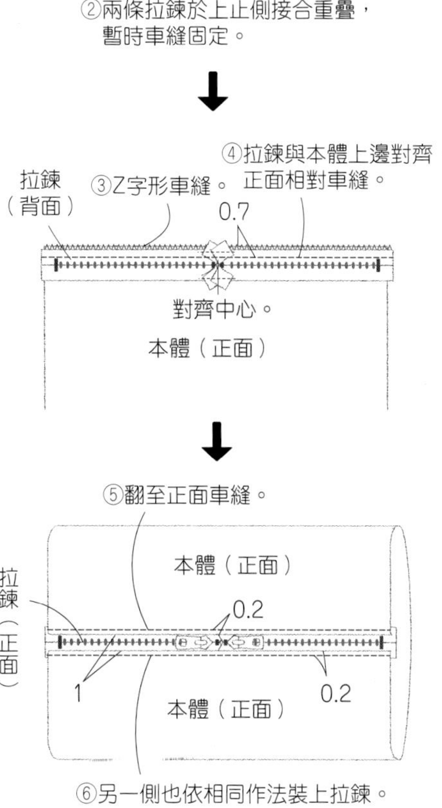
④拉鍊與本體上邊對齊，
正面相對車縫。
拉鍊
（背面）
③Z字形車縫。
0.7
對齊中心。
本體（正面）
⑤翻至正面車縫。
本體（正面）
拉鍊（正面）
0.2
1
0.2
本體（正面）
⑥另一側也依相同作法裝上拉鍊。

完成尺寸

寬35×長35×側身10cm

原寸紙型

無

材料

表布（尼龍布）45cm×90cm

提把用織帶 寬2cm 80cm

布標 1片（僅限No.08）

P.10_ No.08
方形環保包
P.20_ No.32
方形環保包

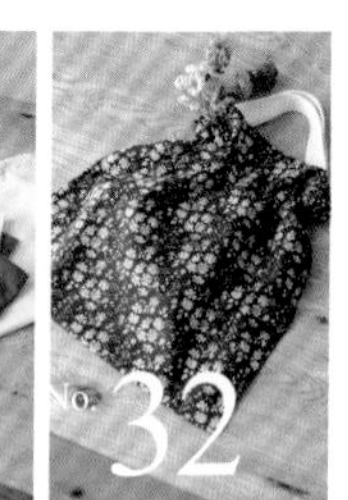

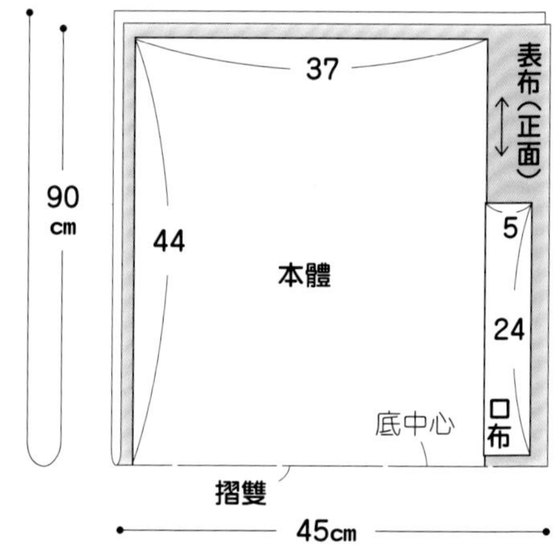

裁布圖
※標示的尺寸已含縫份。
37
表布（正面）
90cm
44
本體
5
24
口布
底中心
摺雙
45cm

1.製作本體

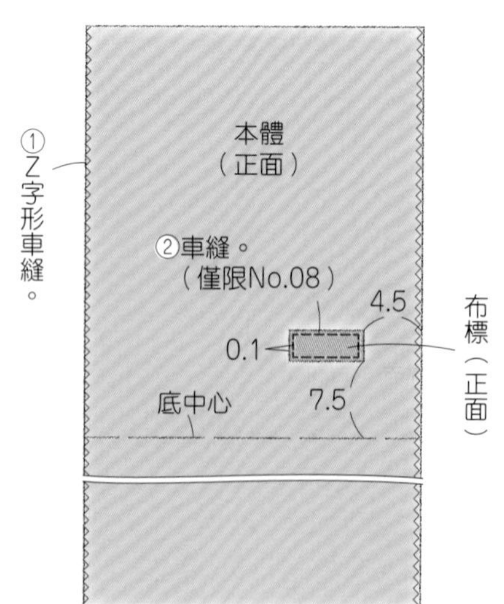

本體（正面）
①Z字形車縫。
②車縫。（僅限No.08）
4.5
布標（正面）
0.1
底中心
7.5

2.接縫口布

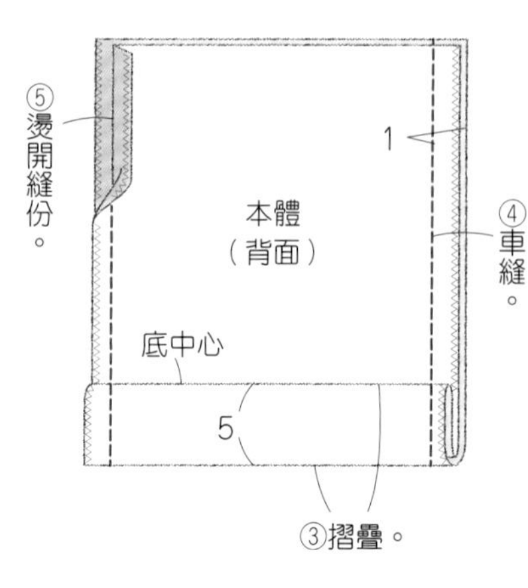

⑤燙開縫份。
1
本體（背面）
④車縫。
底中心
5
③摺疊。

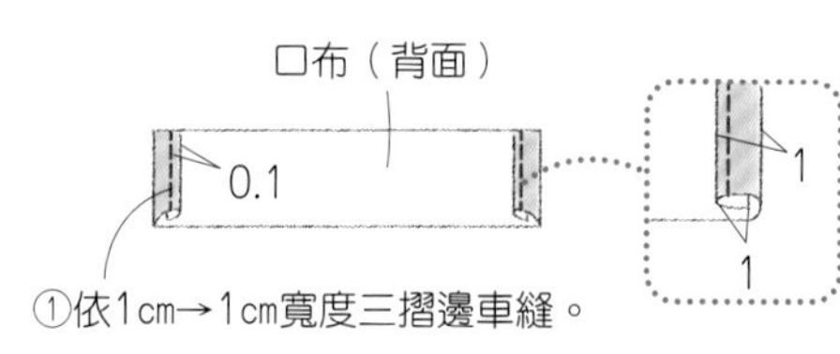

口布（背面）
0.1
①依1cm→1cm寬度三摺邊車縫。
1
1

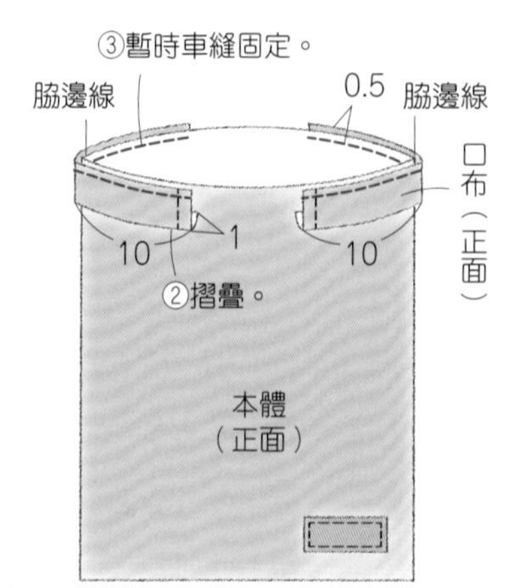

③暫時車縫固定。
脇邊線
0.5
脇邊線
口布（正面）
1
10
10
②摺疊。
本體（正面）

3.穿入織帶

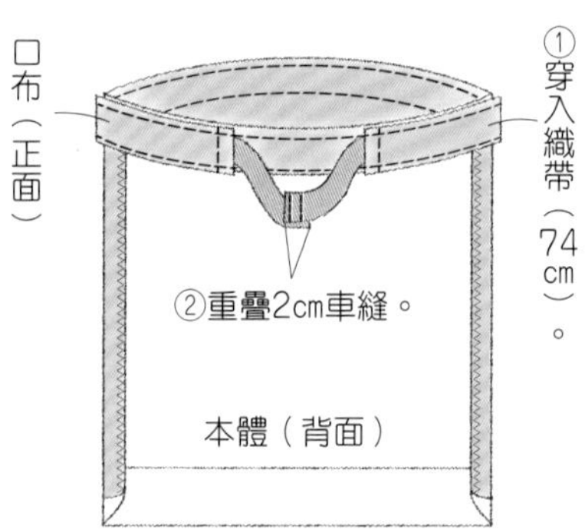

口布（正面）
①穿入織帶（74cm）。
②重疊2cm車縫。
本體（背面）

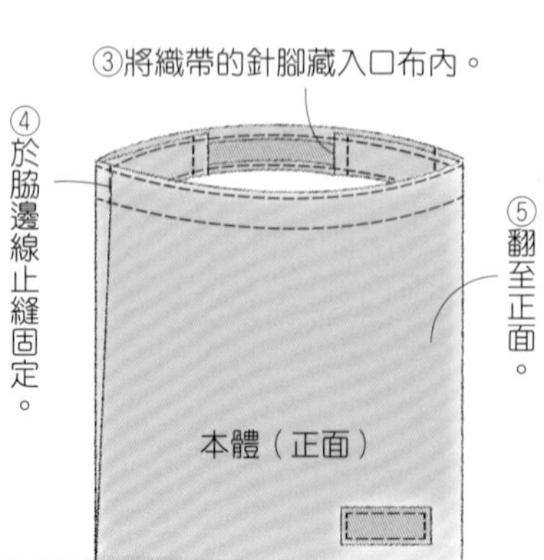

③將織帶的針腳藏入口布內。
④於脇邊線止縫固定。
⑤翻至正面。
本體（正面）

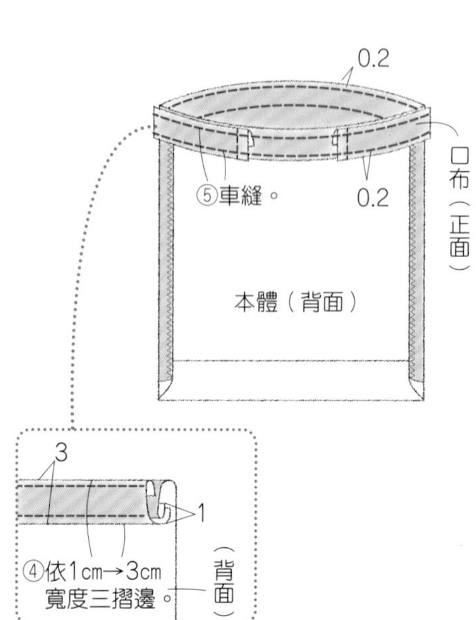

0.2
⑤車縫。
0.2
口布（正面）
本體（背面）
3
1
④依1cm→3cm寬度三摺邊。
（背面）

完成尺寸

寬26×長29.5cm（不含提把）

原寸紙型

無

材料

表布（尼龍布）100cm×70cm

P.11_ No.09

環保超商購物袋

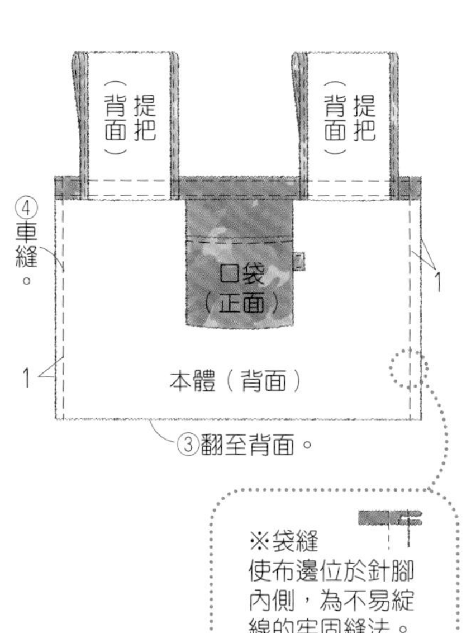
提把（背面）
提把（背面）
④車縫。
口袋（正面）
1
1
本體（背面）
③翻至背面。
※袋縫
使布邊位於針腳內側，為不易綻線的牢固縫法。

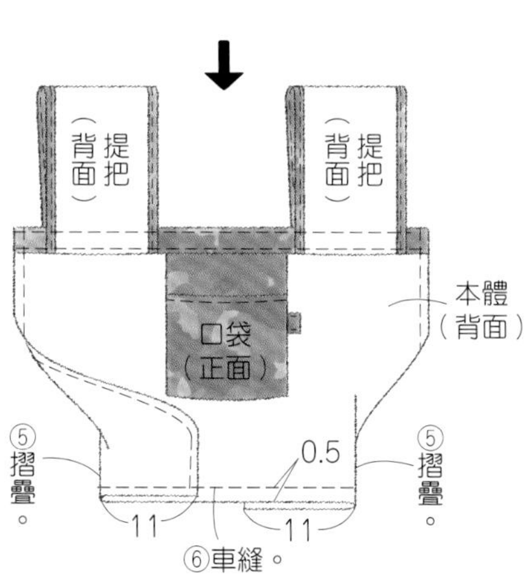
提把（背面）
提把（背面）
本體（背面）
口袋（正面）
⑤摺疊。
0.5
⑤摺疊。
11
11
⑥車縫。

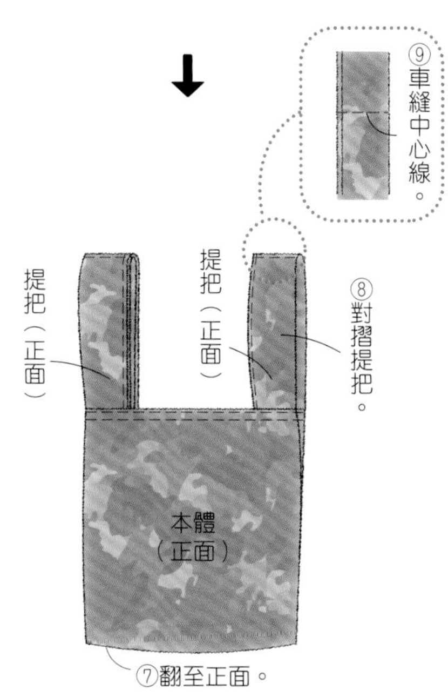
⑨車縫中心線。
提把（正面）
提把（正面）
⑧對摺提把。
本體（正面）
⑦翻至正面。

2.接縫提把＆口袋

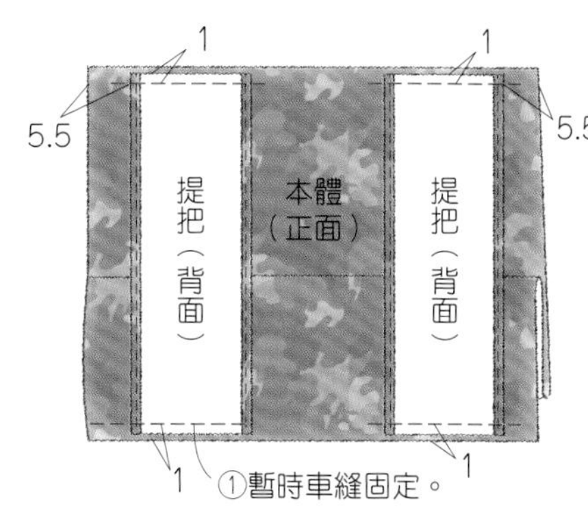
1
1
5.5
5.5
提把（背面）
本體（正面）
提把（背面）
1
1
①暫時車縫固定。

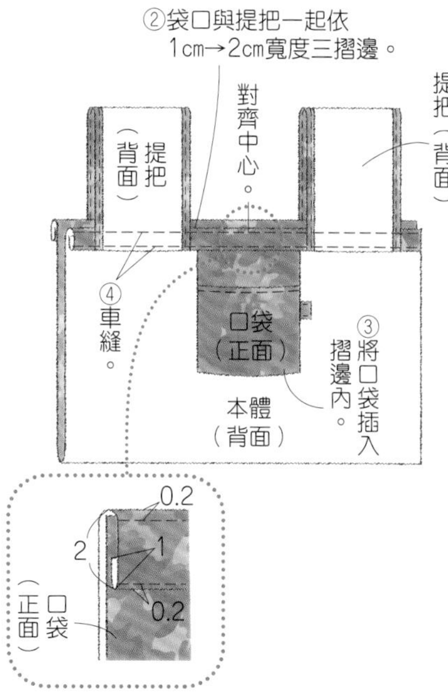
②袋口與提把一起依1cm→2cm寬度三摺邊。
對齊中心。
提把（背面）
提把（背面）
提把（背面）
④車縫。
口袋（正面）
③將口袋插入摺邊內。
本體（背面）
0.2
2
1
0.2
口袋（正面）

3.縫合本體

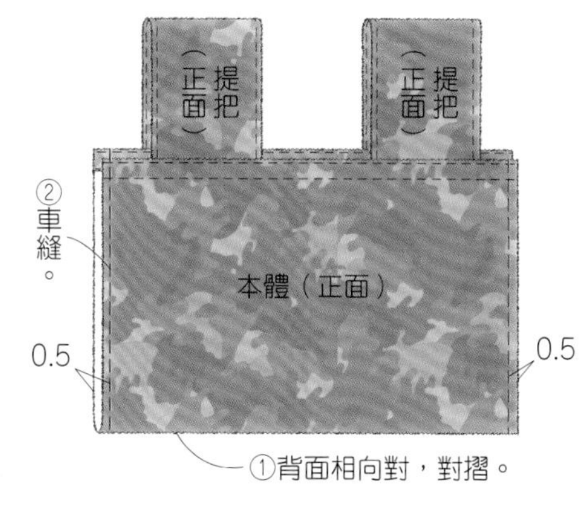
提把（正面）
提把（正面）
②車縫。
本體（正面）
0.5
0.5
①背面相向對，對摺。

裁布圖

※標示的尺寸已含縫份。

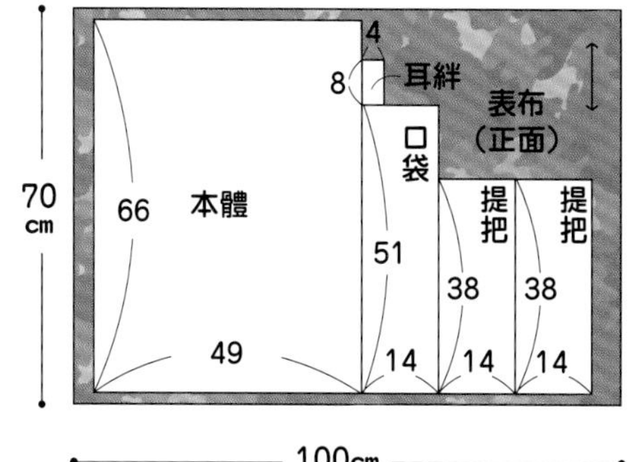
4
8
耳絆
表布（正面）
口袋
提把
提把
70cm
66
本體
51
38
38
49
14
14
14
100cm

1. 製作提把・耳絆・口袋

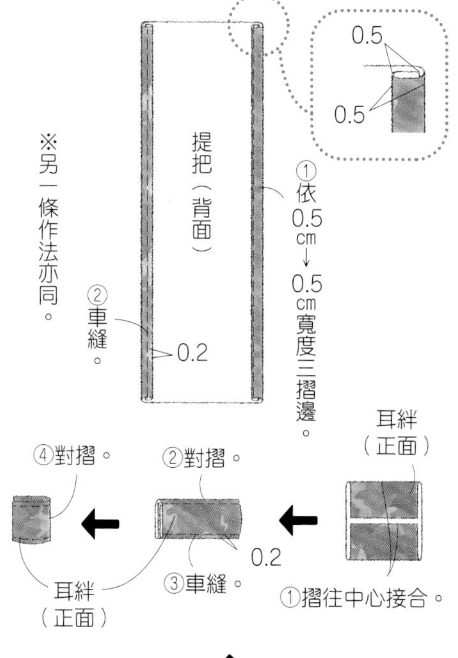
0.5
0.5
※另一條作法亦同。
提把（背面）
①依0.5cm→0.5cm寬度三摺邊。
②車縫。
0.2
耳絆（正面）
④對摺。
②對摺。
0.2
耳絆（正面）
③車縫。
①摺往中心接合。

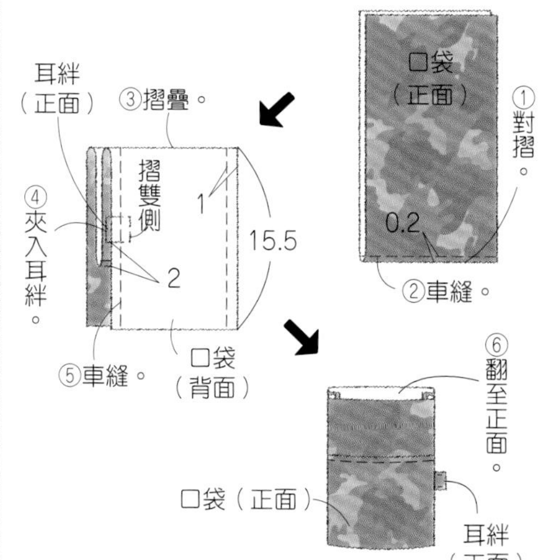
耳絆（正面）
③摺疊。
摺雙側
1
15.5
④夾入耳絆。
2
⑤車縫。
口袋（背面）
口袋（正面）
①對摺。
0.2
②車縫。
⑥翻至正面。
口袋（正面）
耳絆（正面）

完成尺寸

寬40×長35×側身12cm

原寸紙型

無

材料

表布（牛津布）108cm×50cm

配布（半亞麻布）110cm×20cm

裡布（平織布）110cm×75cm

提把用織帶 寬3cm 110cm

P.12_ No.11 織帶提把包

裁布圖

※標示的尺寸已含縫份。

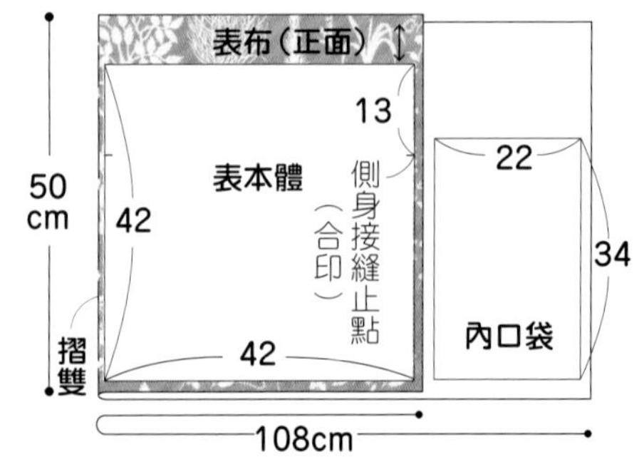

表布（正面）
50cm
42
表本體
13
側身接縫止點（合印）
42
摺雙
22
34
內口袋
108cm

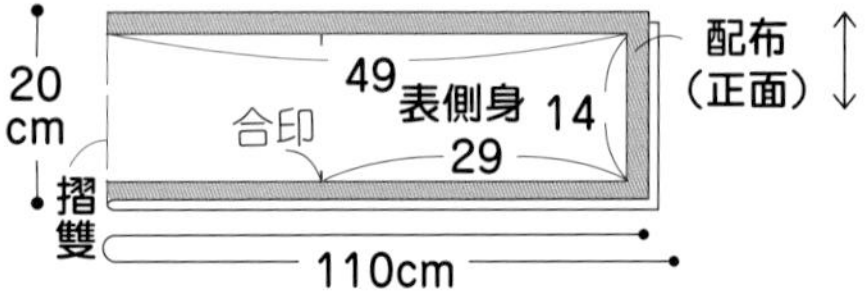

20cm
49
表側身
14
29
合印
摺雙
配布（正面）
110cm

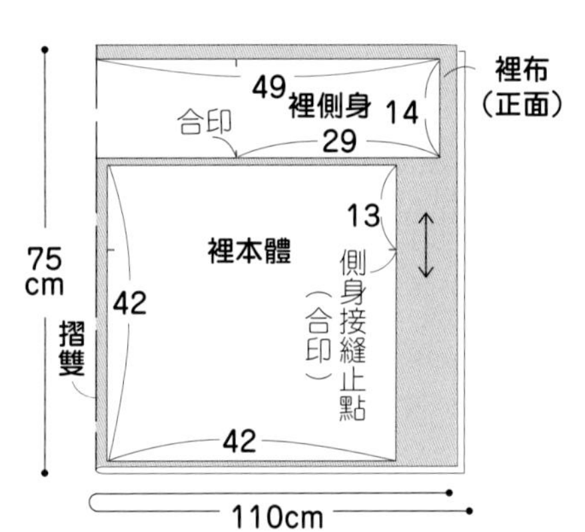

裡布（正面）
49
裡側身
14
合印
29
75cm
13
裡本體
42
側身接縫止點（合印）
摺雙
42
110cm

1.縫上內口袋

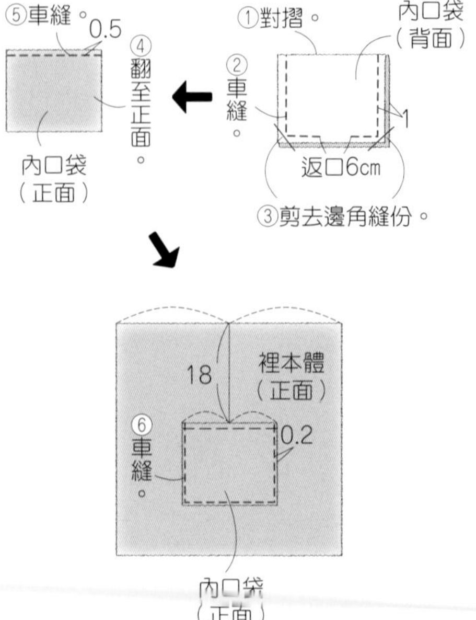

⑤車縫。
0.5
④翻至正面。
內口袋（正面）
①對摺。
內口袋（背面）
②車縫。
1
返口6cm
③剪去邊角縫份。
18
裡本體（正面）
⑥車縫。
0.2
內口袋（正面）

2.接縫側身

表側身（正面）
①於合印剪0.8cm切口（四個地方）。

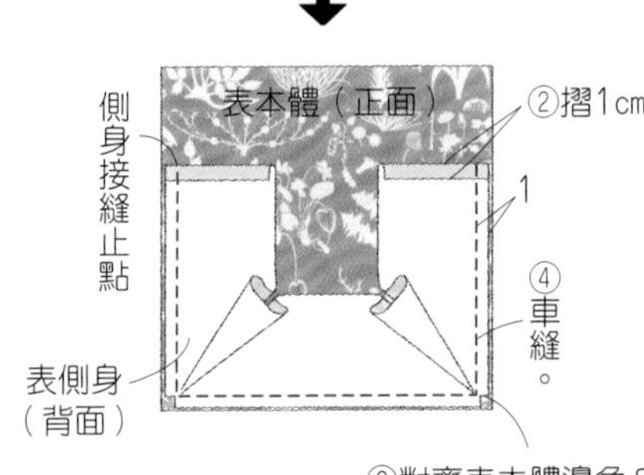

側身接縫止點
表本體（正面）
②摺1cm
1
④車縫。
表側身（背面）
③對齊表本體邊角＆表側身的合印，切口展開成直角。

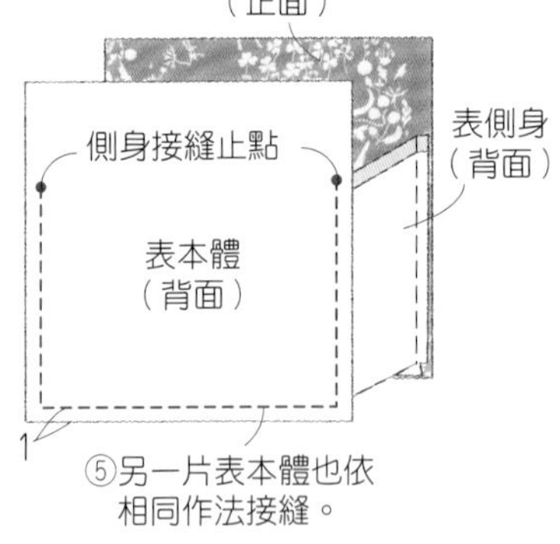

表本體（正面）
側身接縫止點
表本體（背面）
表側身（背面）
1
⑤另一片表本體也依相同作法接縫。

※裡本體作法亦同。

3.套疊表本體＆裡本體

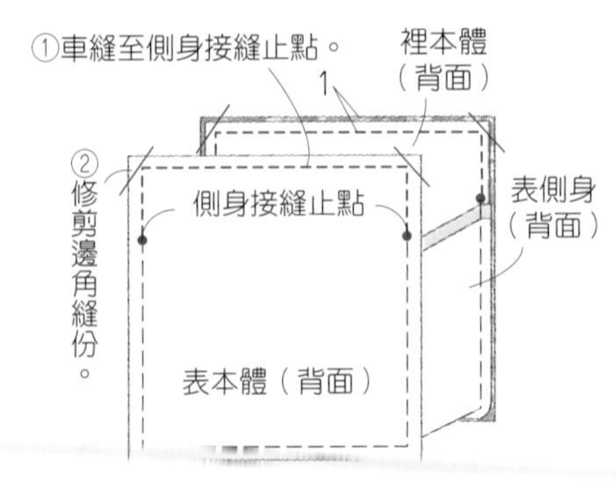

①車縫至側身接縫止點。
裡本體（背面）
1
②修剪邊角縫份。
側身接縫止點
表側身（背面）
表本體（背面）

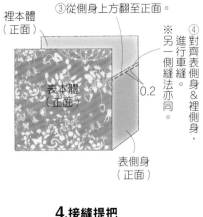

裡本體（正面）

③從側身上方翻至正面。

④對齊表側身＆裡側身，進行車縫。※另一側縫法亦同。

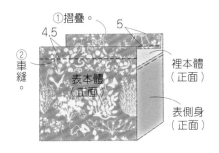

0.2

表本體（正面）

表側身（正面）

4.接縫提把

①摺疊。

4.5

5

②車縫。

裡本體（正面）

表本體（正面）

表側身（正面）

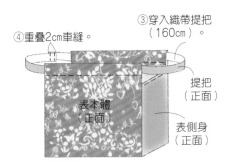

④重疊2cm車縫。

③穿入織帶提把（160cm）。

提把（正面）

表本體（正面）

表側身（正面）

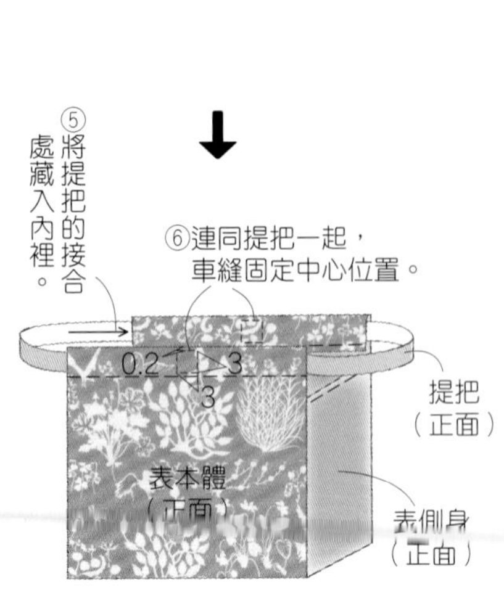

⑤將提把的接合處藏入內裡。
⑥連同提把一起，車縫固定中心位置。
0.2
3
3
提把（正面）
表本體（正面）
表側身（正面）

完成尺寸

寬36×長23×側身10㎝

原寸紙型

無

材料

表布（牛津布）60㎝×55㎝

裡布（牛津布）55㎝×80㎝

單膠鋪棉 40㎝×65㎝

U型木提把（寬15㎝高9㎝）1組

P.12_ No. 12

木提把方包

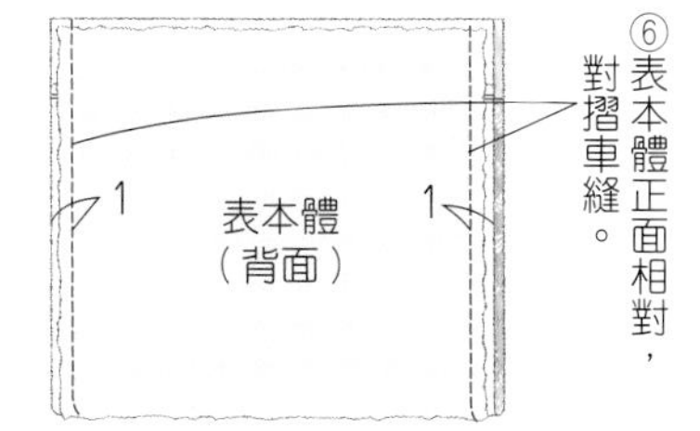

⑥表本體正面相對，對摺車縫。
1
1
表本體
（背面）

※裡本體作法亦同。

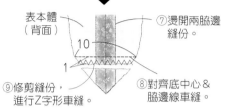

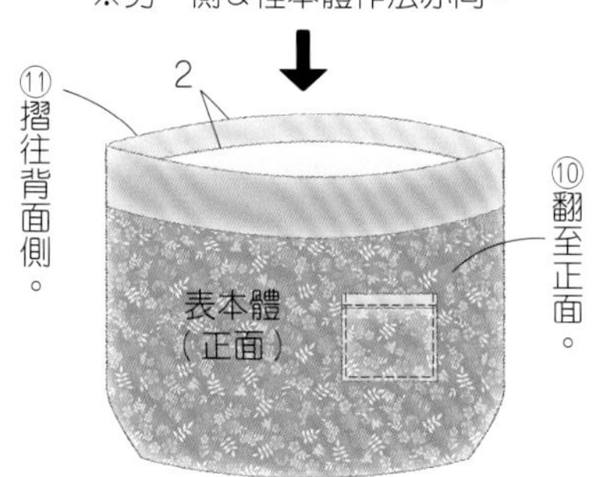

表本體
（背面）
⑦燙開兩脇邊縫份。
10
1
⑨修剪縫份，進行Z字形車縫。
⑧對齊底中心＆脇邊線車縫。

※另一側＆裡本體作法亦同。

⑪摺往背面側。
2
⑩翻至正面。
表本體
（正面）

※裡本體作法亦同。

3.套疊表本體＆裡本體

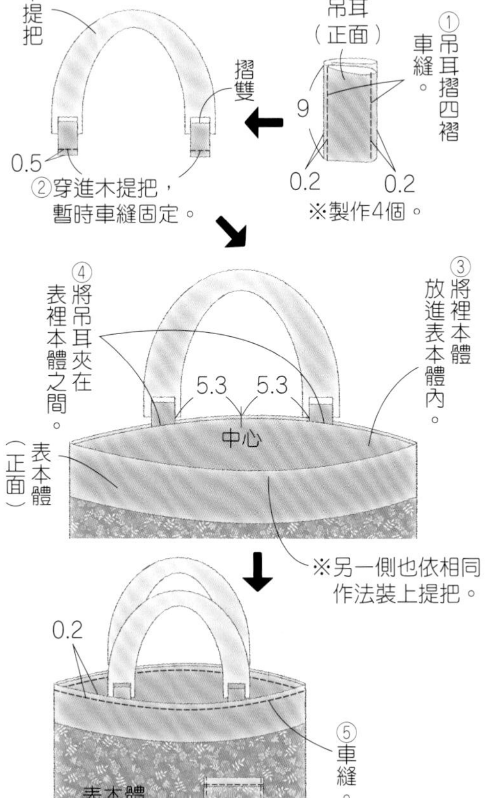

木提把
摺雙
0.5
②穿進木提把，暫時車縫固定。
吊耳
（正面）
①吊耳摺四摺車縫。
9
0.2
0.2
※製作4個。
④將吊耳夾在表裡本體之間。
③將裡本體放進表本體內。
5.3
5.3
中心
表本體
（正面）
※另一側也依相同作法裝上提把。
0.2
⑤車縫。
表本體
（正面）

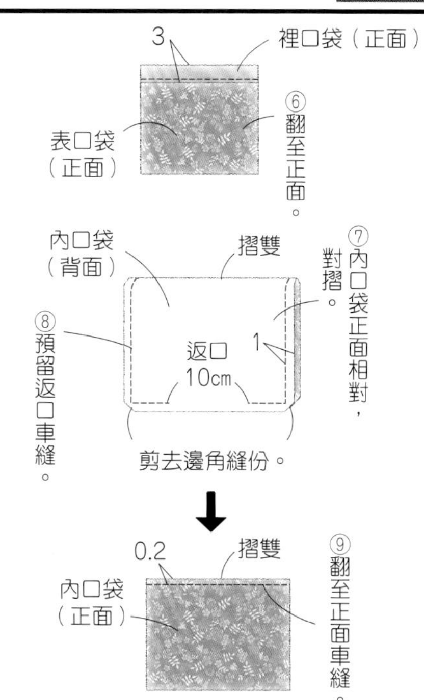

3
裡口袋（正面）
表口袋
（正面）
⑥翻至正面。
內口袋
（背面）
摺雙
⑦內口袋正面相對，對摺。
⑧預留返口車縫。
1
返口
10㎝
剪去邊角縫份。
0.2
摺雙
內口袋
（正面）
⑨翻至正面車縫。

2.製作表本體＆裡本體

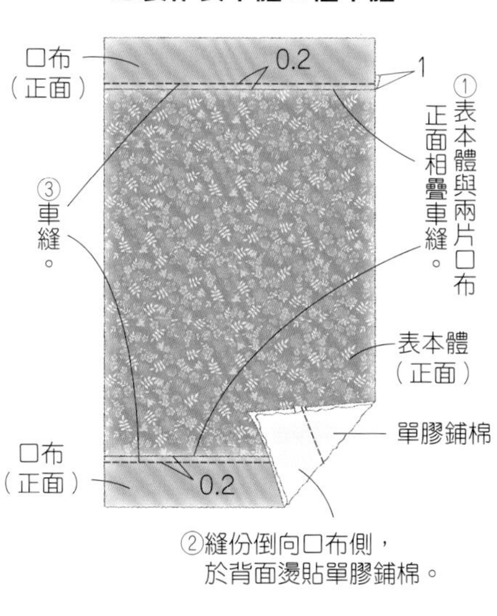

口布
（正面）
0.2
1
①表本體與兩片口布正面相疊車縫。
③車縫。
表本體
（正面）
單膠鋪棉
口布
（正面）
0.2
②縫份倒向口布側，於背面燙貼單膠鋪棉。

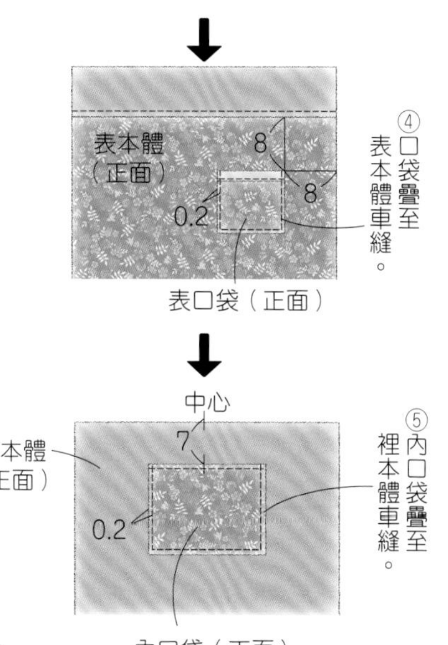

表本體
（正面）
8
8
0.2
④口袋疊至表本體車縫。
表口袋（正面）
中心
7
裡本體
（正面）
0.2
⑤內口袋疊至裡本體車縫。
內口袋（正面）

裁布圖

※標示的尺寸已含縫份。

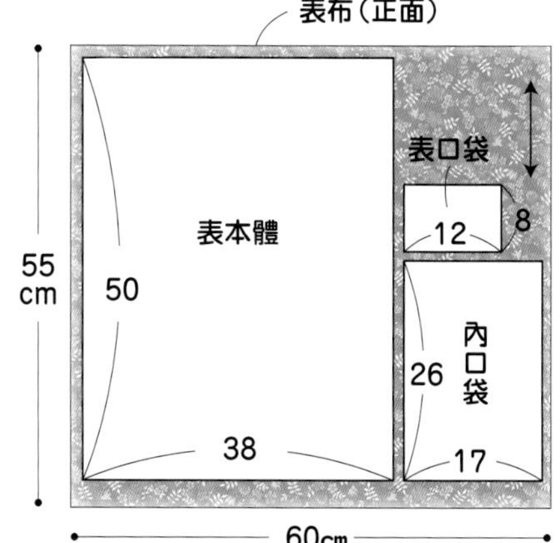

表布（正面）
55
cm
50
表本體
38
表口袋
12
8
內口袋
26
17
60㎝

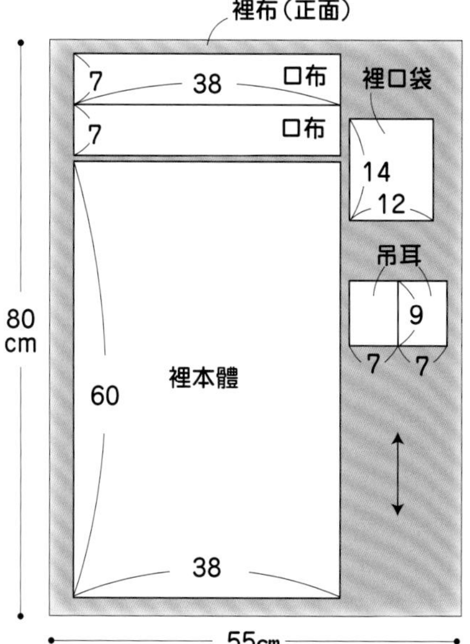

裡布（正面）
7
38
口布
7
口布
裡口袋
14
12
吊耳
9
7
7
80
cm
60
裡本體
38
55㎝

1.製作口袋＆內口袋

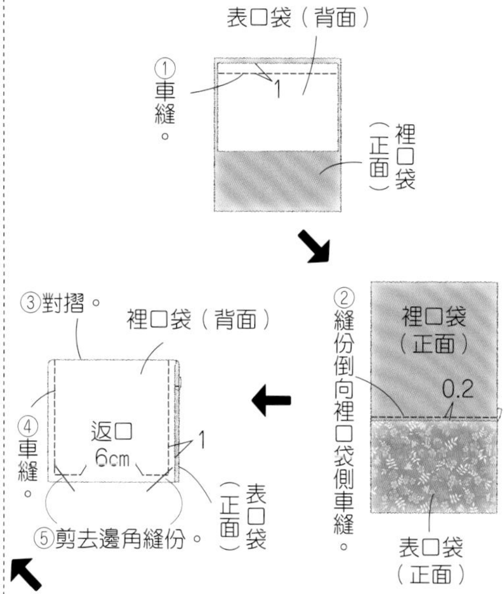

表口袋（背面）
①車縫。
1
裡口袋
（正面）
②縫份倒向裡口袋側車縫。
裡口袋
（正面）
0.2
表口袋
（正面）
③對摺。
裡口袋（背面）
④車縫。
返口
6㎝
1
表口袋
（正面）
⑤剪去邊角縫份。

完成尺寸

寬20×長20×側身6㎝
（不含提把）

原寸紙型

無

材料

表布（牛津布）30㎝×50㎝
配布（半亞麻布）30㎝×30㎝
裡布（牛津布）30㎝×50㎝
包釦組 2.2㎝ 1組

P.12 No.13 手提鞦韆包

1.裁布

※標示的尺寸已含縫份。

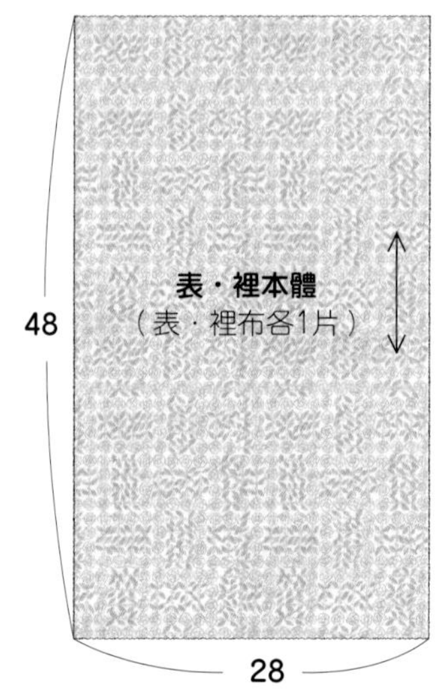

48
表・裡本體
（表・裡布各1片）
28

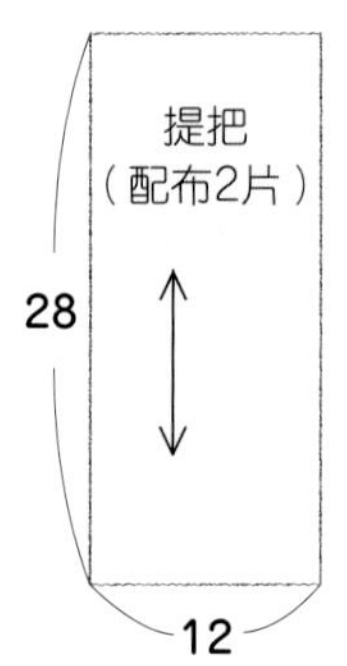

提把
（配布2片）
28
12

2.製作本體

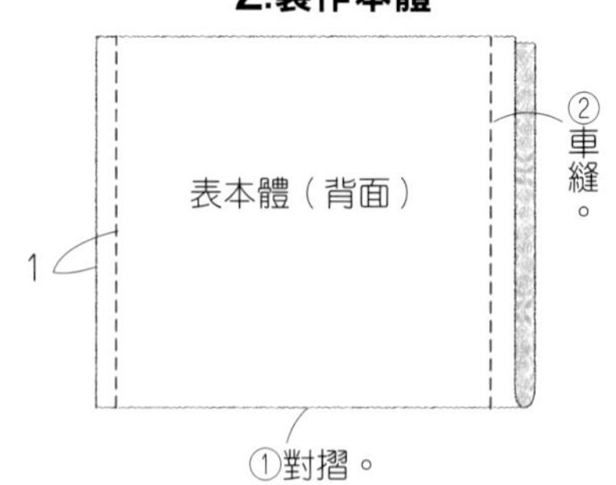

表本體（背面）
1
②車縫。
①對摺。

※裡本體作法亦同。

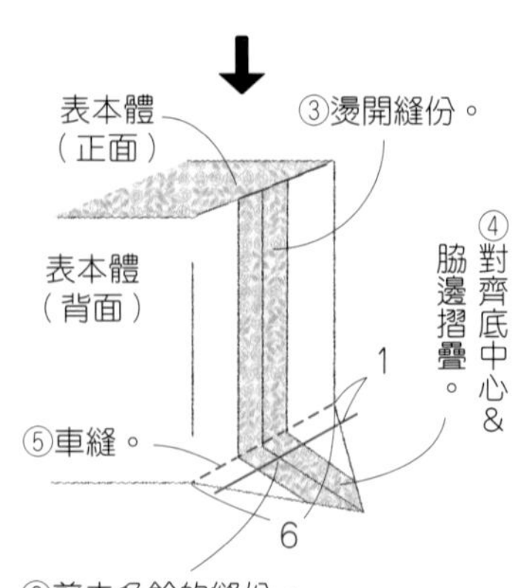

表本體
（正面）
③燙開縫份。
表本體
（背面）
④對齊底中心&脇邊摺疊。
1
⑤車縫。
6
⑥剪去多餘的縫份。

※另一側&裡本體縫法亦同。

3.套疊表本體&裡本體

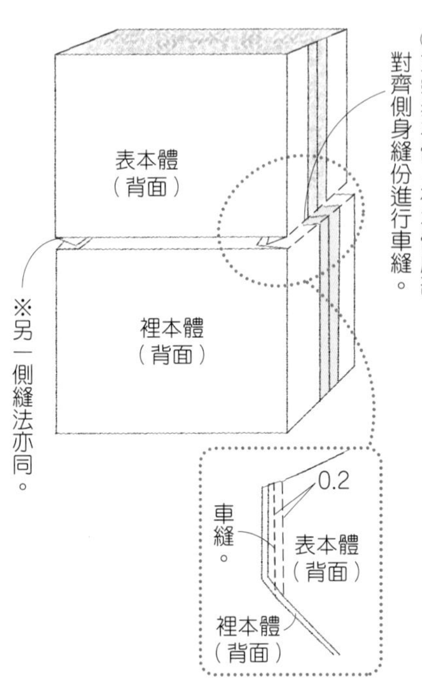

①重疊表本體&裡本體底部，對齊側身縫份進行車縫。
表本體
（背面）
裡本體
（背面）
※另一側縫法亦同。
0.2
車縫。
表本體
（背面）
裡本體
（背面）

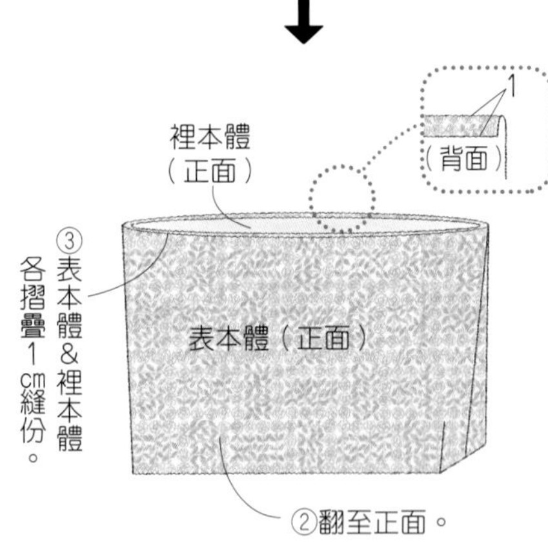

裡本體
（正面）
1
（背面）
③表本體&裡本體各摺疊1㎝縫份。
表本體（正面）
②翻至正面。

4.製作提把

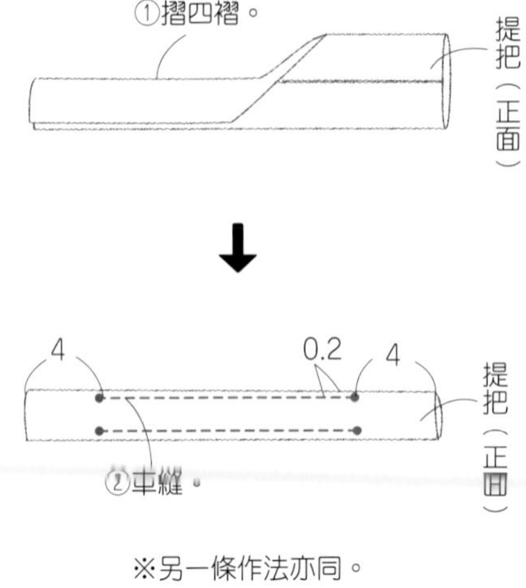

①摺四褶。
提把（正面）
4
0.2
4
提把（正面）
②車縫。

※另一條作法亦同。

5.接縫提把

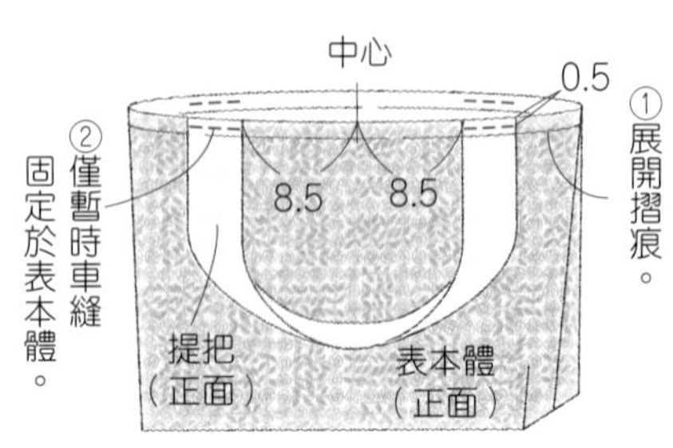

中心
0.5
①展開摺痕。
②僅暫時車縫固定於表本體。
8.5
8.5
提把
（正面）
表本體
（正面）

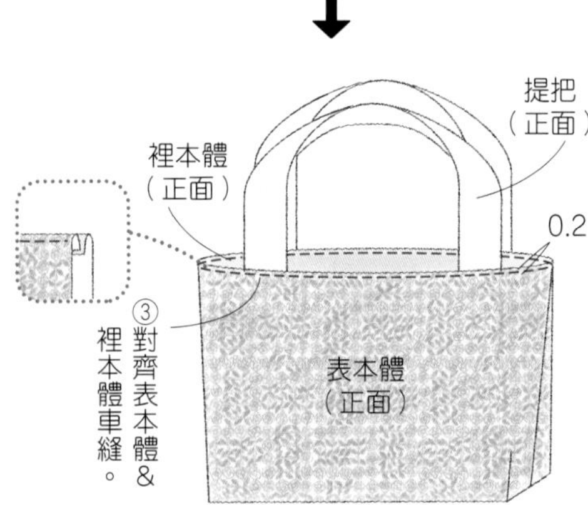

提把
（正面）
裡本體
（正面）
0.2
③對齊表本體&裡本體車縫。
表本體
（正面）

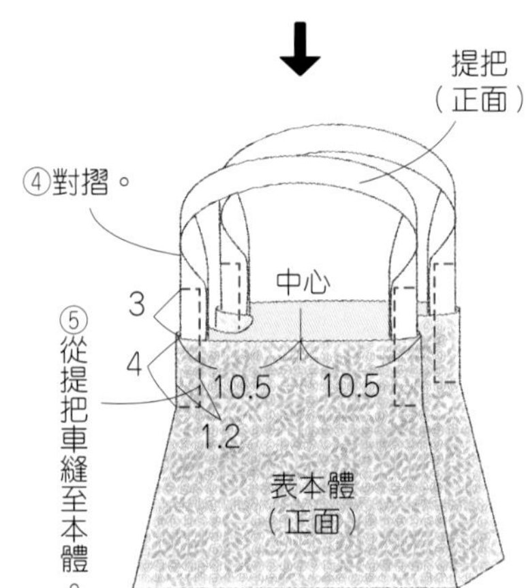

提把
（正面）
④對摺。
中心
3
4
10.5
10.5
1.2
⑤從提把車縫至本體。
表本體
（正面）

6.完成

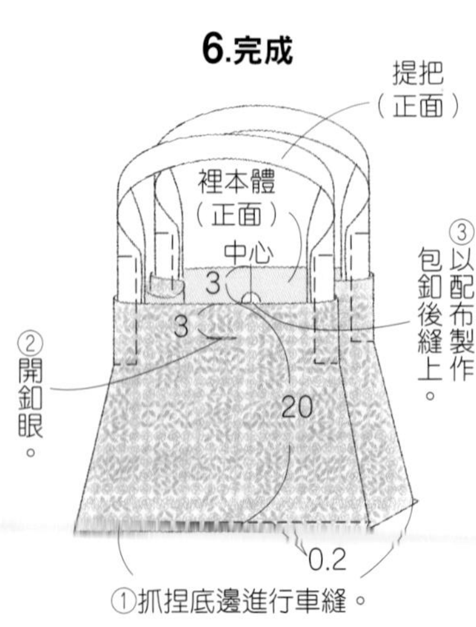

提把
（正面）
裡本體
（正面）
中心
3
3
③以配布製作包釦後縫上。
②開釦眼。
20
0.2
①抓捏底邊進行車縫。

完成尺寸

寬34×長36cm（不含提把）

原寸紙型

無

材料

表布（牛津布）80cm×45cm
裡布（牛津布）40cm×80cm
配布A（半亞麻布）40cm×15cm
配布B（棉布）25cm×80cm
圓形木提把（直徑13cm）1組

P.13_ No. 14

木環提把包

1.裁布

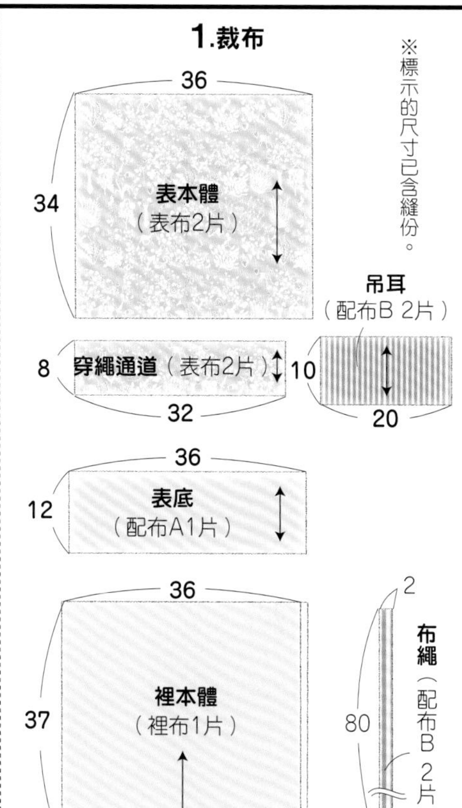

※標示的尺寸已含縫份。
36
34
表本體
（表布2片）
吊耳
（配布B 2片）
8
穿繩通道（表布2片）
10
32
20
36
12
表底
（配布A1片）
36
2
37
裡本體
（裡布1片）
80
布繩（配布B 2片）
摺雙

2.製作表本體&裡本體

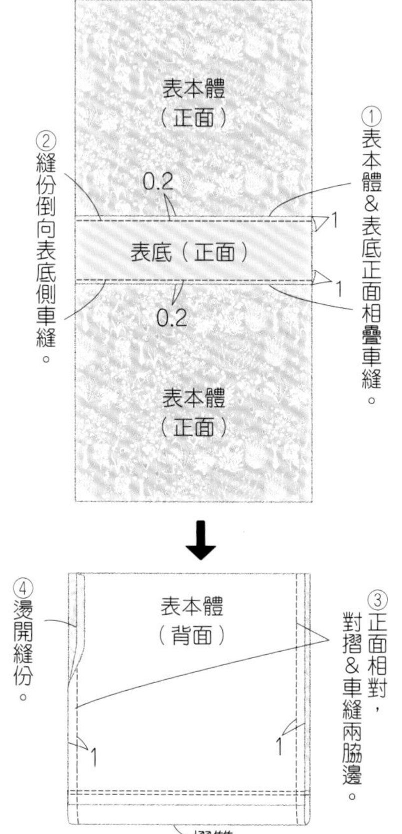

表本體
（正面）
①表本體&表底正面相疊車縫。
②縫份倒向表底側車縫。
0.2
1
表底（正面）
1
0.2
表本體
（正面）
表本體
（背面）
③正面相對，對摺&車縫兩脇邊。
④燙開縫份。
1
1
摺雙

※裡本體也依③至④製作。

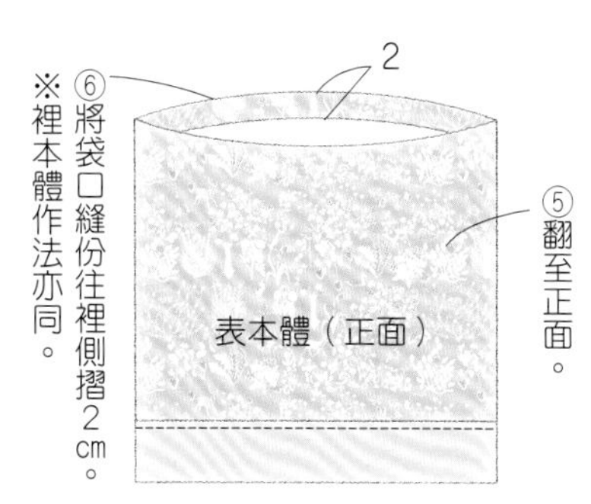

⑥將袋口縫份往裡側摺2cm。
※裡本體作法亦同。
2
⑤翻至正面。
表本體（正面）

3.套疊表本體&裡本體

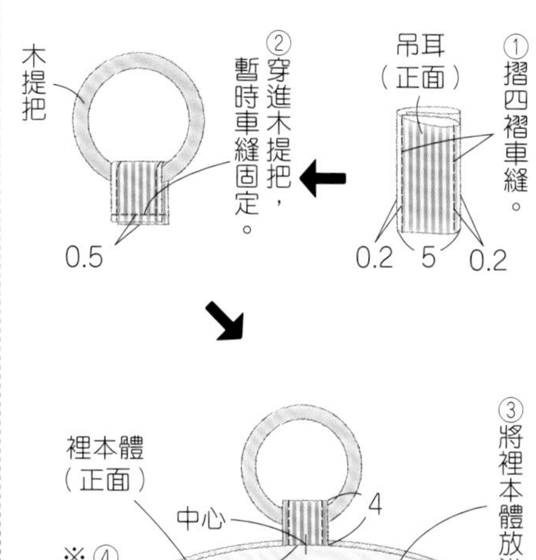

木提把
②穿進木提把，暫時車縫固定。
0.5
吊耳
（正面）
①摺四褶車縫。
0.2
5
0.2

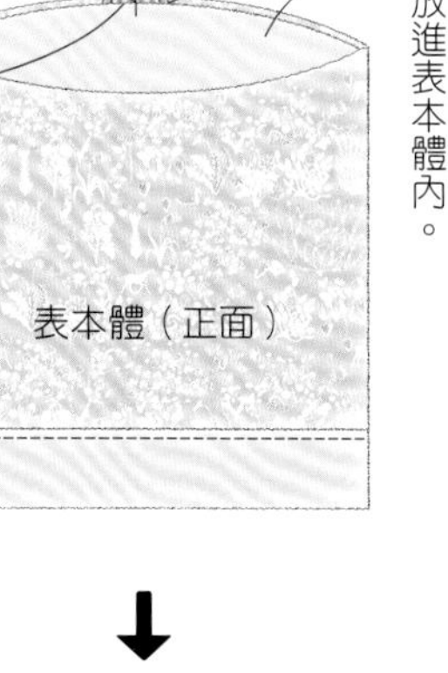

裡本體
（正面）
中心
4
④將吊耳包夾於中央。
※另一側亦同。
③將裡本體放進表本體內。
表本體（正面）

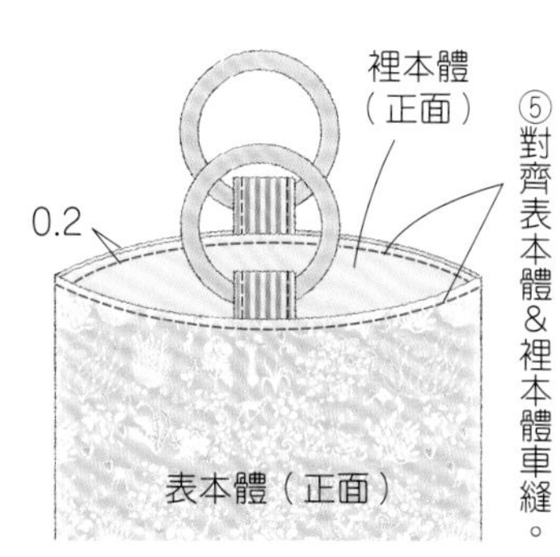

裡本體
（正面）
0.2
⑤對齊表本體&裡本體車縫。
表本體（正面）

4.縫上穿繩通道

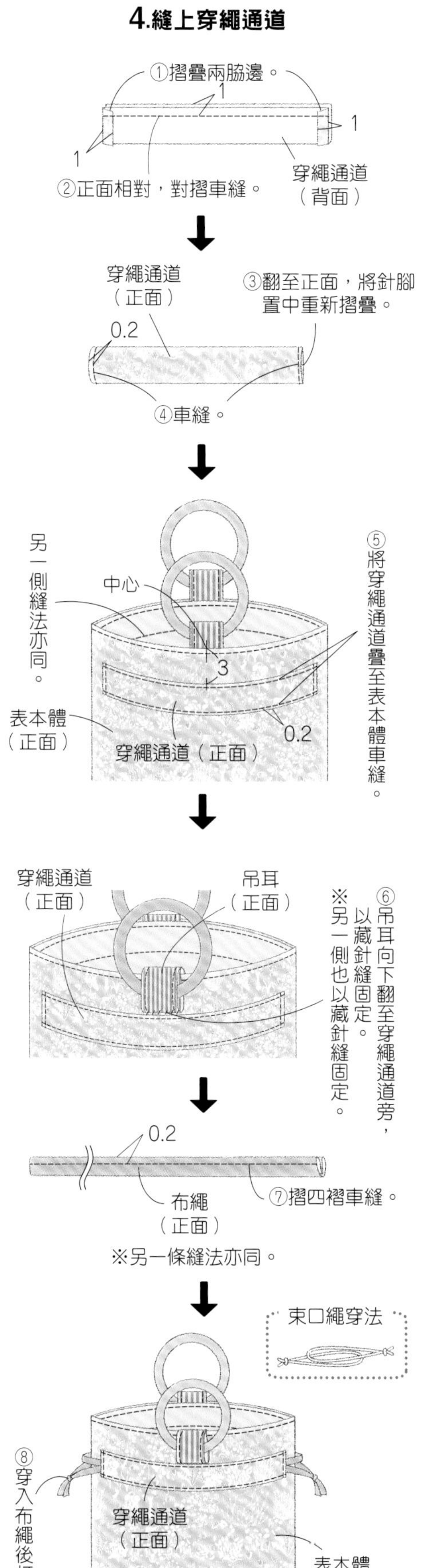

①摺疊兩脇邊。
1
1
1
②正面相對，對摺車縫。
穿繩通道
（背面）
穿繩通道
（正面）
③翻至正面，將針腳置中重新摺疊。
0.2
④車縫。
另一側縫法亦同。
中心
3
⑤將穿繩通道疊至表本體車縫。
表本體
（正面）
穿繩通道（正面）
0.2
穿繩通道
（正面）
吊耳
（正面）
⑥吊耳向下翻至穿繩通道旁，以藏針縫固定。
※另一側也以藏針縫固定。
0.2
布繩
（正面）
⑦摺四褶車縫。
※另一條縫法亦同。
束口繩穿法
⑧穿入布繩後打結。
穿繩通道
（正面）
表本體
（正面）

完成尺寸

寬12×長9×側身3㎝

原寸紙型

A面

材料

表布（牛津包）30㎝×15㎝

配布（棉布）15㎝×5㎝／**裡布**（棉布）30㎝×15㎝

單膠鋪棉 30㎝×15㎝

FLATKNIT拉鍊 20㎝ 1條

P.13_ No. 15

剪接波奇包

1.裁布

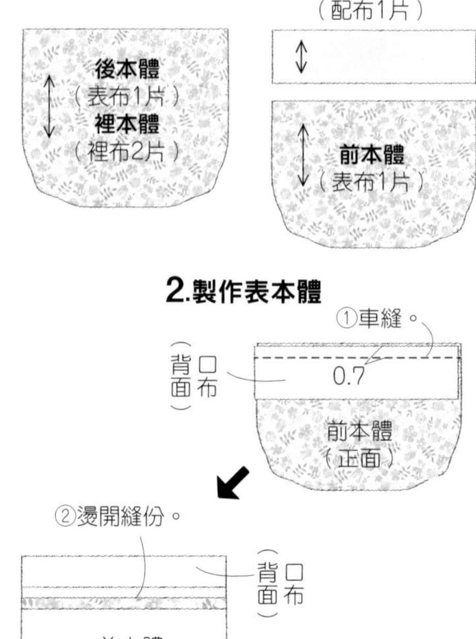

口布
（配布1片）
後本體
（表布1片）
裡本體
（裡布2片）
前本體
（表布1片）

2.製作表本體

①車縫。

口布（背面）

0.7

前本體（正面）

②燙開縫份。

口布（背面）

前本體（背面）

3.安裝拉鍊

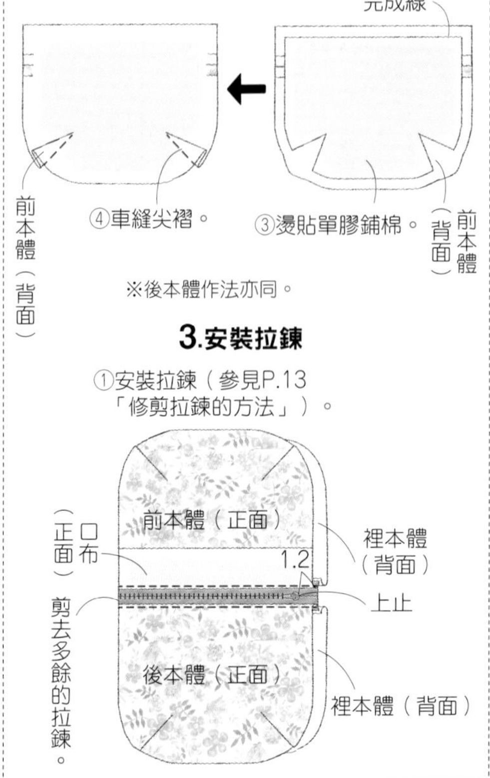

完成線
前本體（背面）
④車縫尖褶。
③燙貼單膠鋪棉。
前本體（背面）
※後本體作法亦同。
①安裝拉鍊（參見P.13「修剪拉鍊的方法」）。
口布（正面）
前本體（正面）
裡本體（背面）
1.2
上止
剪去多餘的拉鍊。
後本體（正面）
裡本體（背面）

4.製作本體

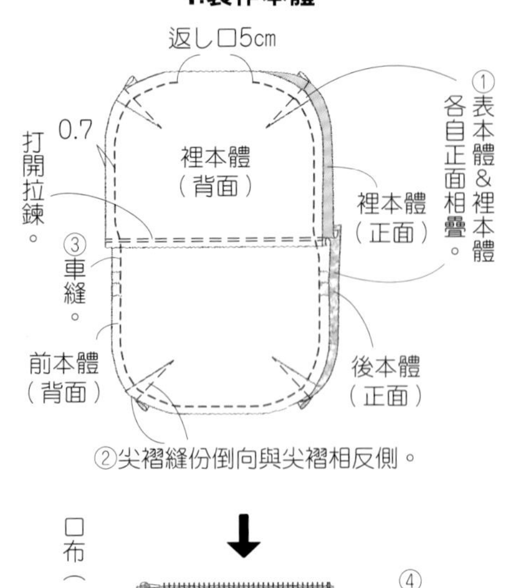

返し口5㎝
①表本體＆裡本體各自正面相疊。
0.7
打開拉鍊。
裡本體（背面）
裡本體（正面）
③車縫。
前本體（背面）
後本體（正面）
②尖褶縫份倒向與尖褶相反側。

口布（正面）

④翻至正面，縫合返口。

前本體（正面）

完成尺寸

直徑約7cm

原寸紙型

A面

材料

表布（平織布）25㎝×15㎝

配布（平織布）25㎝×15㎝

包釦組 1.2㎝ 1組／**厚紙** 5㎝×5㎝

5號繡線／鬆緊帶 寬0.9㎝ 15㎝／**羊毛** 適量

P.15_ No. 21

花形針插

1.裁布

※大腸圈無紙型，請依標示尺寸（已含縫份）直接裁剪。

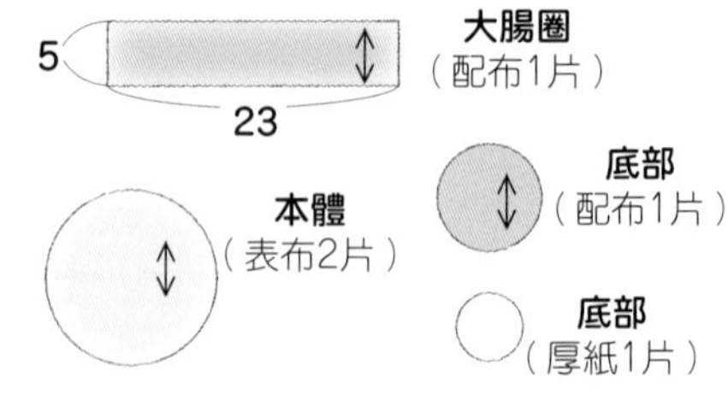

5
23
大腸圈
（配布1片）
本體
（表布2片）
底部
（配布1片）
底部
（厚紙1片）

2.製作大腸圈

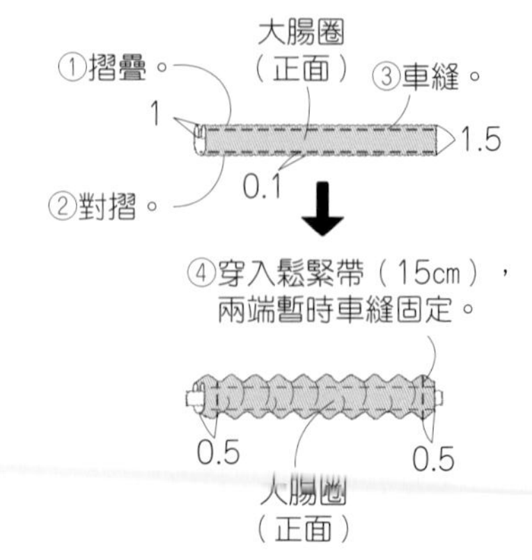

①摺疊。
大腸圈
（正面）
③車縫。
1
1.5
②對摺。
0.1
④穿入鬆緊帶（15㎝），兩端暫時車縫固定。
0.5
0.5
大腸圈
（正面）

3.製作本體

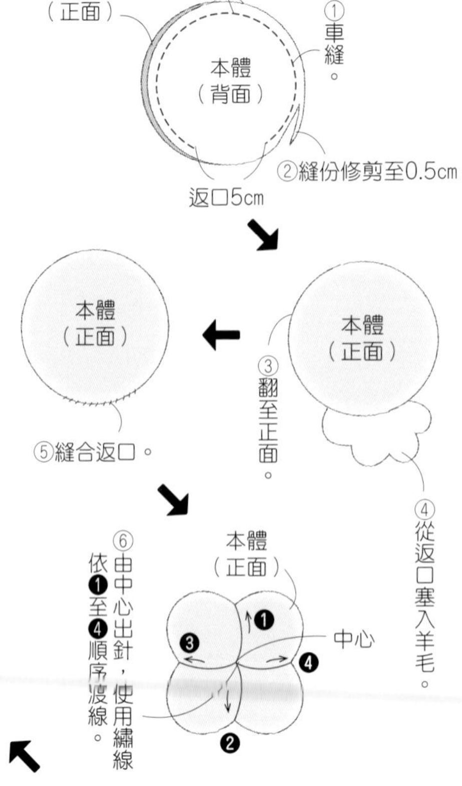

本體
（正面）
1
①車縫。
本體
（背面）
②縫份修剪至0.5㎝。
返口5㎝
本體
（正面）
本體
（正面）
③翻至正面。
⑤縫合返口。
④從返口塞入羊毛。
⑥由中心出針，使用繡線依❶至❹順序渡線。
本體
（正面）
中心

本體（正面・前側）

本體（正面）

⑦依相同作法渡線，將本體分成12等分。

⑧以配布製作包釦，縫至中心。

4.接縫大腸圈

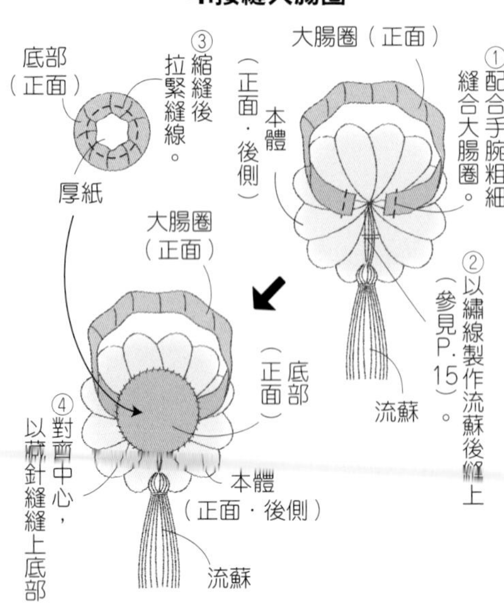

底部
（正面）
③縮縫後拉緊縫線。
厚紙
大腸圈（正面）
本體（正面・後側）
①配合手腕粗細縫合大腸圈。
②以繡線製作流蘇後縫上（參見P.15）。
流蘇
大腸圈
（正面）
底部
（正面）
④對齊中心，以藏針縫縫上底部。
本體
（正面・後側）
流蘇

完成尺寸

寬11×長7.5cm（不含提把）

原寸紙型

無

材料

表布（亞麻布）15cm×20cm

配布（亞麻布）30cm×15cm

亞麻織帶 寬1cm 50cm

彈片口金 寬10cm 1組

P.14_ No.16 提袋型彈片口金包

彈片口金安裝方式

①將彈片口金穿入口金通道（口布）中。

②對齊彈片口金的合頁卡榫。

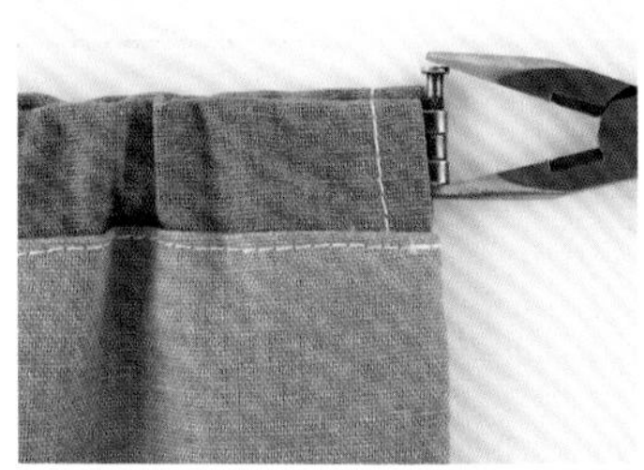

③以鉗子將插銷往下推。

1.裁布

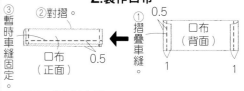

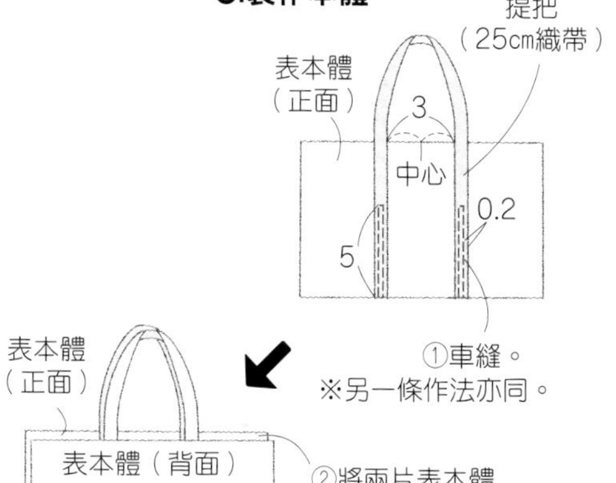

表本體
（配布1片）
14
13
口布
（配布2片）
5
12
表本體
（表布2片）
8
13
※標示的尺寸已含縫份。
2.製作口布
③暫時車縫固定。
②對摺。
口布
（正面）
0.5
①摺疊車縫。
0.5
口布
（背面）
1
1
※另一條作法亦同。
3.製作本體
提把
（25cm織帶）
表本體
（正面）
3
中心
0.2
5

①車縫。
※另一條作法亦同。

表本體（正面）

②將兩片表本體正面相疊。

表本體（背面）

③車縫。

1

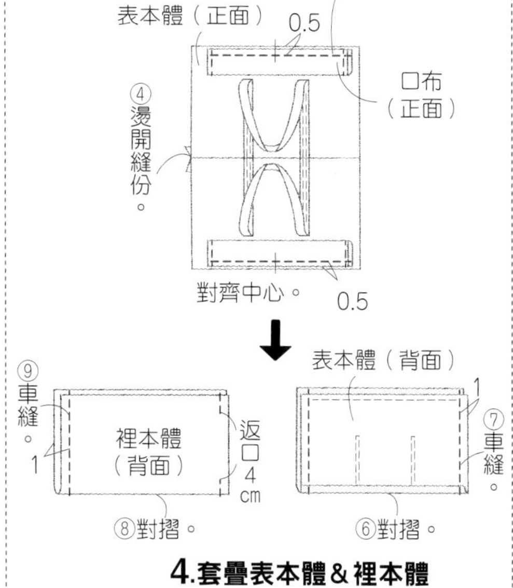

⑤暫時車縫固定。
表本體（正面）
0.5
口布
（正面）
④燙開縫份。
對齊中心。
0.5
表本體（背面）
⑨車縫。
1
裡本體
（背面）
返口4cm
1
⑦車縫。
⑧對摺。
⑥對摺。

4.套疊表本體&裡本體

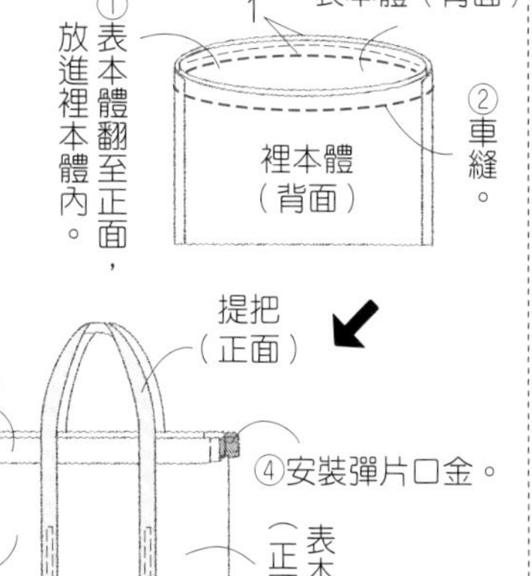

①表本體翻至正面，放進裡本體內。
1
表本體（背面）
②車縫。
裡本體
（背面）

口布
（正面）

提把
（正面）

④安裝彈片口金。

③翻至正面，縫合返口。

表本體
（正面）

完成尺寸

寬15×長13.5cm

原寸紙型

D面

材料

表布（進口緹花布）20cm×35cm

裡布（棉布）20cm×35cm

魔鬼氈 2.5cm×2cm

P.30_ No.41 口罩收納夾

裁布圖

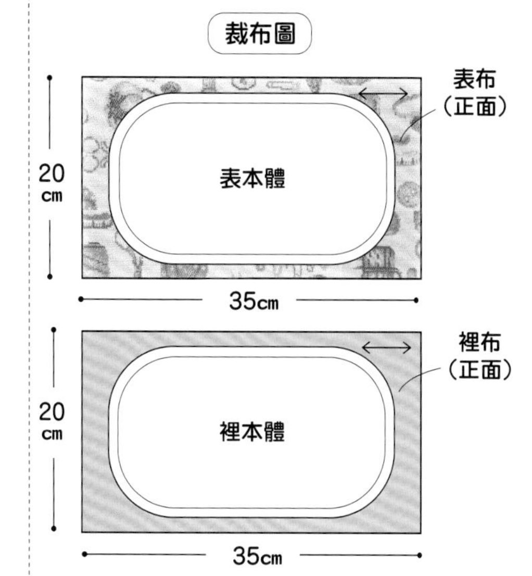

表布
（正面）
表本體
20cm
35cm
裡布
（正面）
裡本體
20cm
35cm

1.製作本體

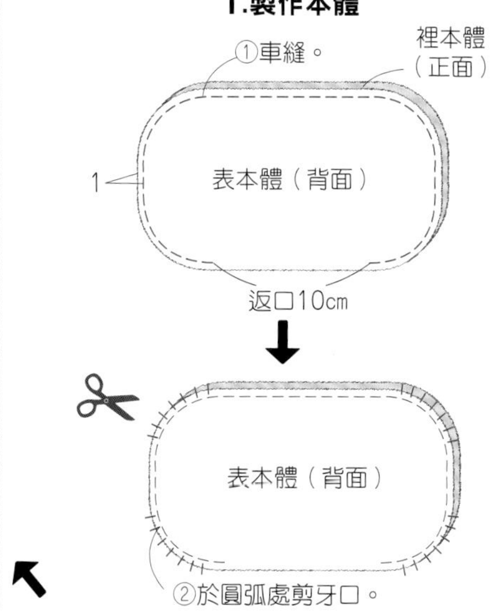

①車縫。
裡本體
（正面）
1
表本體（背面）
返口10cm
表本體（背面）
②於圓弧處剪牙口。

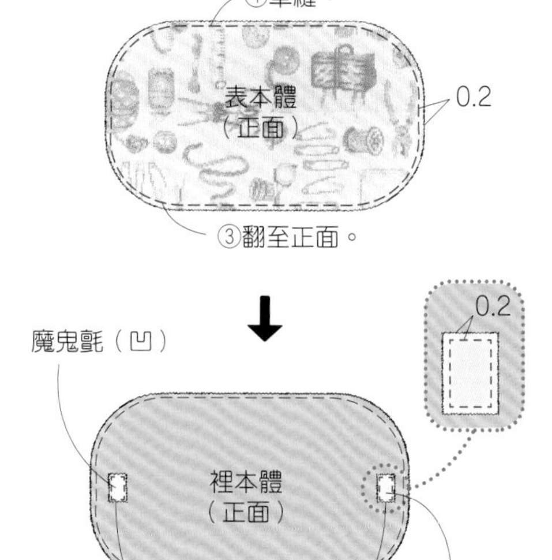

④車縫。
表本體
（正面）
0.2
③翻至正面。
魔鬼氈（凹）
0.2
裡本體
（正面）
⑤車縫。
魔鬼氈
（凸）

完成尺寸

寬12.5×長15×側身6cm

原寸紙型

無

材料

表布（帆布）25cm×40cm
裡布（棉布）35cm×45cm
樹脂拉鍊 20cm 1條
皮繩 寬0.3cm 20cm

P.14_ No.17

方形拉鍊波奇包

1.裁布

※標示的尺寸已含縫份。

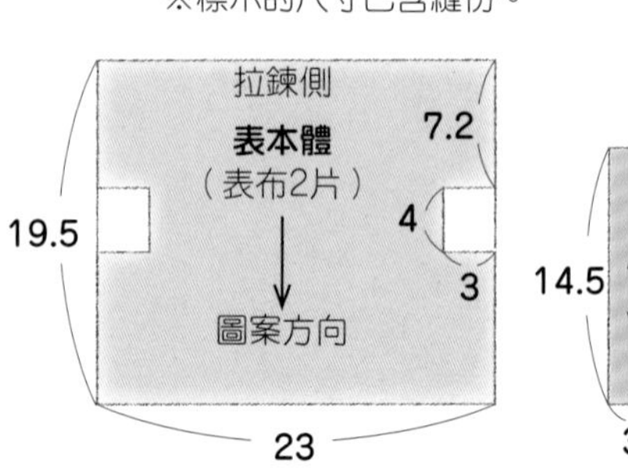

拉鍊側
表本體
（表布2片）
圖案方向
19.5
7.2
4
3
23
滾邊布a（裡布2片）
14.5
3

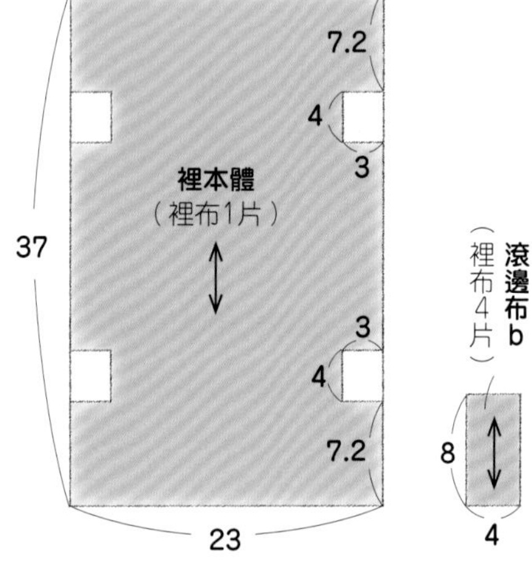

裡本體
（裡布1片）
37
7.2
4
3
23
滾邊布b（裡布4片）
8
4

2.安裝拉鍊

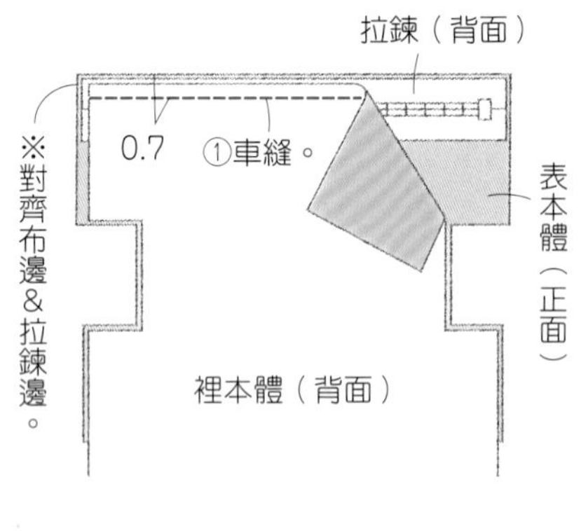

拉鍊（背面）
0.7
①車縫。
※對齊布邊&拉鍊邊。
表本體（正面）
裡本體（背面）

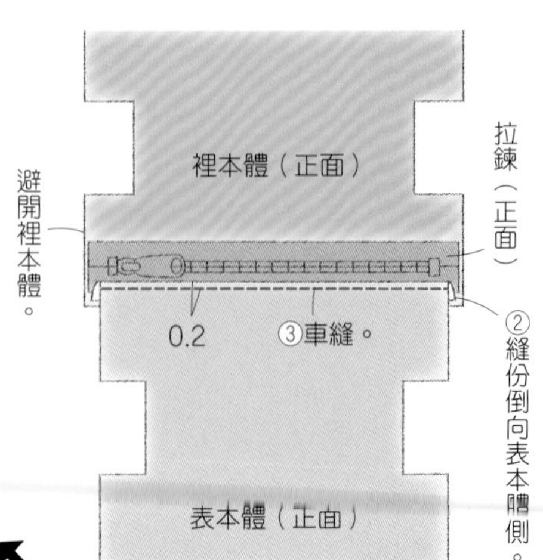

裡本體（正面）
拉鍊（正面）
避開裡本體。
0.2
③車縫。
②縫份倒向表本體側。
表本體（正面）

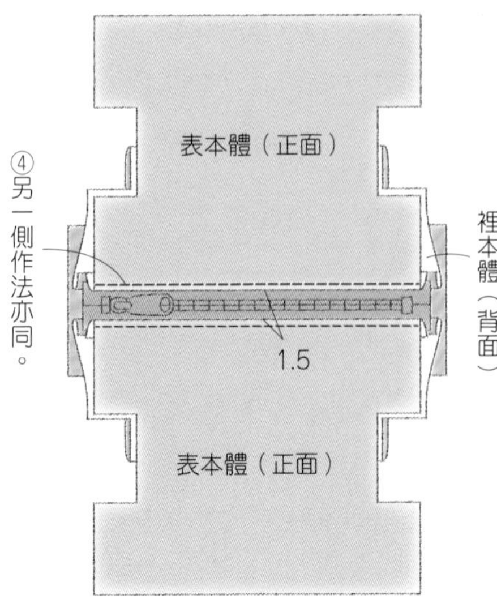

表本體（正面）
④另一側作法亦同。
裡本體（背面）
1.5
表本體（正面）

3.縫合表本體底部

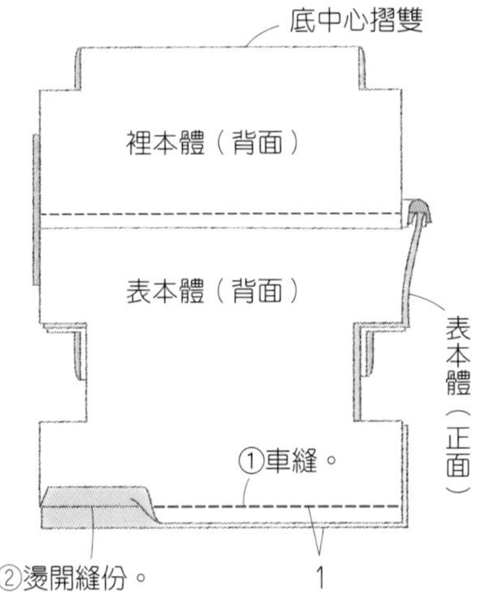

底中心摺雙
裡本體（背面）
表本體（背面）
表本體（正面）
①車縫。
②燙開縫份。
1

4.縫合側身

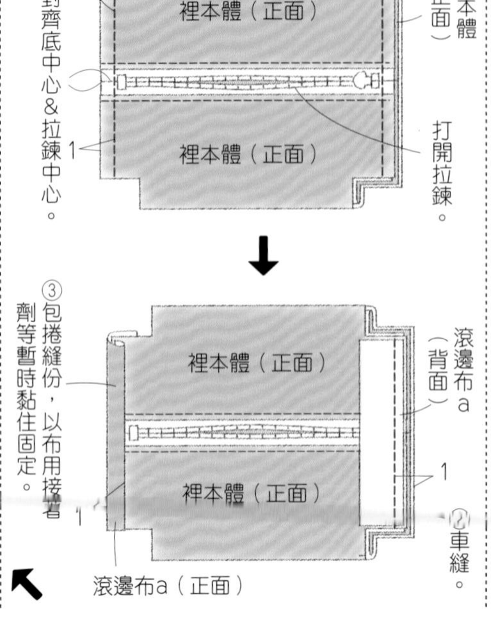

①車縫。
對齊底中心&拉鍊中心。
1
裡本體（正面）
表本體（正面）
打開拉鍊。
裡本體（正面）
③包捲縫份，以布用接著劑等暫時黏住固定。
滾邊布a（背面）
1
②車縫。
滾邊布a（正面）

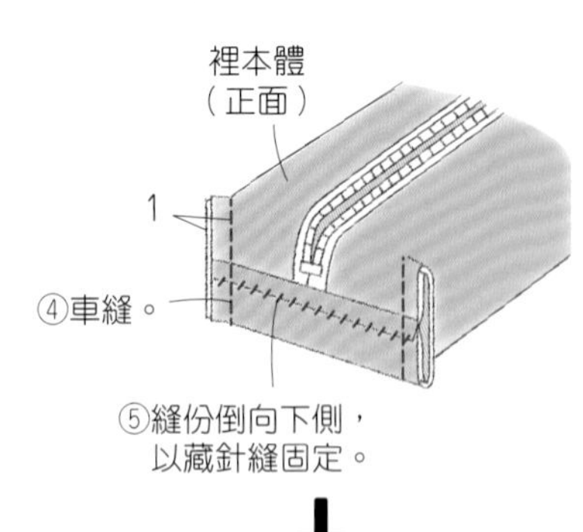

裡本體
（正面）
1
④車縫。
⑤縫份倒向下側，以藏針縫固定。

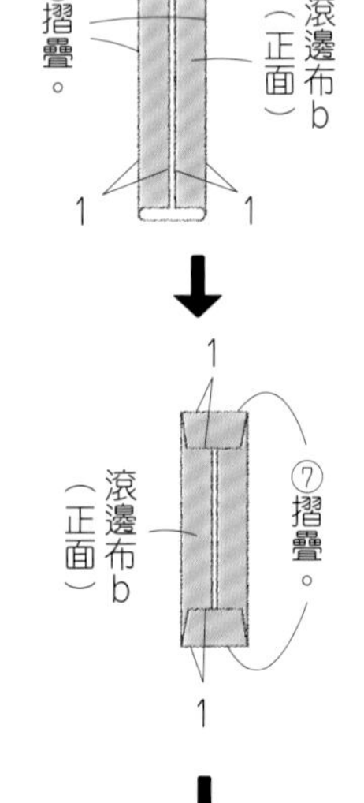

⑥摺疊。
滾邊布b（正面）
1
1
1
滾邊布b（正面）
⑦摺疊。
1

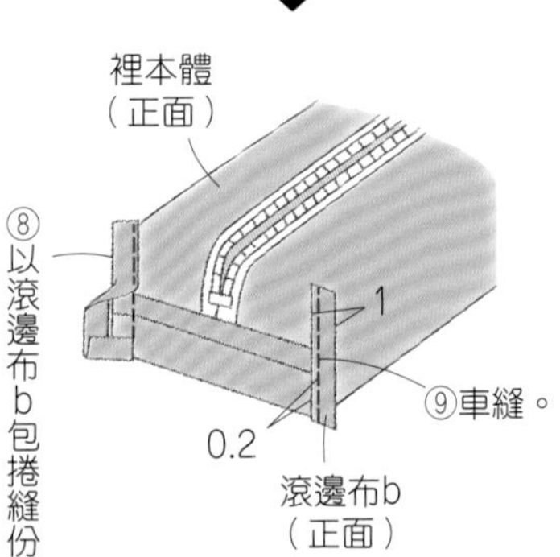

裡本體
（正面）
⑧以滾邊布b包捲縫份。
1
⑨車縫。
0.2
滾邊布b
（正面）

※另一側縫法亦同。

5.完成

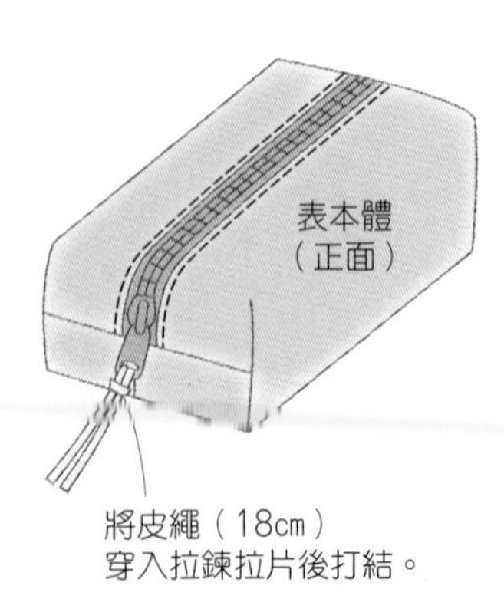

表本體
（正面）
將皮繩（18cm）
穿入拉鍊拉片後打結。

完成尺寸

寬34×長34cm

原寸紙型

A面

材料

表布（二重紗）75cm×40cm

P.14_ No.19 紗布手帕

1.裁布

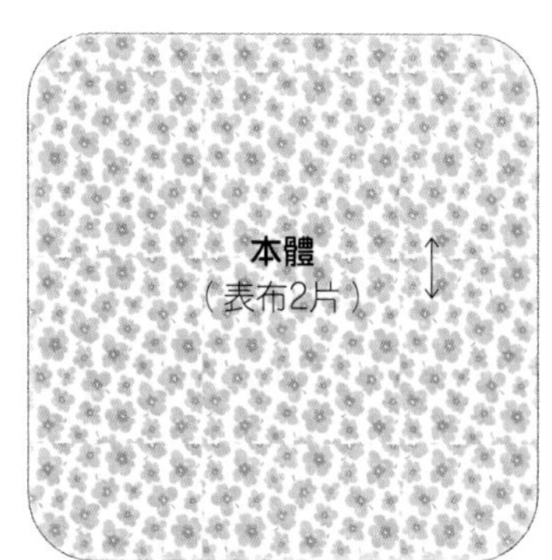

本體
（表布2片）

2.製作本體

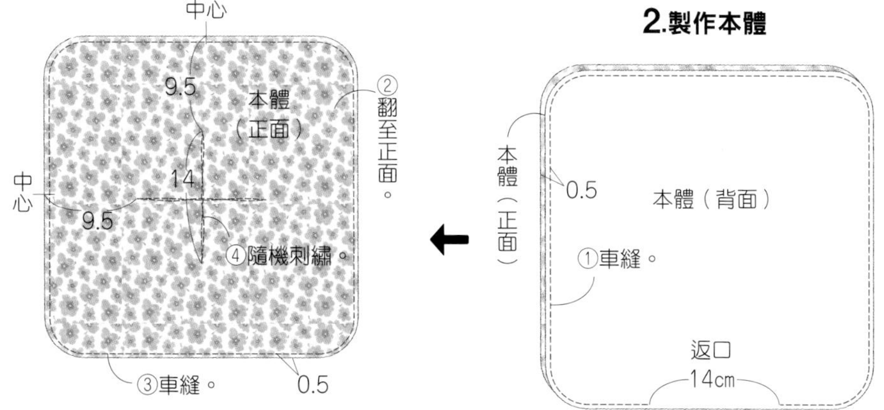

本體（正面）
0.5
本體（背面）
①車縫。
返口
14cm
中心
9.5
本體（正面）
②翻至正面。
14
9.5
④隨機刺繡。
③車縫。
0.5

完成尺寸

寬約16.5×長16cm

原寸紙型

A面

材料

表布（棉布）45cm×20cm

鋪棉（厚）20cm×20cm

P.15_ No.20 花形杯墊

1.裁布

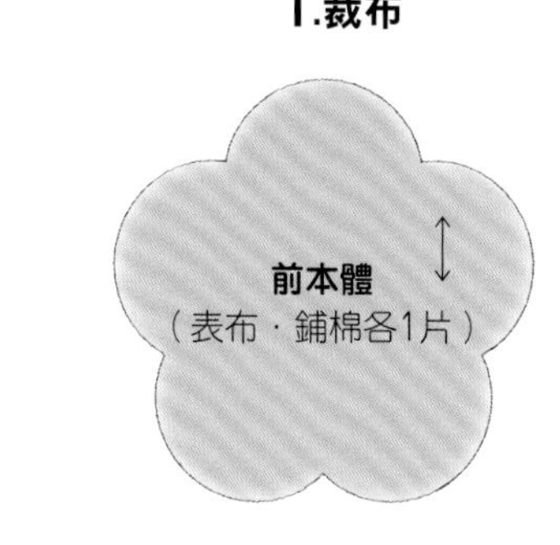

前本體
（表布・鋪棉各1片）

※使用翻面的紙型。

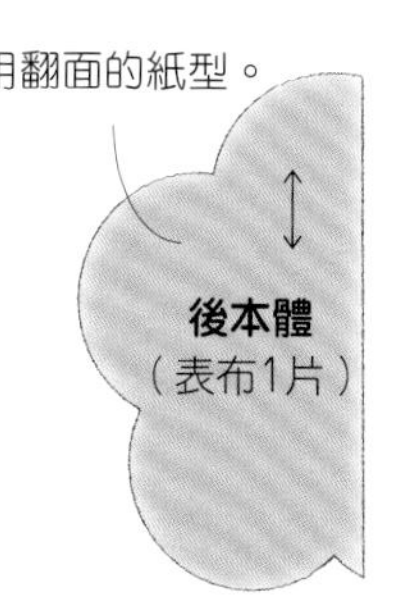

後本體
（表布1片）

後本體
（表布1片）

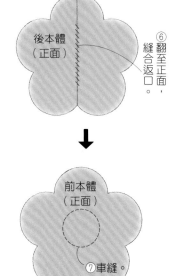

2.製作本體

後本體（正面）

後本體（背面）

1

返口 8cm

①車縫至完成線。

1

前本體（正面）

後本體（背面）

②燙開縫份。

③於前本體背面疊放鋪棉。

⑤於凹角處剪牙口。

④車縫。

0.5

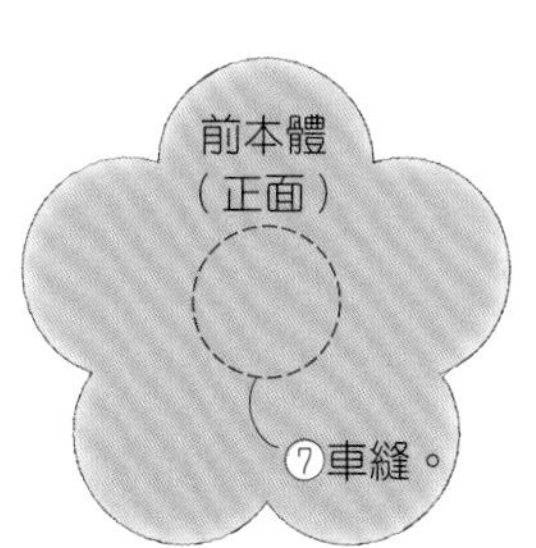

前本體
（正面）
⑦車縫。

後本體（正面）

⑥翻至正面，縫合返口。

前本體（正面）

⑦車縫。

完成尺寸

寬65×長60cm

原寸紙型

無

材料

表布（棉布）5cm×5cm 各1片

接著襯（薄）5cm×5cm

亞麻織帶 寬1cm 20cm

廚房抹布 65cm×60cm 2條

P.16_ No.25 廚房抹布吊耳

1.裁布

①進行裁剪。

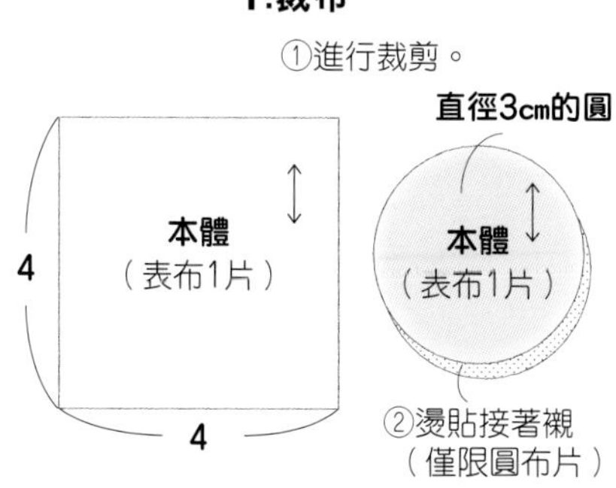

直徑3cm的圓
4
本體
（表布1片）
4
本體
（表布1片）
②燙貼接著襯
（僅限圓布片）。

2.接縫本體

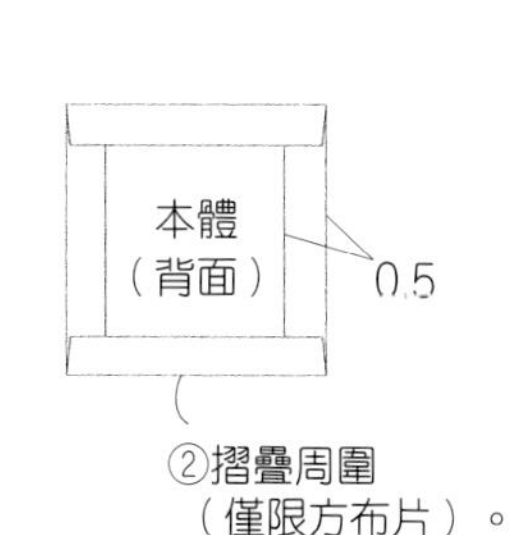

本體
（背面）
0.5
②摺疊周圍
（僅限方布片）。

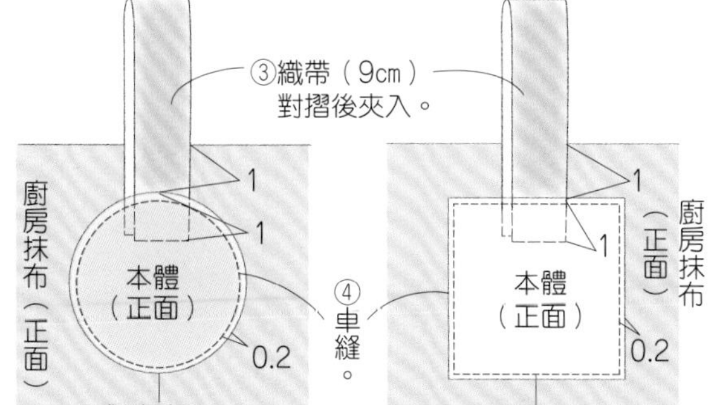

③織帶（9cm）
對摺後夾入。
1
1
廚房抹布（正面）
本體
（正面）
0.2
對齊中心。
④車縫。
1
1
本體
（正面）
0.2
廚房抹布（正面）
對齊中心。

完成尺寸

寬15×長18cm（不含提把）

原寸紙型

無

材料

表布（11號帆布）40cm×20cm

裡布（棉布）40cm×20cm

配布A至D（棉布）各35cm×10cm

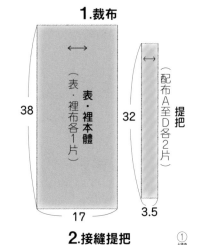

P.16_ No.22 四股辮提把小包

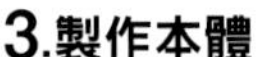

1.裁布

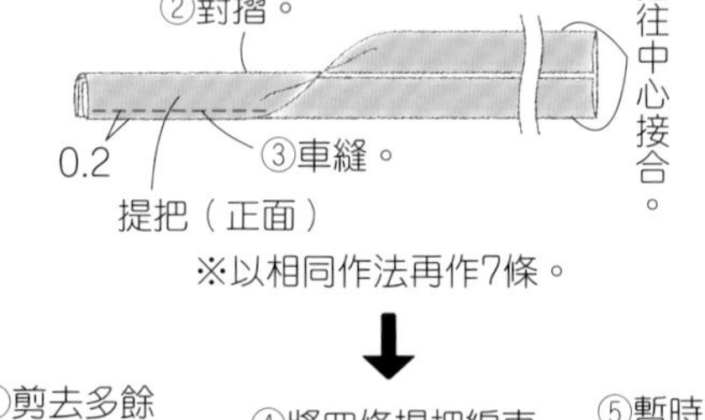

表・裡本體
（表・裡布各1片）
38
17
提把
（配布A至D各2片）
32
3.5

2.接縫提把

①摺往中心接合。
②對摺。
③車縫。
0.2
提把（正面）

※以相同作法再作7條。

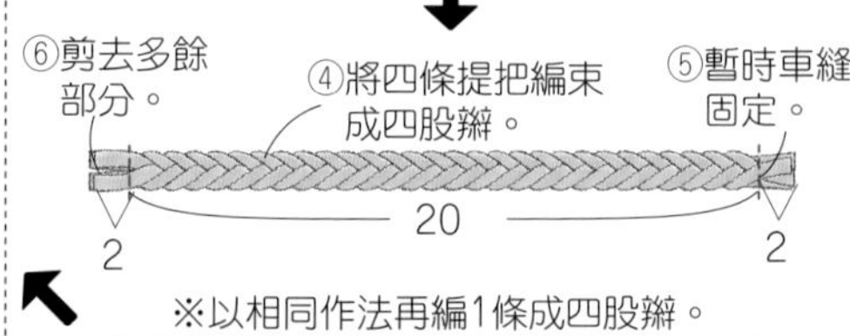

⑥剪去多餘部分。
④將四條提把編束成四股辮。
⑤暫時車縫固定。
20
2
2

※以相同作法再編1條成四股辮。

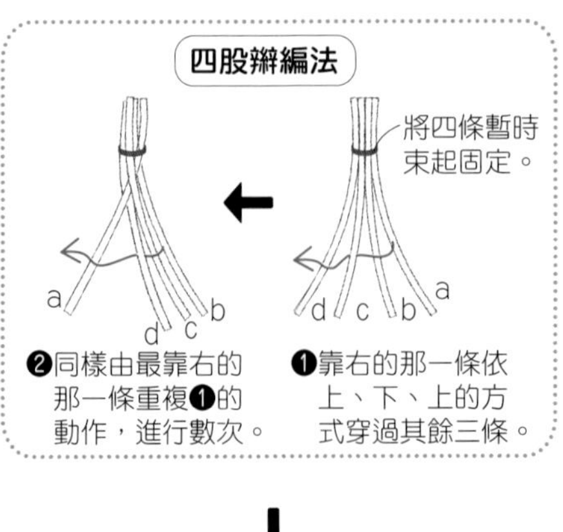

四股辮編法
將四條暫時束起固定。
a
b
c
d
❶靠右的那一條依上、下、上的方式穿過其餘三條。
❷同樣由最靠右的那一條重複❶的動作，進行數次。

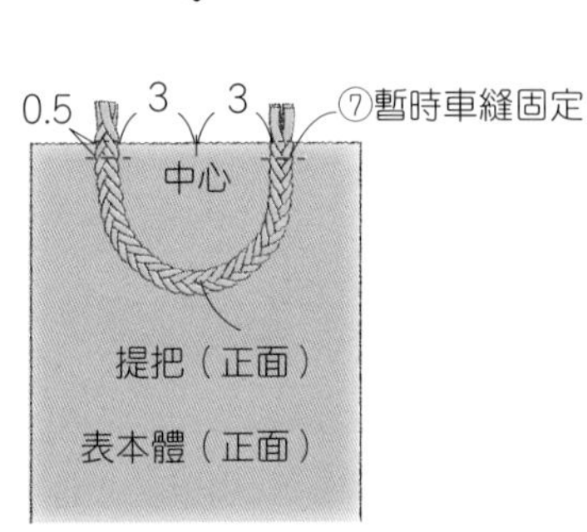

0.5
3
3
⑦暫時車縫固定。
中心
提把（正面）
表本體（正面）

※另一側也縫上提把。

3.製作本體

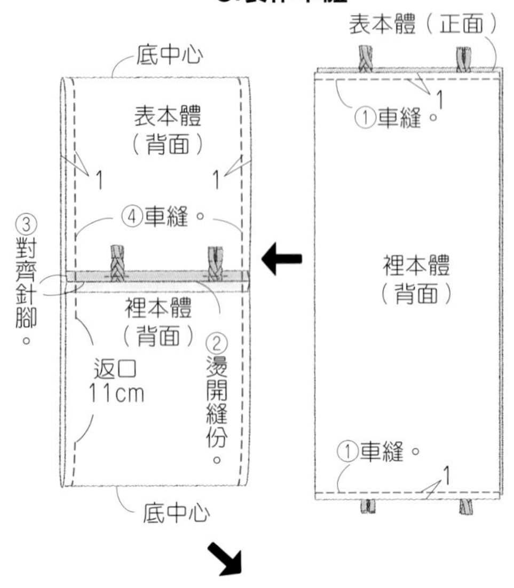

表本體（正面）
①車縫。
1
裡本體（背面）
①車縫。
1
底中心
表本體（背面）
1
1
④車縫。
③對齊針腳。
裡本體（背面）
②燙開縫份。
返口11cm
底中心

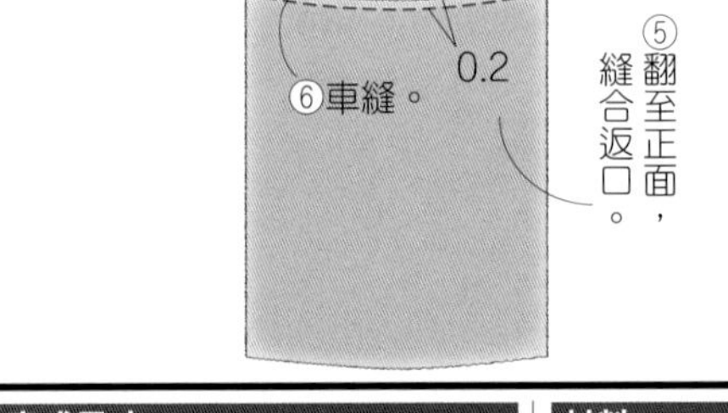

⑥車縫。
0.2
⑤翻至正面，縫合返口。

完成尺寸

寬10×長8cm

原寸紙型

無

材料

表布（棉布）15cm×20cm／**配布**（透明果凍布）15cm×10cm

接著襯（厚）15cm×20cm

雞眼釦（內徑0.5cm）1組

真皮皮繩 粗0.2cm 25cm

P.16_ No.23 卡片套

oyster

1.裁布

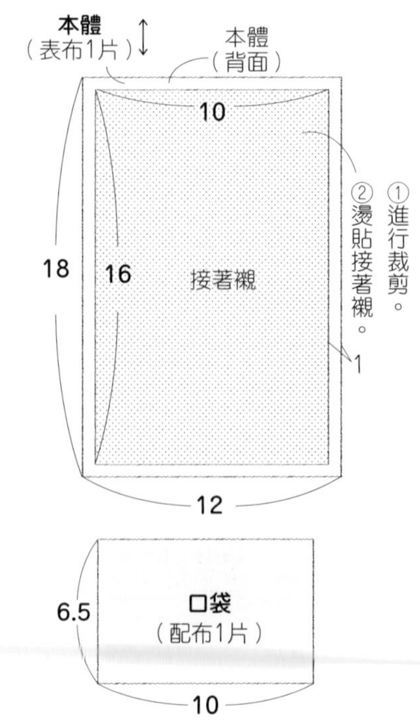

本體（表布1片）
本體（背面）
10
18
16
接著襯
①進行裁剪。
②燙貼接著襯。
1
12
6.5
口袋（配布1片）
10

2.製作本體

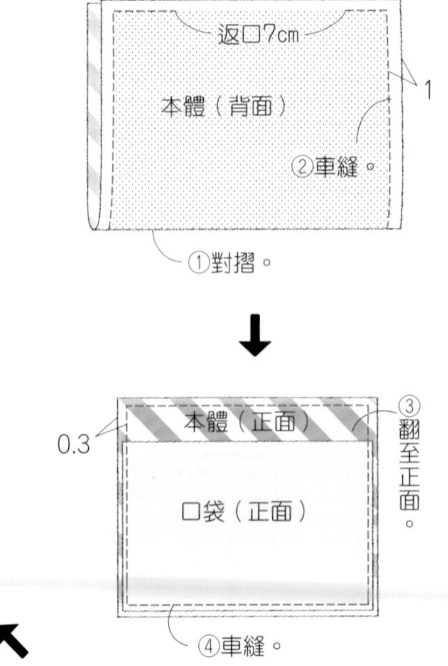

返口7cm
本體（背面）
1
②車縫。
①對摺。
0.3
本體（正面）
口袋（正面）
③翻至正面。
④車縫。

1
中心
⑤安裝雞眼釦。
本體（正面）
口袋（正面）

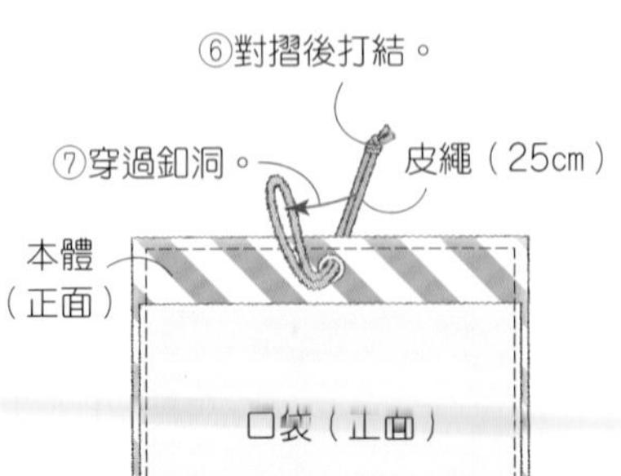

⑥對摺後打結。
⑦穿過釦洞。
皮繩（25cm）
本體（正面）
口袋（正面）

完成尺寸

寬37×長68×側身14cm

原寸紙型

C面

材料

表布（牛津布）108cm×110cm

滾邊用斜布條 寬11mm 600cm

塑膠四合釦 14mm 1組

P.19_ No.28

滾邊包

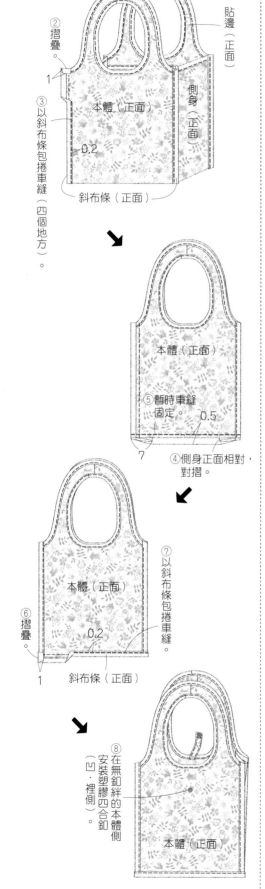

貼邊（正面）
②摺疊。
1
③以斜布條包捲車縫（四個地方）。
本體（正面）
側身（正面）
0.2
斜布條（正面）

本體（正面）
⑤暫時車縫固定。
0.5
7
④側身正面相對，對摺。

本體（正面）
⑦以斜布條包捲車縫。
⑥摺疊。
0.2
1
斜布條（正面）

⑧在無釦絆的本體側安裝塑膠四合釦（凹・裡側）。
本體（正面）

3.以斜布條進行滾邊

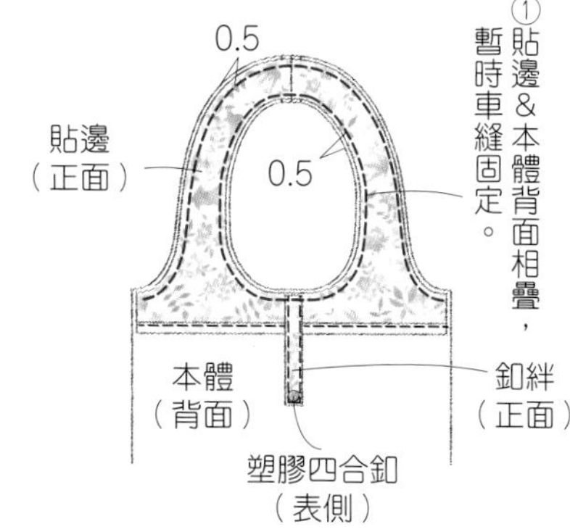
0.5
①貼邊&本體背面相疊，暫時車縫固定。
貼邊（正面）
0.5
本體（背面）
釦絆（正面）
塑膠四合釦（表側）

※另一片作法亦同，但無釦絆。

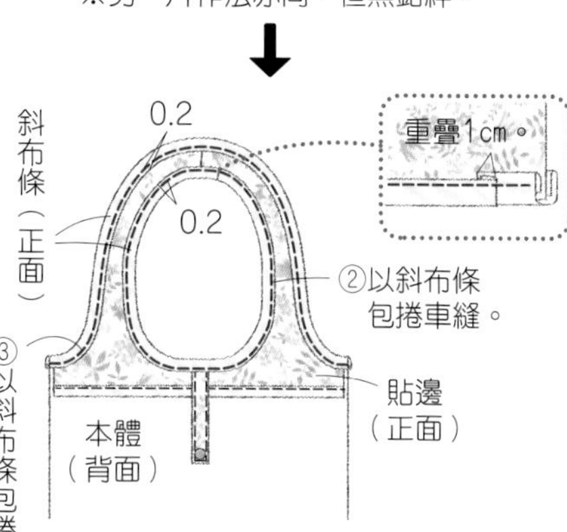
斜布條（正面）
0.2
0.2
重疊1cm。
②以斜布條包捲車縫。
③以斜布條包捲車縫。
貼邊（正面）
本體（背面）

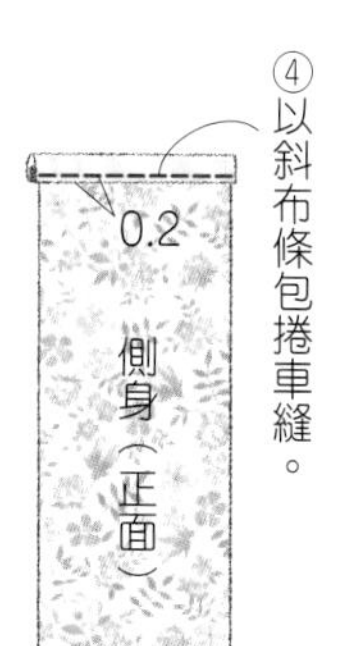
④以斜布條包捲車縫。
0.2
側身（正面）

※另一片縫法亦同。

4.製作本體

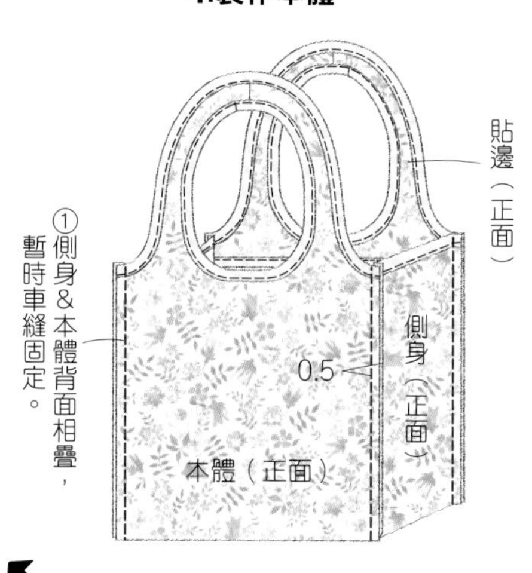
貼邊（正面）
①側身&本體背面相疊，暫時車縫固定。
0.5
側身（正面）
本體（正面）

裁布圖

貼邊
表布（正面）
110cm
釦絆（1片）
8
14
14
38
本體
側身
摺雙
108cm

※釦絆&側身無原寸紙型，請依標示尺寸（已含縫份）直接裁剪。

1.製作本體&側身

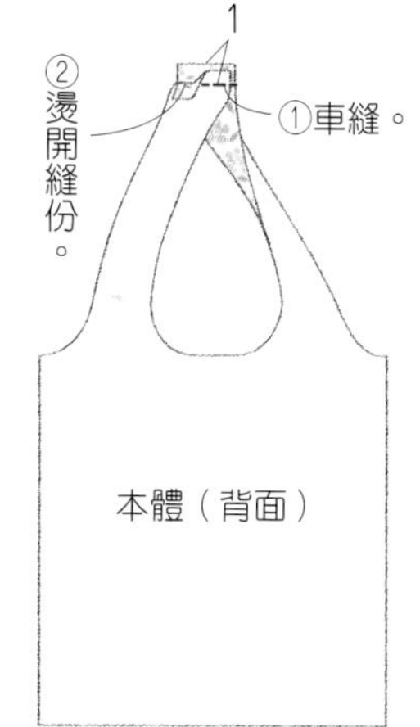
1
②燙開縫份。
①車縫。
本體（背面）

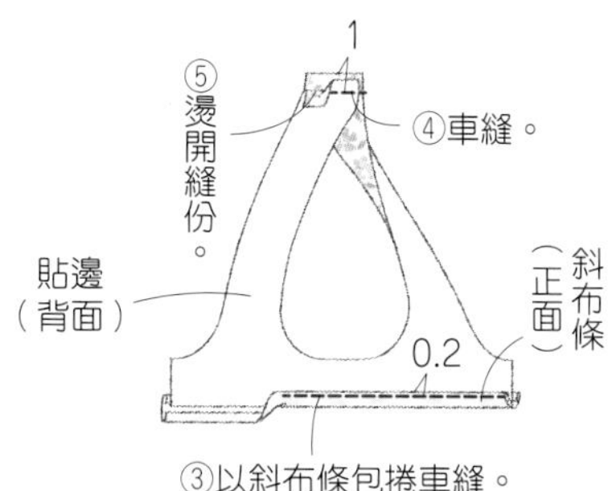
1
⑤燙開縫份。
④車縫。
貼邊（背面）
斜布條（正面）
0.2
③以斜布條包捲車縫。

※另一片作法亦同。

2.製作釦絆

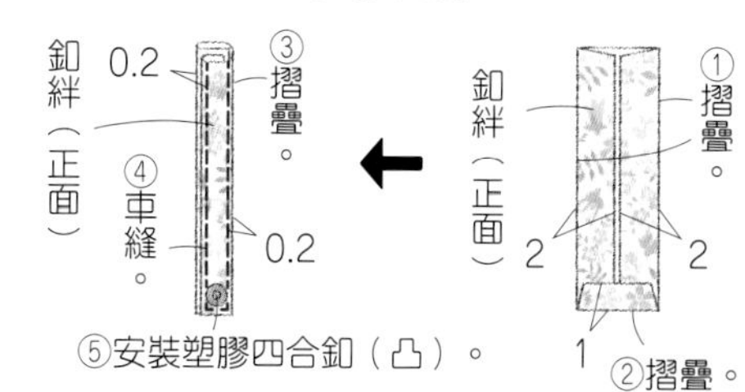
釦絆（正面）
0.2
③摺疊。
④車縫。
0.2
⑤安裝塑膠四合釦（凸）。
釦絆（正面）
①摺疊。
2
2
1
②摺疊。

完成尺寸

寬65×長35.5×側身11cm
（不含提把）

原寸紙型

A面

材料

表布（牛津布）100cm×120cm
塑膠四合釦 14mm 1組

P.19_ No.29

洗衣袋

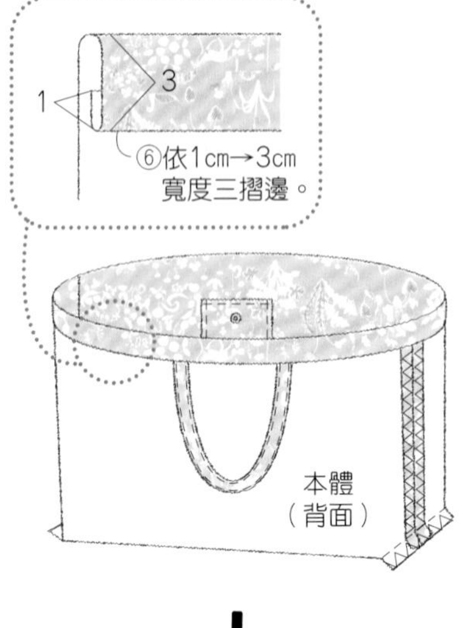

1
3
⑥依1cm→3cm
寬度三摺邊。
本體
（背面）

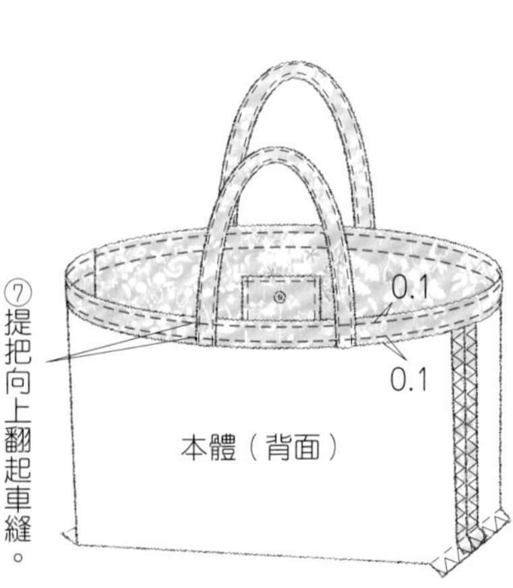

⑦
提把向上翻起車縫。
0.1
0.1
本體（背面）

⑧翻至正面。
本體
（正面）

3.接縫提把＆口袋

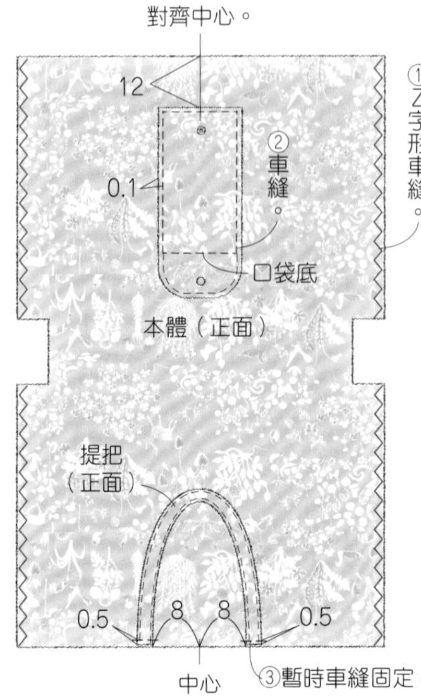

對齊中心。
12
①Z字形車縫。
②車縫。
0.1
口袋底
本體（正面）
提把
（正面）
0.5
8
8
0.5
中心
③暫時車縫固定。

※另一條提把接縫於有口袋側。

4.製作本體

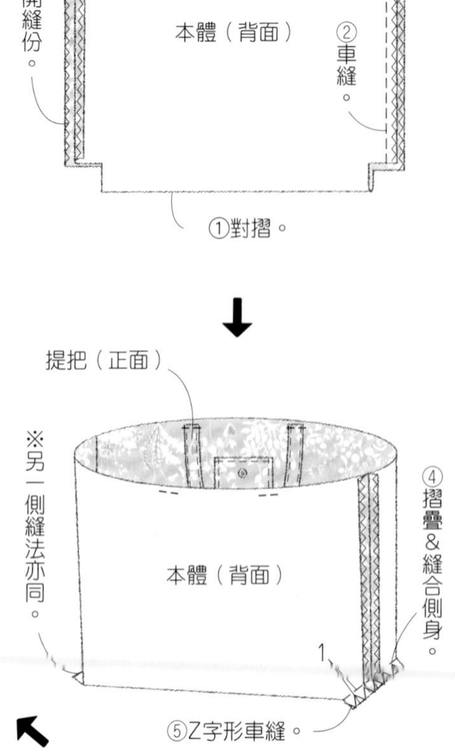

③燙開縫份。
1
本體（背面）
②車縫。
①對摺。
提把（正面）
※另一側縫法亦同。
④摺疊&縫合側身。
本體（背面）
1
⑤Z字形車縫。

裁布圖

※除了口袋之外皆無原寸紙型，請依標示尺寸（已含縫份）直接裁剪。

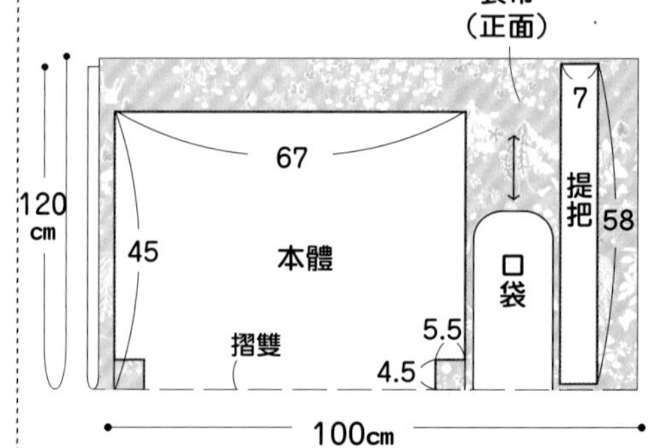

表布
（正面）
7
67
提把
58
120cm
45
本體
口袋
5.5
摺雙
4.5
100cm

1.製作提把

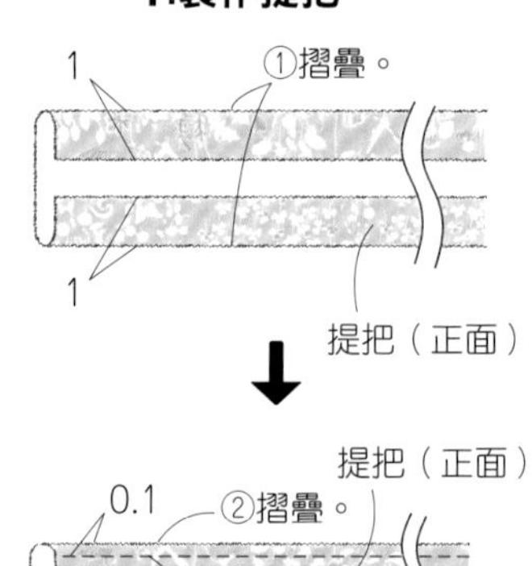

1
①摺疊。
1
提把（正面）
提把（正面）
0.1
②摺疊。
0.1
③車縫。

※另一條作法亦同。

2.製作口袋

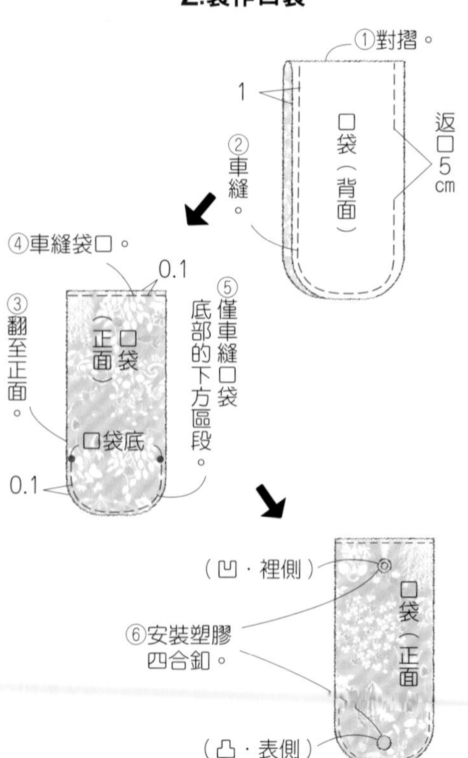

①對摺。
1
②車縫。
口袋（背面）
返口5cm
④車縫袋口。
0.1
③翻至正面。
口袋（正面）
⑤僅車縫口袋底部的下方區段。
口袋底
0.1
（凹．裡側）
口袋（正面）
⑥安裝塑膠四合釦。
（凸．表側）

完成尺寸

寬50×長35×側身44cm

原寸紙型

C面

材料

表布（牛津布）108cm×130cm
滾邊用斜布條 寬11mm 280cm
圓繩 粗0.4cm 160cm／**繩擋** 2個
提把用織帶 寬2.7cm 260cm
海綿墊（厚0.5cm）40cm×25cm
鬆緊帶 寬1.5cm 35cm／**彈簧壓釦** 12mm 1組

P.19_No.30

購物籃型採購袋

裁布圖

※除了本體與側身之外皆無原寸紙型，
請依標示尺寸（已含縫份）直接裁剪。

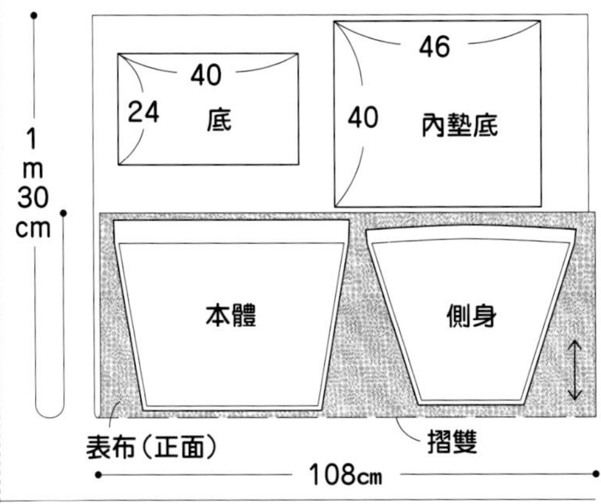

40
24
底
46
40
內墊底
1m30cm
本體
側身
表布（正面）
摺雙
108cm

1.製作本體

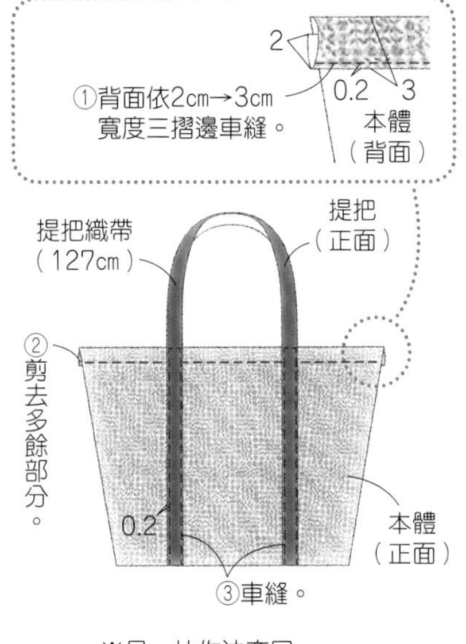

2
①背面依2cm→3cm寬度三摺邊車縫。
0.2
3
本體（背面）
提把織帶（127cm）
提把（正面）
②剪去多餘部分。
0.2
本體（正面）
③車縫。

※另一片作法亦同。

2.製作側身

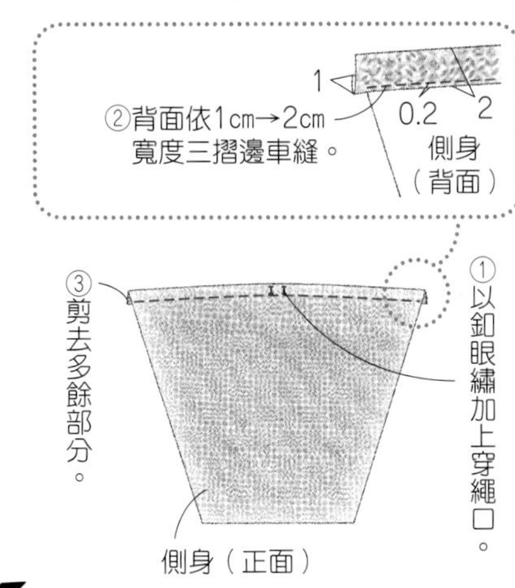

1
②背面依1cm→2cm寬度三摺邊車縫。
0.2
2
側身（背面）
③剪去多餘部分。
①以鉚眼釦加上穿繩口。
側身（正面）

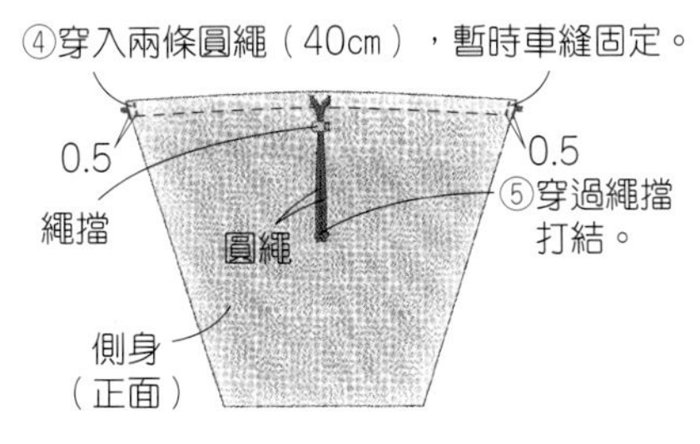

④穿入兩條圓繩（40cm），暫時車縫固定。
0.5
0.5
繩擋
圓繩
⑤穿過繩擋打結。
側身（正面）

※另一片作法亦同。

3.接縫側身

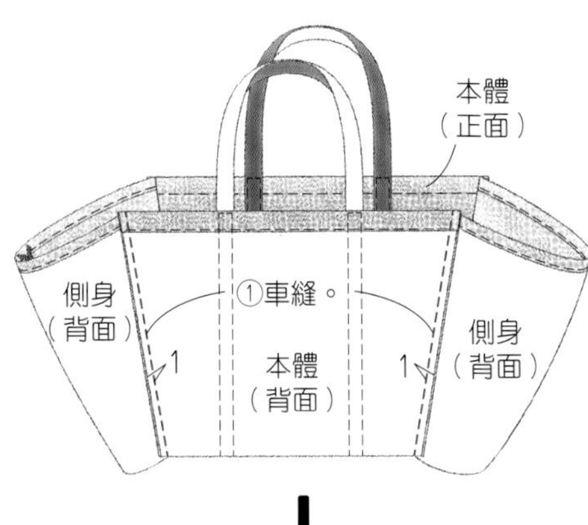

本體（正面）
側身（背面）
①車縫。
1
本體（背面）
1
側身（背面）

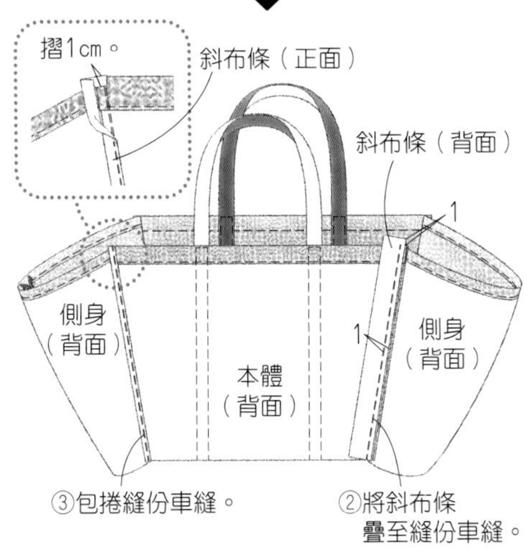

摺1cm。
斜布條（正面）
斜布條（背面）
1
側身（背面）
本體（背面）
1
側身（背面）
③包捲縫份車縫。
②將斜布條疊至縫份車縫。

※剩餘兩處縫份亦同。

4.接縫底部

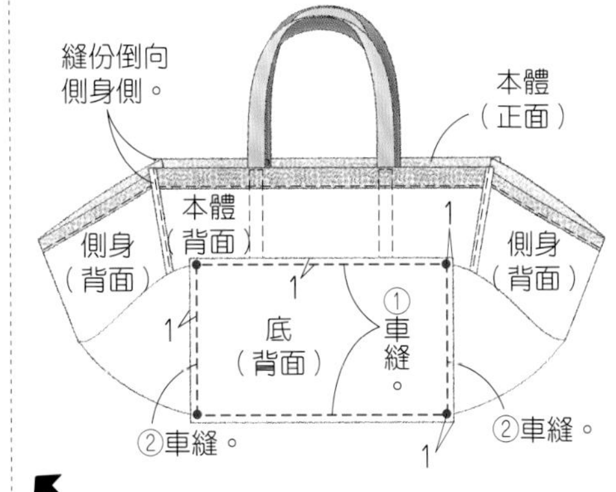

縫份倒向側身側。
本體（正面）
本體（背面）
側身（背面）
側身（背面）
1
1
1
底（背面）
①車縫。
②車縫。
②車縫。
1

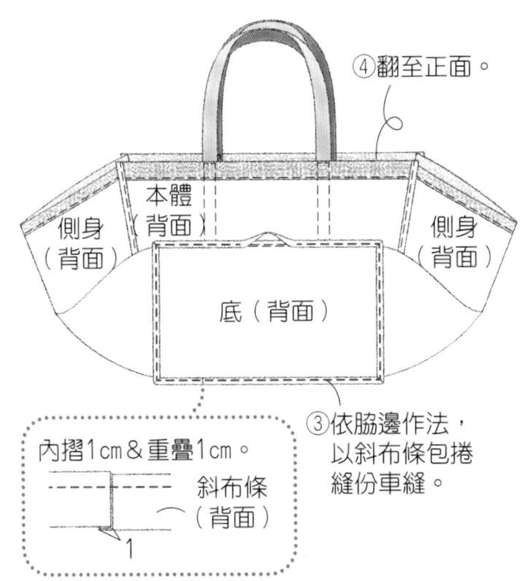

④翻至正面。
本體（背面）
側身（背面）
側身（背面）
底（背面）
③依脇邊作法，以斜布條包捲縫份車縫。
內摺1cm＆重疊1cm。
斜布條（背面）
1

5.製作內墊

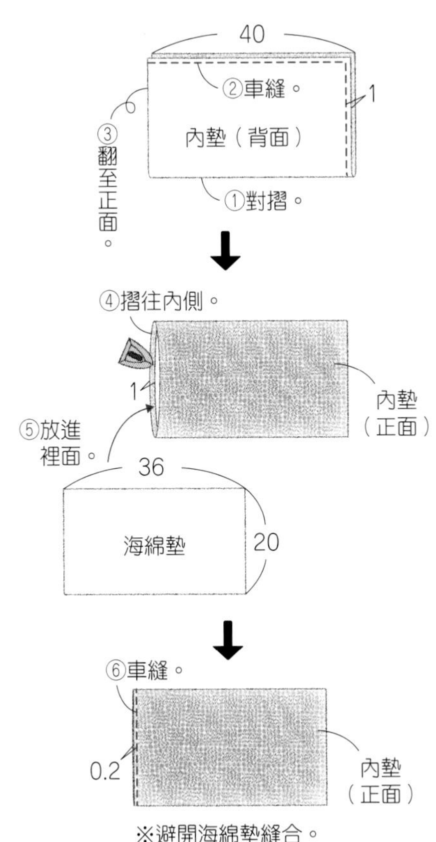

40
②車縫。
1
③翻至正面。
內墊（背面）
①對摺。
④摺往內側。
1
內墊（正面）
⑤放進裡面。
36
海綿墊
20
⑥車縫。
0.2
內墊（正面）

※避開海綿墊縫合。

6.製作鬆緊束帶

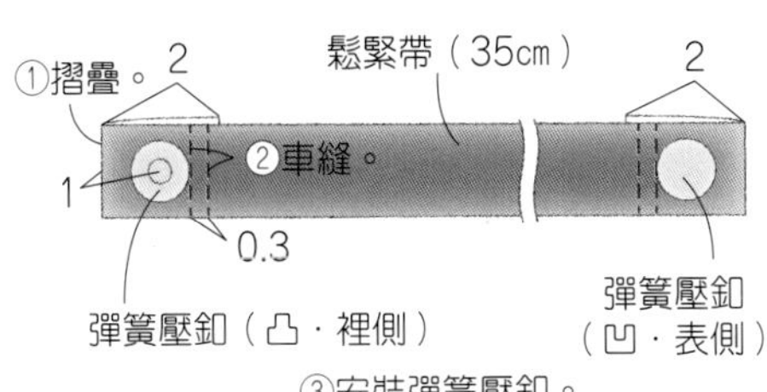

①摺疊。
2
鬆緊帶（35cm）
2
1
②車縫。
0.3
彈簧壓釦（凸・裡側）
彈簧壓釦（凹・表側）
③安裝彈簧壓釦。

完成尺寸

寬21×長12×側身5cm

原寸紙型

C面

材料

表布（粗花呢）50cm×60cm
裡布（沙典布）50cm×35cm
接著襯（薄）50cm×60cm／**接著襯**（極厚）50cm×35cm
問號鉤 15mm 2個／**D型環** 15mm 2個
方形轉鎖（寬30mm×17mm）1組

P.21_ No.33

轉鎖手提包

3.製作裡本體

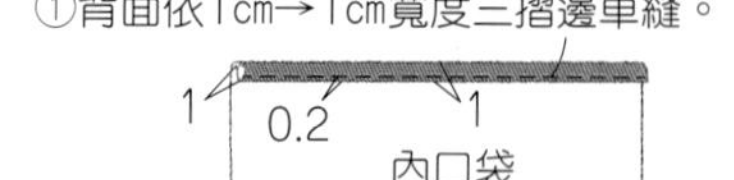

①背面依1cm→1cm寬度三摺邊車縫。
1
0.2
1
內口袋
（背面）

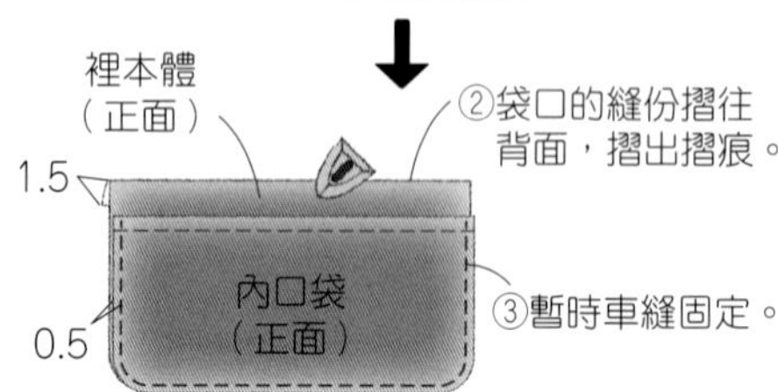

裡本體
（正面）
②袋口的縫份摺往背面，摺出摺痕。
1.5
內口袋
（正面）
③暫時車縫固定。
0.5

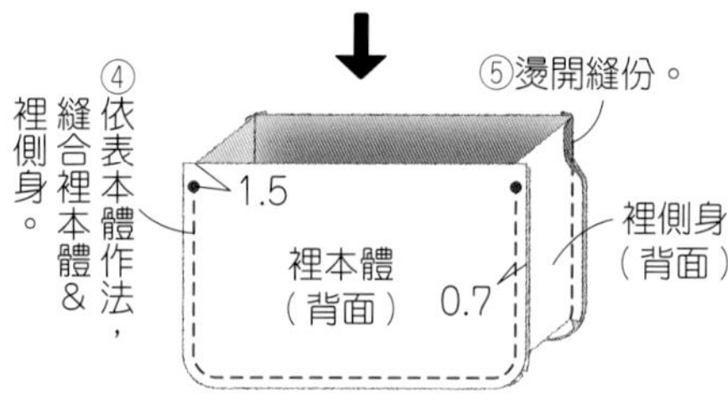

④依表本體作法，縫合裡本體&裡側身。
⑤燙開縫份。
1.5
裡本體
（背面）
0.7
裡側身
（背面）

4.套疊表本體&裡本體

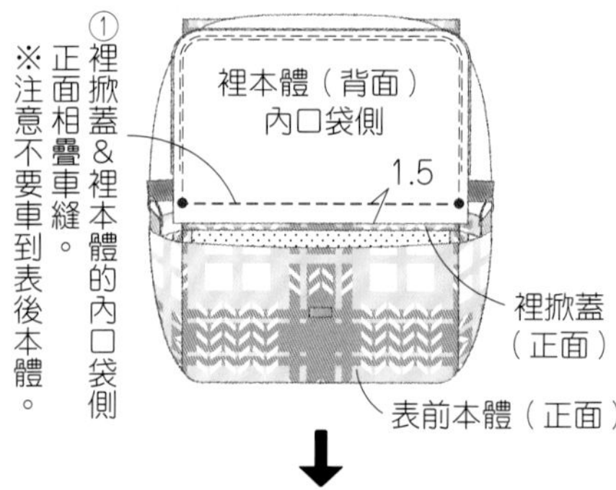

①裡掀蓋&裡本體的內口袋側正面相疊車縫。
※注意不要車到表後本體。
裡本體（背面）
內口袋側
1.5
裡掀蓋
（正面）
表前本體（正面）

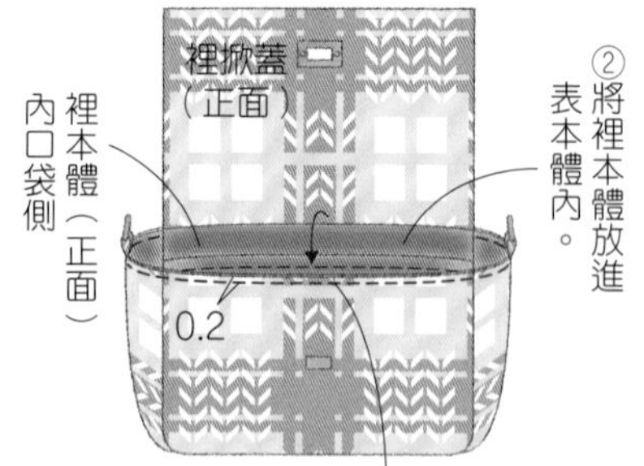

裡掀蓋
（正面）
裡本體（正面）
內口袋側
②將裡本體放進表本體內。
0.2

③表．裡本體的袋口縫份各自摺往背面，對齊車縫。

5.完成

①裝上提把。
表掀蓋
（正面）

2.製作表本體

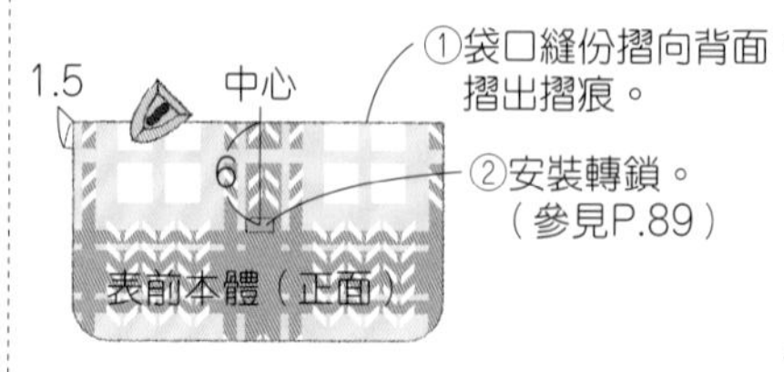

1.5
中心
①袋口縫份摺向背面，摺出摺痕。
6
②安裝轉鎖。
（參見P.89）
表前本體（正面）
1.5
表側身（正面）
③兩端摺向背面，摺出摺痕。

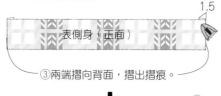

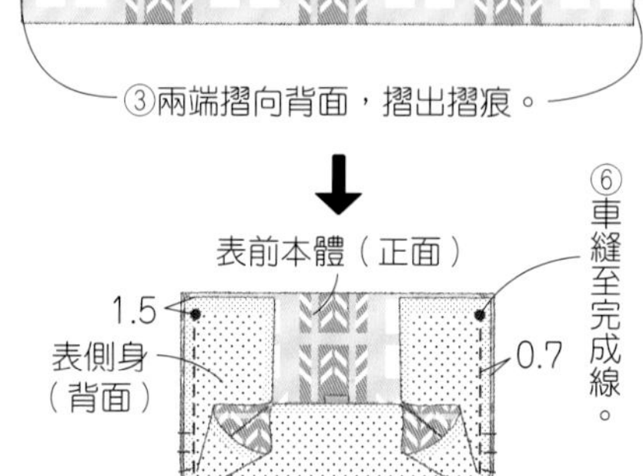

表前本體（正面）
⑥車縫至完成線。
1.5
表側身
（背面）
0.7
中心
④對齊表側身&表前本體的合印。
⑤於圓弧處縫份剪牙口。

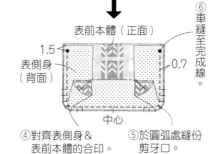

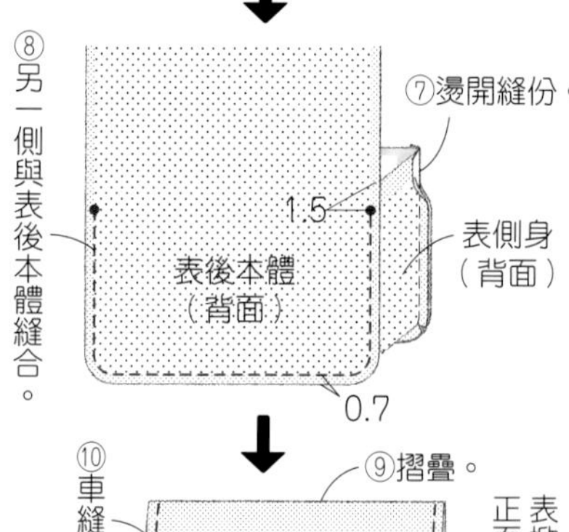

⑧另一側與表後本體縫合。
⑦燙開縫份。
1.5
表後本體
（背面）
表側身
（背面）
0.7

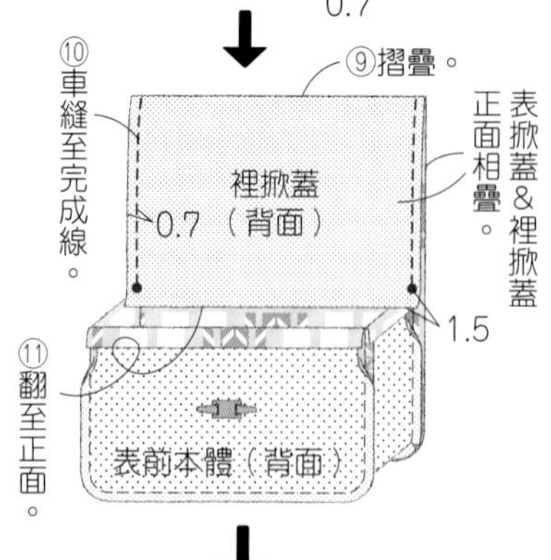

⑨摺疊。
⑩車縫至完成線。
表掀蓋&裡掀蓋正面相疊。
裡掀蓋
（背面）
0.7
1.5
⑪翻至正面。
表前本體（背面）

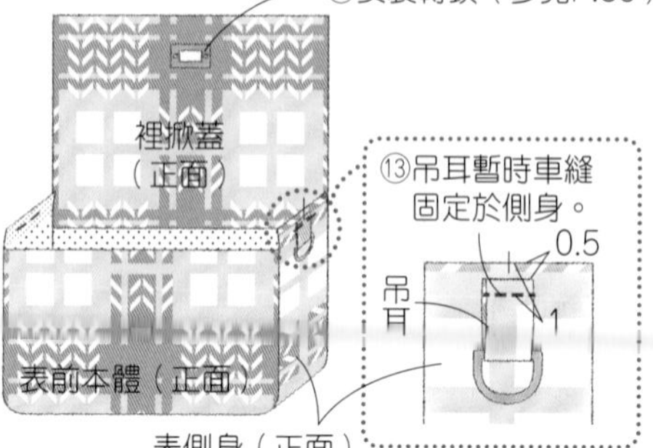

⑫安裝轉鎖（參見P.89）。
裡掀蓋
（正面）
⑬吊耳暫時車縫固定於側身。
0.5
吊耳
1
表前本體（正面）
表側身（正面）

裁布圖

※提把&吊耳無原寸紙型，請依標示尺寸（已含縫份）直接裁剪。
※ ▭ 處需於背面燙貼薄接著襯（表布所有部件）。
※ ▭ 處需於薄接著襯上再燙貼極厚接著襯。

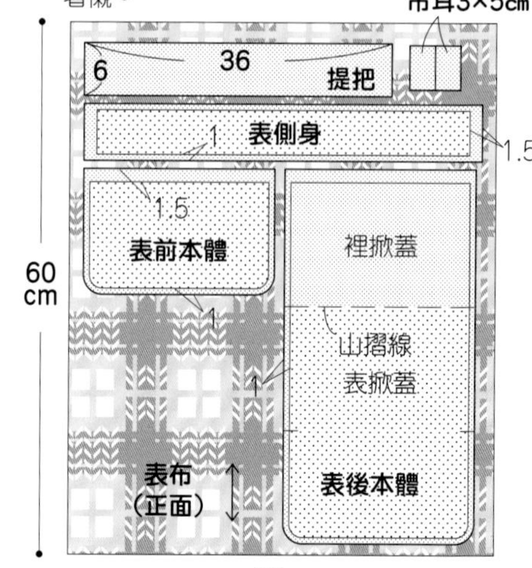

吊耳3×5cm
6
36
提把
1
表側身
1.5
1.5
表前本體
裡掀蓋
1
山摺線
表掀蓋
60
cm
表布
（正面）
表後本體
50cm

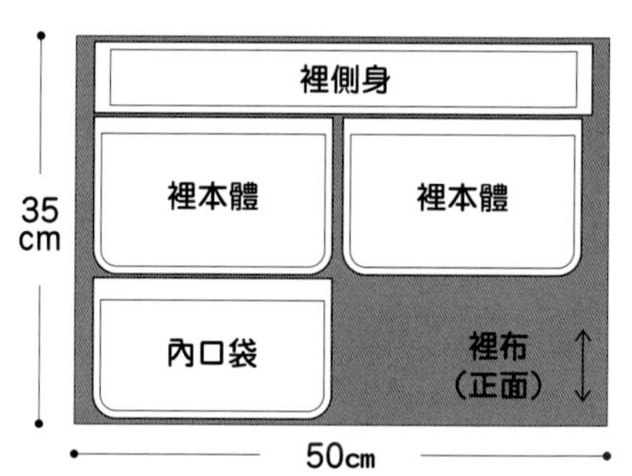

裡側身
35
cm
裡本體
裡本體
內口袋
裡布
（正面）
50cm

1.製作吊耳&提把

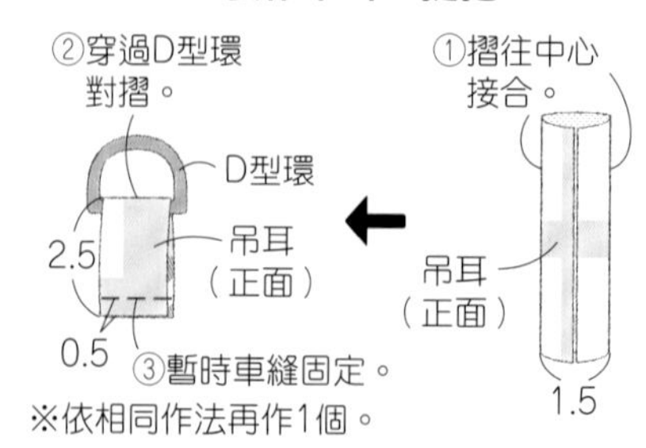

②穿過D型環對摺。
D型環
2.5
吊耳
（正面）
0.5
③暫時車縫固定。
①摺往中心接合。
吊耳
（正面）
1.5

※依相同作法再作1個。

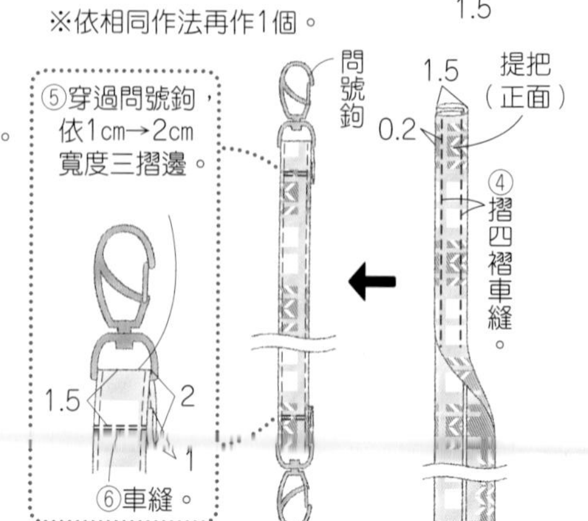

⑤穿過問號鉤，依1cm→2cm寬度三摺邊。
問號鉤
1.5
2
1
⑥車縫。
1.5
提把
（正面）
0.2
④摺四摺車縫。

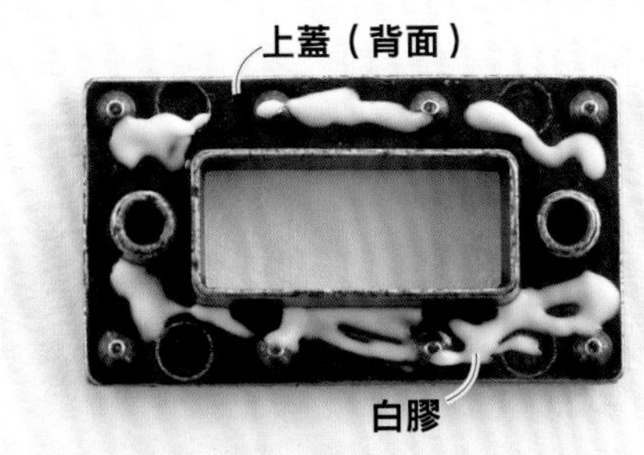
上蓋（背面）
白膠
④在上蓋背面塗抹白膠。

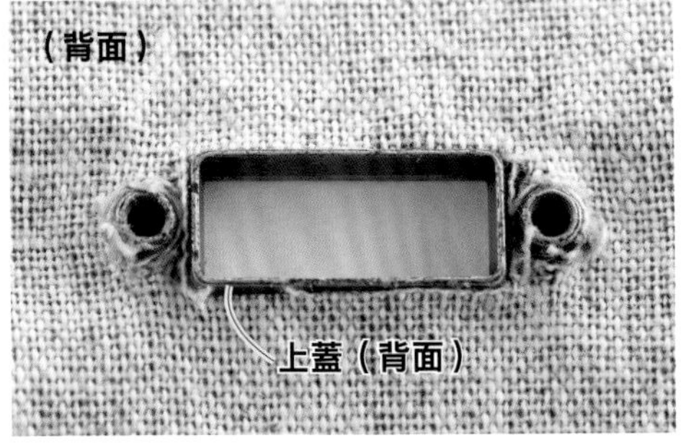
（背面）
上蓋（背面）
⑤由正面將上蓋插入③剪開的洞。

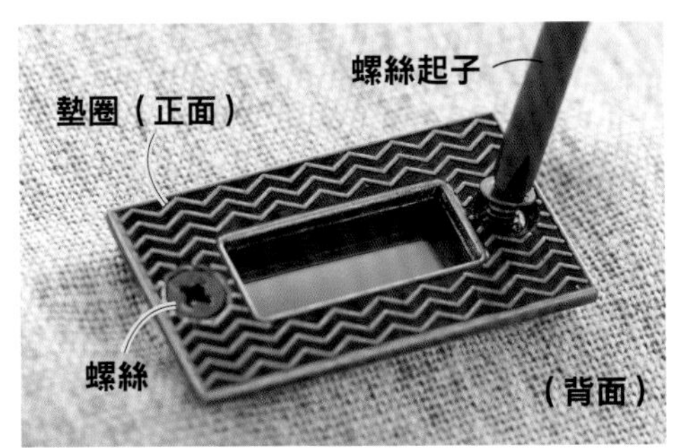
螺絲起子
墊圈（正面）
螺絲
（背面）
⑥墊圈正面（圖案側）朝上，覆蓋上蓋＆插入螺絲，以螺絲起子栓緊。

螺絲
墊圈（正面）
背面

上蓋（正面）
正面

⑦覆蓋側安裝完成。

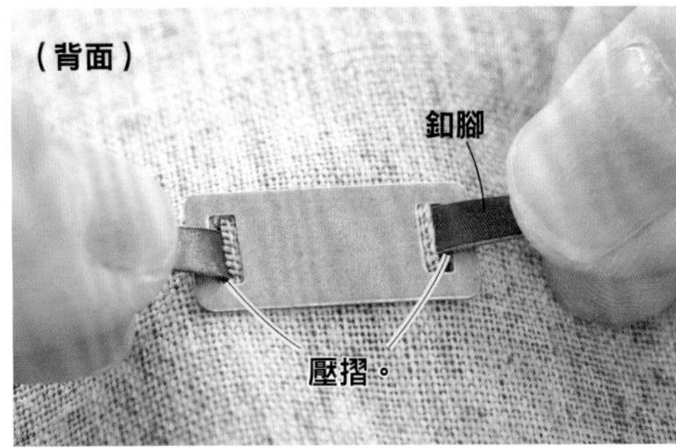
（背面）
釦腳
壓摺。
⑤將釦腳摺往左右側。

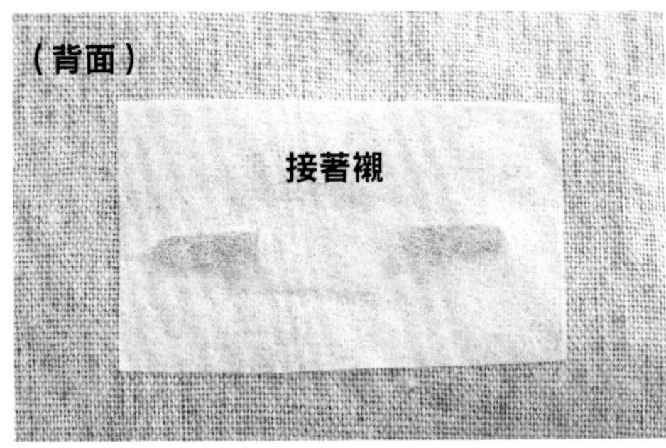
（背面）
接著襯
⑥取免燙貼襯或餘布，以雙面膠覆蓋黏合於釦腳上。

2. 安裝覆蓋側（袋蓋）

（正面）
螺絲孔
墊圈（覆蓋側）
①將墊圈（覆蓋側）置於掀蓋的安裝位置，畫出內圍四邊形＆螺絲孔的位置記號。

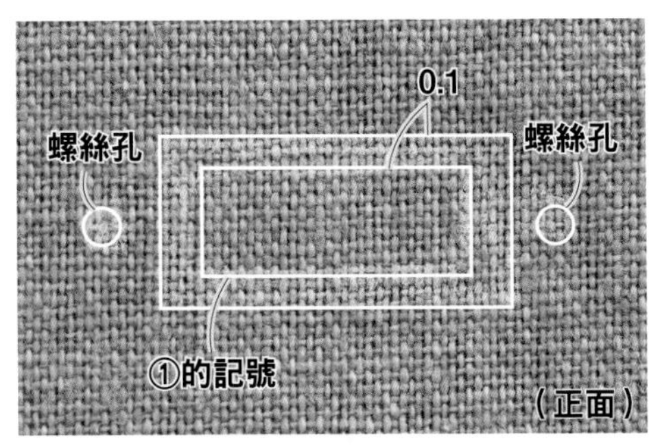
0.1
螺絲孔
螺絲孔
①的記號
（正面）
②在記號向外0.1cm的外圍畫線。

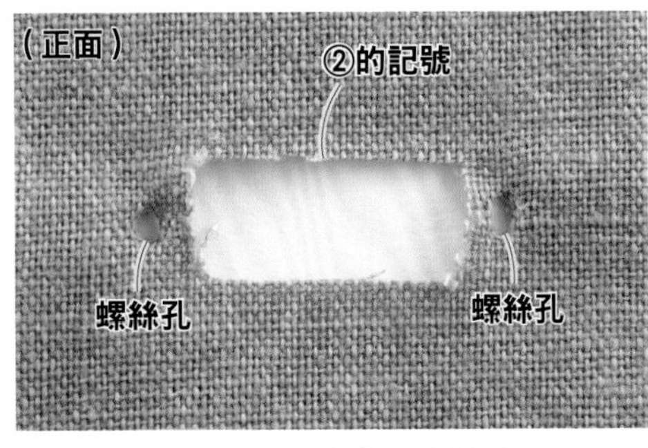
（正面）
②的記號
螺絲孔
螺絲孔
③以錐子鑽出螺絲孔，再沿②的記號剪空。

轉鎖安裝方式

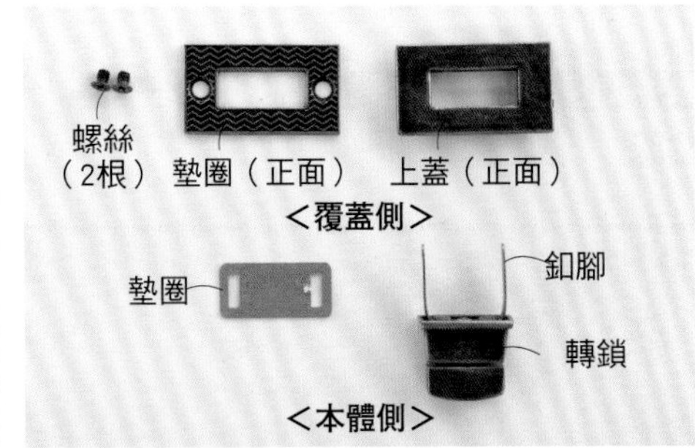
螺絲
（2根）
墊圈（正面）
上蓋（正面）
<覆蓋側>
墊圈
釦腳
轉鎖
<本體側>
轉鎖

1. 安裝本體側

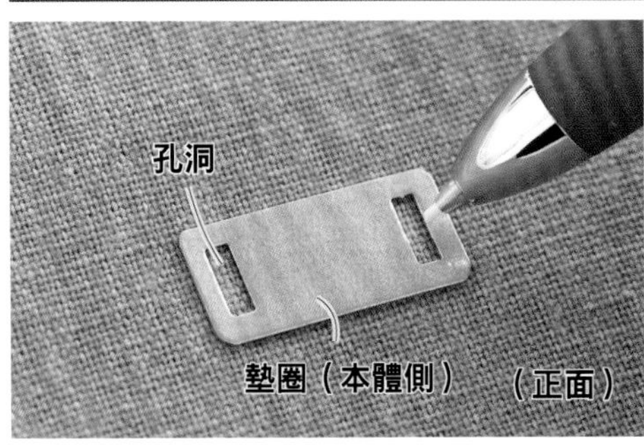
孔洞
墊圈（本體側）
（正面）
①將墊圈（本體側）置於本體的安裝位置，在開洞位置作記號。

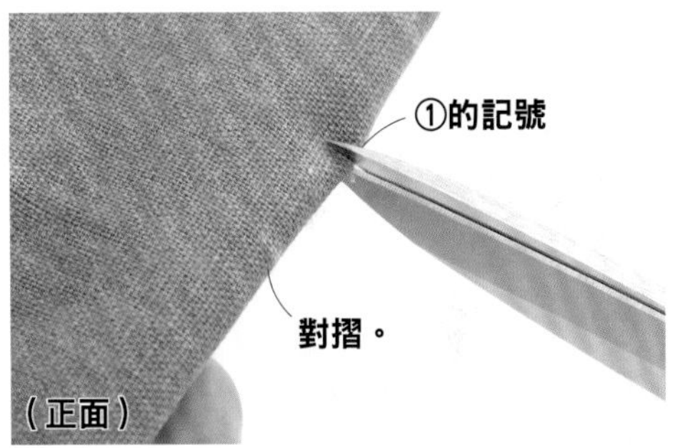
①的記號
對摺。
（正面）
②將①記號對摺，剪切口。

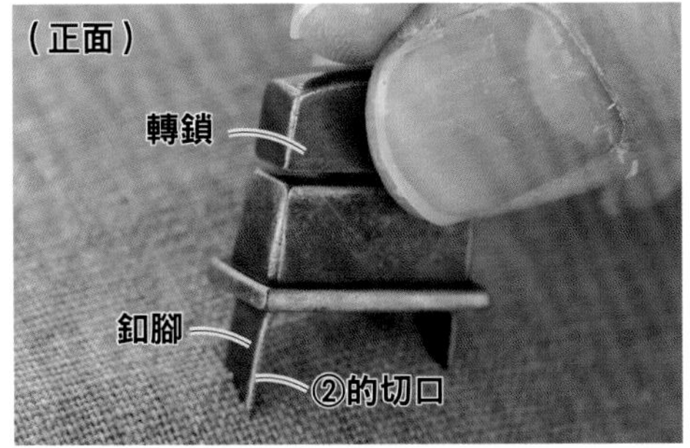
（正面）
轉鎖
釦腳
②的切口
③由本體的正面插入轉鎖的釦腳。

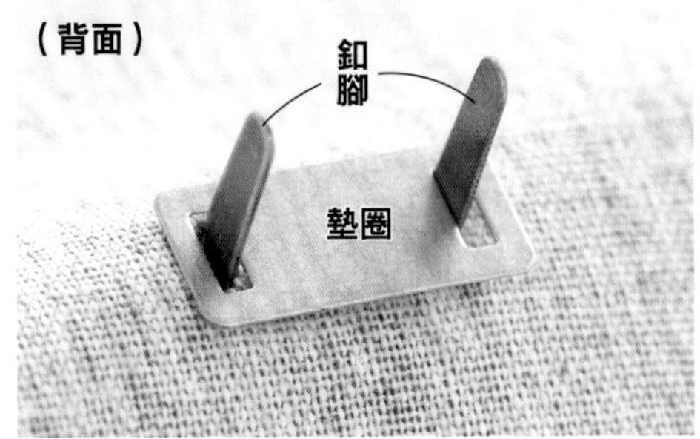
（背面）
釦腳
墊圈
④覆蓋上墊圈（本體側）。

完成尺寸	材料
寬38×長40×側身12cm	**表布**（尼龍牛津布）110cm×60cm **圓繩** 粗0.4cm 320cm
原寸紙型 **無**	

P.20 No.31

束口背包

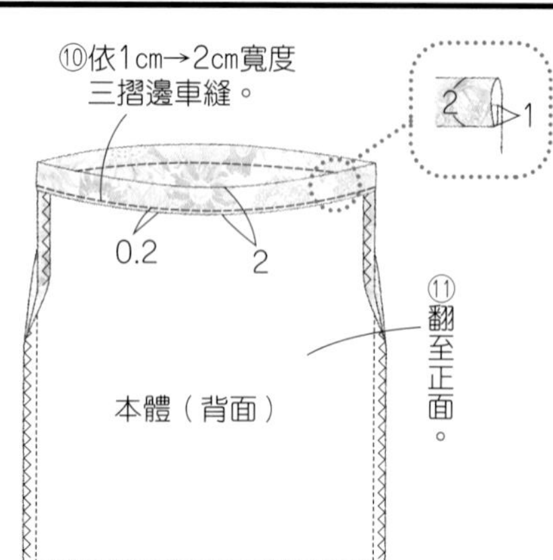

⑩依1cm→2cm寬度三摺邊車縫。
2
1
0.2
2
⑪翻至正面。
本體（背面）

3.接縫穿繩通道

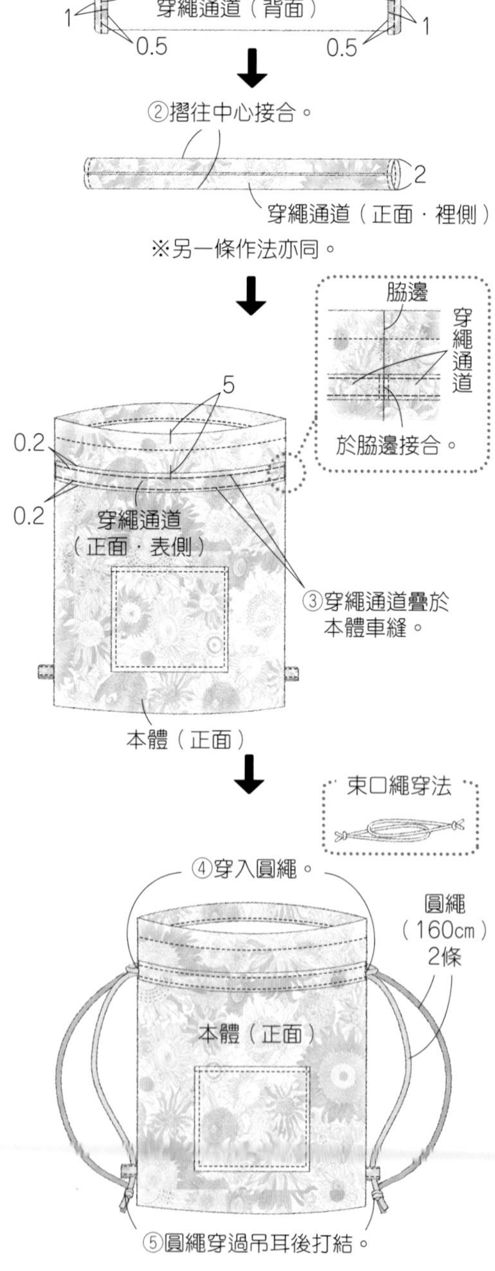

①兩脇邊摺往背面車縫。
穿繩通道（背面）
1
0.5
0.5
1
②摺往中心接合。
2
穿繩通道（正面・裡側）
※另一條作法亦同。
脇邊
穿繩通道
於脇邊接合。
5
0.2
0.2
穿繩通道（正面・表側）
③穿繩通道疊於本體車縫。
本體（正面）
束口繩穿法
④穿入圓繩。
圓繩（160cm）2條
本體（正面）
⑤圓繩穿過吊耳後打結。

2.製作本體

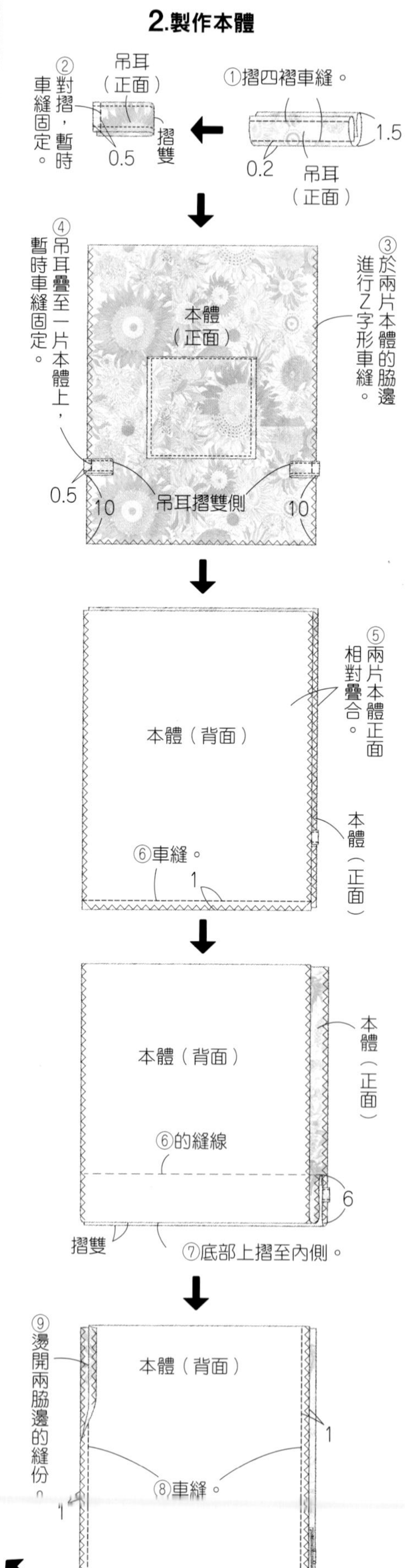

②對摺，暫時車縫固定。
吊耳（正面）
0.5
摺雙
①摺四褶車縫。
1.5
0.2
吊耳（正面）
④吊耳疊至一片本體上，暫時車縫固定。
③於兩片本體的脇邊進行Z字形車縫。
本體（正面）
0.5
10
吊耳摺雙側
10
⑤兩片本體正面相對疊合。
本體（背面）
本體（正面）
⑥車縫。
1
本體（背面）
本體（正面）
⑥的縫線
6
摺雙
⑦底部上摺至內側。
⑨邊開兩脇邊的縫份。
本體（背面）
1
⑧車縫。
1

裁布圖

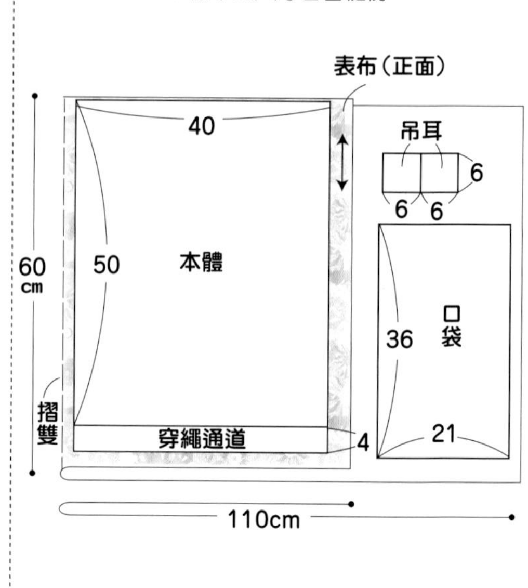

※標示的尺寸已含縫份。
表布（正面）
40
吊耳
6
6
6
60cm
50
本體
36
口袋
摺雙
穿繩通道
4
21
110cm

1.製作口袋

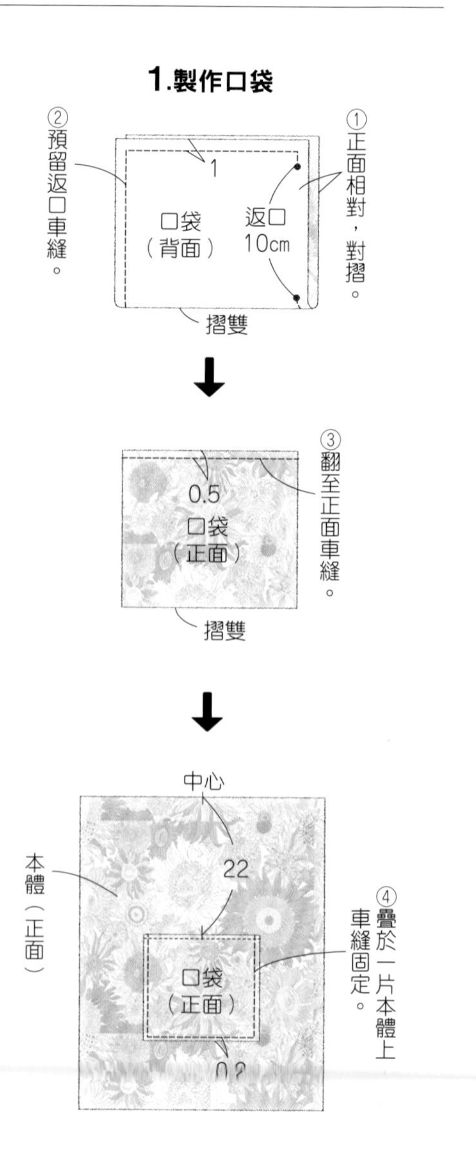

②預留返口車縫。
①正面相對，對摺。
1
口袋（背面）
返口10cm
摺雙
③翻至正面車縫。
0.5
口袋（正面）
摺雙
中心
22
本體（正面）
④疊於一片本體上車縫固定。
口袋（正面）
0.2

完成尺寸

寬40×長29×側身15cm

原寸紙型

C面

材料

表布（平織布）95cm×50cm／**裡布**（平織布）110cm×100cm

單膠鋪棉（厚）45×96cm

單膠鋪棉（薄）40cm×55cm／**接著襯**（中薄）15cm×50cm

FLATKNIT拉鍊 40cm 1條／**提把內芯** 粗9mm 70cm

P.26_ No.34 橢圓底托特包

裁布圖

※提把無原寸紙型，請依標示尺寸（已含縫份）直接裁剪。

※ ▒ 處需於背面燙貼接著襯。
□ 處需於背面燙貼厚單膠鋪棉。
□ 處需於背面燙貼薄單膠鋪棉。

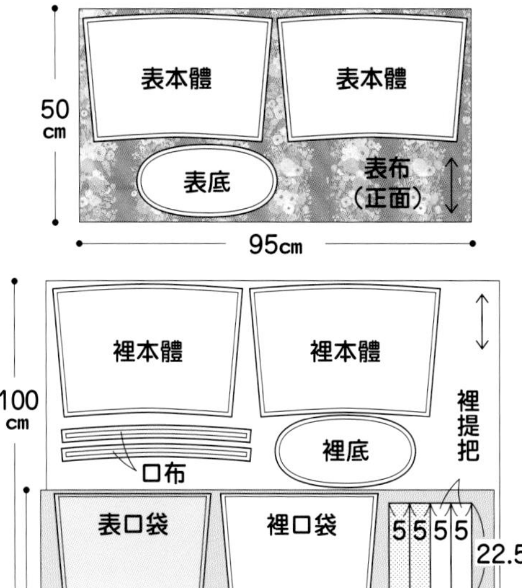

表本體
表本體
50cm
表底
表布（正面）
95cm
裡本體
裡本體
100cm
裡提把
口布
裡底
表口袋
裡口袋
5 5 5 5
22.5
摺雙
裡布（正面）
表提把
摺雙
110cm

1.製作提把

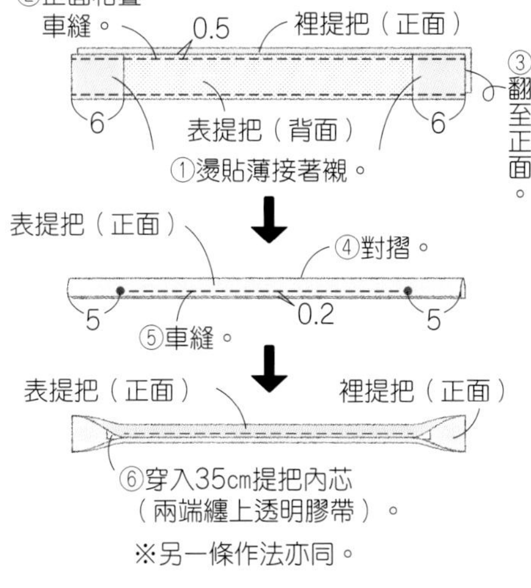

②正面相疊車縫。
0.5
裡提把（正面）
③翻至正面。
6
表提把（背面）
6
①燙貼薄接著襯。
表提把（正面）
④對摺。
5
0.2
5
⑤車縫。
表提把（正面）
裡提把（正面）
⑥穿入35cm提把內芯（兩端纏上透明膠帶）。
※另一條作法亦同。

2.製作表本體

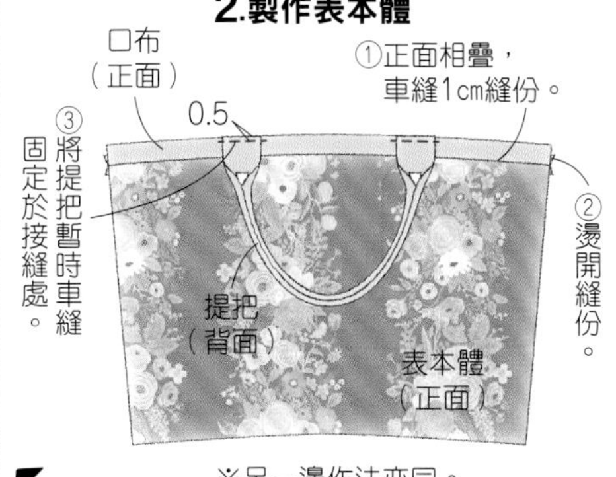

口布（正面）
①正面相疊，車縫1cm縫份。
0.5
③將提把暫時車縫固定於接縫處。
②燙開縫份。
提把（背面）
表本體（正面）
※另一邊作法亦同。

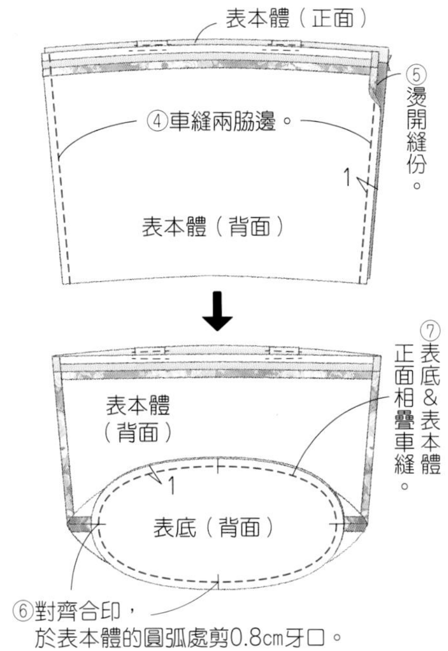

表本體（正面）
⑤燙開縫份。
④車縫兩脇邊。
1
表本體（背面）
⑦表底&表本體正面相疊車縫。
表本體（背面）
1
表底（背面）
⑥對齊合印，於表本體的圓弧處剪0.8cm牙口。

3.製作口袋

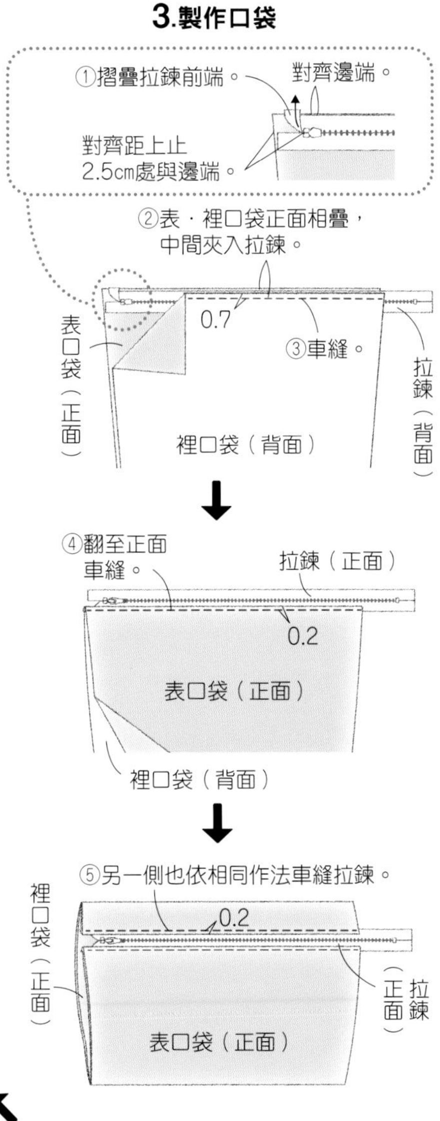

①摺疊拉鍊前端。
對齊邊端。
對齊距上止2.5cm處與邊端。
②表．裡口袋正面相疊，中間夾入拉鍊。
表口袋（正面）
0.7
③車縫。
拉鍊（背面）
裡口袋（背面）
④翻至正面車縫。
拉鍊（正面）
0.2
表口袋（正面）
裡口袋（背面）
⑤另一側也依相同作法車縫拉鍊。
裡口袋（正面）
0.2
拉鍊（正面）
表口袋（正面）

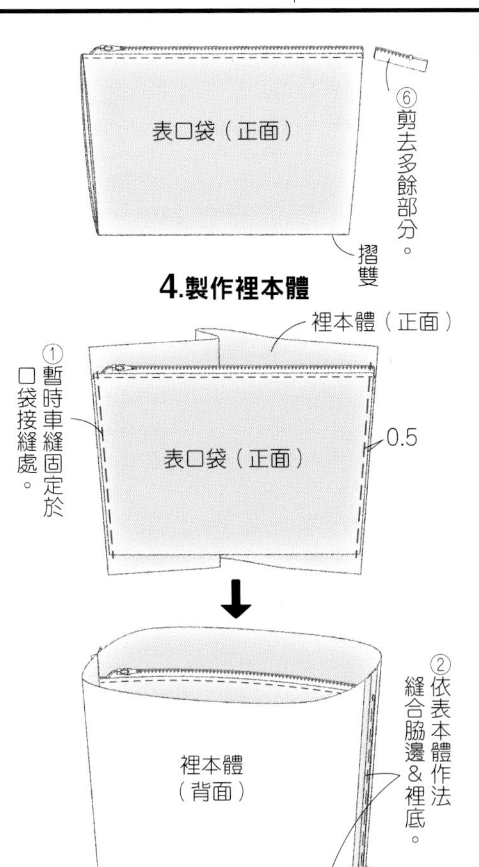

表口袋（正面）
⑥剪去多餘部分。
摺雙

4.製作裡本體

裡本體（正面）
①暫時車縫固定於口袋接縫處。
表口袋（正面）
0.5
②依表本體作法縫合脇邊&裡底。
裡本體（背面）
返口15cm
1

5.套疊表本體&裡本體

①表本體翻至正面，再放進裡本體內。

表本體（背面）

對齊脇邊&中心。

1

②車縫。

裡本體（背面）

③翻至正面。

④沿口布&表本體邊緣落針壓線。

表本體（背面）

⑤止縫。

裡底（背面）

從返口拉出底部縫份，對齊脇邊線，將表底與裡底的縫份止縫固定。

表本體（正面）

⑥縫合返口。

完成尺寸

寬30×長20cm

原寸紙型

無

材料

表布（平織布）35cm×60cm
配布（平織布）55cm×55cm
裡布（平織布）35cm×60cm
單膠鋪棉（薄）35cm×60cm
按釦 1.5cm 1組／**鈕釦** 2.5cm 1顆

P.26_No.

35 平板收納包

滾邊斜布條作法

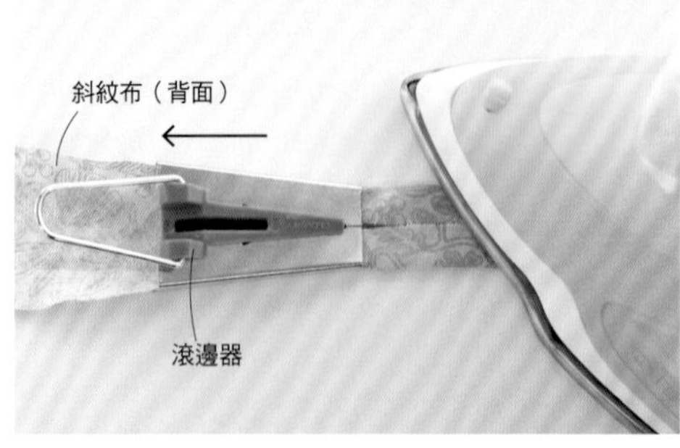

斜紋布（背面）
滾邊器

①將斜紋布穿入滾邊器，滾邊器往左拉，燙壓布條摺痕。

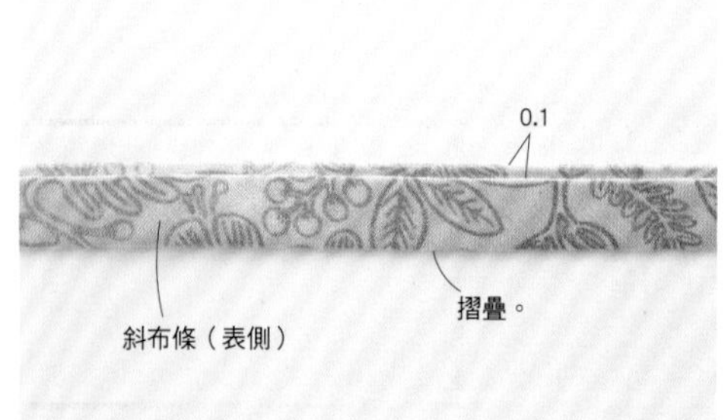

0.1
摺疊。
斜布條（表側）

②錯開0.1cm摺疊，完成滾邊用斜布條。短少0.1cm的窄邊是表側。

邊角滾邊方式

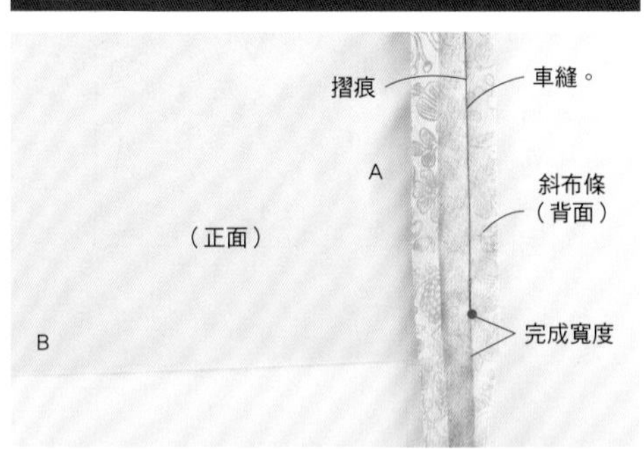

摺痕
車縫。
A
斜布條
（背面）
（正面）
完成寬度
B

①展開斜布條表側（寬度較窄的一側）的摺痕，將布邊對齊第一個邊（A側），在摺痕上車縫。邊角處，預留斜布條的完成寬度不縫。

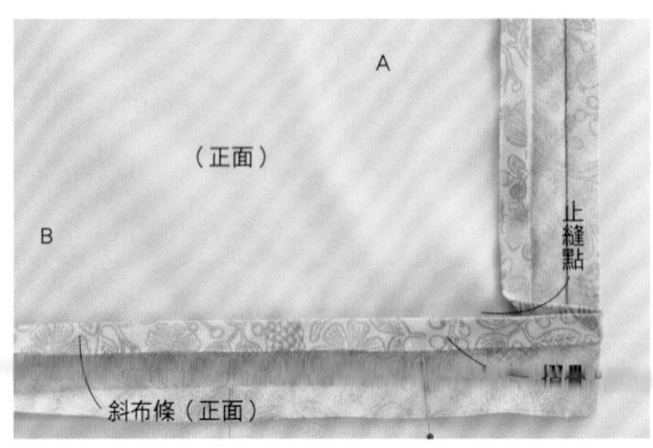

A
（正面）
B
止縫點
摺疊
斜布條（正面）

②從止縫點開始疊放於下一個邊（B側），如圖摺疊。

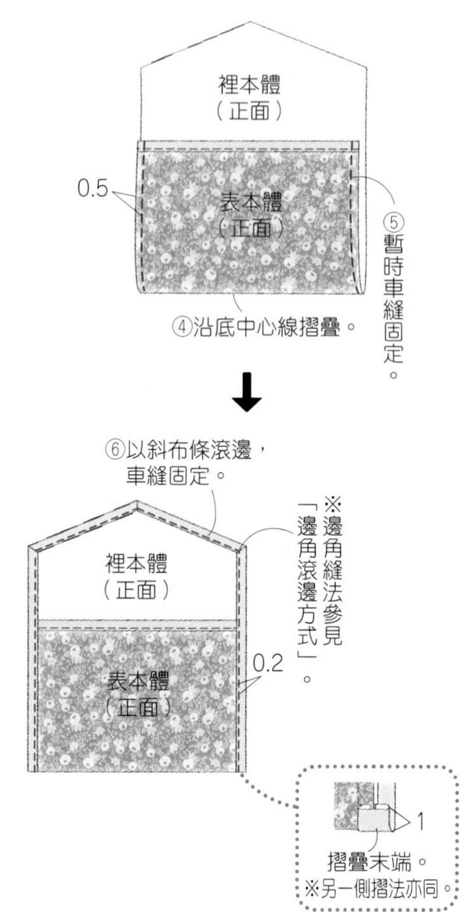

裡本體
（正面）
0.5
表本體
（正面）
⑤暫時車縫固定。
④沿底中心線摺疊。
⑥以斜布條滾邊，
車縫固定。
※邊角縫法參見「邊角滾邊方式」。
裡本體
（正面）
0.2
表本體
（正面）
1
摺疊末端。
※另一側摺法亦同。

2.縫上按釦＆鈕釦

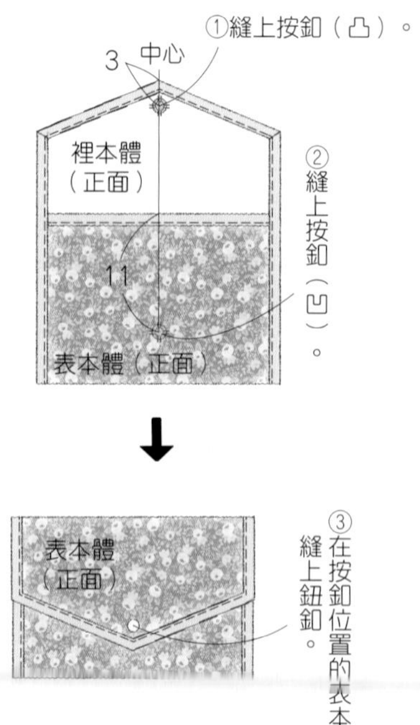

①縫上按釦（凸）。
3
中心
裡本體
（正面）
②縫上按釦（凹）。
11
表本體（正面）
表本體
（正面）
③在按釦位置的表本體側縫上鈕釦。

裁布圖

※標示的尺寸已含縫份。
※□處需於背面燙貼單膠鋪棉（僅表本體）。
※以配布裁剪寬5cm長180cm的斜紋布。

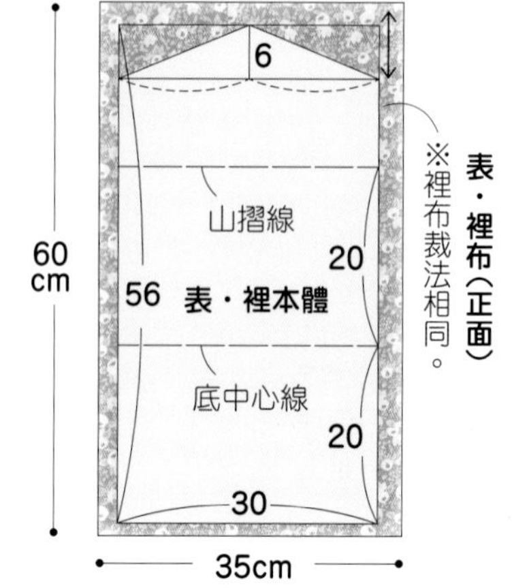

6
60
cm
56
山摺線
20
表・裡本體
底中心線
20
30
35cm
表・裡布（正面）
※裡布裁法相同。

1.製作本體

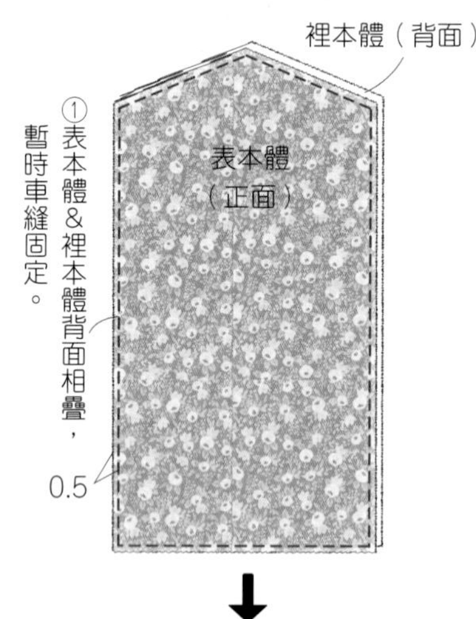

裡本體（背面）
表本體
（正面）
①表本體&裡本體背面相疊，暫時車縫固定。
0.5

②以斜紋布製作寬2.5cm的斜布條作為滾邊用（參見「滾邊斜布條作法」）。

表本體
（正面）
0.2
③以斜布條滾邊，
車縫固定。

（正面）
B
斜布條（背面）
珠針
對齊邊角。

③對齊邊角的布邊，以珠針固定B側。

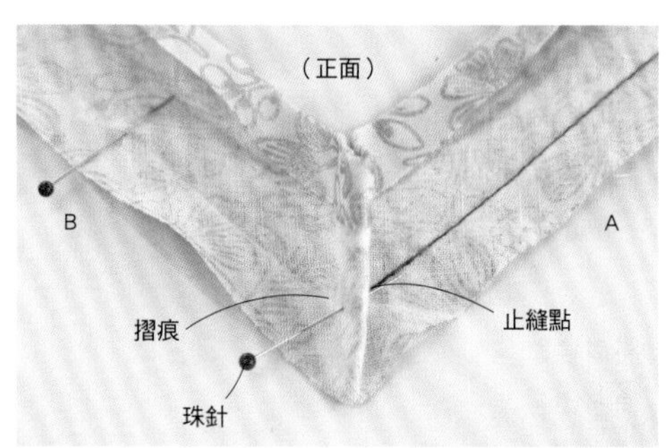
（正面）
B
A
摺痕
止縫點
珠針

④以珠針對齊摺痕＆止縫點。

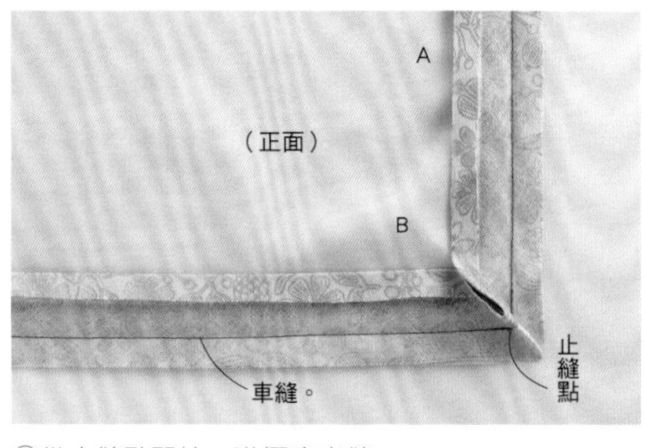
A
（正面）
B
車縫。
止縫點

⑤從止縫點開始，沿摺痕車縫。

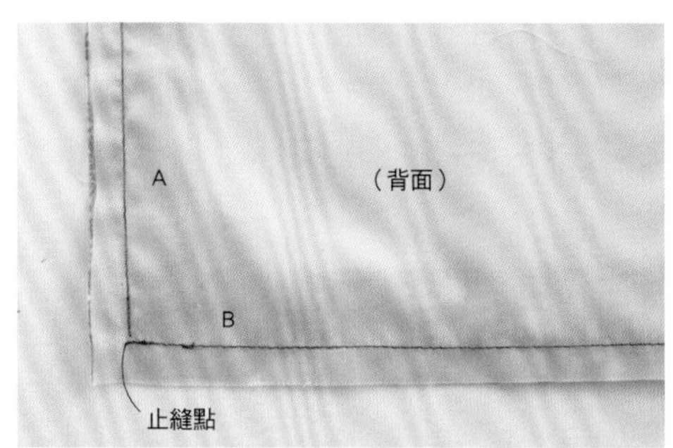
A
（背面）
B
止縫點

⑥從背面看，止縫點的邊角工整對齊。

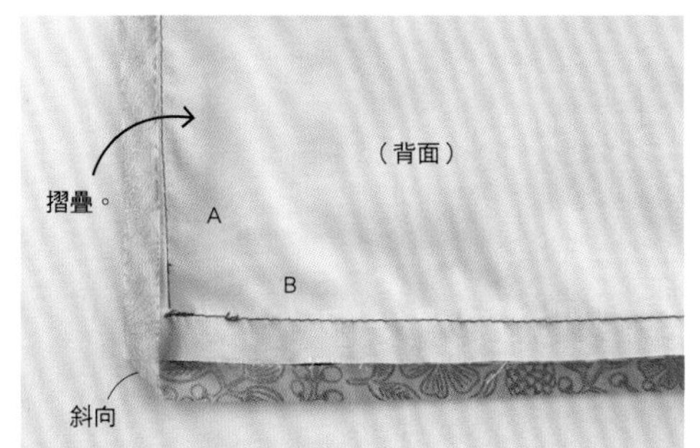
摺疊。
（背面）
A
B
斜向

⑦翻至背面，重新摺疊A側摺痕包捲縫份。下端邊角處斜摺。

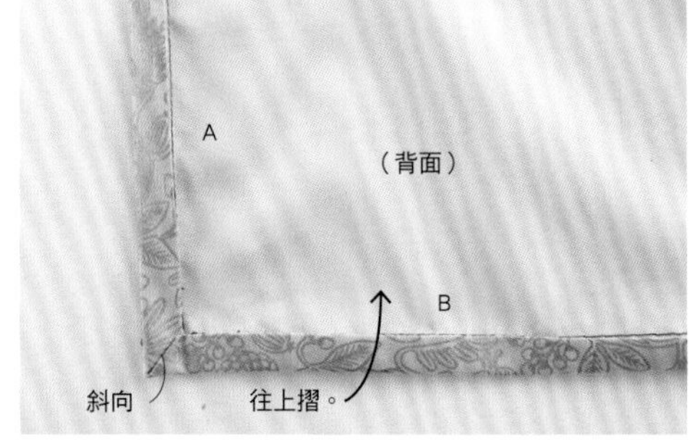
A
（背面）
B
斜向
往上摺。

⑧將B側往上摺，使邊角的斜布條工整接合。車縫或藏針縫固定斜布條。

P.17_ No.26

抽取式面紙套

完成尺寸

寬12.5×長20×側身6㎝

原寸紙型

無

材料

表布（橫紋織布料）40㎝×40㎝

配布（棉布） 15㎝×15㎝

鈕釦 2.5㎝ 1顆／**按釦** 1.2㎝ 1組

手縫繡線

1.裁布

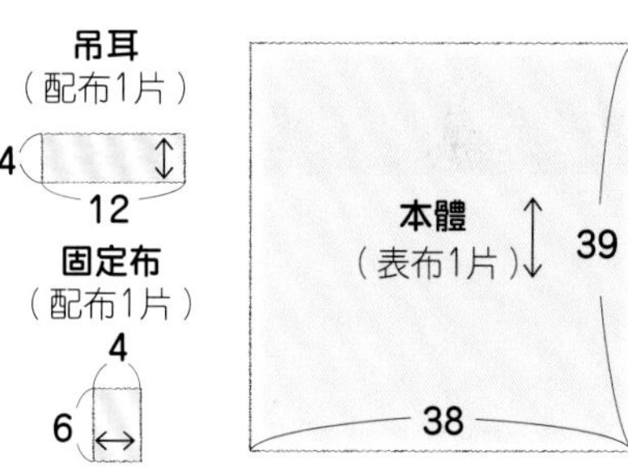
吊耳
（配布1片）
4
12
固定布
（配布1片）
4
6
本體
（表布1片）
39
38

※標示的尺寸已含縫份。

2.製作吊耳＆固定布

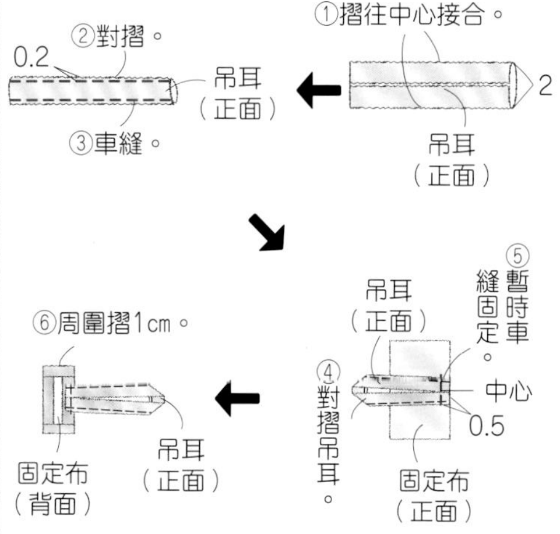
①摺往中心接合。
2
吊耳
（正面）
②對摺。
0.2
吊耳
（正面）
③車縫。
⑤暫時車縫固定。
吊耳
（正面）
④對摺吊耳。
中心
0.5
固定布
（正面）
⑥周圍摺1㎝。
固定布
（背面）
吊耳
（正面）

3.製作本體

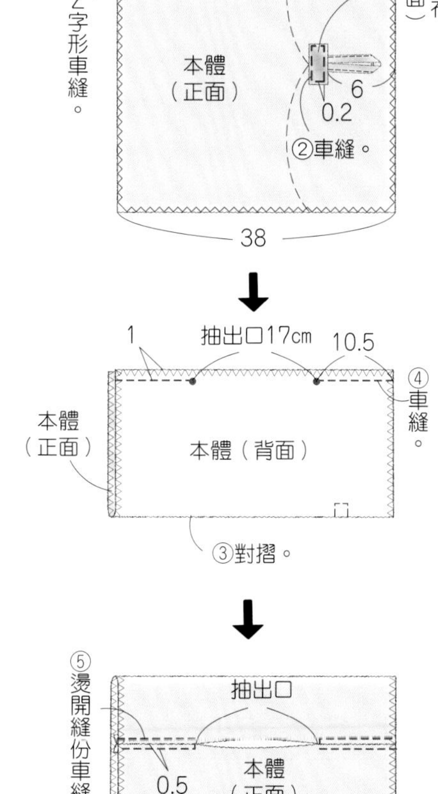
①Z字形車縫。
固定布
（正面）
本體
（正面）
6
0.2
②車縫。
38
1
抽出口17㎝
10.5
④車縫。
本體
（正面）
本體（背面）
③對摺。
⑤邊開縫份車縫。
抽出口
0.5
本體
（正面）

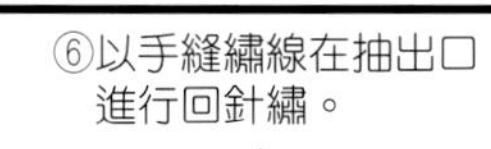
⑥以手縫繡線在抽出口
進行回針繡。

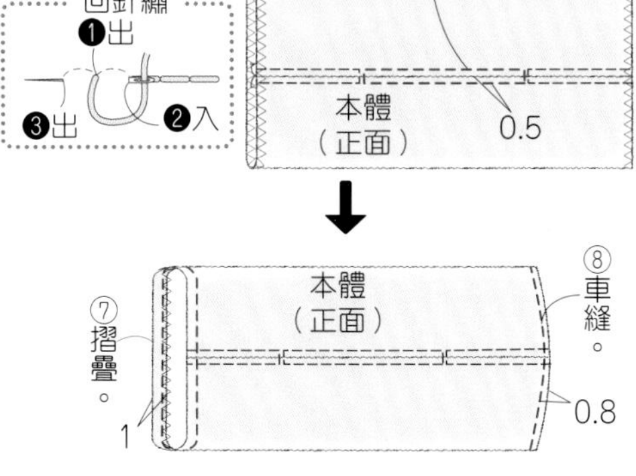
回針繡
❶出
❷入
❸出
本體
（正面）
0.5
本體
（正面）
⑦摺疊。
1
⑧車縫。
0.8

4.完成

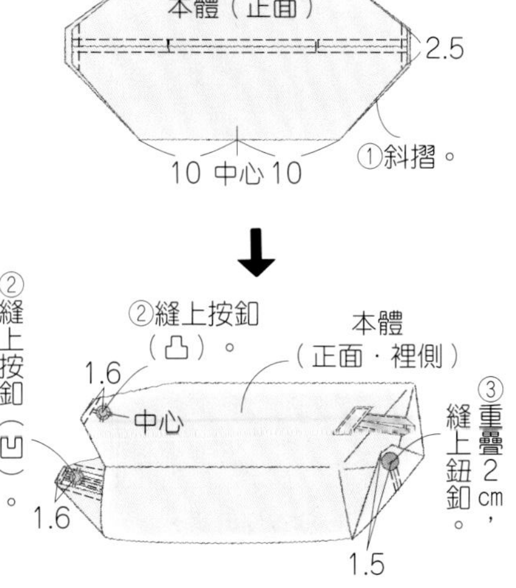
本體（正面）
2.5
10 中心 10
①斜摺。
②縫上按釦（凹）。
②縫上按釦（凸）。
1.6
中心
本體
（正面・裡側）
③重疊2㎝，縫上鈕釦。
1.6
1.5

完成尺寸

寬40×長37×側身18cm

原寸紙型

無

材料（■…No.42・■…共用）

表布（尼龍布）142cm×150cm

配布（尼龍布）142cm×60cm

D型環 40mm 2個

固定釦 6mm 4組

尼龍拉鍊 60cm 1條

P.33_No.42 尼龍托特包（拉鍊型）
P.33_No.43 尼龍托特包（束口型）

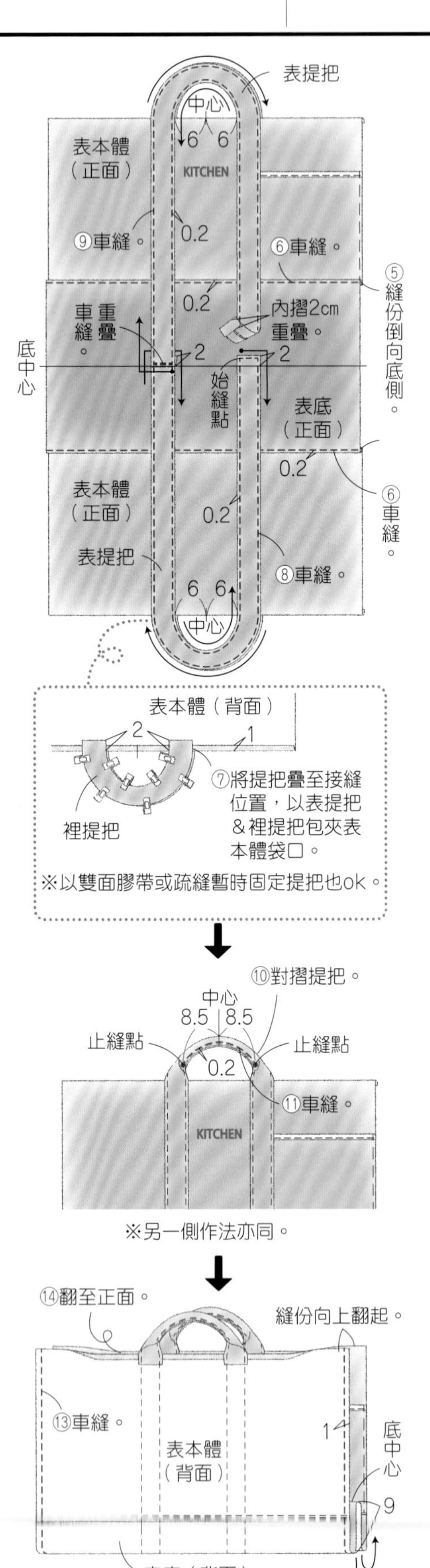

表提把
中心
6 6
表本體（正面）
KITCHEN
⑨車縫。
0.2
⑥車縫。
⑤縫份倒向底側。
車縫重疊。
0.2
內摺2cm重疊。
2
2
底中心
始縫點
表底（正面）
0.2
⑥車縫。
表本體（正面）
0.2
表提把
⑧車縫。
6 6
中心
表本體（背面）
2
1
⑦將提把疊至接縫位置，以表提把&裡提把包夾表本體袋口。
裡提把
※以雙面膠帶或疏縫暫時固定提把也ok。
⑩對摺提把。
中心
8.5 8.5
止縫點
止縫點
0.2
⑪車縫。
KITCHEN
※另一側作法亦同。
⑭翻至正面。
縫份向上翻起。
⑬車縫。
表本體（背面）
1
底中心
9
表底（背面）
⑫摺疊。

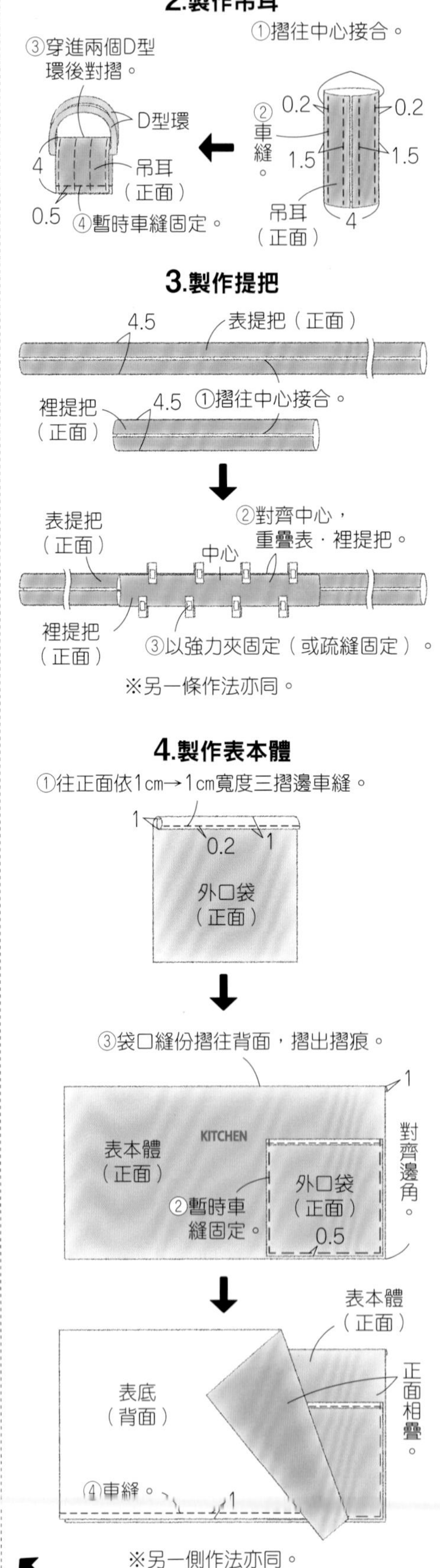

2.製作吊耳
①摺往中心接合。
③穿進兩個D型環後對摺。
D型環
②車縫。
0.2
0.2
1.5
1.5
4
吊耳（正面）
0.5
④暫時車縫固定。
吊耳（正面）
4
3.製作提把
4.5
表提把（正面）
裡提把（正面）
4.5
①摺往中心接合。
表提把（正面）
②對齊中心，重疊表・裡提把。
中心
裡提把（正面）
③以強力夾固定（或疏縫固定）。
※另一條作法亦同。
4.製作表本體
①往正面依1cm→1cm寬度三摺邊車縫。
1
0.2
1
外口袋（正面）
③袋口縫份摺往背面，摺出摺痕。
1
表本體（正面）
KITCHEN
②暫時車縫固定。
外口袋（正面）
0.5
對齊邊角。
表本體（正面）
表底（背面）
正面相疊。
④車縫。
1
※另一側作法亦同。

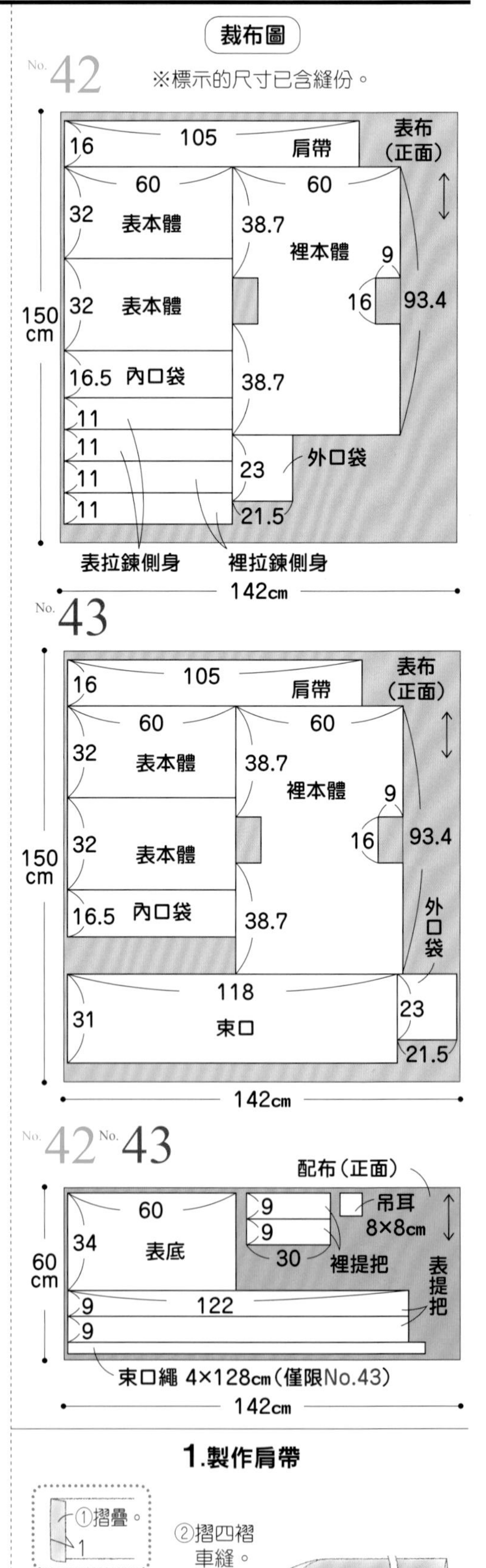

裁布圖
No.42
※標示的尺寸已含縫份。
表布（正面）
16
105
肩帶
60
60
32
表本體
38.7
裡本體
9
150cm
32
表本體
16
93.4
16.5
內口袋
38.7
11
11
11
11
外口袋
23
21.5
表拉鍊側身
裡拉鍊側身
142cm
No.43
表布（正面）
16
105
肩帶
60
60
32
表本體
38.7
裡本體
9
150cm
32
表本體
16
93.4
16.5
內口袋
38.7
外口袋
118
31
束口
23
21.5
142cm
No.42 No.43
配布（正面）
60
9
吊耳 8×8cm
9
34
表底
30
裡提把
60cm
表提把
9
122
9
束口繩 4×128cm（僅限No.43）
142cm
1.製作肩帶
①摺疊。
1
②摺四褶車縫。
4
0.2
肩帶（正面）

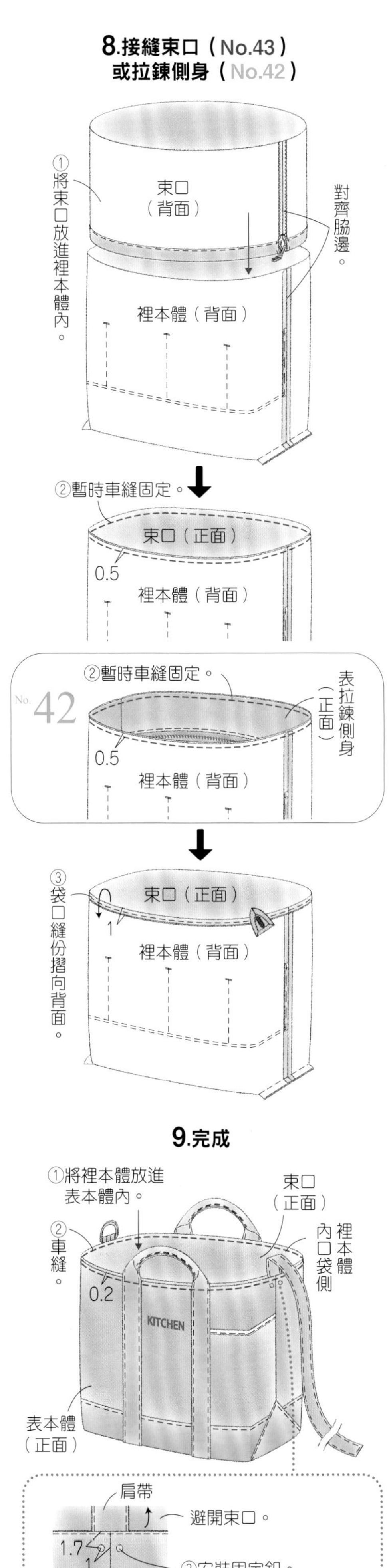
8.接縫束口（No.43）或拉鍊側身（No.42）
①將束口放進裡本體內。
束口（背面）
對齊脇邊。
裡本體（背面）
②暫時車縫固定。
束口（正面）
0.5
裡本體（背面）
No.42
②暫時車縫固定。
表拉鍊側身（正面）
0.5
裡本體（背面）
③袋口縫份摺向背面。
束口（正面）
1
裡本體（背面）
9.完成
①將裡本體放進表本體內。
束口（正面）
②車縫。
0.2
裡本體內口袋側
KITCHEN
表本體（正面）
肩帶
避開束口。
1.7
1
③安裝固定釦。
表本體（正面）
※另一側安裝方式亦同。

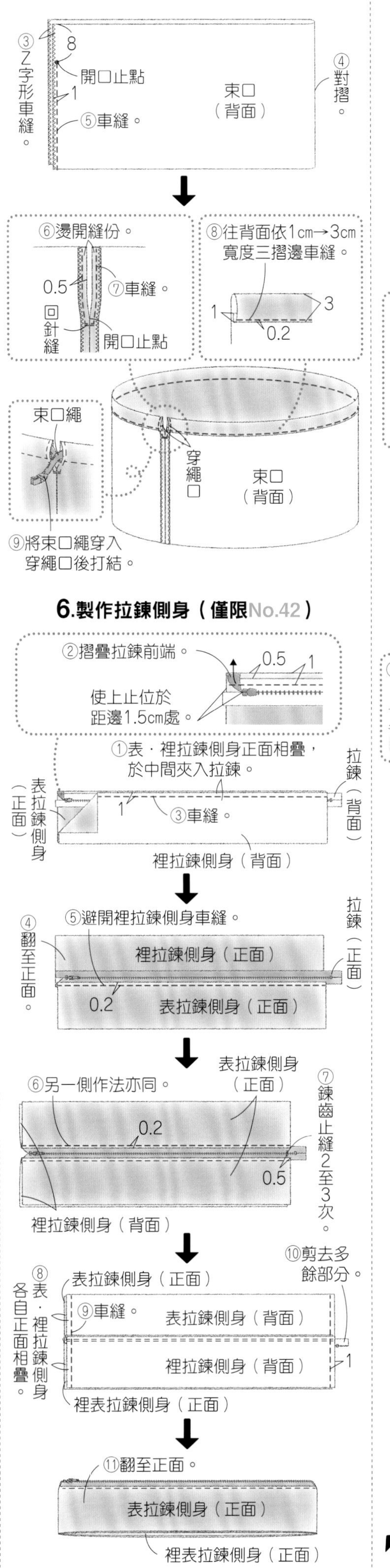
③Z字形車縫。
8
開口止點
1
⑤車縫。
束口（背面）
④對摺。
⑥燙開縫份。
0.5
⑦車縫。
回針縫
開口止點
⑧往背面依1cm→3cm寬度三摺邊車縫。
1
3
0.2
束口繩
穿繩口
束口（背面）
⑨將束口繩穿入穿繩口後打結。
6.製作拉鍊側身（僅限No.42）
②摺疊拉鍊前端。
0.5
1
使上止位於距邊1.5cm處。
①表．裡拉鍊側身正面相疊，於中間夾入拉鍊。
表拉鍊側身（正面）
1
③車縫。
拉鍊（背面）
裡拉鍊側身（背面）
④翻至正面。
⑤避開裡拉鍊側身車縫。
裡拉鍊側身（正面）
拉鍊（正面）
0.2
表拉鍊側身（正面）
⑥另一側作法亦同。
表拉鍊側身（正面）
⑦鍊齒止縫2至3次。
0.2
0.5
裡拉鍊側身（背面）
⑧表．裡拉鍊側身各自正面相疊。
表拉鍊側身（正面）
⑨車縫。
表拉鍊側身（背面）
⑩剪去多餘部分。
裡拉鍊側身（背面）
1
裡表拉鍊側身（正面）
⑪翻至正面。
表拉鍊側身（正面）
裡表拉鍊側身（正面）

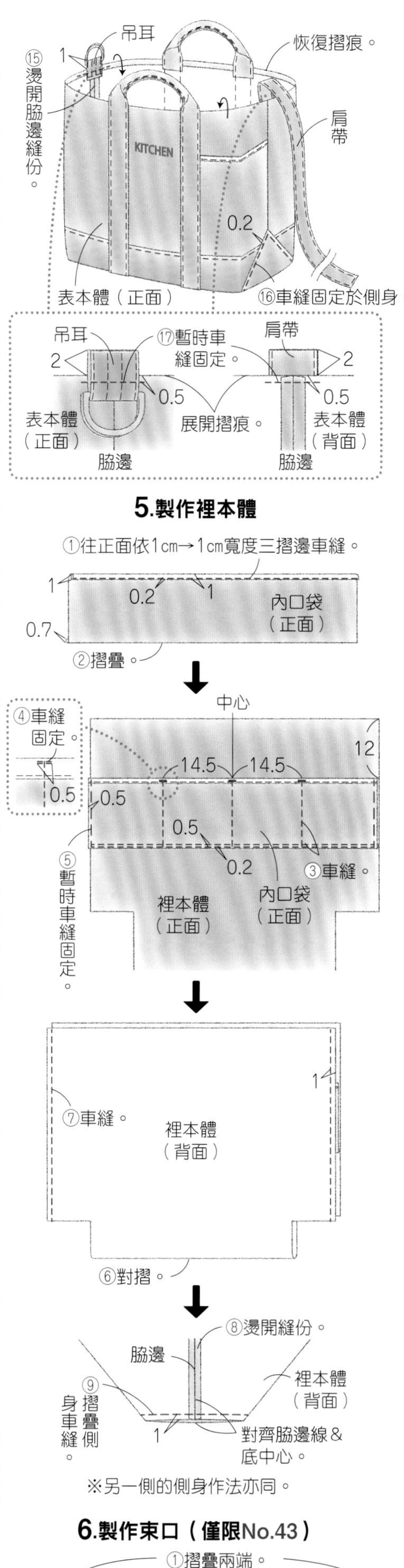
吊耳
恢復摺痕。
1
⑮燙開脇邊縫份。
KITCHEN
肩帶
0.2
表本體（正面）
⑯車縫固定於側身。
吊耳
⑰暫時車縫固定。
肩帶
2
0.5
表本體（正面）
展開摺痕。
表本體（背面）
脇邊
5.製作裡本體
①往正面依1cm→1cm寬度三摺邊車縫。
1
0.2
1
內口袋（正面）
0.7
②摺疊。
中心
④車縫固定。
12
14.5
14.5
0.5
0.5
0.5
0.2
③車縫。
⑤暫時車縫固定。
裡本體（正面）
內口袋（正面）
1
⑦車縫。
裡本體（背面）
⑥對摺。
⑧燙開縫份。
脇邊
裡本體（背面）
⑨摺疊側身車縫。
1
對齊脇邊線＆底中心。
※另一側的側身作法亦同。
6.製作束口（僅限No.43）
①摺疊兩端。
1
0.2
②摺四褶車縫。
束口繩（正面）
1

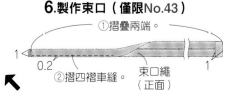

完成尺寸

寬21×長25×側身13cm

原寸紙型

A面

材料

表布（進口緹花布）140cm×40cm
裡布（棉布）110cm×40cm／**配布**（麻布）105cm×10cm
接著襯（swany soft）92cm×50cm
鋁管口金・方型（寬21cm 高9cm）1組
皮革提把（寬2cm 40cm）1組
皮標 1片／**皮革手縫線** 適量

P.28_ No.36

鋁管口金圓包

裁布圖

※□處需於背面燙貼接著襯。
（本體僅限表本體，側身僅限表側身）

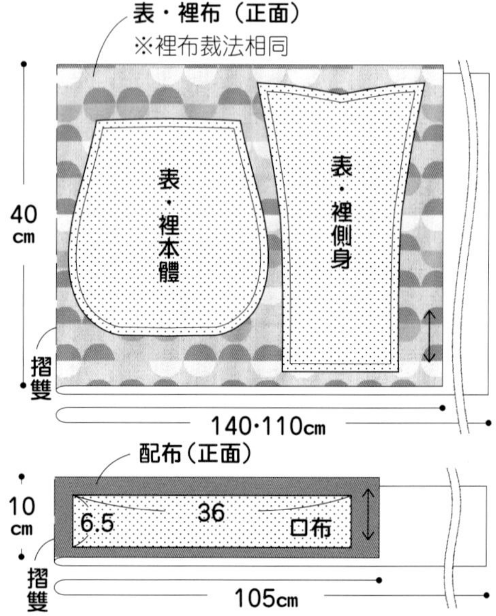

表・裡布（正面）
※裡布裁法相同
40cm
表・裡本體
表・裡側身
摺雙
140・110cm
配布（正面）
10cm
6.5
36
口布
摺雙
105cm

1.製作口布

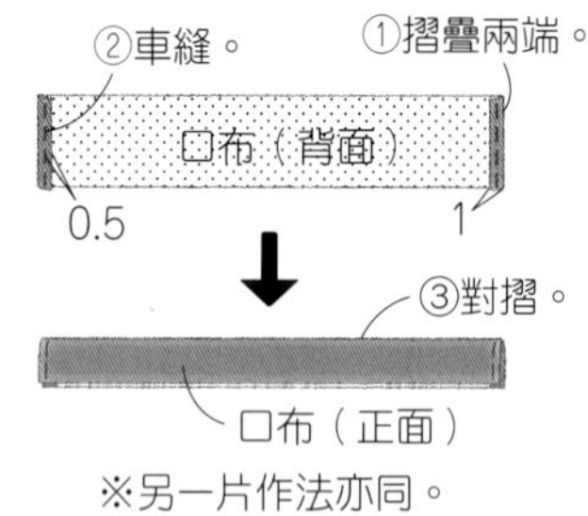

②車縫。
①摺疊兩端。
口布（背面）
0.5
1
③對摺。
口布（正面）

※另一片作法亦同。

2.製作表本體

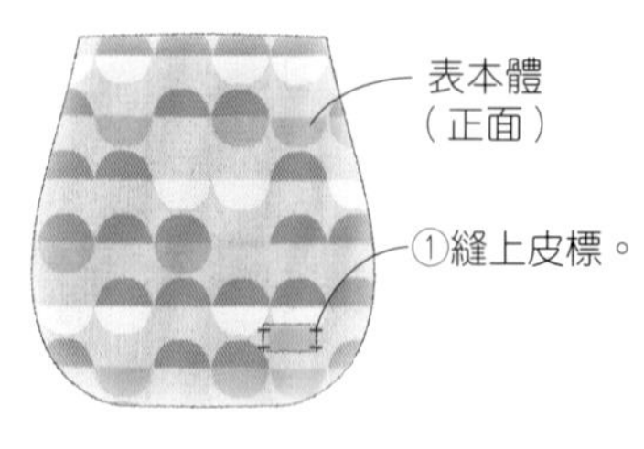

表本體
（正面）
①縫上皮標。

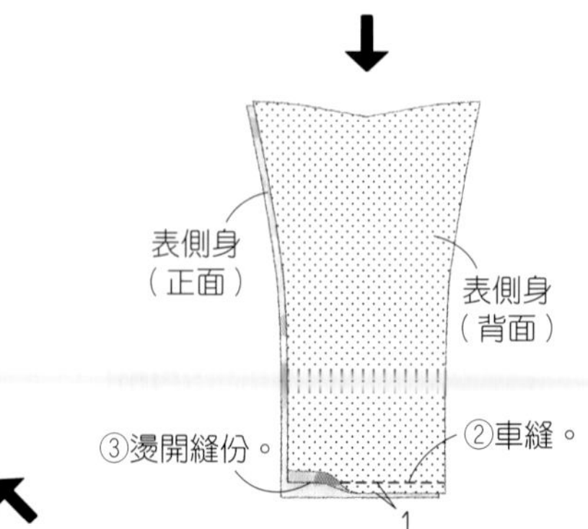

表側身
（正面）
表側身
（背面）
③燙開縫份。
②車縫。
1

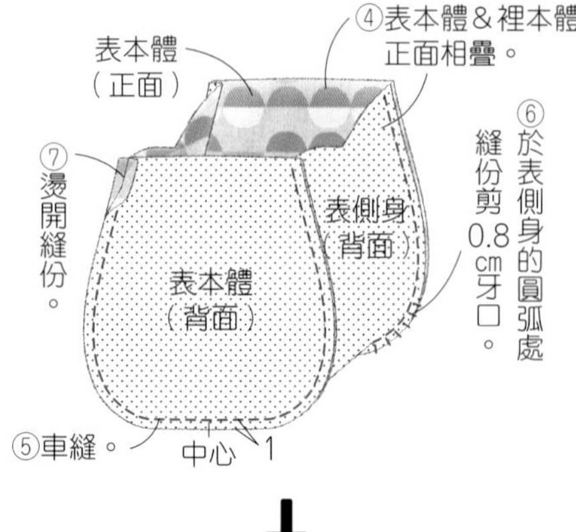

表本體
（正面）
④表本體＆裡本體
正面相疊。
⑦燙開縫份。
⑥於表側身的圓弧處縫份剪0.8cm牙口。
表側身
（背面）
表本體
（背面）
⑤車縫。
中心
1

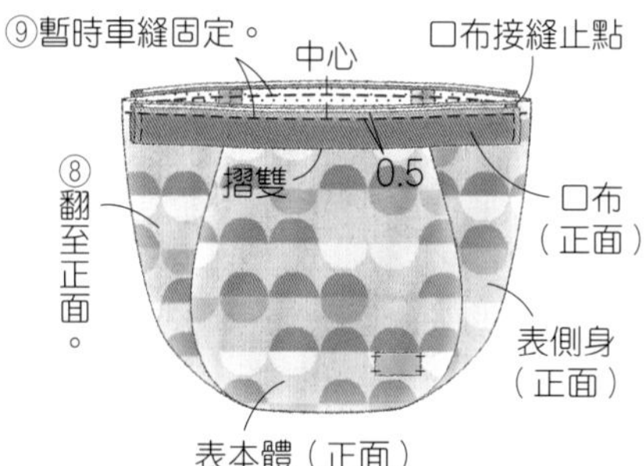

⑨暫時車縫固定。
中心
口布接縫止點
⑧翻至正面。
摺雙
0.5
口布
（正面）
表側身
（正面）
表本體（正面）

3.製作裡本體

①依2.-②③縫合裡側身。

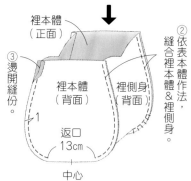

裡本體
（正面）
③燙開縫份。
②依表本體作法，縫合裡本體＆裡側身。
裡本體
（背面）
裡側身
（背面）
1
返口
13cm
中心

4.套疊表本體＆裡本體

①將表本體放進裡本體內。

中心
表本體（背面）
②車縫。
1
裡本體
（背面）
③翻至正面。

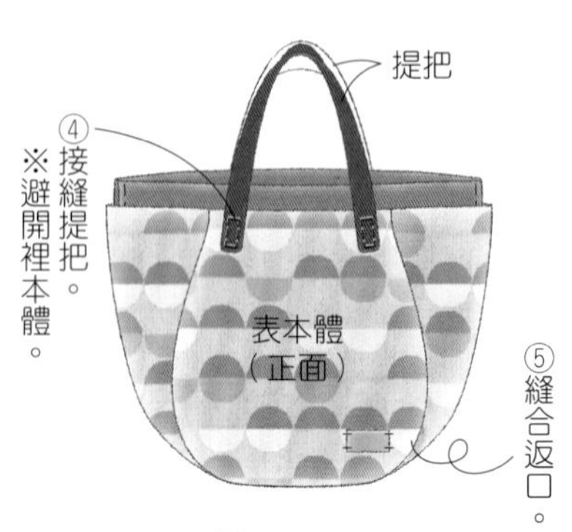

提把
④接縫提把。
※避開裡本體。
表本體
（正面）
⑤縫合返口。

5.安裝口金

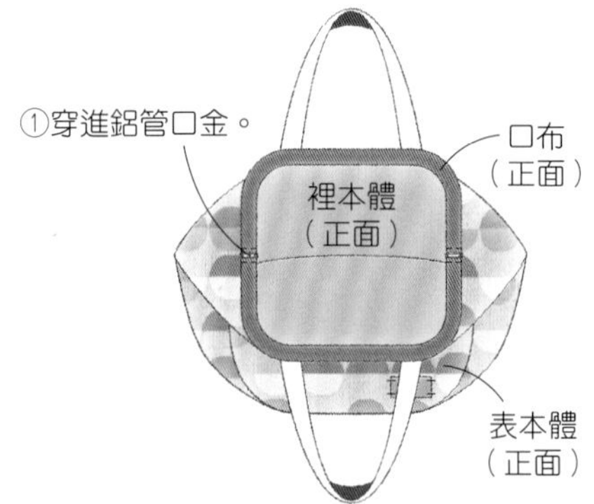

①穿進鋁管口金。
口布
（正面）
裡本體
（正面）
表本體
（正面）

鋁管口金安裝方式

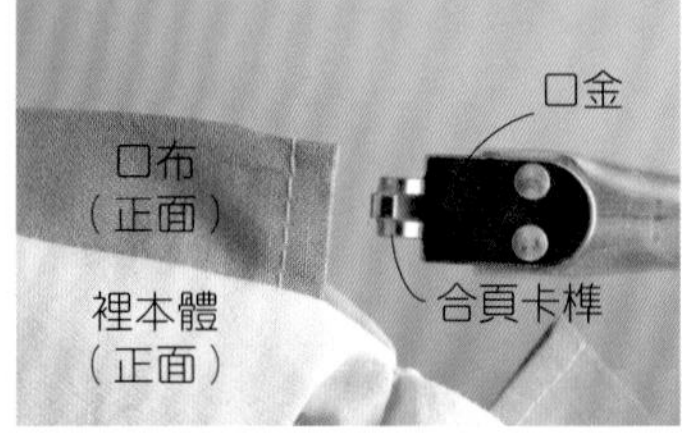

口金
口布
（正面）
裡本體
（正面）
合頁卡榫

①打開口金，取下螺栓。將口金內側朝向裡本體，由較窄的合頁卡榫端穿進口布。

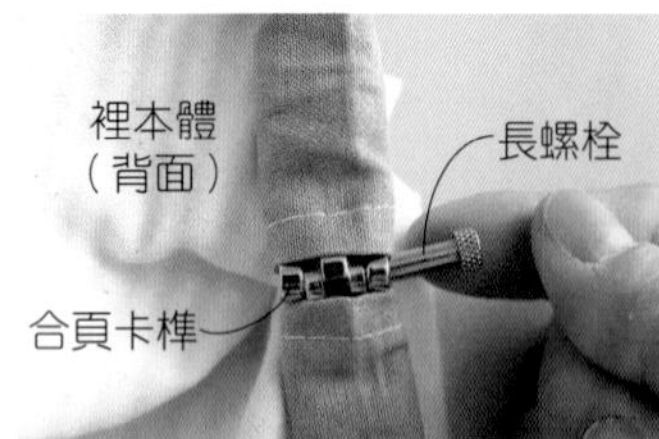

裡本體
（背面）
長螺栓
合頁卡榫

②對齊口金合頁卡榫，從外側插入長螺栓。

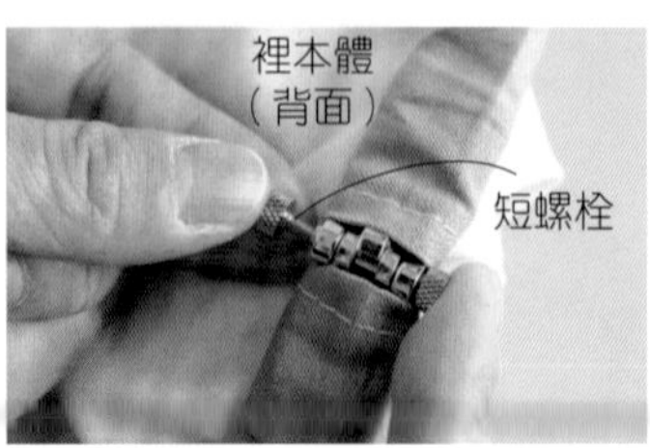

裡本體
（背面）
短螺栓

③從內側插入短螺栓，鎖緊固定。另一側也依相同作法鎖緊固定。

完成尺寸	材料
寬19×長23×側身19cm	**表布**（進口緹花布）140cm×30cm
	配布（棉布）88cm×30cm／**裡布**（棉布）110cm×40cm
原寸紙型	**皮革提把**（寬2cm 40cm）1組
A面	**接著襯**（swany soft）92cm×60cm／**皮標** 1片
	包包底板 25cm×20cm／**皮革手縫線**

P.29_ No.37 方底迷你托特包

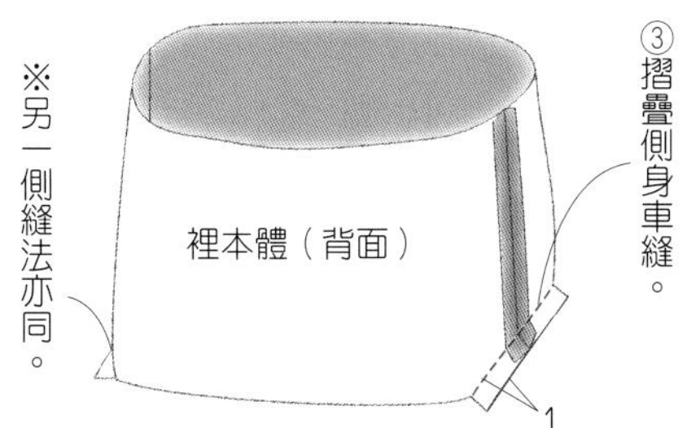
※另一側縫法亦同。
裡本體（背面）
③摺疊側身車縫。
1

3.套疊表本體＆裡本體

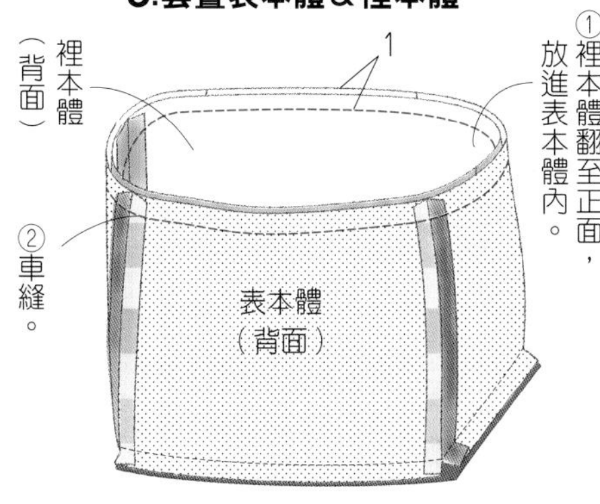
裡本體（背面）
1
①裡本體翻至正面，放進表本體內。
②車縫。
表本體（背面）

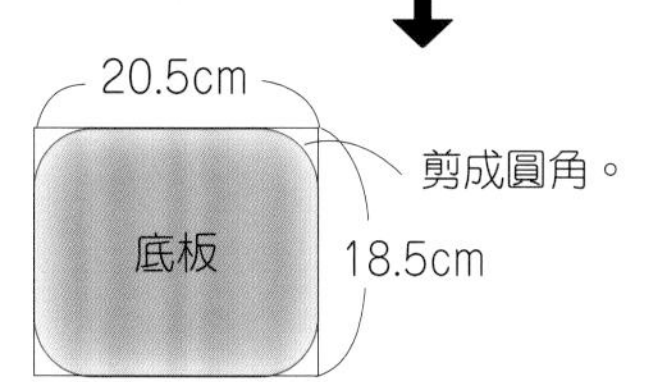
20.5cm
剪成圓角。
底板
18.5cm

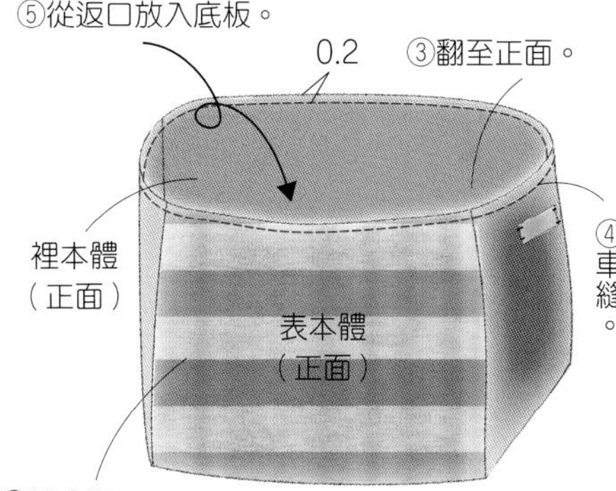
⑤從返口放入底板。
0.2
③翻至正面。
裡本體（正面）
④車縫。
表本體（正面）
⑥縫合返口。

4.接縫提把

提把（正面）
①以手縫方式縫上提把。
表本體（正面）

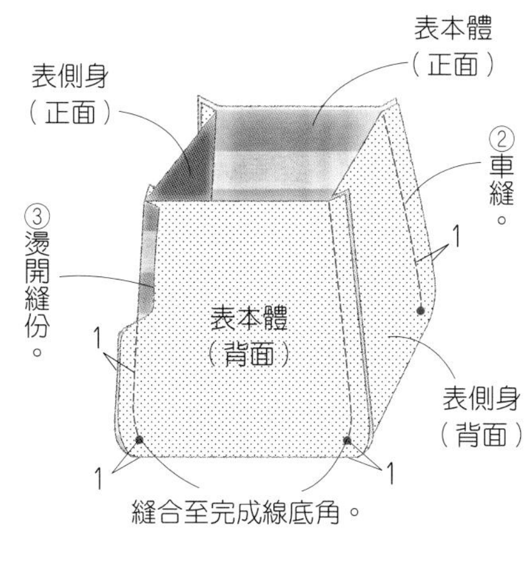
表本體（正面）
表側身（正面）
②車縫。
③燙開縫份。
1
表本體（背面）
表側身（背面）
縫合至完成線底角。

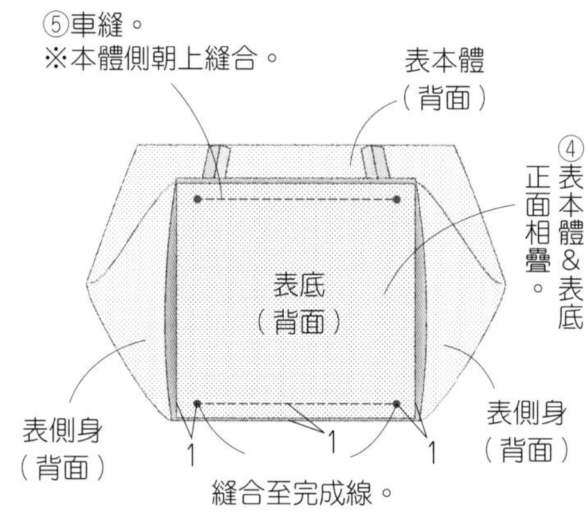
⑤車縫。
※本體側朝上縫合。
表本體（背面）
④表本體＆表底正面相疊。
表底（背面）
表側身（背面）
1
縫合至完成線。

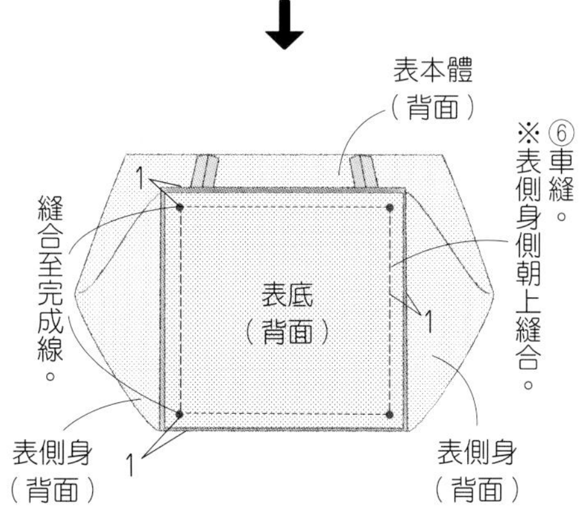
表本體（正面）
⑥車縫。
※表側身側朝上縫合。
縫合至完成線。
1
表底（背面）
表側身（背面）

2.製作裡本體

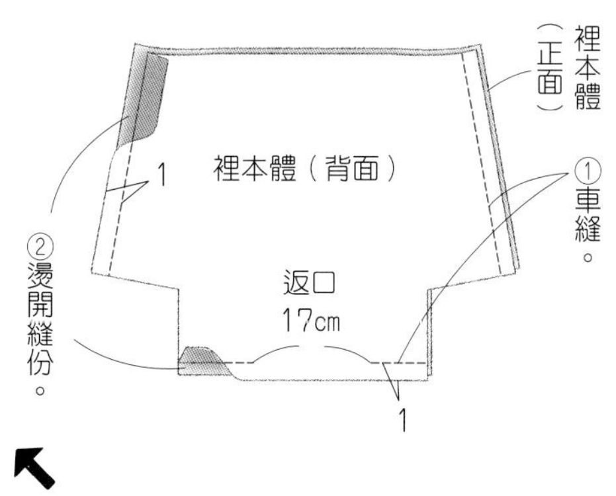
裡本體（正面）
裡本體（背面）
1
①車縫。
②燙開縫份。
返口
17cm

裁布圖

※表底無原寸紙型，請依標示尺寸（已含縫份）直接裁剪。
※▒處需於背面燙貼接著襯。

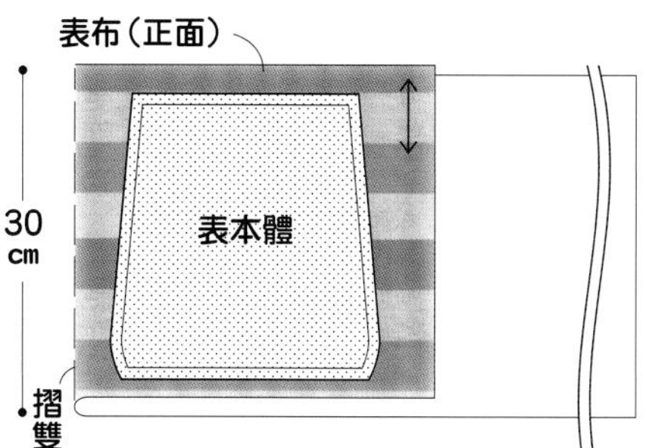
表布（正面）
表本體
30cm
摺雙
140cm

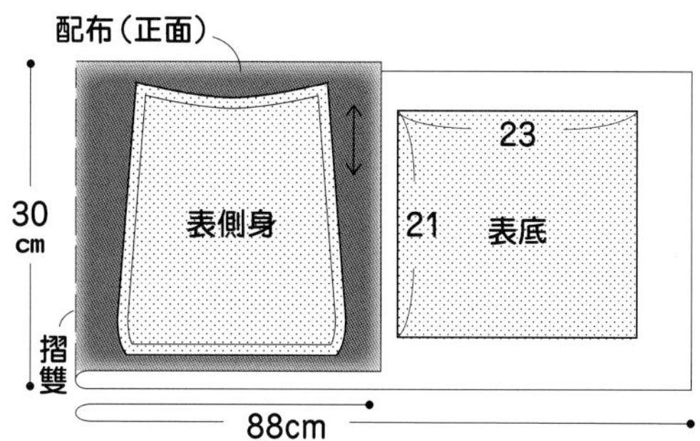
配布（正面）
表側身
30cm
23
21
表底
摺雙
88cm

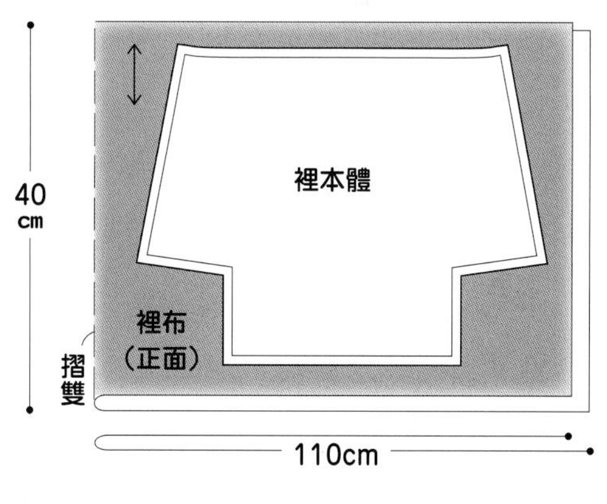
40cm
裡本體
裡布（正面）
摺雙
110cm

1.製作表本體

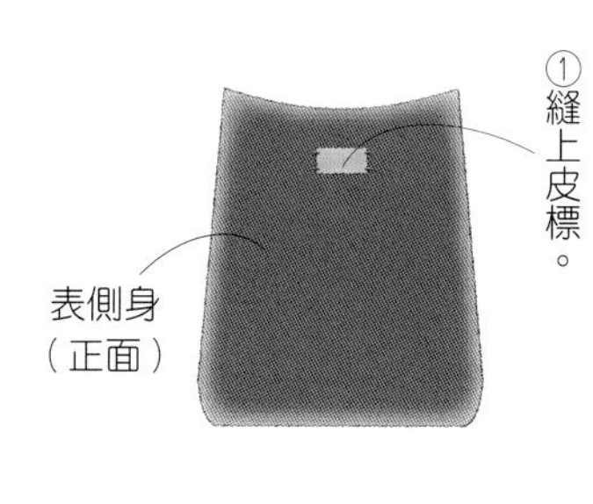
①縫上皮標。
表側身（正面）

完成尺寸

寬34×長21×側身14cm

原寸紙型

C面

材料

表布（進口緹花布）140cm×30cm
配布（棉布）110cm×40cm
接著襯（swany soft）92cm×50cm
軟滑皮革 寬4cm 50cm 2條
底板 25cm×15cm／**皮標** 1片

P.29_ No.38

抓褶橢圓底手提袋

裁布圖

※□處需於背面燙貼接著襯。

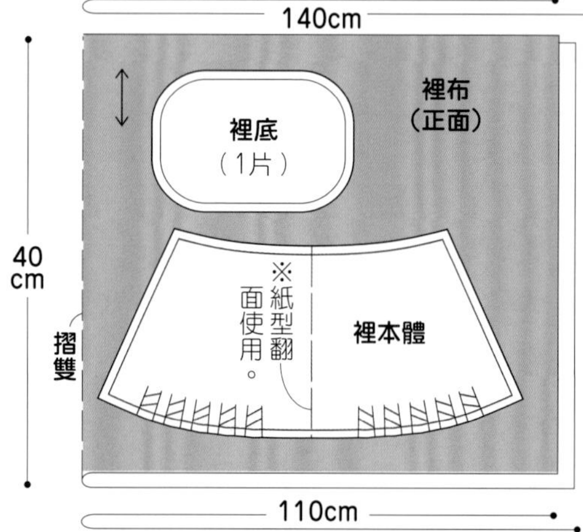

表布（正面）
30cm
※紙型翻面使用。
表本體
表底
摺雙
140cm
40cm
裡布（正面）
裡底（1片）
裡本體
110cm

1.製作表本體＆裡本體

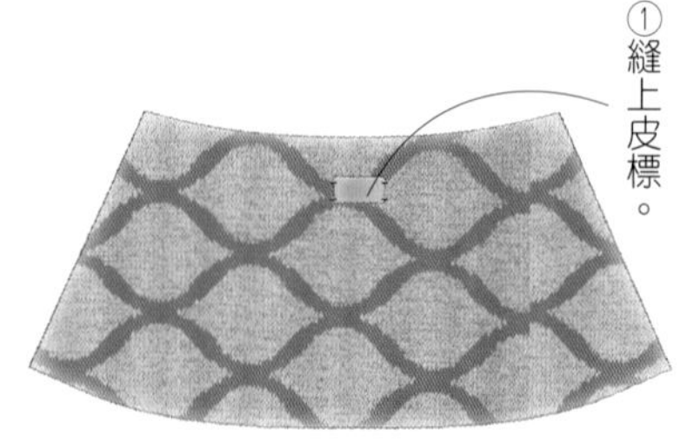

①縫上皮標。

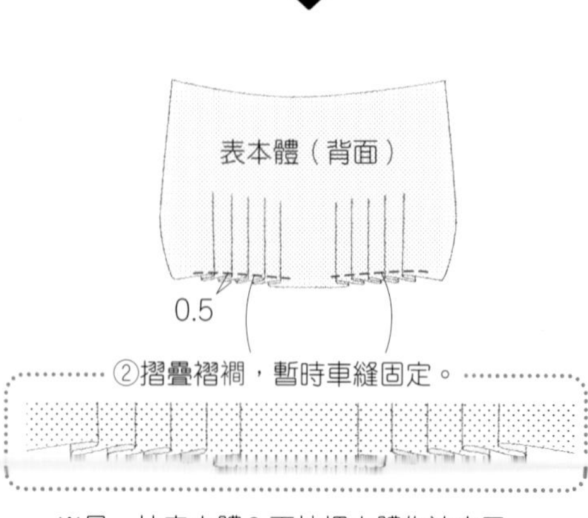

表本體（背面）
0.5
②摺疊褶襉，暫時車縫固定。

※另一片表本體＆兩片裡本體作法亦同。

③車縫。
1
裡本體（正面）
表本體（背面）

※另一片表本體＆裡本體作法亦同。

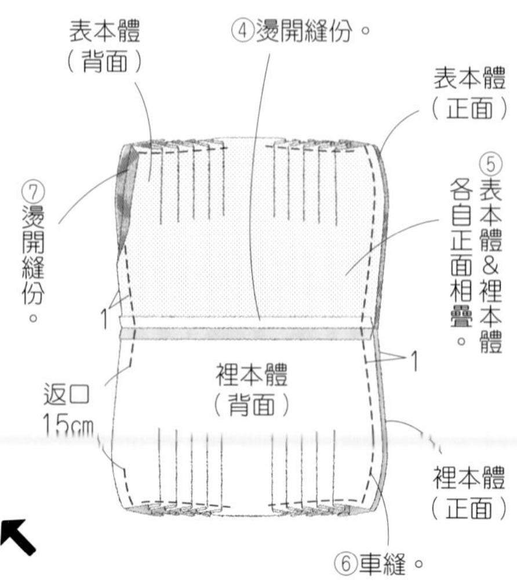

表本體（背面）
④燙開縫份。
表本體（正面）
⑦燙開縫份。
⑤表本體＆裡本體各自正面相疊。
1
裡本體（背面）
返口15cm
裡本體（正面）
⑥車縫。

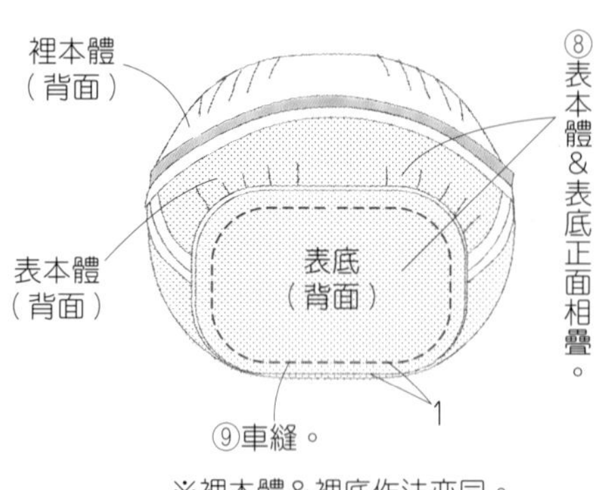

裡本體（背面）
⑧表本體＆表底正面相疊。
表本體（背面）
表底（背面）
1
⑨車縫。

※裡本體＆裡底作法亦同。

2.完成

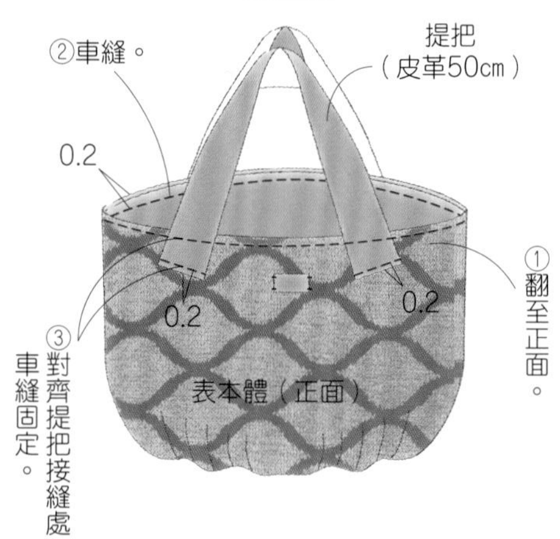

②車縫。
提把（皮革50cm）
0.2
①翻至正面。
0.2
0.2
③對齊提把接縫處車縫固定。
表本體（正面）

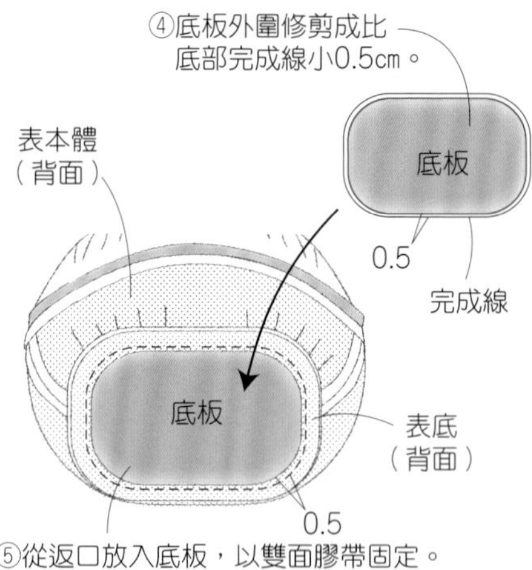

④底板外圍修剪成比底部完成線小0.5cm。
表本體（背面）
底板
0.5
完成線
底板
表底（背面）
0.5
⑤從返口放入底板，以雙面膠帶固定。

表本體（正面）
⑥縫合返口。

完成尺寸

寬24×長24×側身12cm
（不含提把）

原寸紙型

無

材料

表布（進口緹花布）140cm×40cm
裡布（棉布）110cm×40cm
接著襯（swany soft）92cm×40cm
底板 25cm×15cm
皮革提把（寬2cm 長40cm）1組
皮標 1片／**皮革手縫線**

P.29_ No.39

寬版側身方形托特包

裁布圖

※標示的尺寸已含縫份。
※▒處需於背面燙貼接著襯。

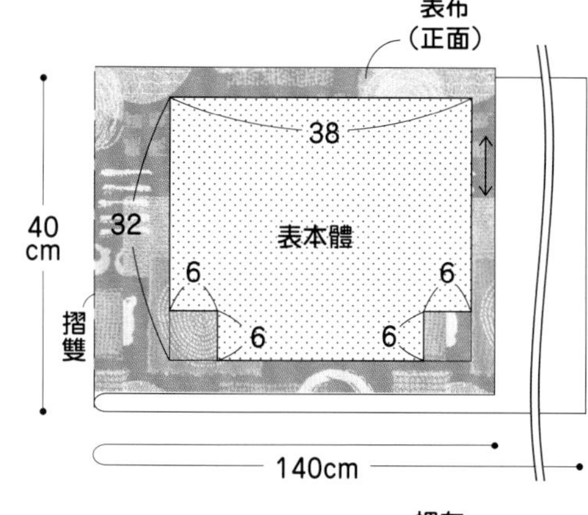

表布
（正面）
38
40
cm
32
表本體
6
6
6
6
摺雙
140cm

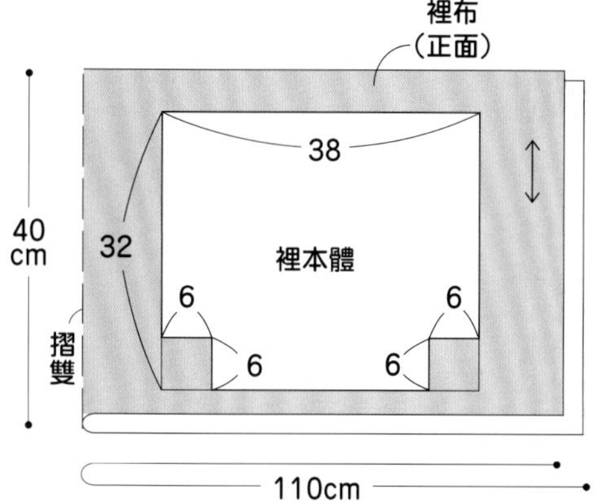

裡布
（正面）
38
40
cm
32
裡本體
6
6
6
6
摺雙
110cm

1.疊合表本體＆裡本體

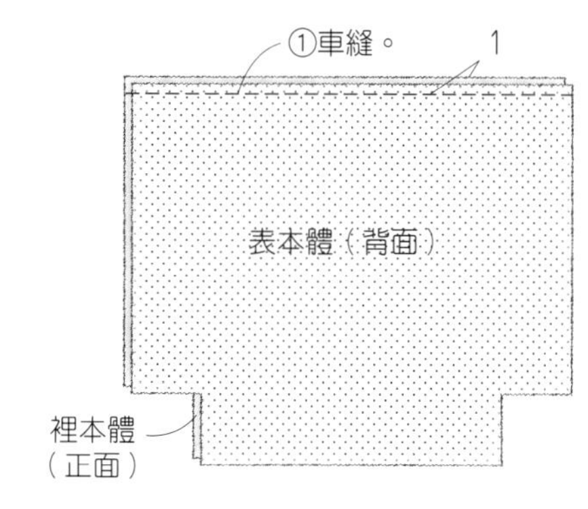

①車縫。
1
表本體（背面）
裡本體
（正面）

※另一組作法亦同。

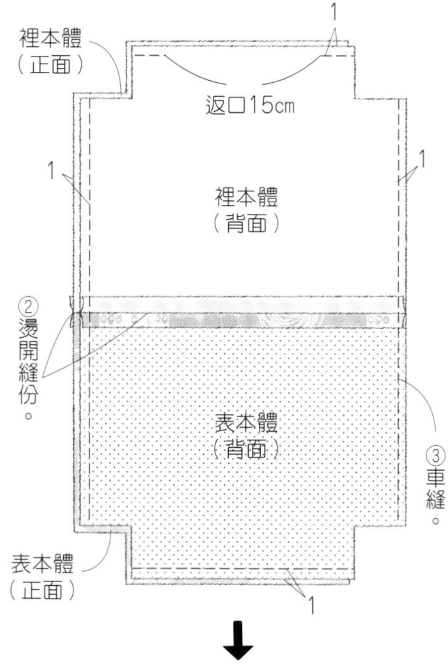

裡本體
（正面）
1
返口15cm
1
1
裡本體
（背面）
②燙開縫份。
表本體
（背面）
③車縫。
表本體
（正面）
1

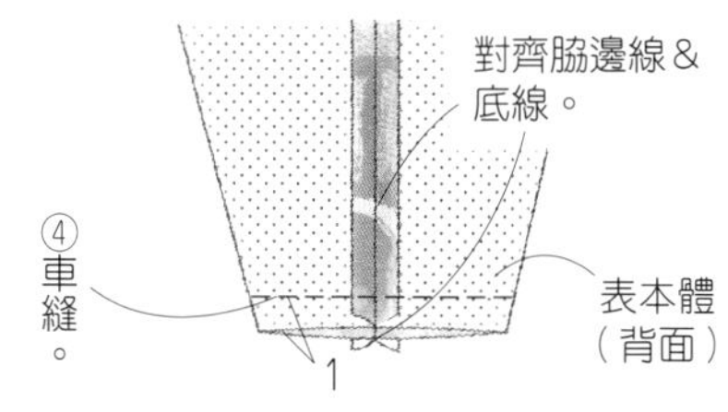

對齊脇邊線＆
底線。
④車縫。
表本體
（背面）
1

※另一邊＆裡本體作法亦同。

2. 縫合側身

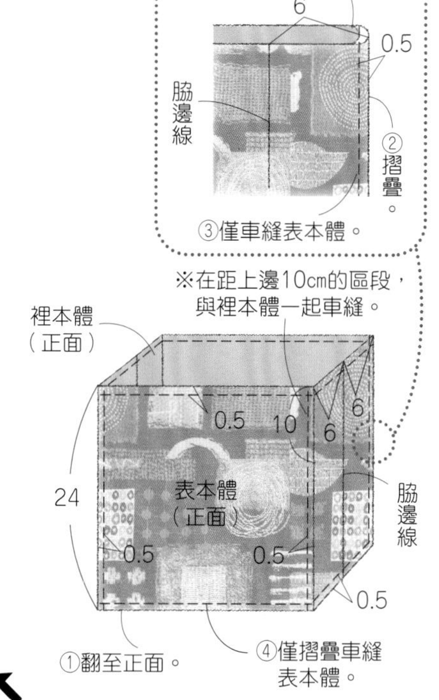

避開裡本體
6
0.5
脇邊線
②摺疊。
③僅車縫表本體。
※在距上邊10cm的區段，
與裡本體一起車縫。
裡本體
（正面）
0.5
10
6
6
24
表本體
（正面）
脇邊線
0.5
0.5
0.5
①翻至正面。
④僅摺疊車縫
表本體。

3.完成

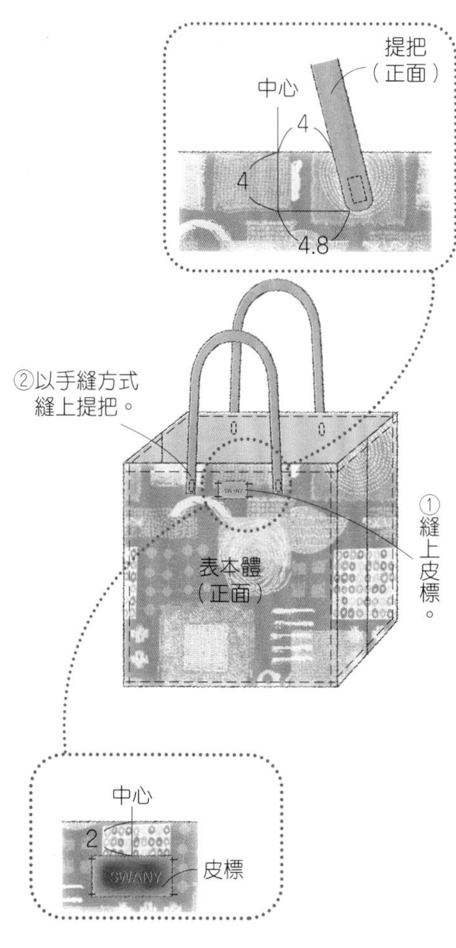

提把
（正面）
中心
4
4
4.8
②以手縫方式
縫上提把。
①縫上皮標。
表本體
（正面）

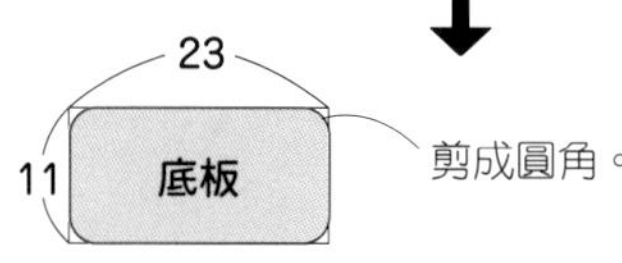

中心
2
皮標

23
11 **底板** 剪成圓角。

③從返口放入底板。
表本體
（正面）
④縫合返口。

完成尺寸

寬 20.5×長11×側身12cm
寬 16.5×長9×側身10cm

原寸紙型

D面

材料（■…S・■…S・■…共用）

表布（進口緹花布）140cm×25cm・140cm×20cm
裡布（棉布）90cm×25cm・90cm×20cm
接著襯（swany soft）92cm×25cm・92cm×20cm
拉鍊 30cm・25cm 各1條
皮條 寬2cm 100cm／**皮標** 1片

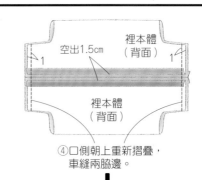

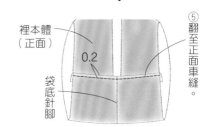

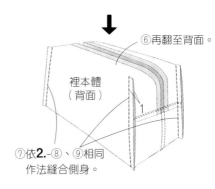

P.30_No.40

附提把梯形迷你包

M
S

裁布圖

※■…M・■…S・■…共用
※▒處需於背面燙貼接著襯。

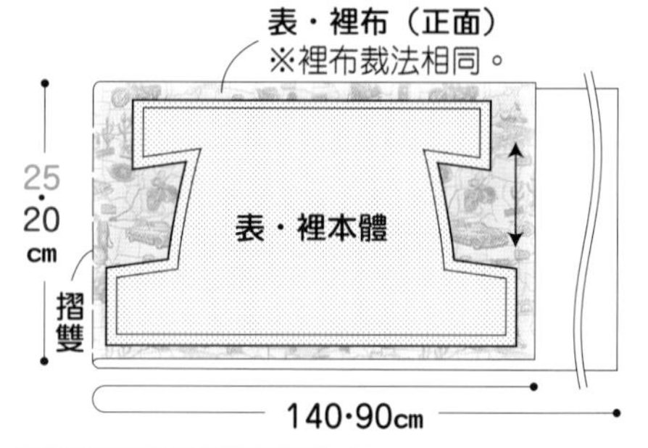

表・裡布（正面）
※裡布裁法相同。
25
20
cm
摺雙
表・裡本體
140・90cm

1.於表本體接縫拉鍊

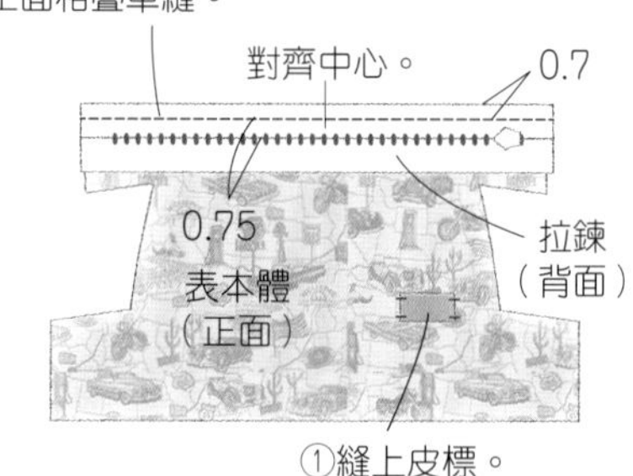

②將拉鍊＆表本體正面相疊車縫。
對齊中心。
0.7
0.75
表本體（正面）
拉鍊（背面）
①縫上皮標。

③翻至正面車縫。

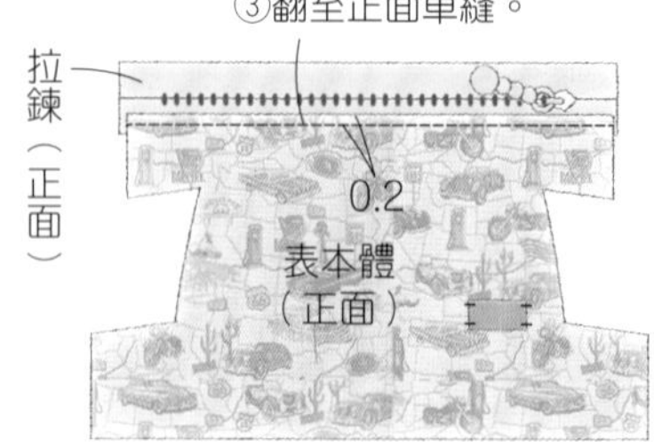

拉鍊（正面）
0.2
表本體（正面）

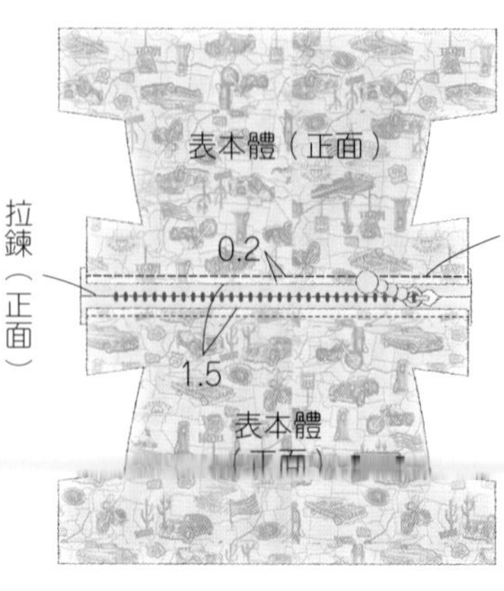

表本體（正面）
拉鍊（正面）
0.2
1.5
表本體（正面）

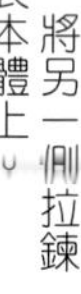

④依相同作法，將另一側拉鍊縫至另一片表本體上。

2.製作表本體

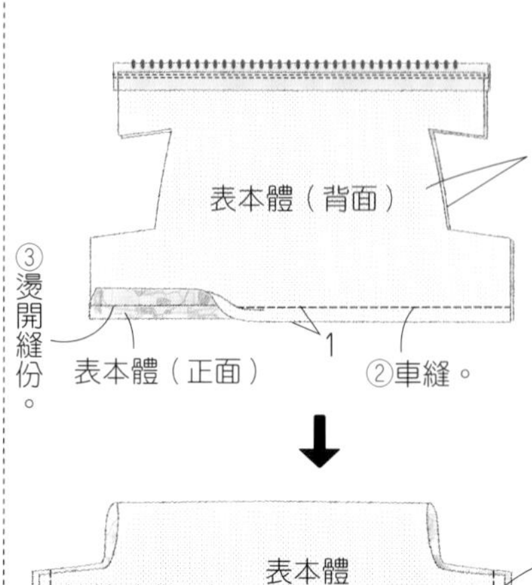

①表本體正面相疊。
表本體（背面）
③燙開縫份。
表本體（正面）
1
②車縫。

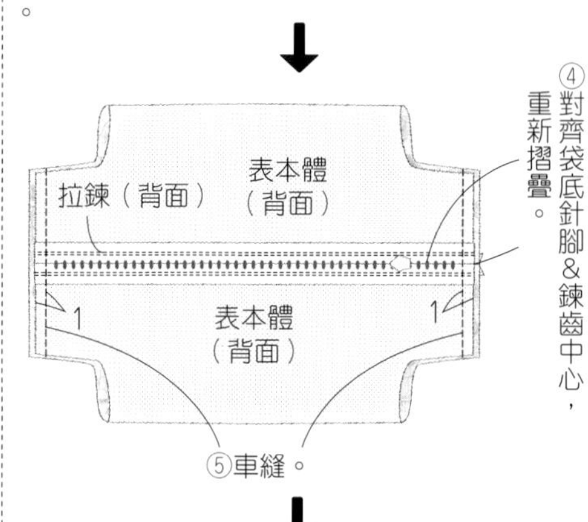

④對齊袋底針腳＆鍊齒中心，重新摺疊。
拉鍊（背面）
表本體（背面）
表本體（背面）
1
1
⑤車縫。

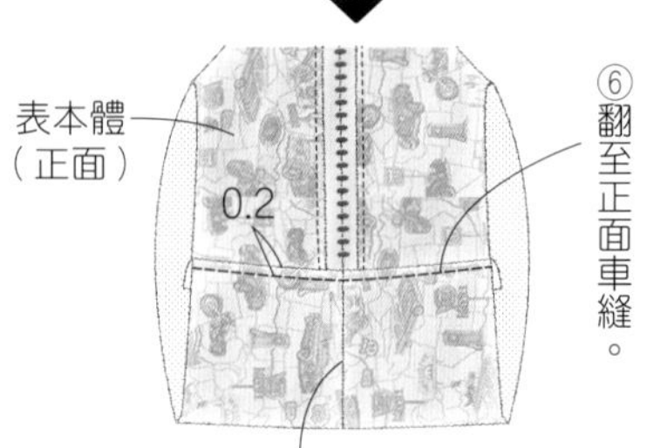

表本體（正面）
0.2
⑥翻至正面車縫。
袋底針腳

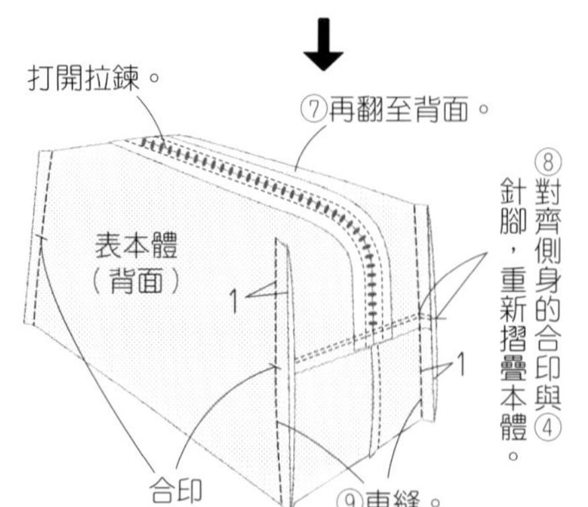

打開拉鍊。
⑦再翻至背面。
表本體（背面）
1
1
⑧對齊側身的合印與④針腳，重新摺疊本體。
合印
⑨車縫。
※另一側作法亦同。

3.製作裡本體＆與表本體對齊

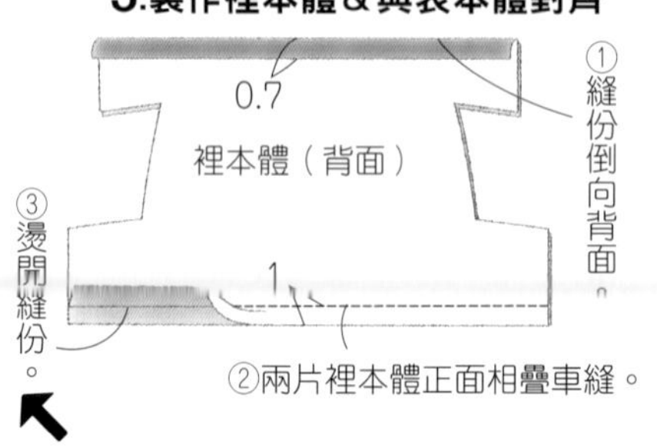

0.7
①縫份倒向背面。
裡本體（背面）
③燙開縫份。
1
②兩片裡本體正面相疊車縫。

空出1.5cm
裡本體（背面）
1
1
裡本體（背面）
④口側朝上重新摺疊，車縫兩脇邊。

裡本體（正面）
0.2
袋底針腳
⑤翻至正面車縫。

⑥再翻至背面。
裡本體（背面）
1
⑦依2.-⑧、⑨相同作法縫合側身。

4.套疊表本體＆裡本體

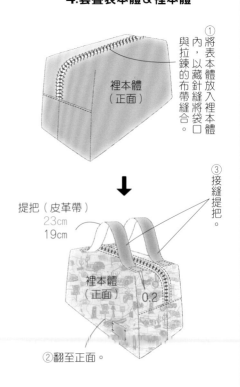

裡本體（正面）
①將表本體放入裡本體內，以藏針縫將袋口與拉鍊的布帶縫合。

提把（皮革帶）
23cm
19cm
③接縫提把。
裡本體（正面）
0.2
②翻至正面。

完成尺寸	材料
寬24×長12×側身13cm	疊緣A 250cm 疊緣B 270cm 疊緣C 180cm
原寸紙型	
無	

P.34_ No. 44

疊緣工具袋

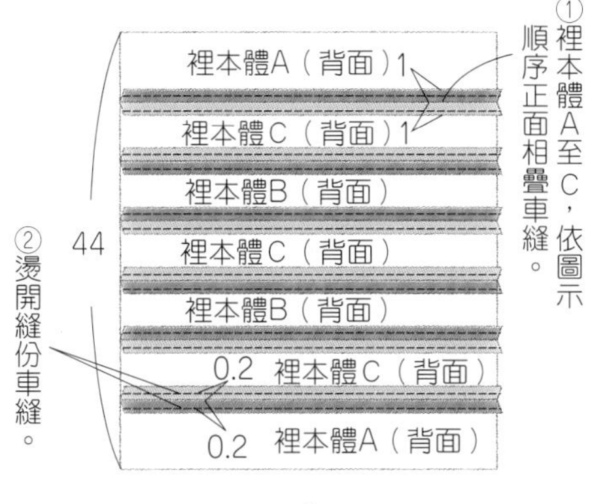

表側身（正面）
③將表本體側身縫份向上翻起。
表側身（背面）
表本體（背面）
④對齊表側身完成線的角與表本體的牙口。
⑥燙開縫份。
⑤車縫。

4.製作裡本體後，與表本體套疊

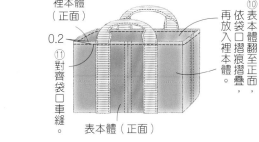

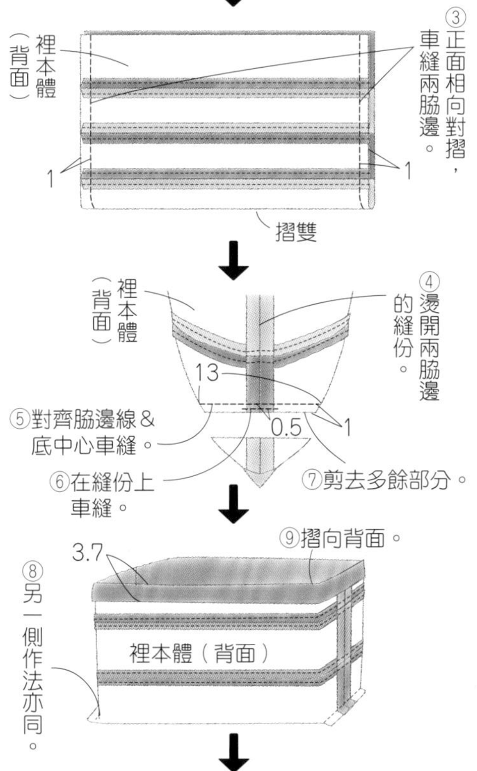

①裡本體A至C，依圖示順序正面相疊車縫。
裡本體A（背面）
裡本體C（背面）
裡本體B（背面）
②燙開縫份車縫。
44
③正面相向對摺，車縫兩脇邊。
裡本體（背面）
摺雙
④燙開兩脇邊的縫份。
⑤對齊脇邊線＆底中心車縫。
⑥在縫份上車縫。
⑦剪去多餘部分。
⑨摺向背面。
⑧另一側作法亦同。
裡本體（正面）
⑩表本體翻至正面，依袋口摺痕摺疊，再放入裡本體。
⑪對齊袋口車縫。
表本體（正面）

2.製作表本體＆接縫提把

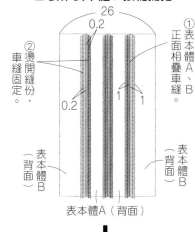

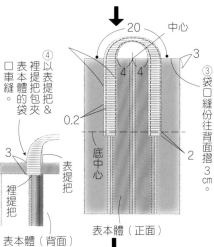

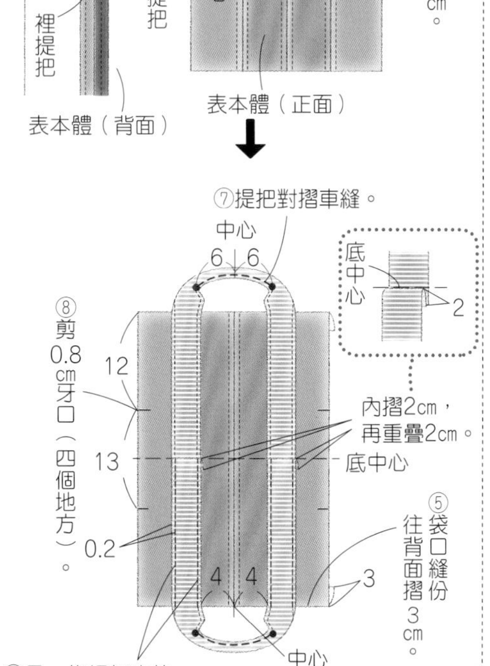

①表本體A、B正面相疊車縫。
②燙開縫份，車縫固定。
表本體B（背面）
表本體A（背面）
中心
③袋口縫份往背面摺3cm。
④以表提把＆裡提把包夾表本體的袋口車縫。
表提把
裡提把
底中心
表本體（正面）
表本體（背面）
⑦提把對摺車縫。
⑧剪0.8cm牙口（四個地方）。
內摺2cm，再重疊2cm。
底中心
⑤袋口縫份往背面摺3cm。
⑥另一條提把也依④相同作法車縫。

3.接縫表側身

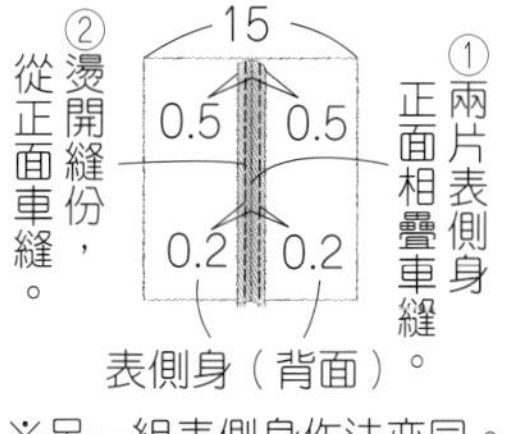

①兩片表側身正面相疊車縫。
②燙開縫份，從正面車縫。
表側身（背面）

※另一組表側身作法亦同。

裁布圖

※標示的尺寸已含縫份。

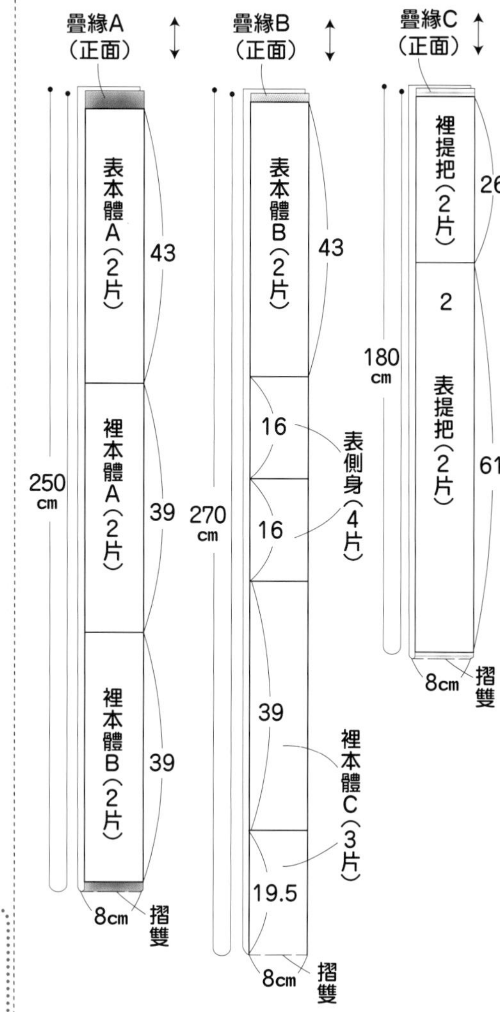

疊緣A（正面）
疊緣B（正面）
疊緣C（正面）
表本體A（2片）
表本體B（2片）
裡本體A（2片）
裡本體B（2片）
裡提把（2片）
表提把（2片）
表側身（4片）
裡本體C（3片）
250cm
270cm
180cm
8cm
摺雙

1.製作提把

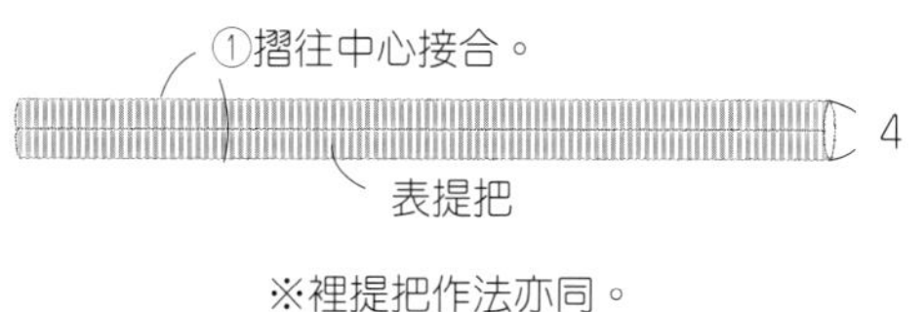

①摺往中心接合。
表提把

※裡提把作法亦同。

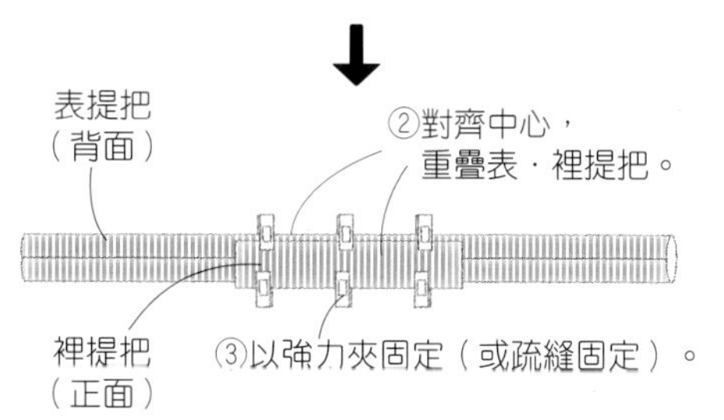

表提把（背面）
②對齊中心，重疊表・裡提把。
裡提把（正面）
③以強力夾固定（或疏縫固定）。

完成尺寸

高約40cm

原寸紙型

B面

材料

表布（亞麻布）40cm×20cm／**配布A**（平織布）35cm×20cm

配布B（棉麻布）50cm×20cm／**配布C**（抓毛絨）10cm×10cm

配布D（平織布）10cm×10cm／**配布E**（平織布）15cm×15cm

不織布（綠色）15cm×15cm／**小樹枝約**5cm 1根

25號繡線（茶色・白色・深粉紅・淺粉紅・綠色）

毛線（極細・茶色）／**鈕釦** 直徑0.5cm 5顆／**填充棉** 適量

P.47_ No.58

小木偶皮諾丘

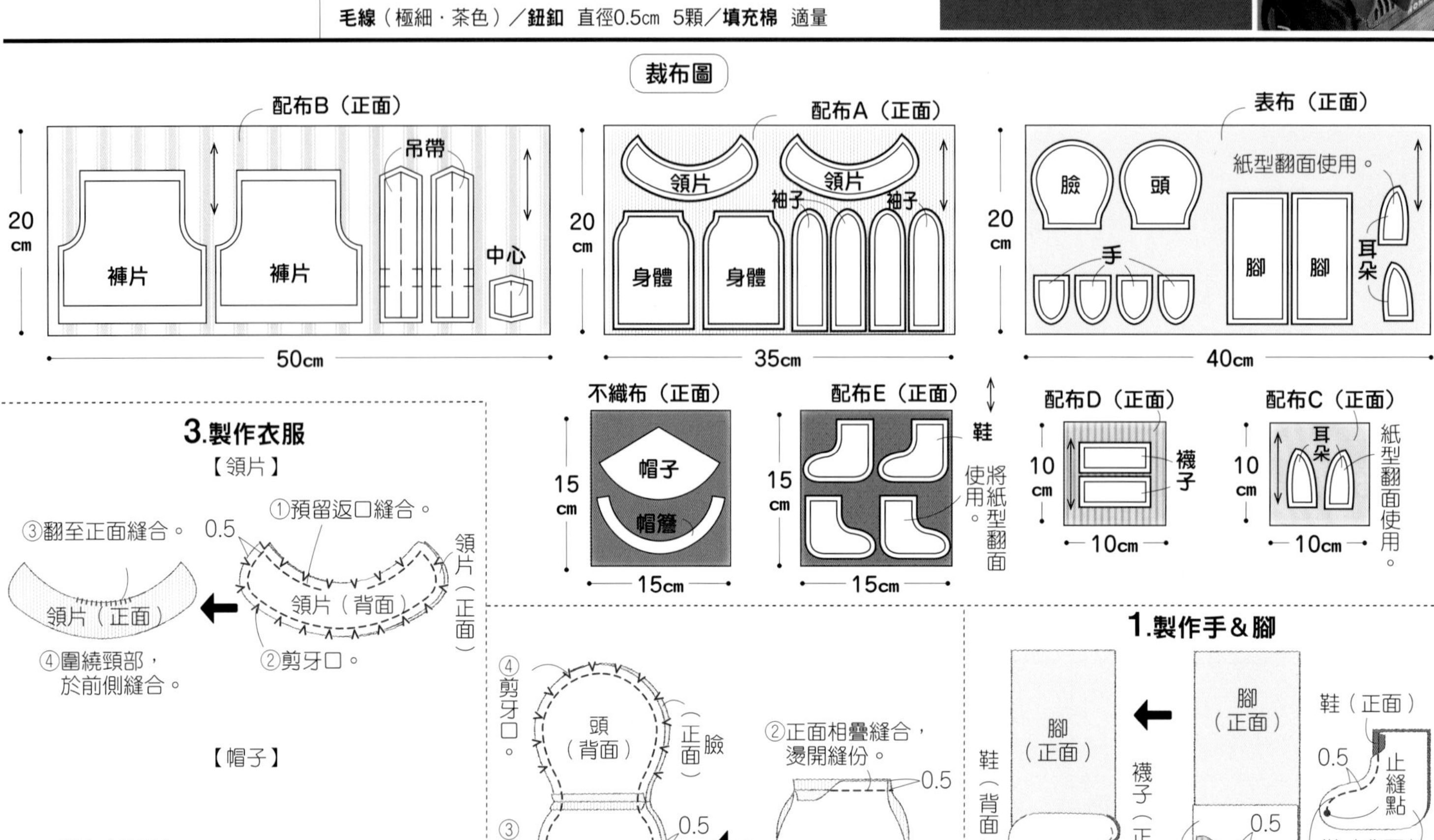

裁布圖
配布B（正面）
吊帶
褲片
褲片
中心
20cm
50cm
配布A（正面）
領片
領片
袖子
袖子
身體
身體
20cm
35cm
表布（正面）
臉
頭
紙型翻面使用。
手
腳
腳
耳朵
20cm
40cm
不織布（正面）
帽子
帽簷
15cm
15cm
配布E（正面）
鞋
使用紙型翻面。
15cm
15cm
配布D（正面）
襪子
10cm
10cm
配布C（正面）
耳朵
紙型翻面使用。
10cm
10cm

3.製作衣服

【領片】

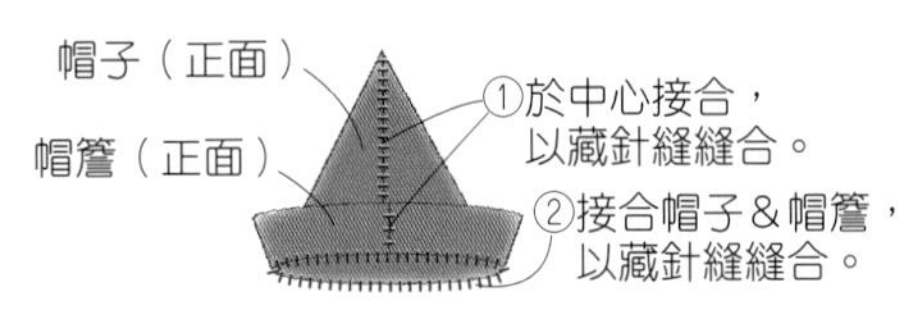

①預留返口縫合。
③翻至正面縫合。
0.5
領片（正面）
領片（背面）
領片（正面）
②剪牙口。
④圍繞頸部，於前側縫合。

【帽子】

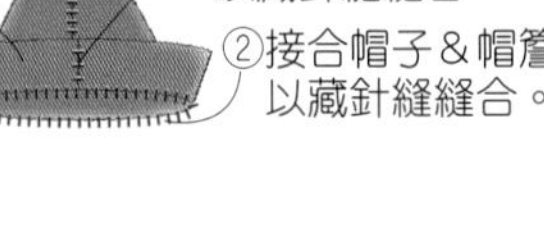

帽子（正面）
帽簷（正面）
①於中心接合，以藏針縫縫合。
②接合帽子＆帽簷，以藏針縫縫合。

【褲子】

吊帶（正面）

②翻至正面，插入中心＆以藏針縫固定。

中心（正面）

吊帶（背面）※製作2片。

①對摺縫合。

中心（背面）

0.5

④兩片褲片正面相疊縫合。

褲片（背面）

褲片（背面）

0.5

③正面相疊縫合，燙開縫份。

※另一側作法亦同。

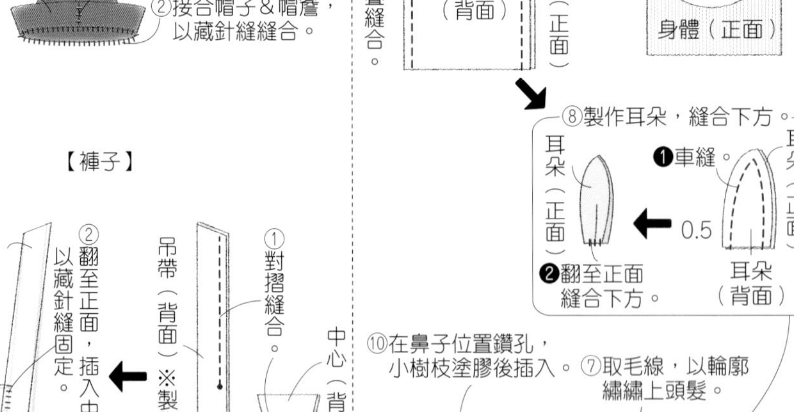

④剪牙口。
頭（背面）
臉（正面）
③正面相疊縫合。
0.5
身體（背面）
身體（正面）
②正面相疊縫合，燙開縫份。
0.5
臉・頭（背面）
身體（正面）
⑧製作耳朵，縫合下方。
耳朵（正面）
❶車縫。
耳朵（正面）
0.5
❷翻至正面縫合下方。
耳朵（背面）

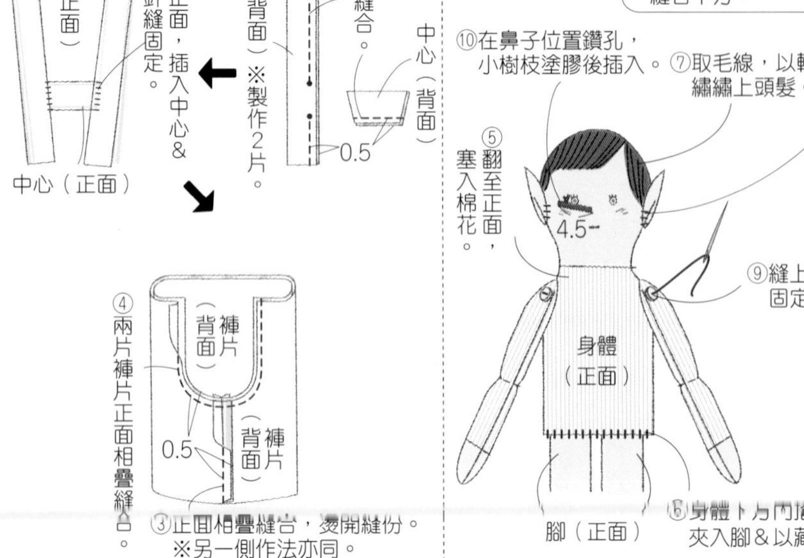

⑩在鼻子位置鑽孔，小樹枝塗膠後插入。
⑦取毛線，以輪廓繡繡上頭髮。
⑤翻至正面，塞入棉花。
4.5
⑨縫上鈕釦固定袖子。
身體（正面）
腳（正面）
⑥身體下方內摺0.5cm，夾入腳＆以藏針縫縫合。

1.製作手＆腳

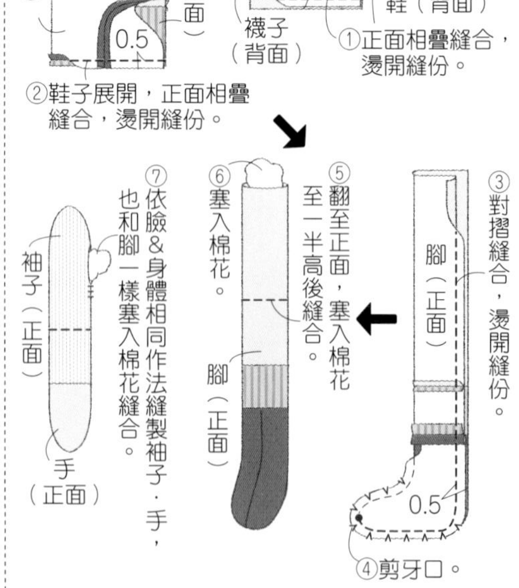

腳（正面）
鞋（背面）
襪子（正面）
0.5
②鞋子展開，正面相疊縫合，燙開縫份。
腳（正面）
0.5
襪子（背面）
鞋（正面）
0.5
止縫點
鞋（背面）
①正面相疊縫合，燙開縫份。
⑦依臉＆身體相同作法縫製袖子・手，也和腳一樣塞入棉花縫合。
袖子（正面）
手（正面）
⑥塞入棉花。
腳（正面）
⑤翻至正面，塞入棉花至一半高後縫合。
腳（正面）
③對摺縫合，燙開縫份。
0.5
④剪牙口。

2.製作臉＆身體

①進行臉部刺繡（皆取2股繡線）。

眼睛輪廓：輪廓繡（茶色）

睫毛：直線繡（茶色）

眼白：輪廓繡（白色）

瞳孔：緞面繡（綠色）

臉頰：直線繡（淺粉紅）

臉（正面）

嘴巴：輪廓繡（深粉紅）

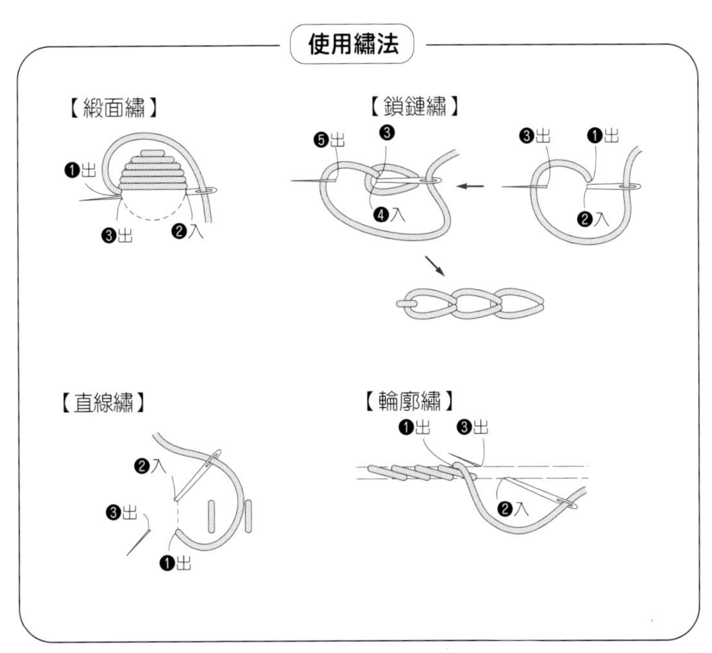
使用繡法
【緞面繡】
❶出
❸出
❷入
【鎖鏈繡】
❺出
❸
❹入
❸出
❶出
❷入
【直線繡】
❷入
❸出
❶出
【輪廓繡】
❶出
❸出
❷入

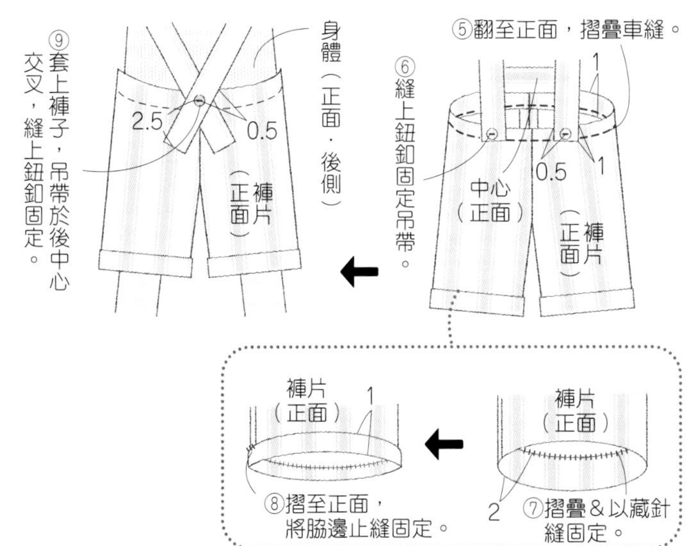
⑨套上褲子，吊帶於後中心交叉，縫上鈕釦固定。
2.5
0.5
身體（正面·後側）
褲片（正面）
⑤翻至正面，摺疊車縫。
⑥縫上鈕釦固定吊帶。
1
中心（正面）
0.5
1
褲片（正面）

褲片（正面）
⑦摺疊＆以藏針縫固定。
2

褲片（正面）
1
⑧摺至正面，將脇邊止縫固定。

完成尺寸

寬12×長12×側身12㎝

原寸紙型

無

材料

疊緣A 120㎝

疊緣B 120㎝

疊緣C 70㎝

P.34_ No.45

疊緣工具盒

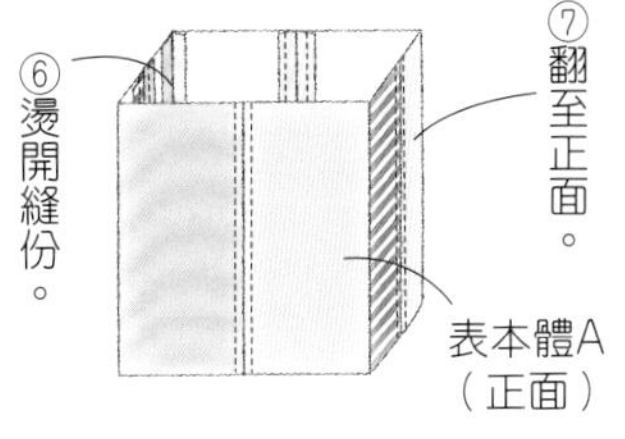
⑥燙開縫份。
⑦翻至正面。
表本體A（正面）

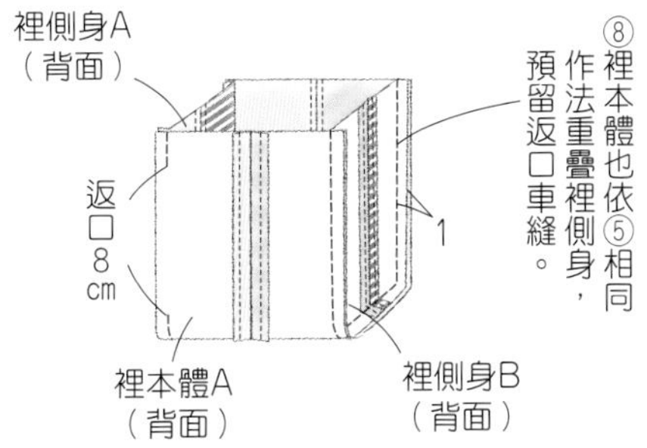
裡側身A（背面）
⑧裡本體也依⑤相同作法重疊裡側身，預留返口車縫。
返口8cm
1
裡本體A（背面）
裡側身B（背面）

2.套疊表本體＆裡本體

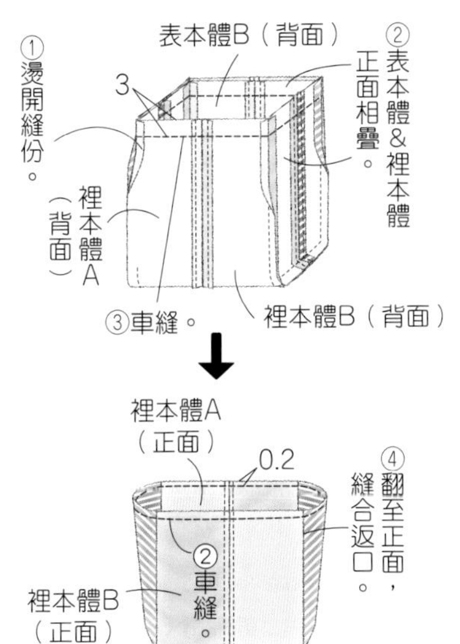
表本體B（背面）
①燙開縫份。
3
②表本體＆裡本體正面相疊。
裡本體A（背面）
③車縫。
裡本體B（背面）
裡本體A（正面）
0.2
④翻至正面，縫合返口。
②車縫。
裡本體B（正面）

1.製作表本體＆裡本體

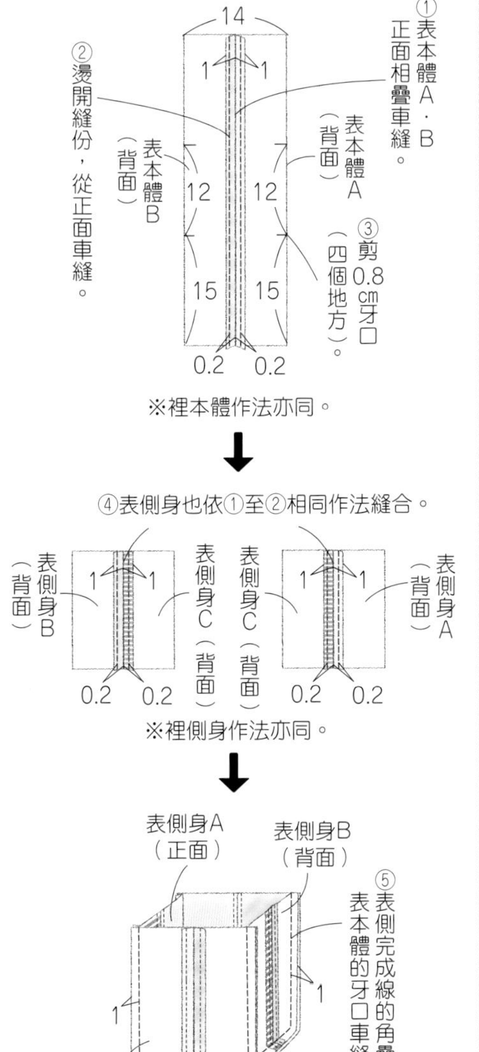
14
②燙開縫份，從正面車縫。
①表本體A·B正面相疊車縫。
1
1
表本體B（背面）
表本體A（背面）
12
12
15
15
③剪0.8cm牙口（四個地方）。
0.2
0.2
※裡本體作法亦同。
④表側身也依①至②相同作法縫合。
表側身B（背面）
表側身C（背面）
表側身C（背面）
表側身A（背面）
1
1
0.2
0.2
0.2
0.2
※裡側身作法亦同。
表側身A（正面）
表側身B（背面）
⑤表側完成線的角疊至表本體的牙口車縫。
1
1
表本體A（背面）

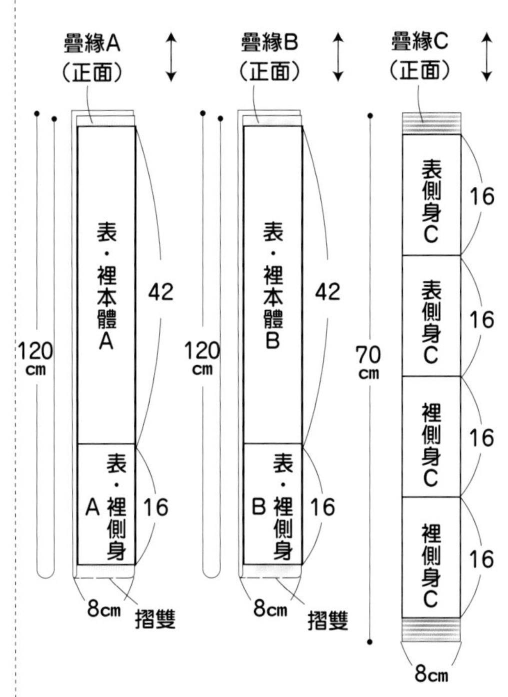
裁布圖
※標示的尺寸已含縫份。
疊緣A（正面）
疊緣B（正面）
疊緣C（正面）
120㎝
表·裡本體A
42
表·裡A側身
16
8㎝
摺雙
120㎝
表·裡本體B
42
表·裡B側身
16
8㎝
摺雙
70㎝
表側身C
16
表側身C
16
裡側身C
16
裡側身C
16
8㎝

完成尺寸

寬28×長約39cm

原寸紙型

D面

材料

表布（麻布）・**裡布**（棉布）30cm×25cm
配布A（棉布）50cm×15cm／**配布B**（棉布）40cm×25cm
配布C（棉布）30cm×15cm／**配布D**（棉布）20cm×15cm
配布E（不織布）5cm×10cm／**配布F**（歐根紗）10cm×10cm
單膠鋪棉 50cm×15cm／**單圈** 0.5cm 29個
串珠 直徑1cm・丸大各1顆・丸小4顆
塑膠圈 直徑2cm 1個／**奇異襯** 5cm×10cm
圓形配件 直徑1.6cm 1個／**細吸管** 1根／**填充棉** 適量
25號繡線（紅色・茶色・焦茶色・黃色・膚色・水藍・藍灰・淺水藍・粉紅・綠色・白色）

P.47_ No. 56

馬戲團旋轉吊飾

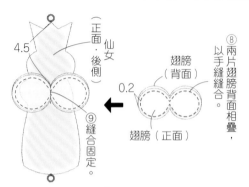

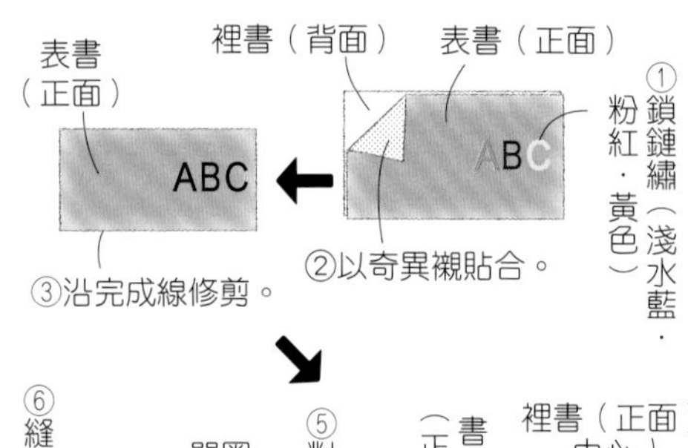

仙女（正面・後側）
4.5
⑧兩片翅膀背面相疊，以手縫縫合。
翅膀（背面）
0.2
翅膀（正面）
⑨縫合固定。

2.製作書

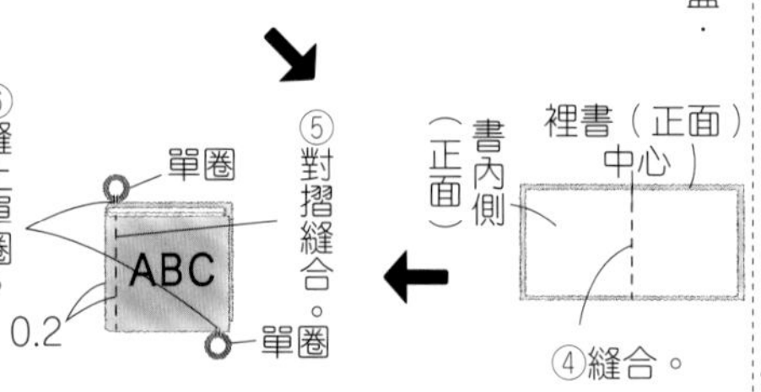

表書（正面）
裡書（背面）
表書（正面）
①鎖鏈繡（淺水藍・粉紅・黃色）
ABC
②以奇異襯貼合。
③沿完成線修剪。

⑥縫上單圈。
單圈
⑤對摺縫合。
ABC
0.2
單圈
書內側（正面）
裡書（正面）
中心
④縫合。

3.製作屋頂

①將表屋頂A至C・屋頂下・裡屋頂逐一正面相疊，在0.5cm縫份上車縫。

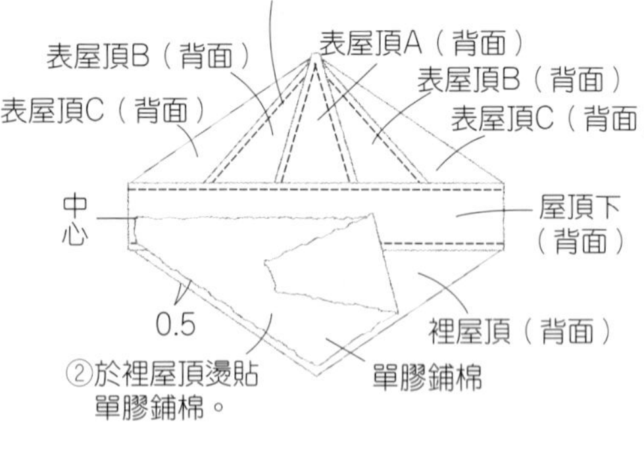

表屋頂B（背面）
表屋頂A（背面）
表屋頂B（背面）
表屋頂C（背面）
表屋頂C（背面）
中心
屋頂下（背面）
0.5
裡屋頂（背面）
②於裡屋頂燙貼單膠鋪棉。
單膠鋪棉

③後表屋頂・屋頂下・裡屋頂作法亦同。

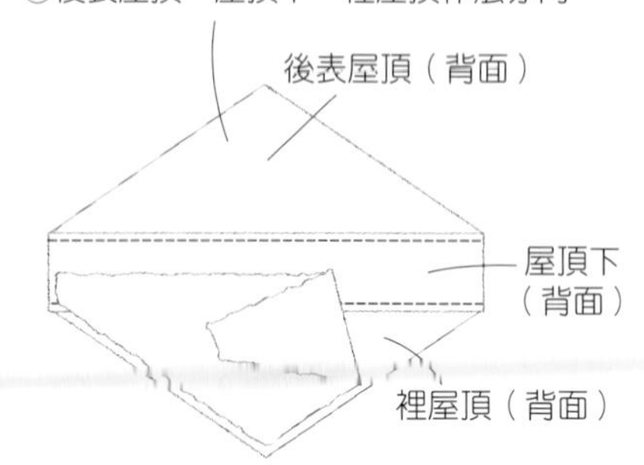

後表屋頂（背面）
屋頂下（背面）
裡屋頂（背面）

1.製作吊飾配件

※參見P.103進行刺繡（法國結粒繡見P.113）。

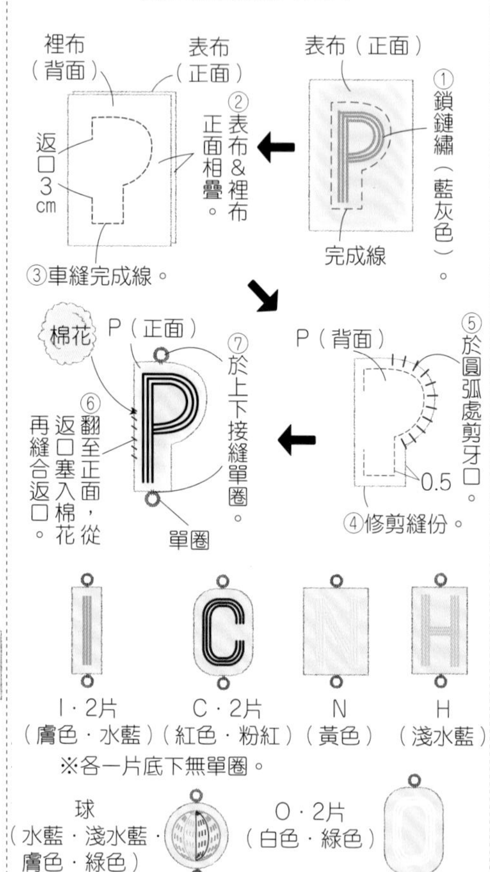

裡布（背面）
表布（正面）
表布（正面）
①鎖鏈繡（藍灰色）。
②表布&裡布正面相疊。
返口3cm
③車縫完成線。
完成線
棉花
P（正面）
⑦於上下接縫單圈。
⑥翻至正面，從返口塞入棉花，再縫合返口。
單圈
P（背面）
⑤於圓弧處剪牙口。
0.5
④修剪縫份。
I・2片（膚色・水藍）
C・2片（紅色・粉紅）
N（黃色）
H（淺水藍）
※各一片底下無單圈。
球（水藍・淺水藍・膚色・綠色）
O・2片（白色・綠色）
※底下無單圈。

※I、C、N、H、O與球的作法亦同。

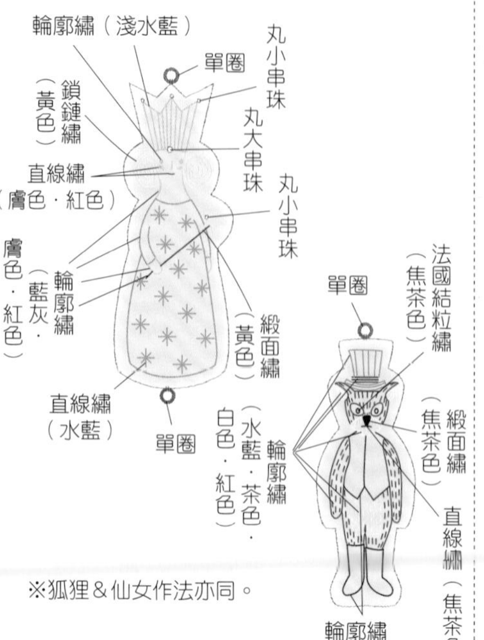

輪廓繡（淺水藍）
單圈
丸小串珠
鎖鏈繡（黃色）
丸大串珠
直線繡（膚色・紅色）
丸小串珠
輪廓繡（藍灰・膚色・紅色）
緞面繡（黃色）
直線繡（水藍）
單圈
單圈
法國結粒繡（焦茶色）
輪廓繡（水藍・茶色・白色・紅色）
緞面繡（焦茶色）
直線繡（焦茶色）
輪廓繡（焦茶色・紅色）

※狐狸&仙女作法亦同。

裁布圖

※屋頂下、旗子、書內側無原寸紙型，請依標示尺寸（已含縫份）直接裁剪。

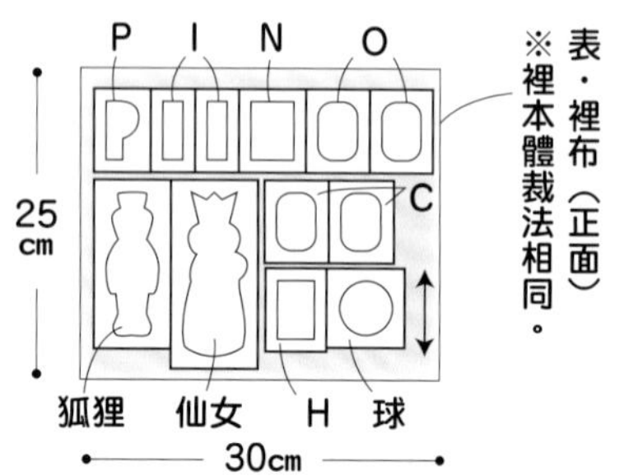

P I N O
※表・裡布（正面）裡本體裁法相同。
C
25cm
狐狸 仙女 H 球
30cm

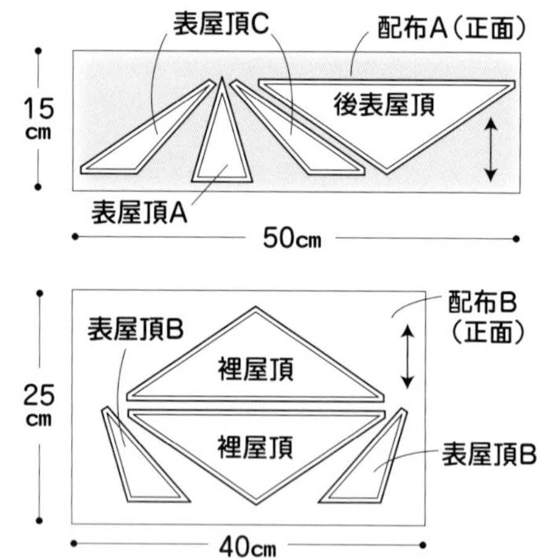

表屋頂C
配布A（正面）
後表屋頂
15cm
表屋頂A
50cm
表屋頂B
配布B（正面）
裡屋頂
裡屋頂
25cm
表屋頂B
40cm

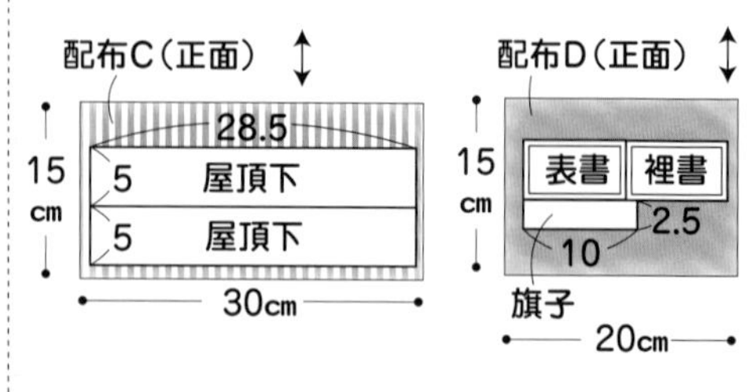

配布C（正面）
28.5
15cm
5 屋頂下
5 屋頂下
30cm
配布D（正面）
15cm
表書 裡書
2.5
10
旗子
20cm

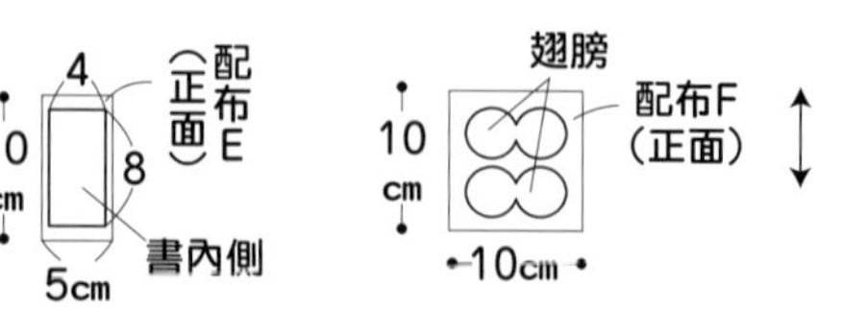

4
10cm
8
配布E（正面）
書內側
5cm
翅膀
配布F（正面）
10cm
10cm

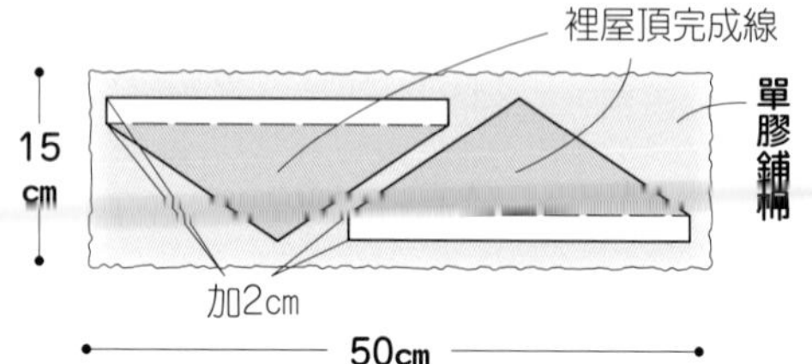

裡屋頂完成線
單膠鋪棉
15cm
加2cm
50cm

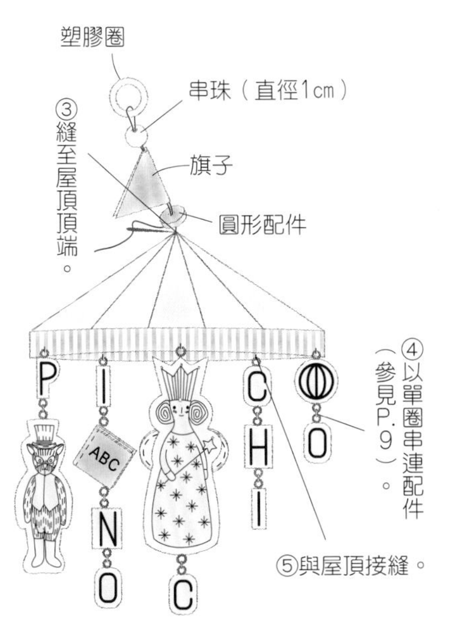
塑膠圈
串珠（直徑1cm）
③縫至屋頂頂端。
旗子
圓形配件
④以單圈串連配件（參見P.9）。
⑤與屋頂接縫。

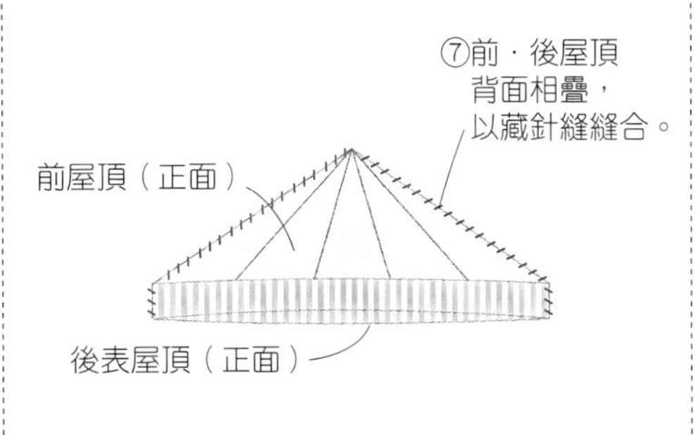
⑦前・後屋頂背面相疊，以藏針縫縫合。
前屋頂（正面）
後表屋頂（正面）

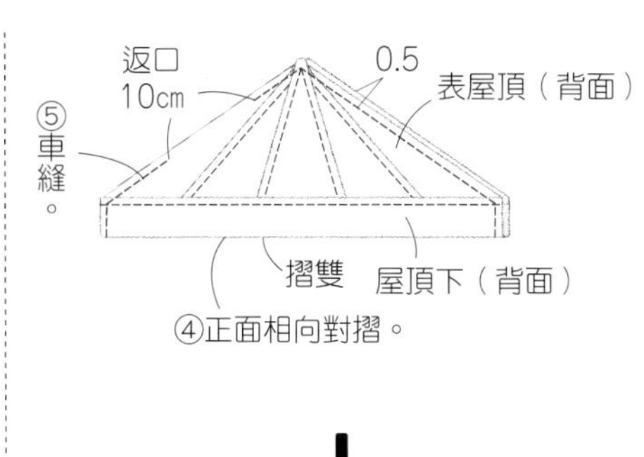
返口10cm
0.5
表屋頂（背面）
⑤車縫。
摺雙
屋頂下（背面）
④正面相向對摺。

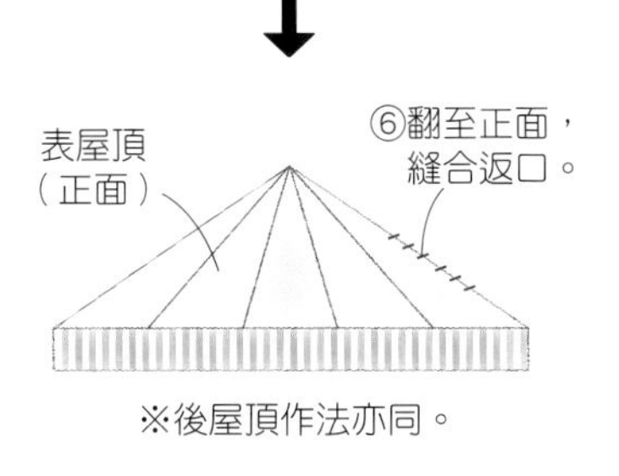
表屋頂（正面）
⑥翻至正面，縫合返口。
※後屋頂作法亦同。

4.完成

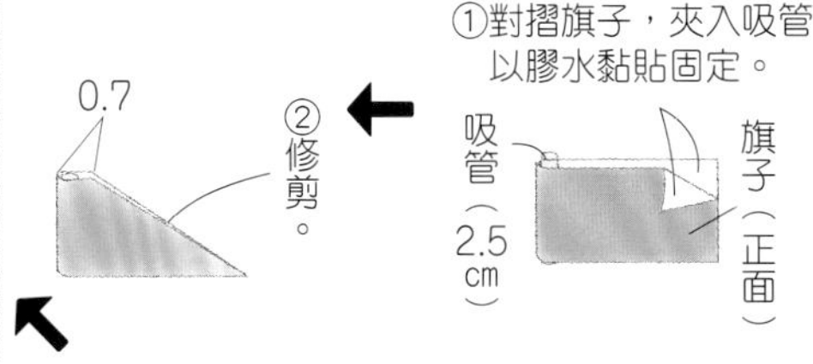
①對摺旗子，夾入吸管以膠水黏貼固定。
0.7
②修剪。
吸管（2.5cm）
旗子（正面）

完成尺寸	材料
寬約13×長約22cm	**表布A**（丹寧布）20cm×30cm／**表布B**（棉布）30cm×30cm
	裡布（棉布）50cm×30cm／**蛙嘴口金**（寬10.5cm高6cm）1個
原寸紙型	**單膠鋪棉** 50cm×30cm
B面	**25號繡線**（白色・駝色・綠色）

P.47_ No. 57

鯨魚造型口金波奇包

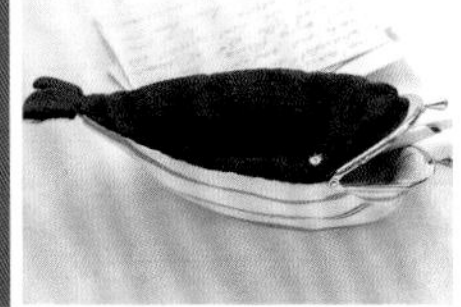

裁布圖

※▭處需於背面沿完成線燙貼單膠鋪棉。

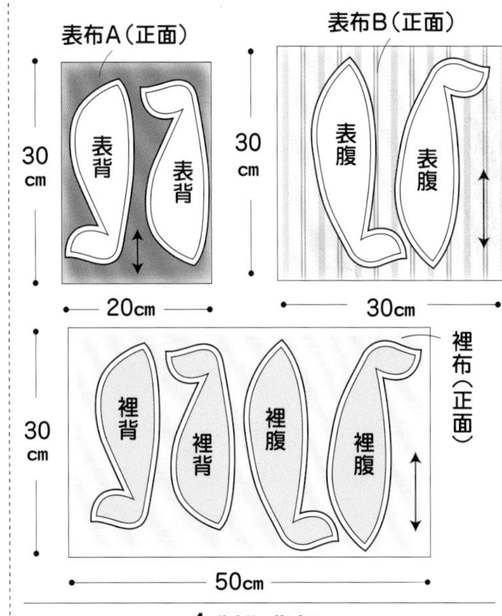
表布A（正面）
表背
表背
30cm
20cm
表布B（正面）
表腹
表腹
30cm
30cm
裡背
裡背
裡腹
裡腹
裡布（正面）
30cm
50cm

1.製作背部

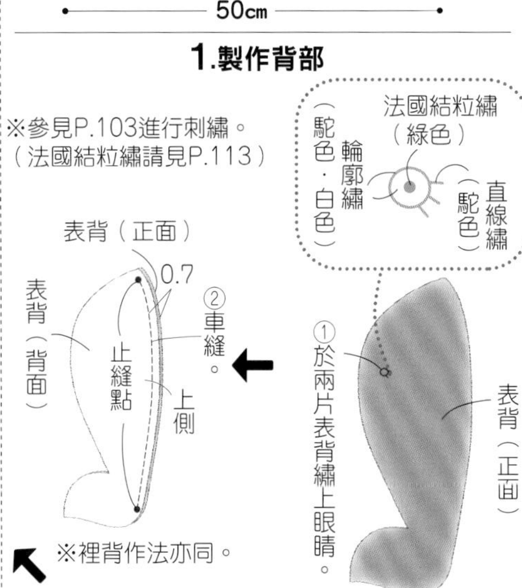
※參見P.103進行刺繡。（法國結粒繡請見P.113）
法國結粒繡（綠色）
輪廓繡（駝色・白色）
直線繡（駝色）
①於兩片表背繡上眼睛。
表背（正面）
表背（正面）
0.7
②車縫。
表背（背面）
止縫點
上側
※裡背作法亦同。

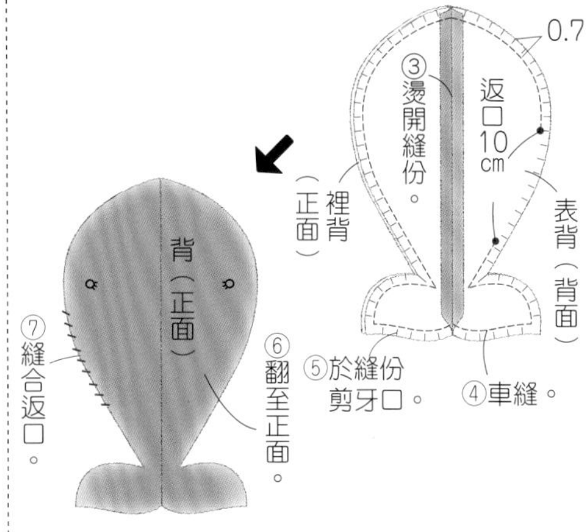
0.7
③燙開縫份。
返口10cm
裡背（正面）
表背（背面）
⑤於縫份剪牙口。
④車縫。
背（正面）
⑦縫合返口。
⑥翻至正面。

2.製作腹部

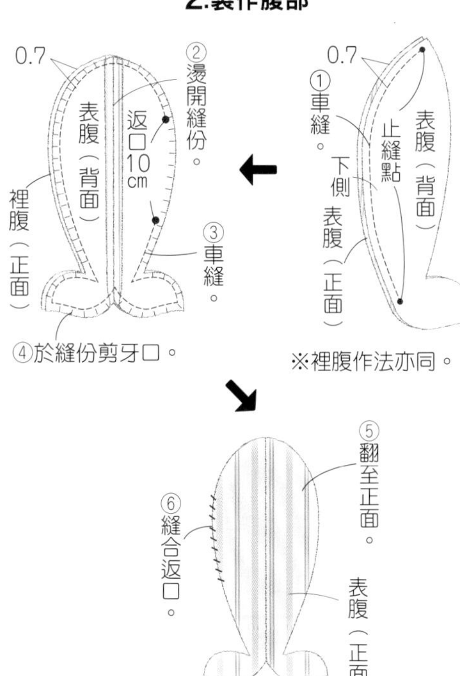
0.7
①車縫。
止縫點
下側
表腹（背面）
表腹
※裡腹作法亦同。
0.7
②燙開縫份。
表腹（背面）
返口10cm
裡腹（正面）
③車縫。
④於縫份剪牙口。
⑤翻至正面。
⑥縫合返口。
表腹（正面）

3.製作本體

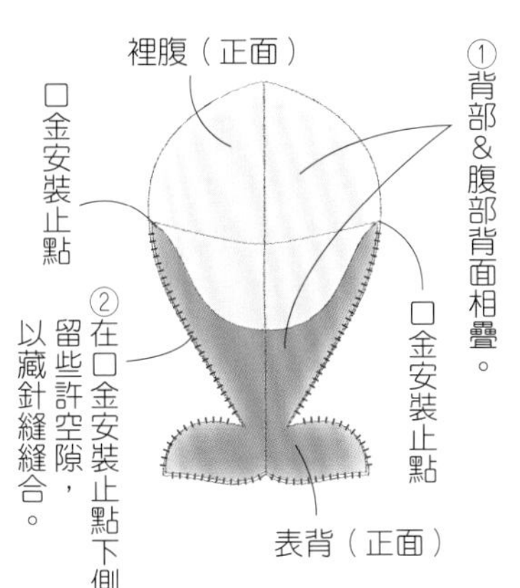
裡腹（正面）
①背部&腹部背面相疊。
口金安裝止點
②在口金安裝止點下側留些許空隙，以藏針縫縫合。
口金安裝止點
表背（正面）

4. 安裝口金

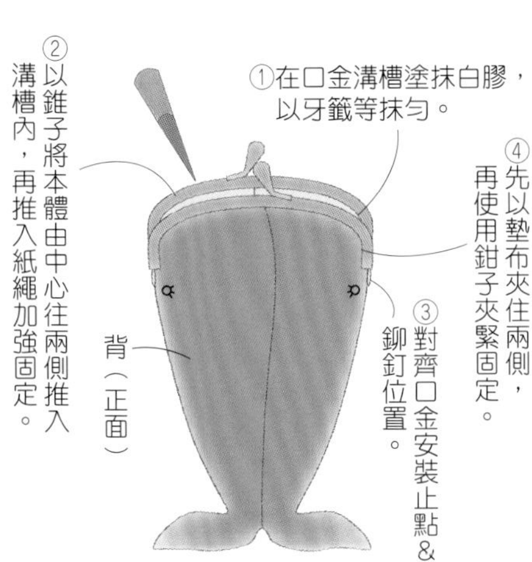
①在口金溝槽塗抹白膠，以牙籤等抹勻。
②以錐子將本體由中心往兩側推入溝槽內，再推入紙繩加強固定。
④先以墊布夾住兩側，再使用鉗子夾緊固定。
③對齊口金安裝止點&鉚釘位置。
背（正面）

完成尺寸

總長70cm

原寸紙型

B面

材料

表布（細亞麻布）114cm×270cm

接著襯（薄）50cm×90cm

包釦組 1.3cm 10組

鈕釦 1.3cm 1顆／**鬆緊帶** 1.5cm 50cm

P.41_No.48 烘焙工作服

裁布圖

※▒處需於背面燙貼接著襯。

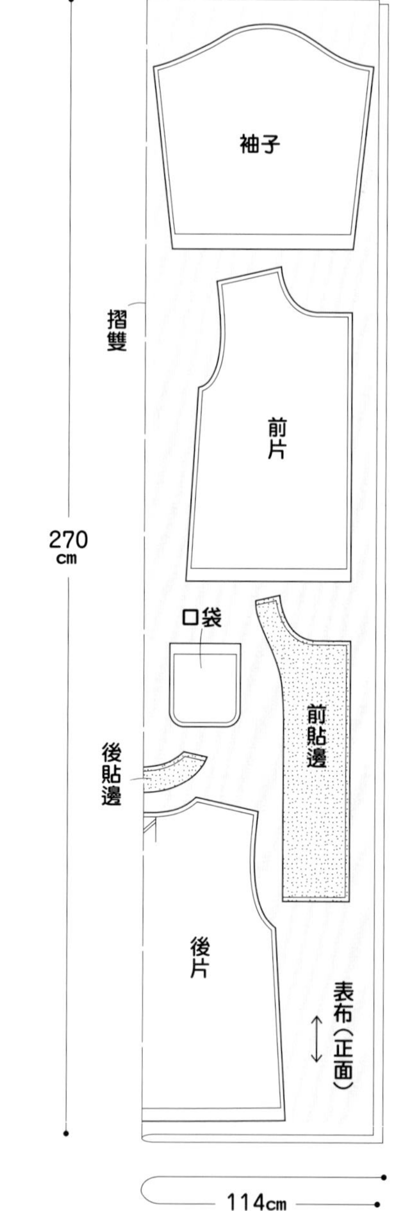

袖子
摺雙
前片
270cm
口袋
前貼邊
後貼邊
後片
表布（正面）
114cm

1.接縫口袋

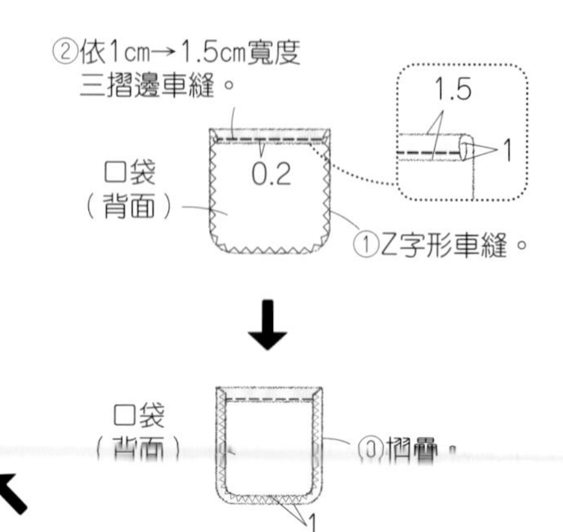

②依1cm→1.5cm寬度三摺邊車縫。
1.5
1
0.2
口袋（背面）
①Z字形車縫。
口袋（背面）
③摺疊。
1

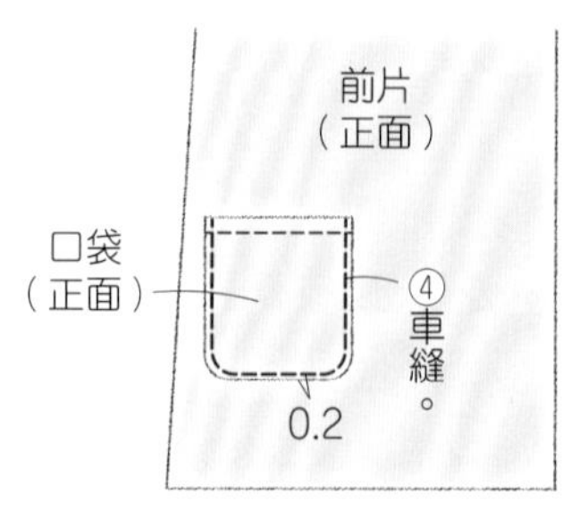

前片（正面）
口袋（正面）
④車縫。
0.2

※另一側也依相同作法縫上口袋。

2.製作後衣身

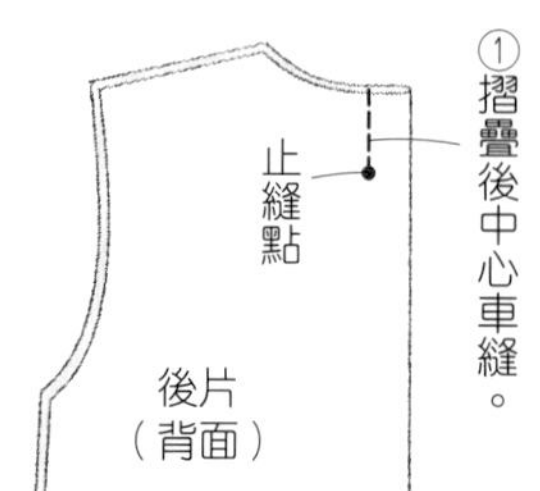

①摺疊後中心車縫。
止縫點
後片（背面）

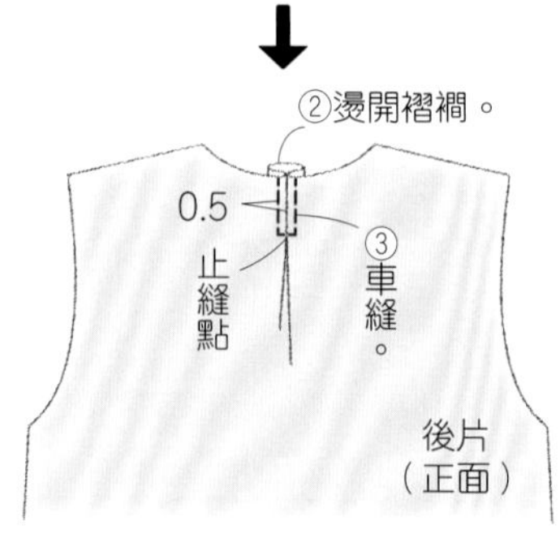

②燙開褶襉。
0.5
止縫點
③車縫。
後片（正面）

3.縫合肩線

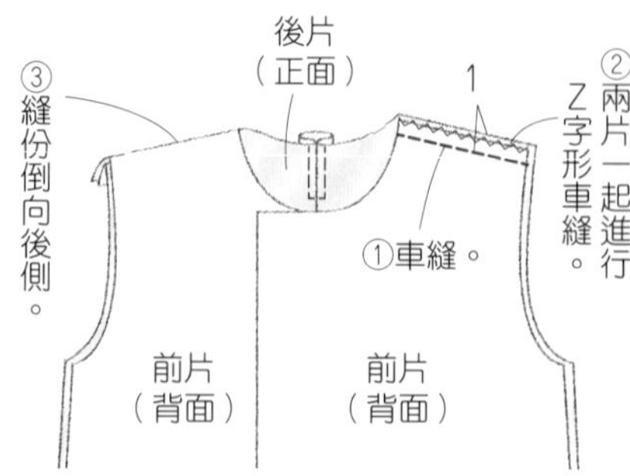

後片（正面）
③縫份倒向後側。
1
②兩片一起進行Z字形車縫。
①車縫。
前片（背面）
前片（背面）

4.接縫貼邊

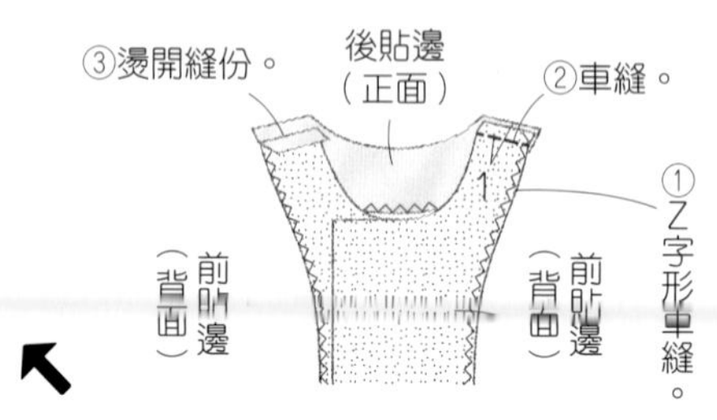

③燙開縫份。
後貼邊（正面）
②車縫。
1
①Z字形車縫。
前貼邊（背面）
前貼邊（背面）

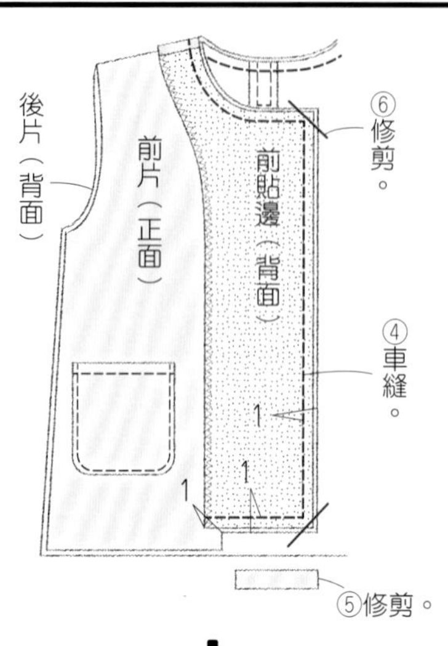

後片（背面）
前片（正面）
前貼邊（背面）
⑥修剪。
④車縫。
1
1
1
⑤修剪。

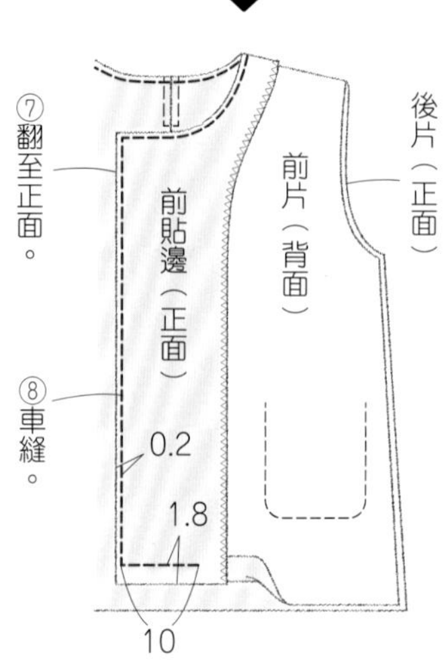

⑦翻至正面。
前貼邊（正面）
前片（背面）
後片（正面）
⑧車縫。
0.2
1.8
10

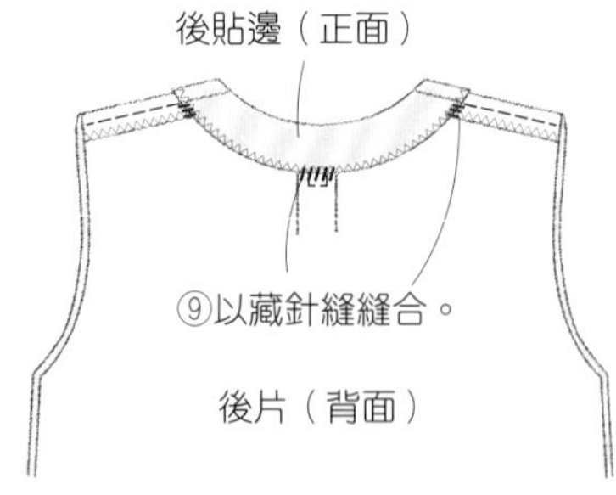

後貼邊（正面）
⑨以藏針縫縫合。
後片（背面）

5.接縫袖子

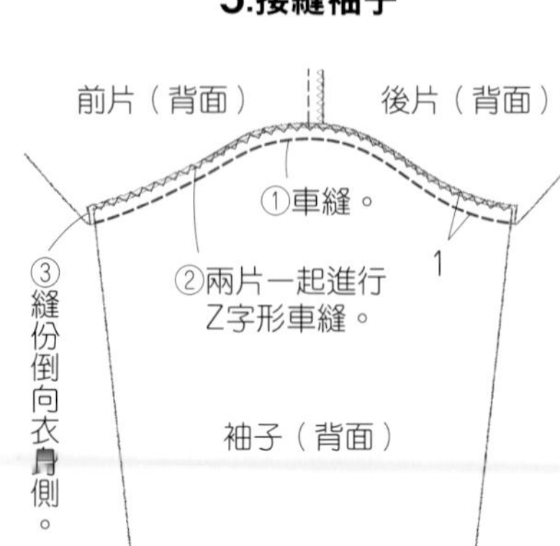

前片（背面）
後片（背面）
①車縫。
②兩片一起進行Z字形車縫。
1
③縫份倒向衣身側。
袖子（背面）

8.縫合下襬

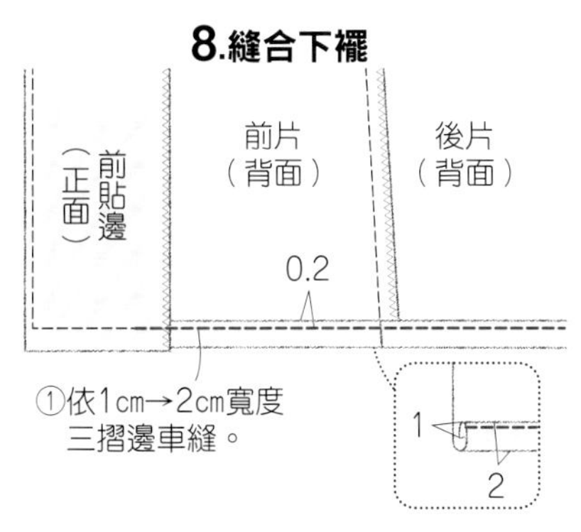

前貼邊（正面）
前片（背面）
後片（背面）
0.2
①依1cm→2cm寬度三摺邊車縫。
1
2

9.縫上釦子

①以表布製作10顆包釦。

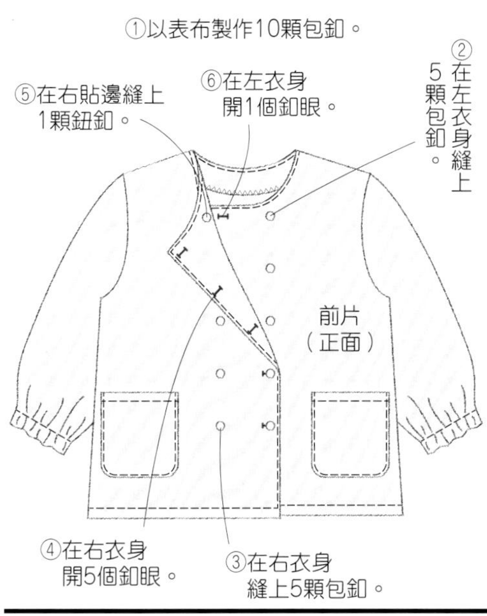

⑤在右貼邊縫上1顆鈕釦。
⑥在左衣身開1個釦眼。
②在左衣身縫上5顆包釦。
前片（正面）
④在左衣身開5個釦眼。
③在右衣身縫上5顆包釦。

7.縫合袖口

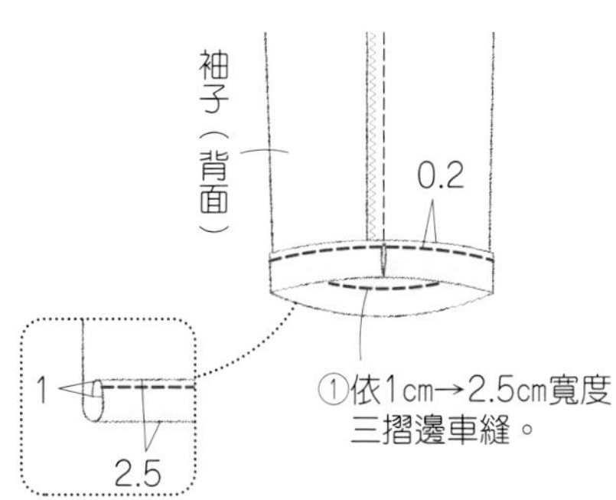

袖子（背面）
0.2
1
2.5
①依1cm→2.5cm寬度三摺邊車縫。

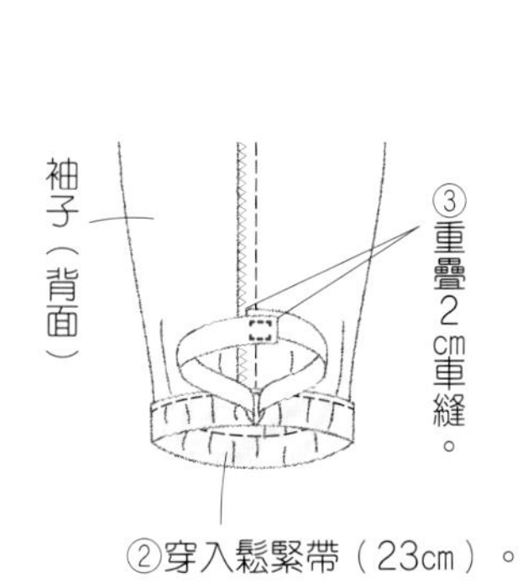

袖子（背面）
③重疊2cm車縫。
②穿入鬆緊帶（23cm）。

6.縫合脇邊線＆袖下線

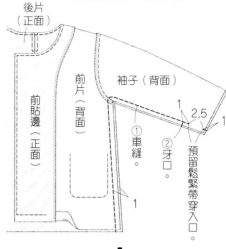

後片（正面）
前貼邊（正面）
前片（背面）
袖子（背面）
①車縫。
②牙口。
1
2.5
1
預留鬆緊帶穿入口。
1

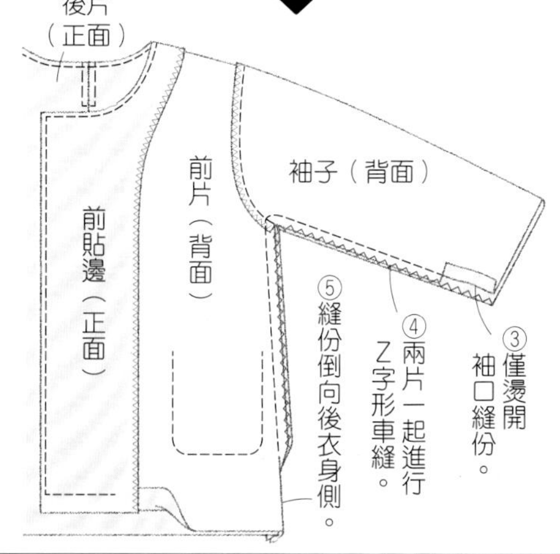

後片（正面）
前貼邊（正面）
前片（背面）
袖子（背面）
⑤縫份倒向後衣身側。
④兩片一起進行Z字形車縫。
③僅邊開袖口縫份。

完成尺寸

頭圍60cm

原寸紙型

D面

材料

表布（細亞麻布）114cm×60cm

接著襯（厚）50cm×10cm

鬆緊帶 寬0.7cm 15cm

P.41_No.49 烘焙工作帽

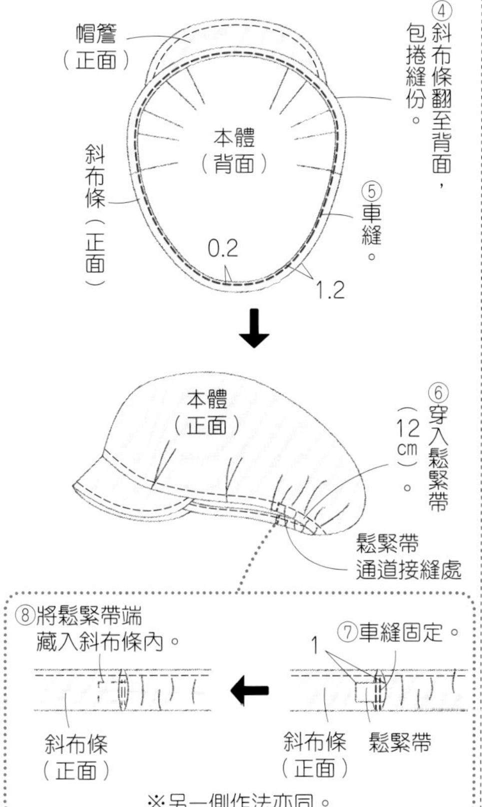

帽簷（正面）
④斜布條翻至背面，包捲縫份。
本體（背面）
斜布條（正面）
⑤車縫。
0.2
1.2
本體（正面）
⑥穿入鬆緊帶（12cm）。
鬆緊帶通道接縫處
⑧將鬆緊帶端藏入斜布條內。
⑦車縫固定。
1
斜布條（正面）
斜布條（正面）
鬆緊帶
※另一側作法亦同。

2.製作帽簷

3.完成

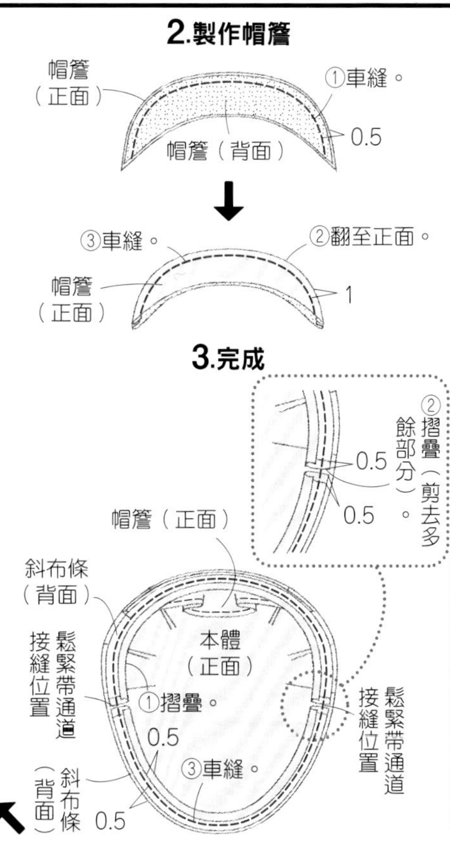

帽簷（正面）
①車縫。
0.5
帽簷（背面）
③車縫。
②翻至正面。
帽簷（正面）
1
②摺疊（剪去多餘部分）。
0.5
0.5
帽簷（正面）
斜布條（背面）
本體（正面）
鬆緊帶通道接縫位置
①摺疊。
0.5
③車縫。
鬆緊帶通道接縫位置
斜布條（背面）
0.5

裁布圖

※▨處需於背面燙貼接著襯。

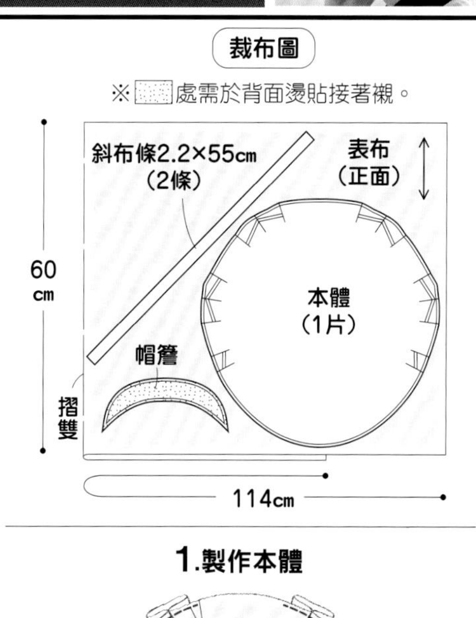

斜布條2.2×55cm（2條）
表布（正面）
60cm
本體（1片）
帽簷
摺雙
114cm

1.製作本體

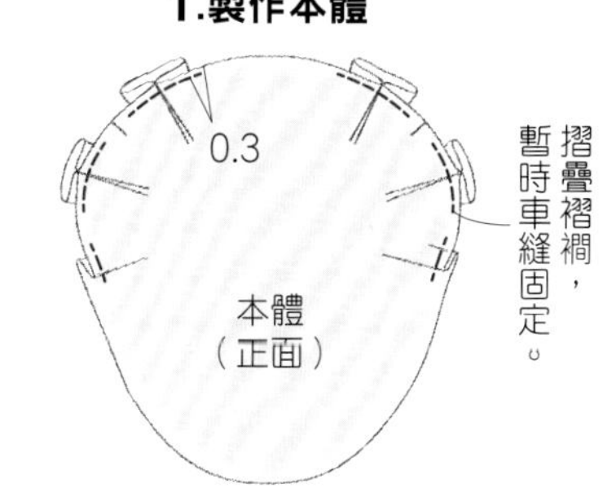

0.3
摺疊褶襉，暫時車縫固定。
本體（正面）

完成尺寸

寬9×長6.3×高2.7cm

原寸紙型

B面（僅標籤）

材料（僅箱子・1個）

厚紙 厚2mm 20cm×10cm

圖畫紙A（淺茶色）20cm×20cm

圖畫紙B（深茶色）10cm×10cm

A4彩印紙（象牙白）1張

包裝紙・雜誌紙等個人喜好的紙 20cm×15cm

※箱內裝飾參見作法內的材料說明。

P.42_

No. 50.51.52

賣火柴的小女孩 樹誕樹 房屋

裁布圖

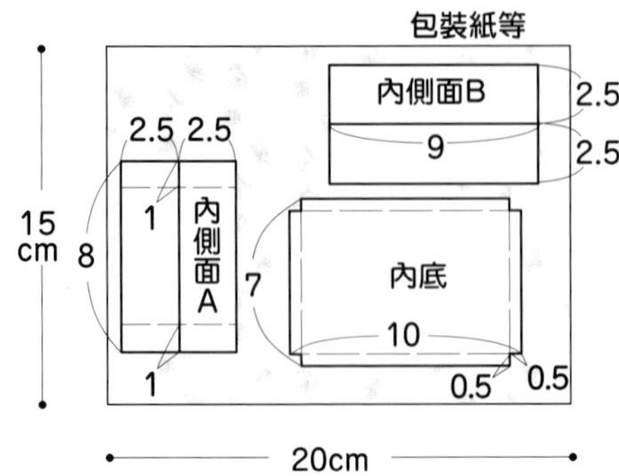

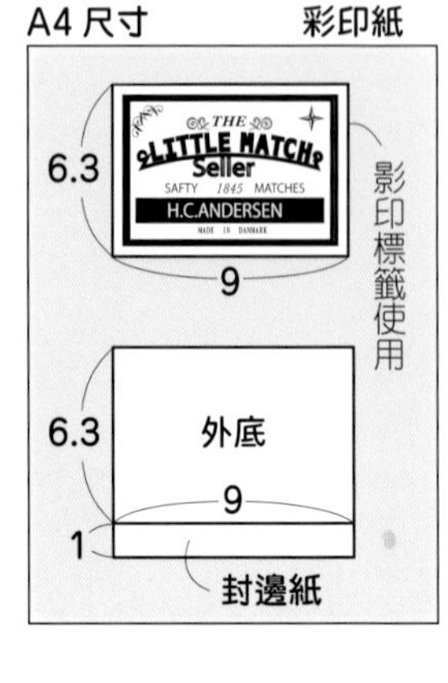

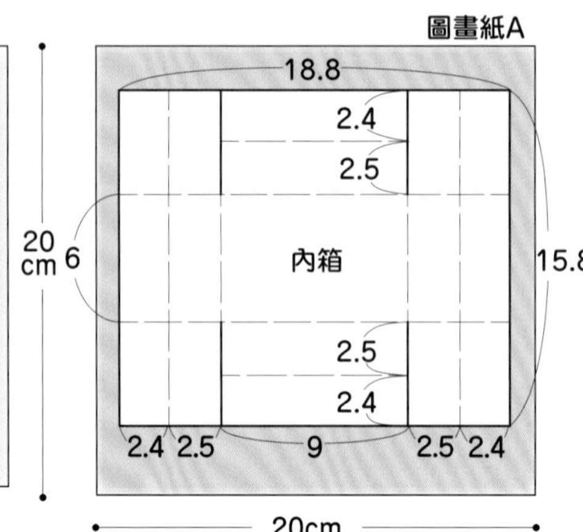

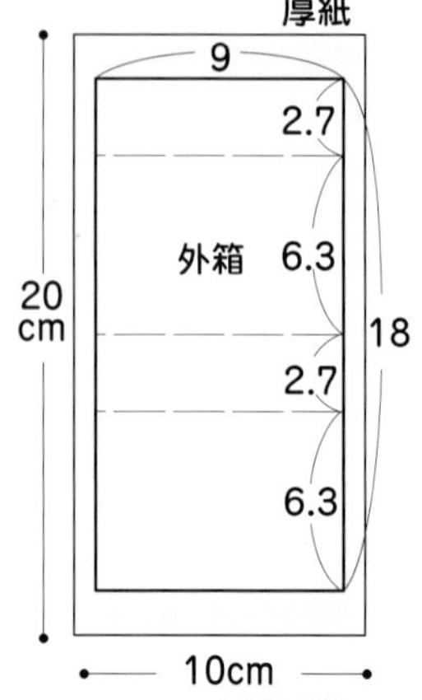

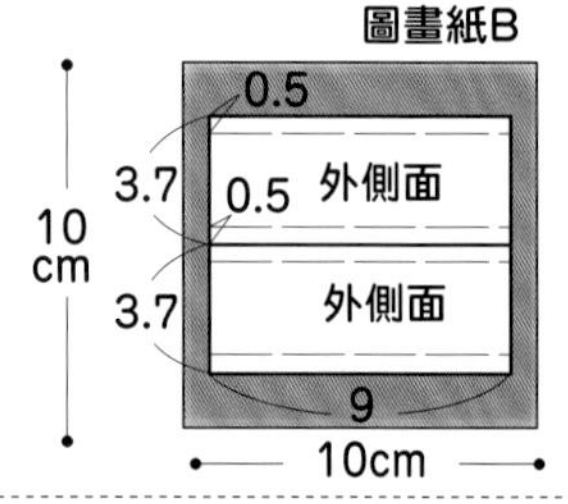

No. 52 房屋

紙型：B面

【材料】

厚紙（厚2mm）15cm×15cm

描圖紙 5×5cm

電池式LED燈 1個

人造花的葉與果實 適量／**毛根** 10cm

水鑽 0.5cm方形1顆／**金蔥粉** 適量

珍珠鏈子 寬0.3cm 35cm

※ —— 裁切線　- - - 摺線

※ 先以美工刀刀刃裡側或錐子等，輕劃出摺痕後再摺疊，直角就會很工整。

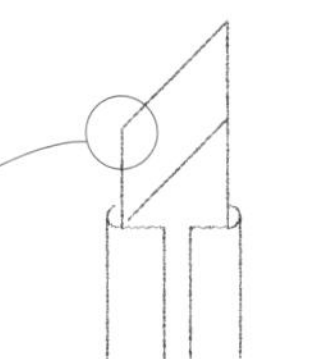

1.製作房屋

①依外箱作法，裁紙後先輕劃摺痕再摺疊。

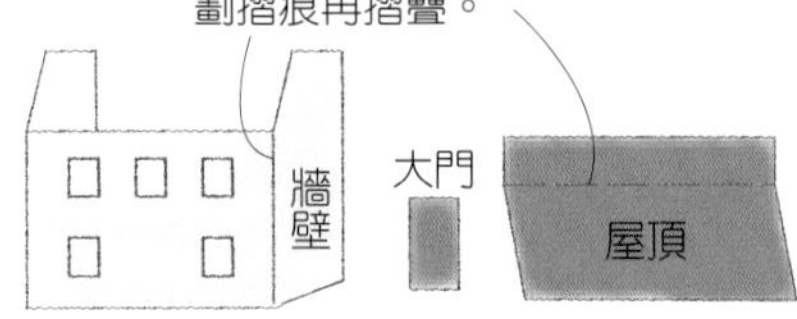

②塗上壓克力顏料。

③乾後薄塗白膠，撒上金蔥粉。

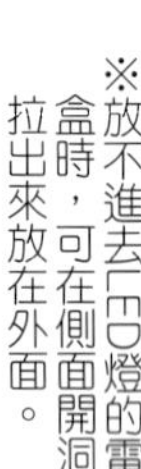

※放不進去LED燈的電池盒時，可在側面開洞拉出來，放在外面。

④牆壁內側貼上描圖紙。

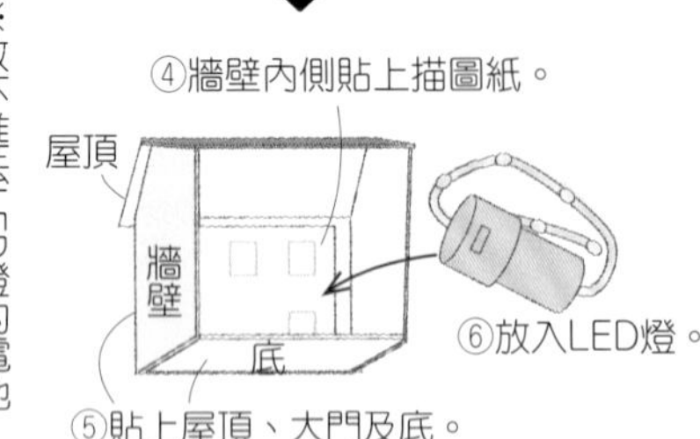

⑥放入LED燈。

⑤貼上屋頂、大門及底。

2.放進箱內

①薄塗白膠，撒上金蔥粉。

②貼上珍珠鏈子＆人造花。

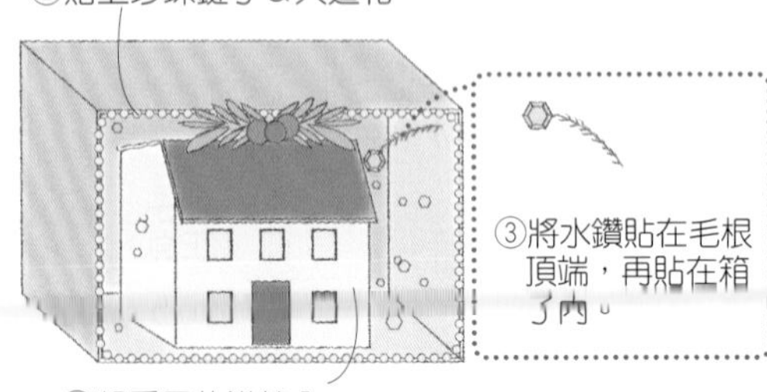

③將水鑽貼在毛根頂端，再貼在箱子內。

④將房屋放進箱內。

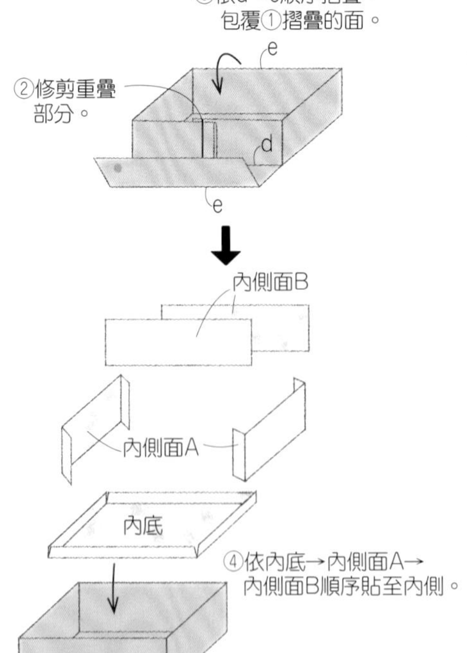

③依d→e順序摺疊，包覆①摺疊的面。

②修剪重疊部分。

④依內底→內側面A→內側面B順序貼至內側。

⑤放進外箱內。

1.製作外箱

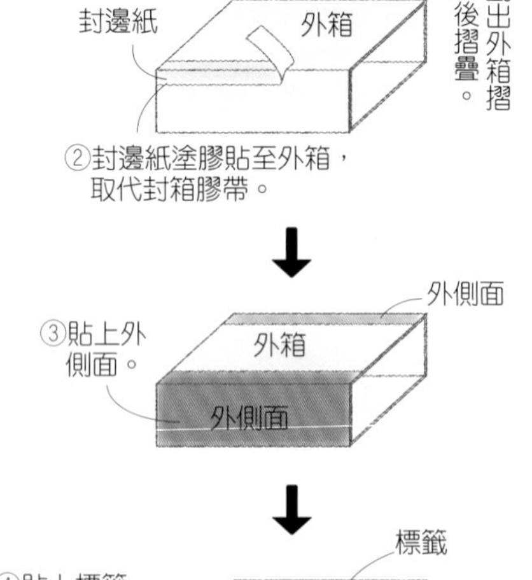

①劃出外箱摺痕後摺疊。

②封邊紙塗膠貼至外箱，取代封箱膠帶。

③貼上外側面。

④貼上標籤・外底。

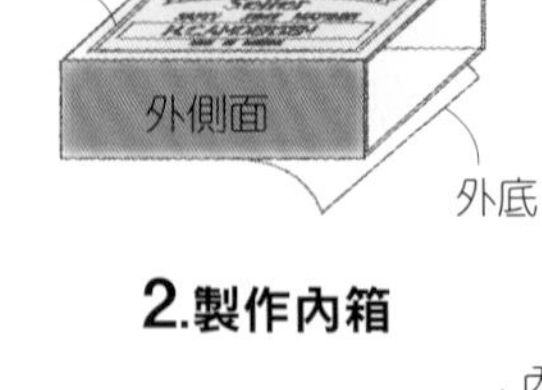

2.製作內箱

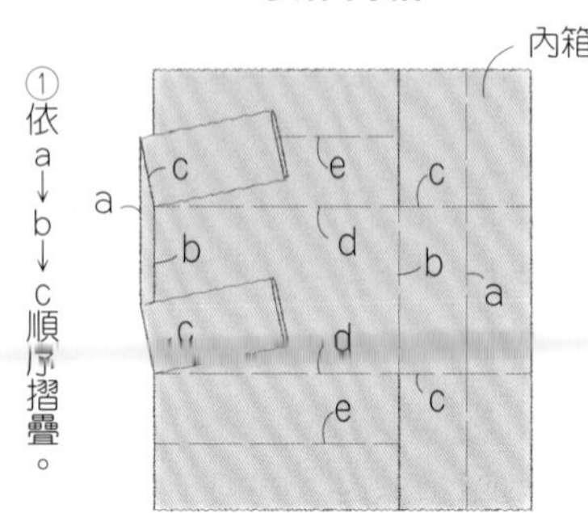

①依a→b→c順序摺疊。

No. 51 聖誕樹

紙型：B面

【材料】

表布（平織布）10cm×10cm
緞帶 寬1.5cm 10cm
廚房清潔刷（綠色）1個
人造花葉・果實 適量
串珠 大・小共約10顆
細吸管（紅色條紋）1根
25號繡線（紅色）適量
壓克力顏料（白色）／**毛根** 35cm

1.製作襪子＆聖誕樹

【襪子】

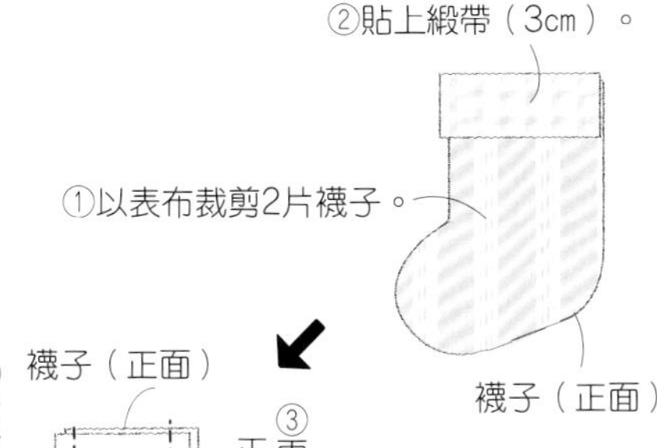
②貼上緞帶（3cm）。
①以表布裁剪2片襪子。
襪子（正面）

襪子（正面）
④縫合並剪牙口。
③兩片襪子正面相疊。
0.5
襪子（背面）
⑤翻至正面，貼上人造花。
2
⑥以繡線製作掛環縫上。
襪子（正面）

【聖誕樹】

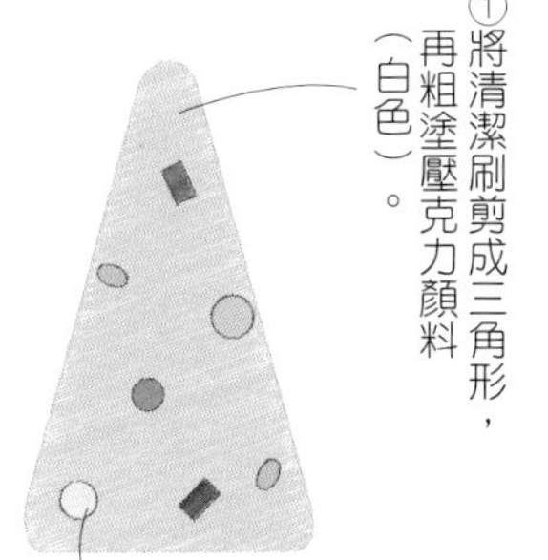
①將清潔刷剪成三角形，再粗塗壓克力顏料（白色）。
②貼上串珠＆剪短的吸管。

2.放進箱內

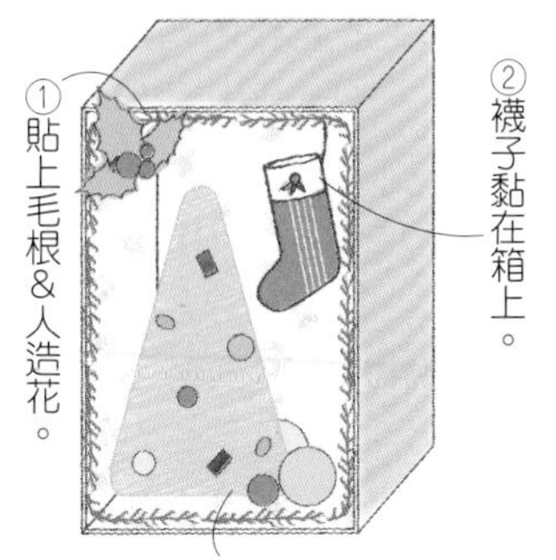
①貼上毛根＆人造花。
②襪子黏在箱上。
③貼上聖誕樹＆串珠。

【連身洋裝】

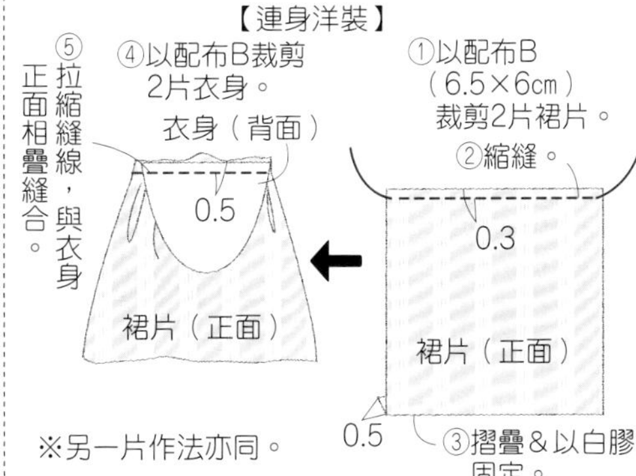
⑤拉縮縫線，與衣身正面相疊縫合。
④以配布B裁剪2片衣身。
衣身（背面）
0.5
裙片（正面）
①以配布B（6.5×6cm）裁剪2片裙片。
②縮縫。
0.3
裙片（正面）
0.5
③摺疊＆以白膠固定。

※另一片作法亦同。

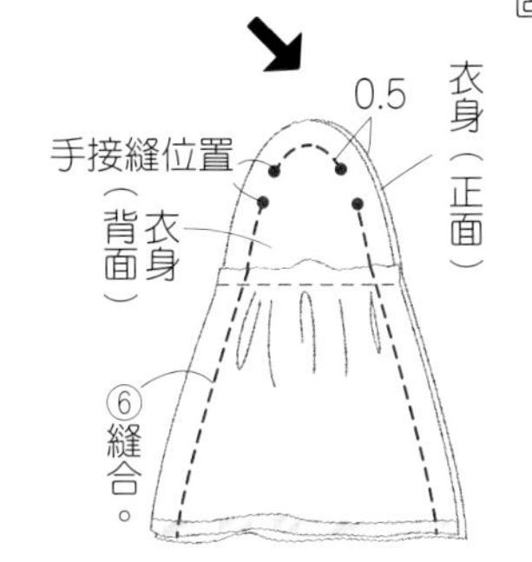
0.5
衣身（正面）
手接縫位置
衣身（背面）
⑥縫合。

2.製作人偶

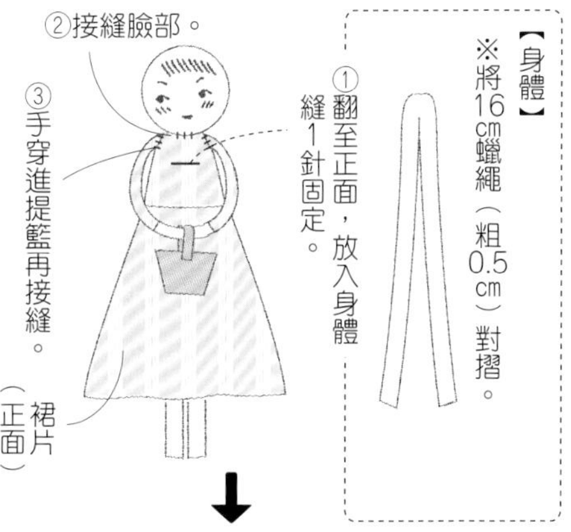
②接縫臉部。
③手穿進提籃再接縫。
①翻至正面，放入身體縫1針固定。
裙片（正面）
【身體】
※將16cm蠟繩（粗0.5cm）對摺。

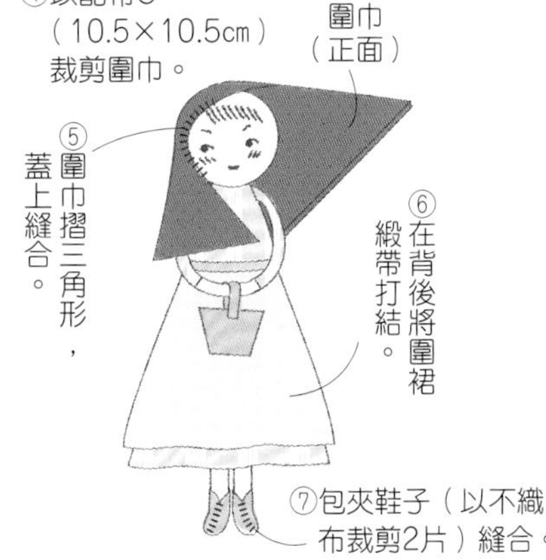
④以配布C（10.5×10.5cm）裁剪圍巾。
圍巾（正面）
⑤圍巾摺三角形，蓋上縫合。
⑥在背後將圍裙緞帶打結。
⑦包夾鞋子（以不織布裁剪2片）縫合。

3.放進箱內

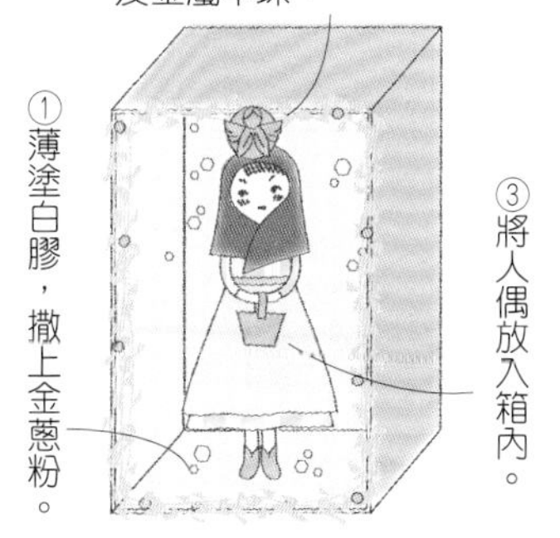
②貼上裝飾線、吊飾及金屬串珠。
①薄塗白膠，撒上金蔥粉。
③將人偶放入箱內。

No. 50 賣火柴的小女孩

紙型：B面

【材料】

表布（棉布）20cm×10cm
配布A至C（棉布）各15cm×15cm
不織布 15cm×15cm／**緞帶** 寬0.5cm 20cm
包釦芯 1.8cm 2顆
蠟繩 粗0.5cm 20cm・粗0.3cm 10cm
吊飾（天使型）1個／**金蔥粉** 適量
裝飾線（綠色）約80cm／**金屬串珠** 約10顆
25號繡線（淺水藍・深水藍・茶色・淺粉紅・深粉紅）

1.製作配件

【提籃】

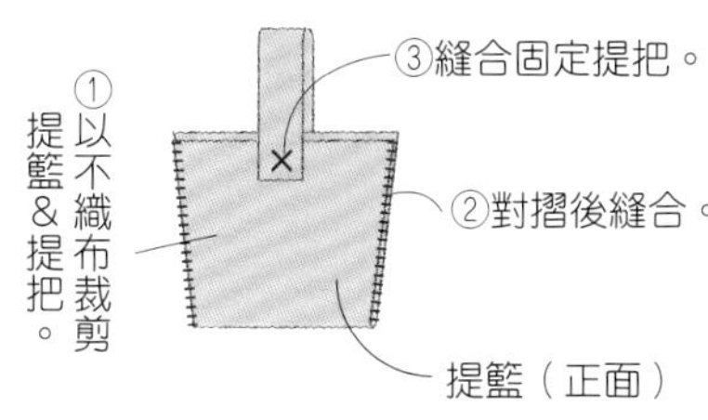
①以不織布裁剪提籃＆提把。
③縫合固定提把。
②對摺後縫合。
提籃（正面）

【圍裙】

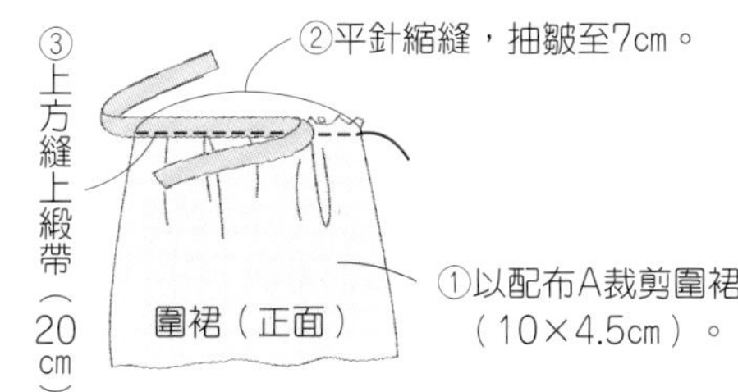
③上方縫上緞帶（20cm）。
②平針縮縫，抽皺至7cm。
①以配布A裁剪圍裙（10×4.5cm）。
圍裙（正面）

【臉】

①在表布繡上臉（皆取1股繡線，繡法參見P.103）。
②以表布裁剪2片臉。

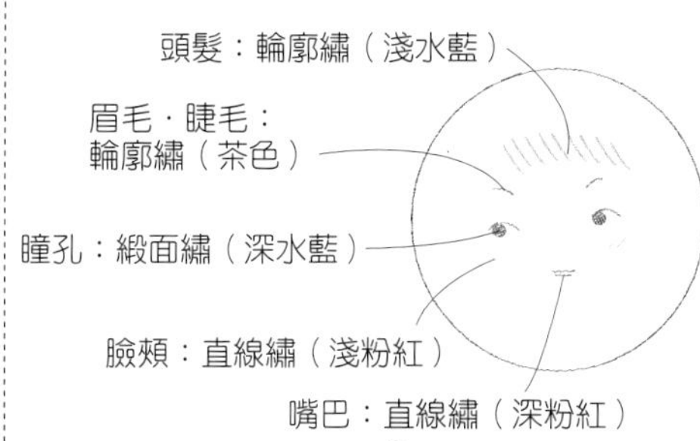
頭髮：輪廓繡（淺水藍）
眉毛・睫毛：輪廓繡（茶色）
瞳孔：緞面繡（深水藍）
臉頰：直線繡（淺粉紅）
嘴巴：直線繡（深粉紅）

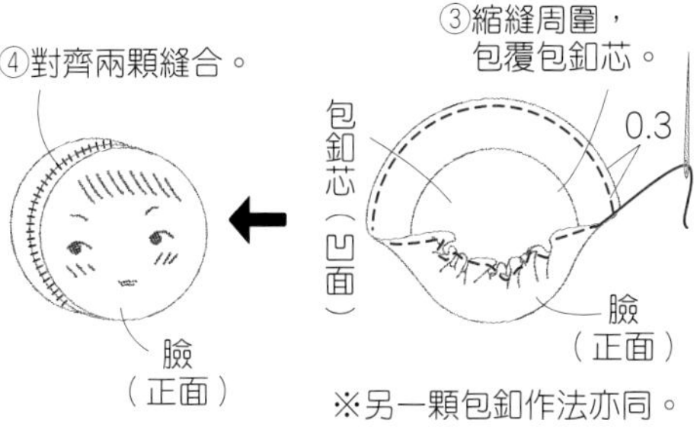
③縮縫周圍，包覆包釦芯。
④對齊兩顆縫合。
包釦芯（凹面）
0.3
臉（正面）
臉（正面）

※另一顆包釦作法亦同。

【手】

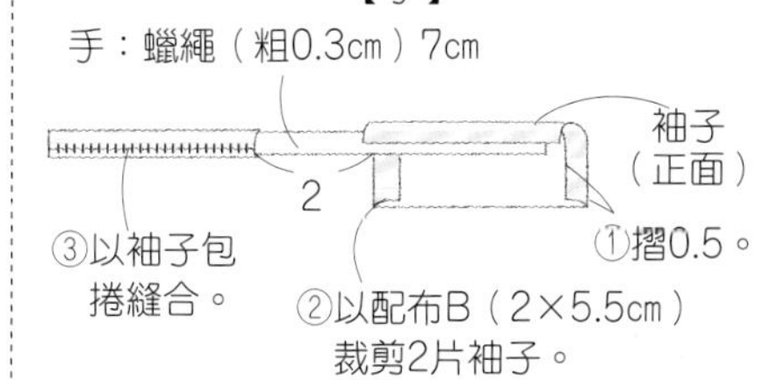
手：蠟繩（粗0.3cm）7cm
袖子（正面）
2
①摺0.5。
③以袖子包捲縫合。
②以配布B（2×5.5cm）裁剪2片袖子。

完成尺寸

寬4cm×長4cm

原寸紙型

無

材料

表布（13目／1cm麻布）15cm×15cm（實際尺寸為4.5cm×4.5cm）
裡布（棉布）5cm×5cm／**DMC 25號繡線**（833）
緞帶 寬0.3cm 30cm／**填充棉** 適量

P.43_ No.53 十字繡小掛飾

1.刺繡

【刺繡圖案】

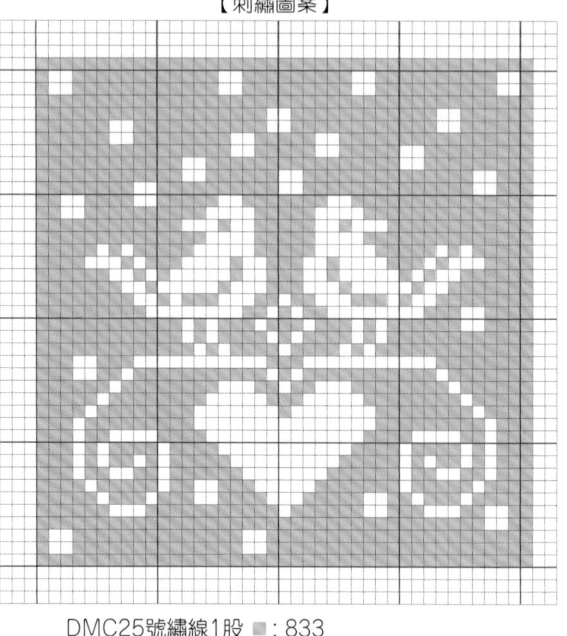

DMC25號繡線1股 ■：833
以1股織線刺繡1目
①在裁得稍大的表布進行十字繡（參見P.45）。

2.製作本體

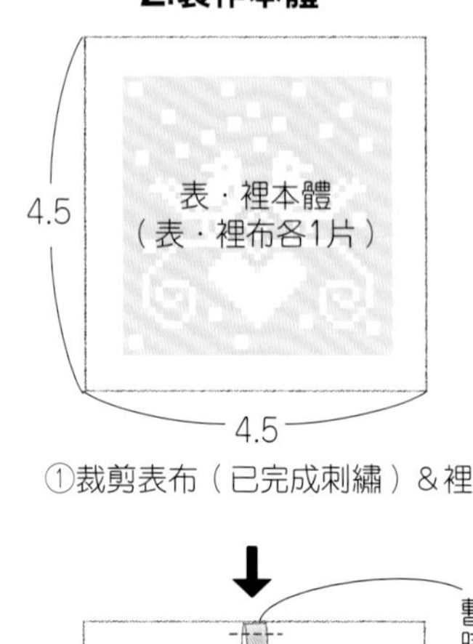
4.5
表．裡本體
（表．裡布各1片）
4.5

①裁剪表布（已完成刺繡）&裡布。

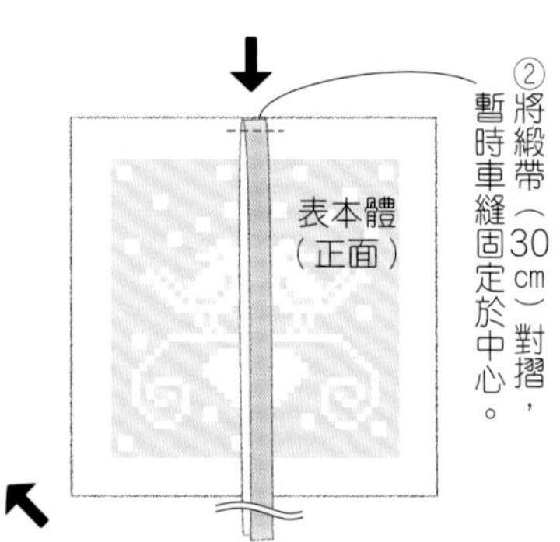
表本體
（正面）

②將緞帶（30cm）對摺，暫時車縫固定於中心。

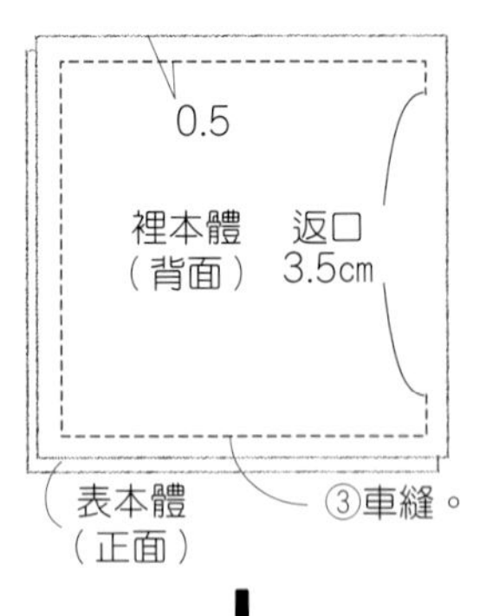
0.5
裡本體
（背面）
返口
3.5cm
表本體
（正面）

③車縫。

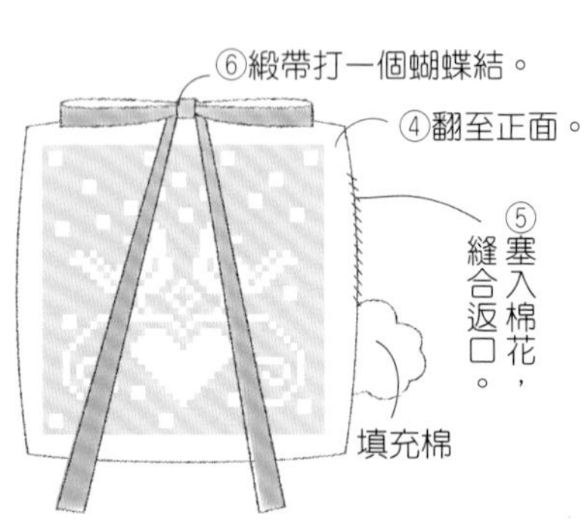
填充棉

④翻至正面。
⑤塞入棉花，縫合返口。
⑥緞帶打一個蝴蝶結。

完成尺寸

寬13cm×長14.5cm

原寸紙型

無

材料

表布（13目／1cm麻布）55cm×20cm
配布（棉布）5cm×5cm／**裡布**（棉布）30cm×20cm
鋪棉 35cm×20cm
DMC25號繡線（498．844．927）／**鈕釦** 14顆

P.44_ No.55 小老鼠縫紉工具包

1.刺繡

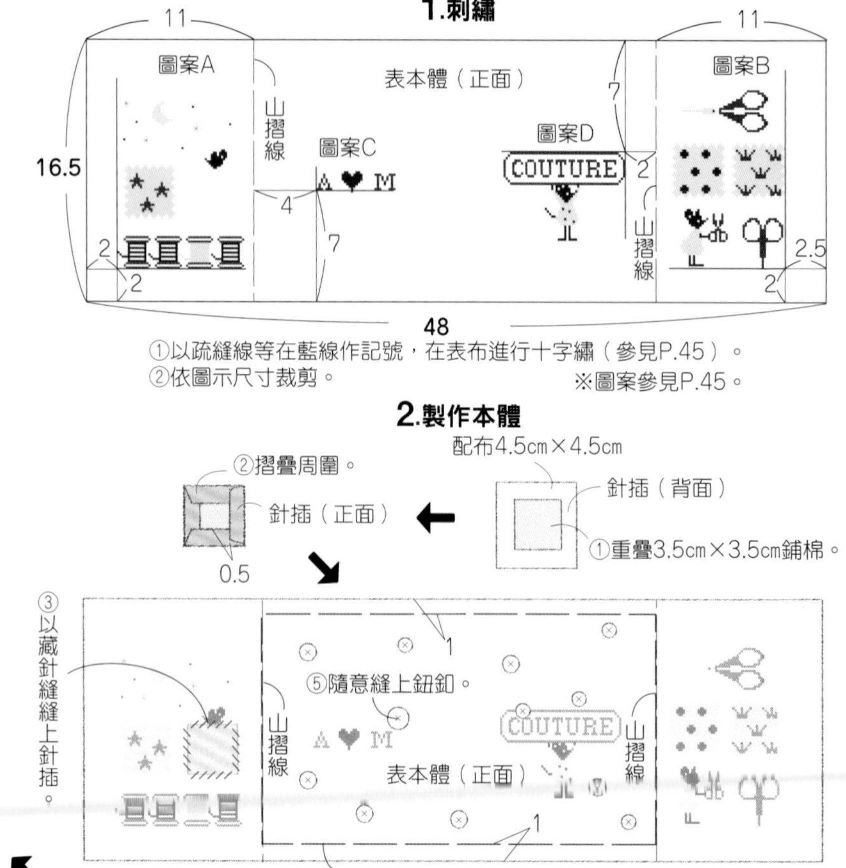
11
11
圖案A
表本體（正面）
圖案B
山摺線
圖案C
圖案D
COUTURE
16.5
7
2
4
7
2
2
2.5
2
山摺線
48

①以疏縫線等在藍線作記號，在表布進行十字繡（參見P.45）。
②依圖示尺寸裁剪。
※圖案參見P.45。

2.製作本體

配布4.5cm×4.5cm

①重疊3.5cm×3.5cm鋪棉。
針插（背面）
②摺疊周圍。
針插（正面）
0.5
③以藏針縫縫上針插。
④於背面燙貼26cm×14.5cm鋪棉。
⑤隨意縫上鈕釦。
山摺線
表本體（正面）
1

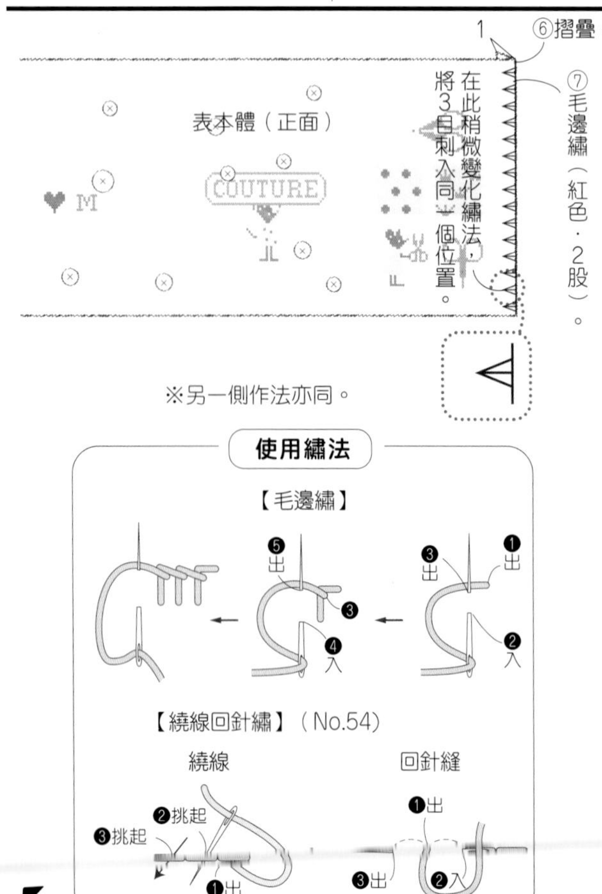
1
表本體（正面）
COUTURE
在此稍微變化繡法，將3目刺入同一個位置。
※另一側作法亦同。
使用繡法
【毛邊繡】
❶出
❷入
❸出
❹入
❺出
【繞線回針繡】（No.54）
繞線
回針縫
❷挑起
❸挑起
❶出
❶出
❸出
❷入

⑥摺疊。
⑦毛邊繡（紅色．2股）。

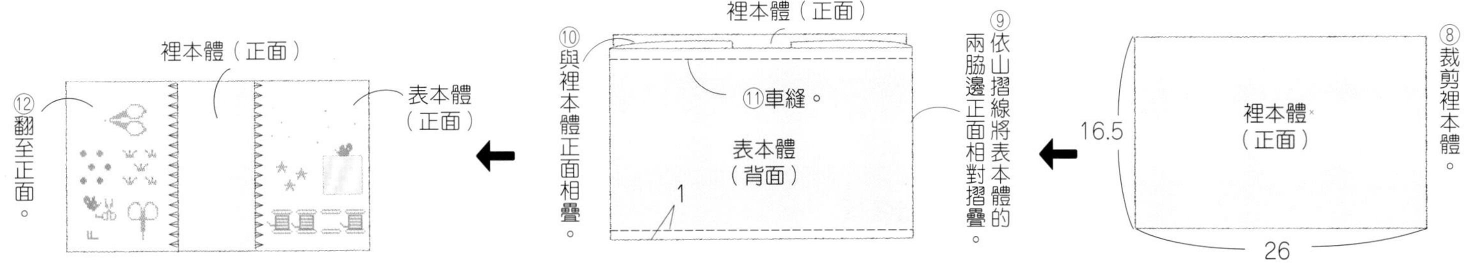

裡本體（正面）
⑫翻至正面。
表本體（正面）
裡本體（正面）
⑩與裡本體正面相疊。
⑪車縫。
表本體（背面）
1
⑨依山摺線將表本體的兩脇邊正面相對摺疊。
16.5
裡本體（正面）
26
⑧裁剪裡本體。

完成尺寸

寬20cm×長30cm

原寸紙型

無

材料

表布（13目／1cm麻布）30cm×40cm

配布（棉布）25cm×35cm／**裡布**（棉布）50cm×35cm

鈕釦 0.7・1.8cm各1顆／**串珠**（丸小）11顆

25號繡線（紅色・鼠灰色・綠色・白色）／**手縫線**

P.43_ No.54

小老鼠波奇包～聖誕節～

1.刺繡

【刺繡圖案】

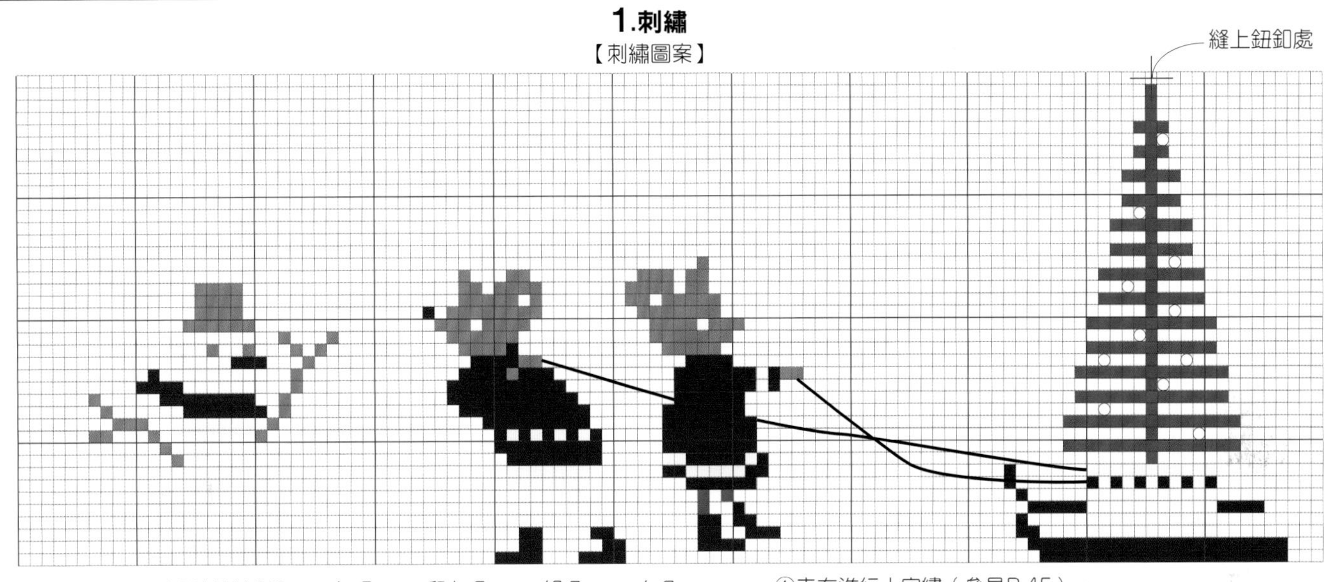

縫上鈕釦處

25號繡線2股 ■：紅色 ■：鼠灰色 ■：綠色 　：白色
○：縫上串珠處

①表布進行十字繡（參見P.45）。
②縫上鈕釦（0.7cm）＆串珠。
③於━━進行繞線回針繡（參見P.110）。
2股線・回針繡：綠色／繞線：白色

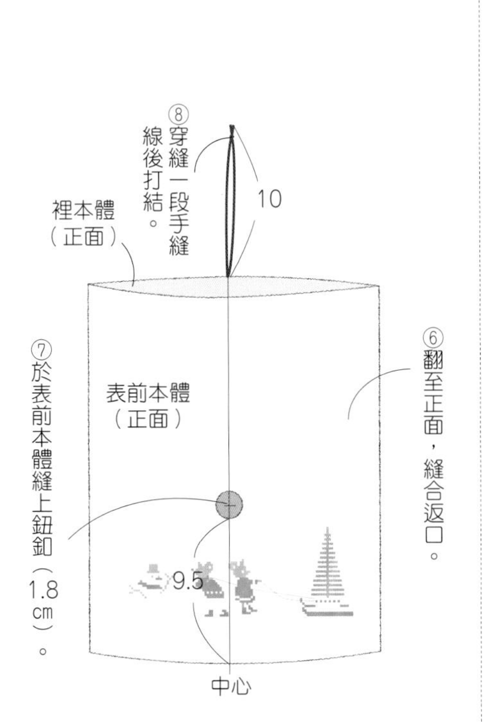

⑧穿縫一段手縫線後打結。
10
裡本體（正面）
⑦於表前本體縫上鈕釦（1.8cm）。
表前本體（正面）
9.5
中心
⑥翻至正面，縫合返口。

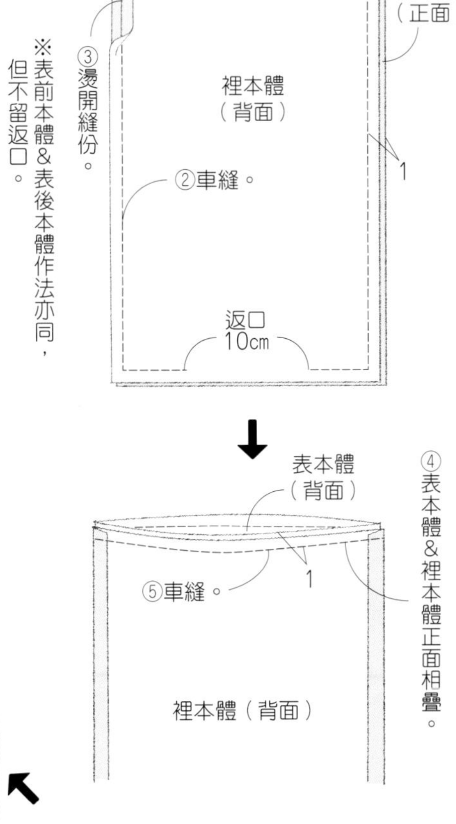

※表前本體＆表後本體作法亦同，但不留返口。
③燙開縫份。
裡本體（背面）
②車縫。
返口 10cm
裡本體（正面）
1
表本體（背面）
⑤車縫。
1
裡本體（背面）
④表本體＆裡本體正面相疊。

2.製作本體

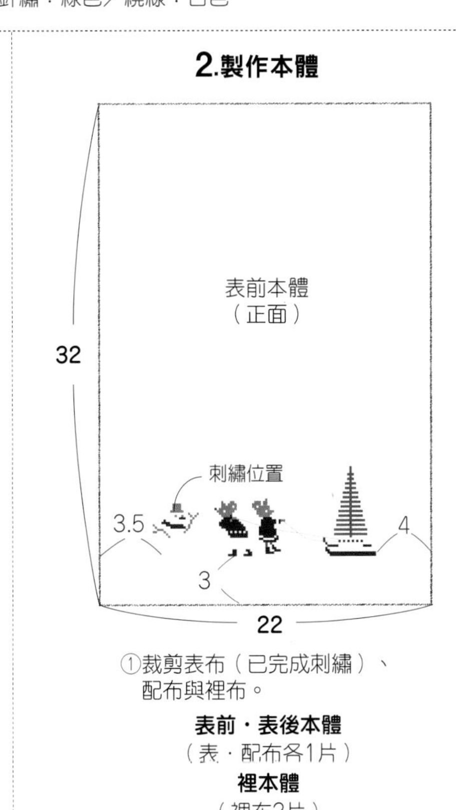

32
表前本體（正面）
刺繡位置
3.5
4
3
22

①裁剪表布（已完成刺繡）、配布與裡布。

表前・表後本體
（表・配布各1片）
裡本體
（裡布2片）

完成尺寸

全長約69×寬15cm

原寸紙型

D面

材料

表布A（棉布）45cm×30cm／**表布B**（棉布）55cm×30cm
表布C・D（棉布）各50cm×25cm／**表布E**（棉布）50cm×35cm
配布A（化纖布）15cm×15cm／**配布B**（化纖布）15cm×15cm
配布C（棉布）10cm×10cm／**配布D**（棉布）10cm×30cm
裡布（棉布）45cm×40cm／**單膠鋪棉** 80cm×70cm
不織布貼紙（黑色）直徑1.5cm 2片／**25號繡線**（黑色・白色）

P.49_ No.59

新卷鮭的新年掛飾

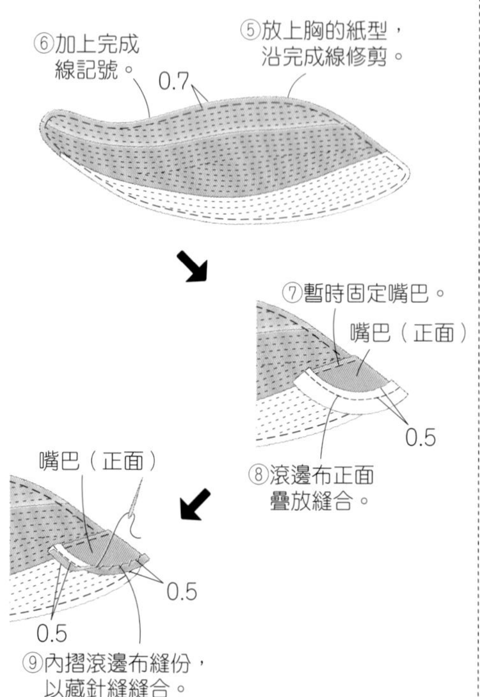
⑥加上完成線記號。
0.7
⑤放上胸的紙型，沿完成線修剪。
⑦暫時固定嘴巴。
嘴巴（正面）
0.5
⑧滾邊布正面疊放縫合。
嘴巴（正面）
0.5
0.5
⑨內摺滾邊布縫份，以藏針縫縫合。

※左右對稱地製作另一側。

2.縫上鰭

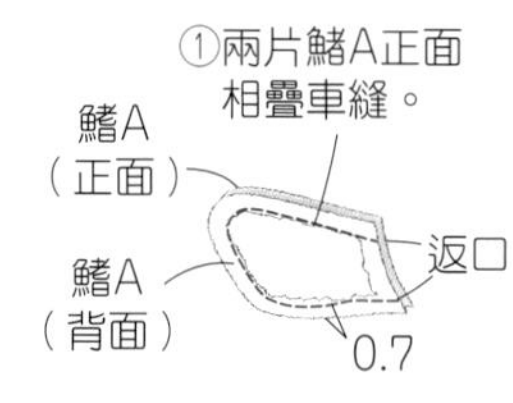
①兩片鰭A正面相疊車縫。
鰭A（正面）
鰭A（背面）
返口
0.7

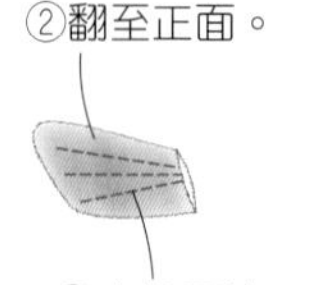
②翻至正面。

③車縫壓線。

※左右對稱地製作另一片。

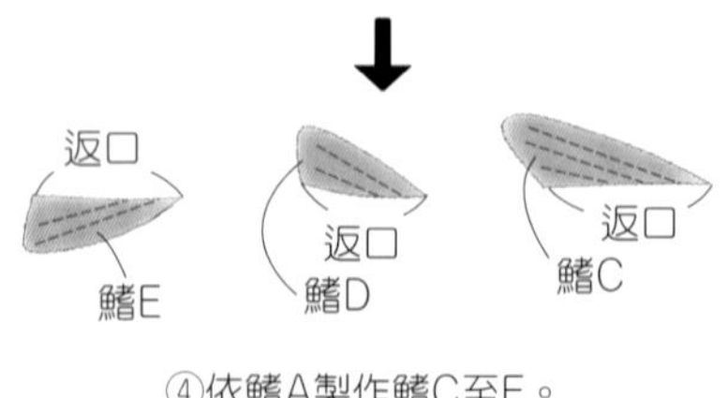
返口
鰭E
返口
鰭D
返口
鰭C

④依鰭A製作鰭C至E。

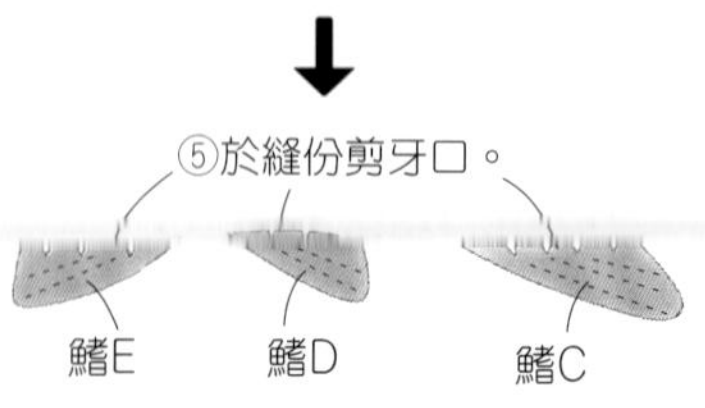
⑤於縫份剪牙口。
鰭E
鰭D
鰭C

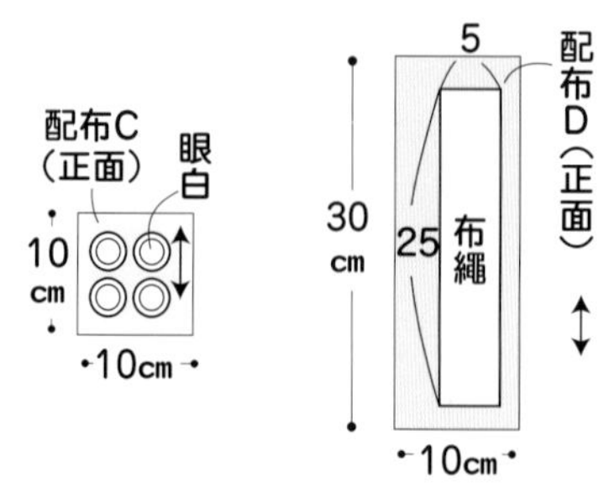
配布C（正面）
眼白
10cm
10cm
5
30cm
25
布繩
配布D（正面）
10cm

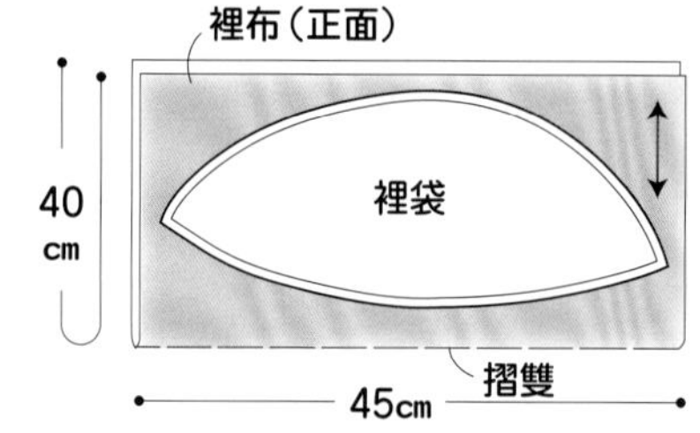
裡布（正面）
40cm
裡袋
45cm
摺雙

1.製作胸部

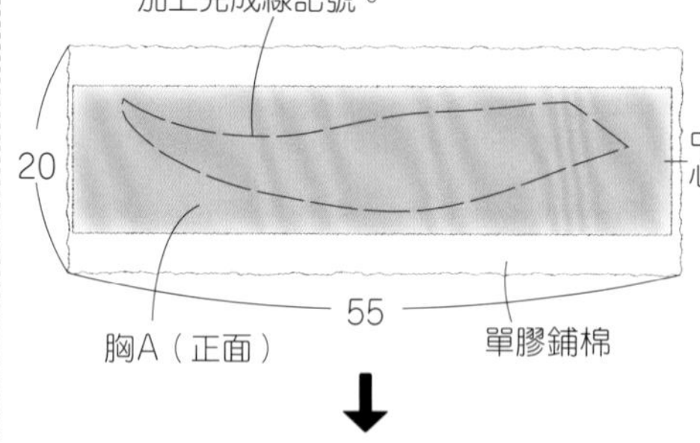
①在單膠鋪棉中心貼上胸A用布，加上完成線記號。
20
中心
55
胸A（正面）
單膠鋪棉

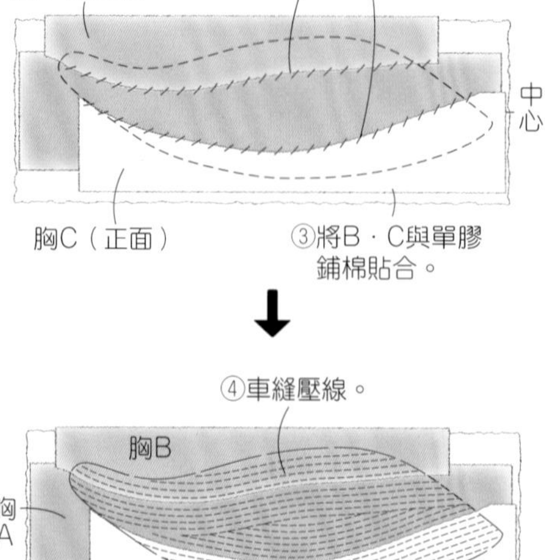
②胸B・C縫份往背面摺1cm，對齊胸A完成線以藏針縫縫合。
胸B（正面）
中心
胸C（正面）
③將B・C與單膠鋪棉貼合。
④車縫壓線。
胸B
胸A
胸C

裁布圖

※滾邊布＆布繩無原寸紙型，請依標示尺寸（已含縫份）直接裁剪。
※依標示尺寸粗裁胸A用布。
※表・裡頭、胸A至C、鰭A・B、嘴巴，皆需將紙型翻面，裁剪左右對稱的2片。
※▭處需於背面燙貼單膠鋪棉。

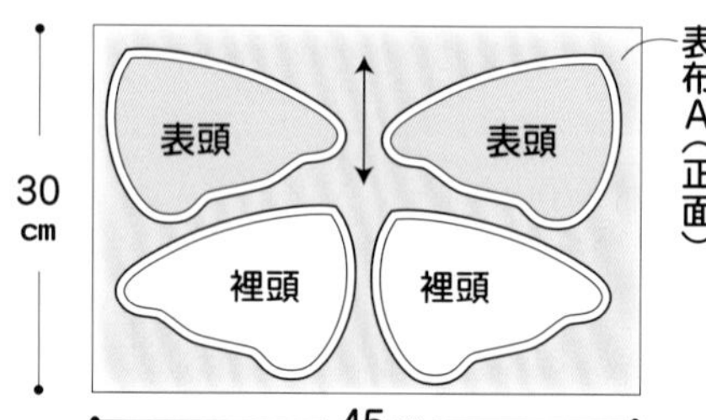
30cm
表頭
表頭
裡頭
裡頭
表布A（正面）
45cm

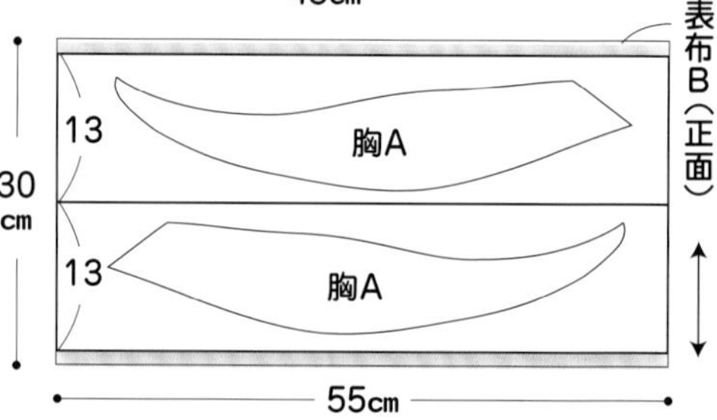
30cm
13
胸A
13
胸A
表布B（正面）
55cm

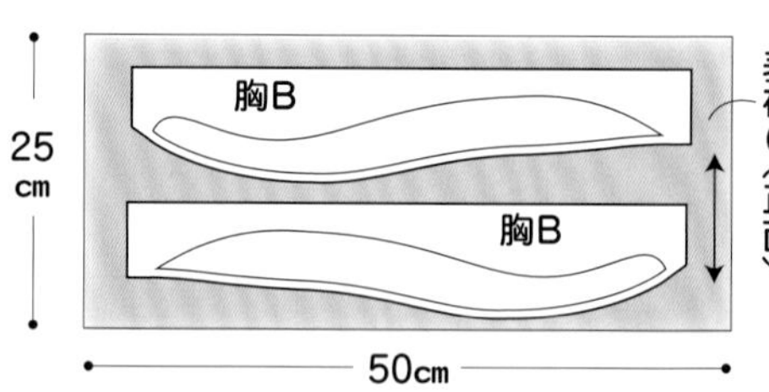
25cm
胸B
胸B
表布C（正面）
50cm

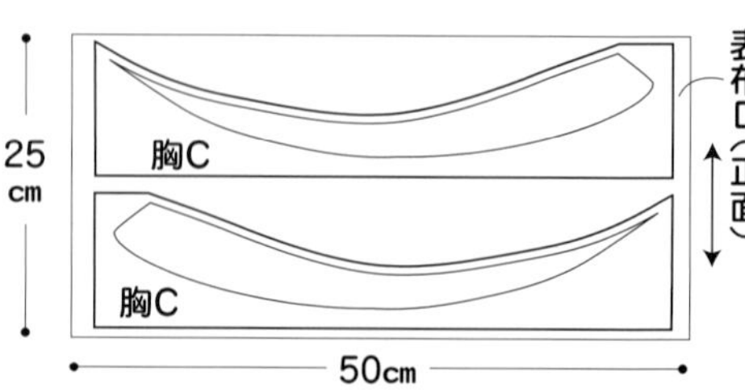
25cm
胸C
胸C
表布D（正面）
50cm

※除了尾鰭之外，皆僅將1片燙貼單膠鋪棉。

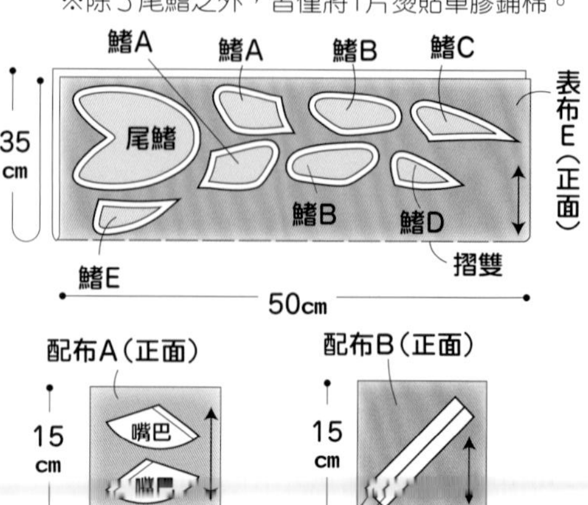
鰭A
鰭A
鰭B
鰭C
35cm
尾鰭
鰭B
鰭D
鰭E
表布E（正面）
摺雙
50cm

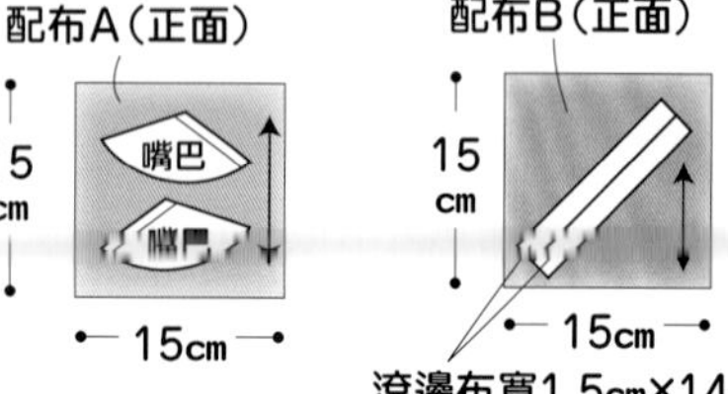
配布A（正面）
15cm
嘴巴
嘴巴
15cm
配布B（正面）
15cm
15cm
滾邊布寬1.5cm×14cm

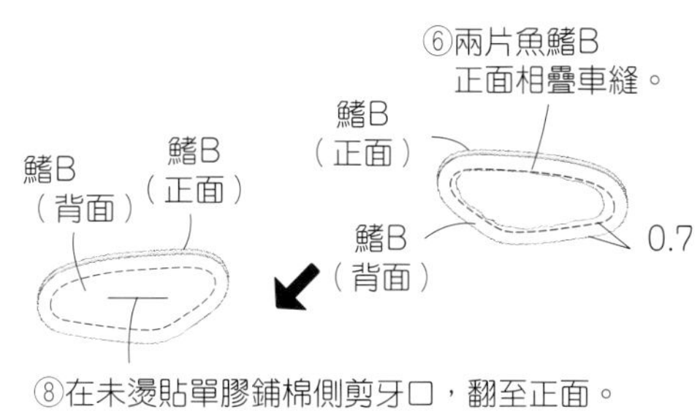

⑥兩片魚鰭B
正面相疊車縫。
鰭B
（正面）
鰭B
（背面）
鰭B
（正面）
鰭B
（背面）
0.7
⑧在未燙貼單膠鋪棉側剪牙口，翻至正面。

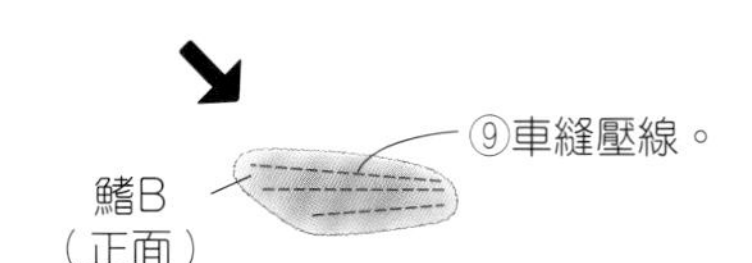

⑨車縫壓線。
鰭B
（正面）

※左右對稱地製作另一片。

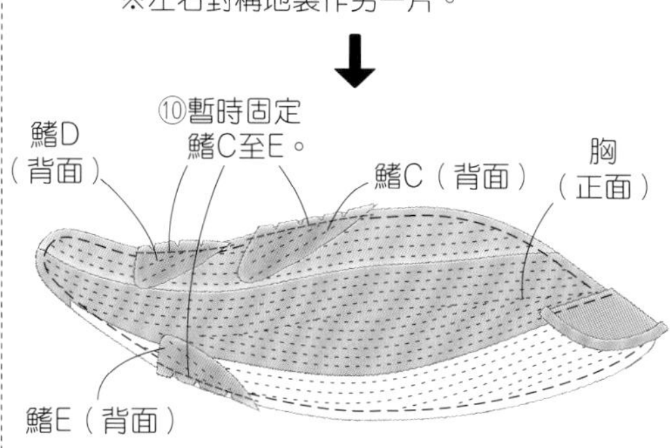

⑩暫時固定
鰭C至E。
鰭D
（背面）
鰭C（背面）
胸
（正面）
鰭E（背面）

3.接縫裡袋

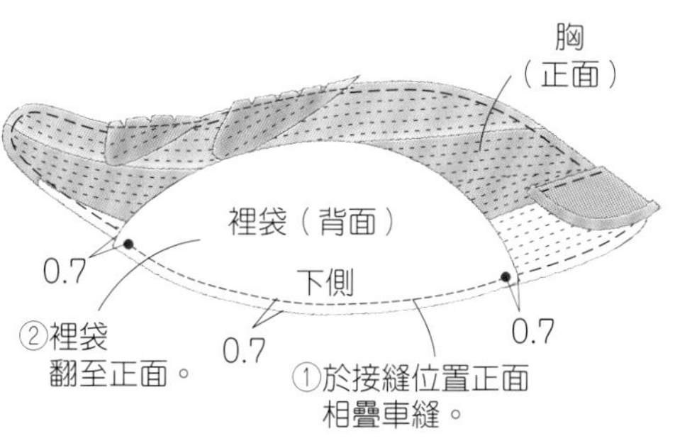

胸
（正面）
裡袋（背面）
0.7
下側
②裡袋
翻至正面。
0.7
0.7
①於接縫位置正面
相疊車縫。

※另一側作法亦同。

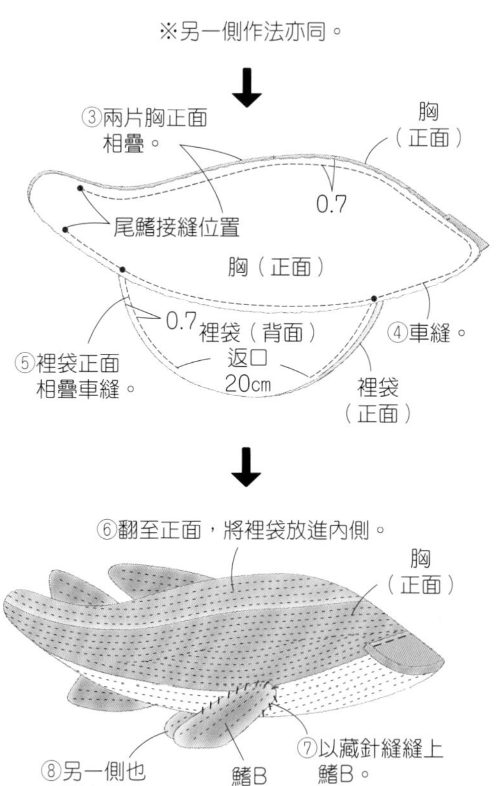

③兩片胸正面
相疊。
胸
（正面）
0.7
尾鰭接縫位置
胸（正面）
0.7
裡袋（背面）
④車縫。
⑤裡袋正面
相疊車縫。
返口
20cm
裡袋
（正面）
⑥翻至正面，將裡袋放進內側。
胸
（正面）
⑦以藏針縫縫上
鰭B。
⑧另一側也
縫上鰭B。
鰭B
（正面）

4.接縫尾鰭

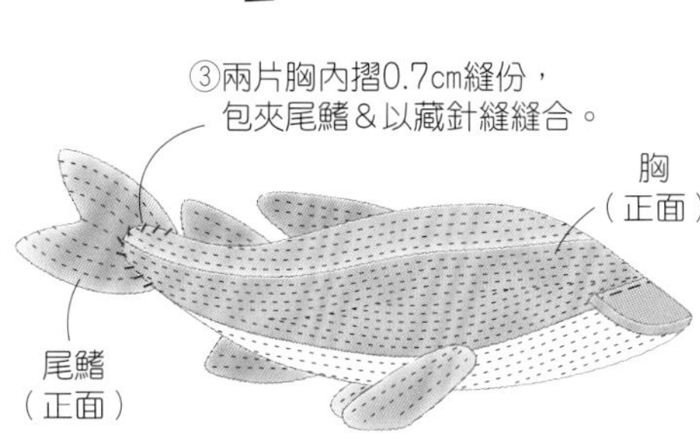

①兩片尾鰭正面
相疊車縫。
尾鰭
（正面）
返口
尾鰭
（背面）
尾鰭
（正面）
0.7
②翻至正面，車縫壓線。

③兩片胸內摺0.7cm縫份，
包夾尾鰭＆以藏針縫縫合。

胸
（正面）

尾鰭
（正面）

5.接縫頭部

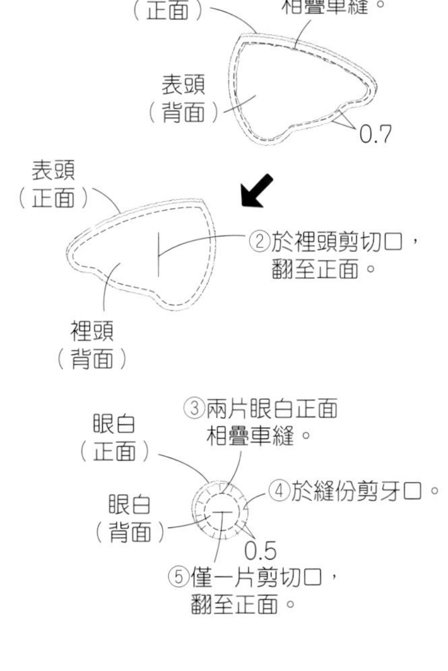

裡頭
（正面）
①表．裡頭正面
相疊車縫。
表頭
（背面）
0.7
表頭
（正面）
②於裡頭剪切口，
翻至正面。
裡頭
（背面）
③兩片眼白正面
相疊車縫。
眼白
（正面）
④於縫份剪牙口。
眼白
（背面）
0.5
⑤僅一片剪切口，
翻至正面。

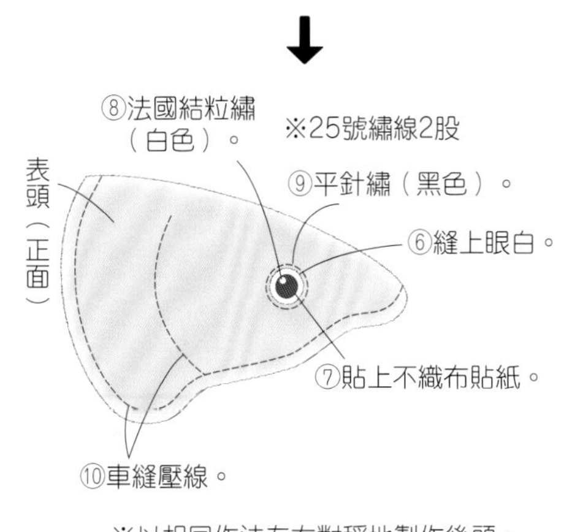

⑧法國結粒繡
（白色）。
※25號繡線2股
⑨平針繡（黑色）。
表頭（正面）
⑥縫上眼白。
⑦貼上不織布貼紙。
⑩車縫壓線。

※以相同作法左右對稱地製作後頭。

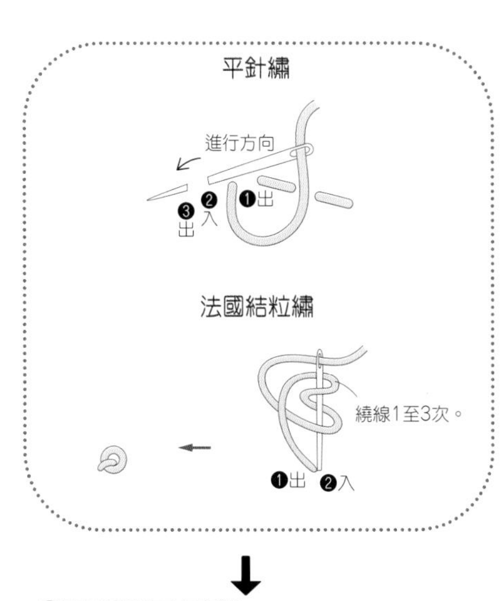

平針繡
進行方向
❸出
❷入
❶出
法國結粒繡
繞線1至3次。
❶出
❷入

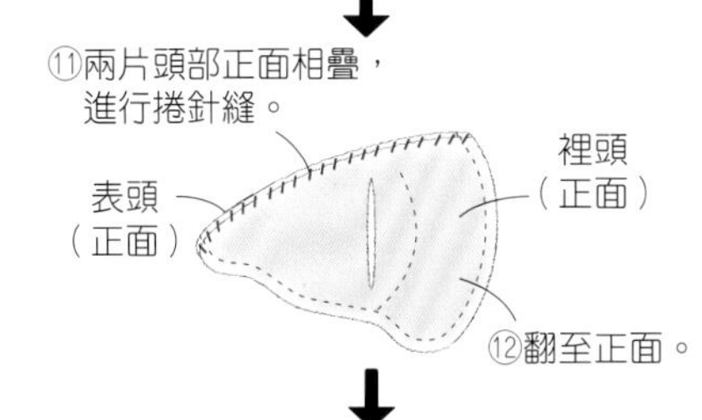

⑪兩片頭部正面相疊，
進行捲針縫。
表頭
（正面）
裡頭
（正面）
⑫翻至正面。

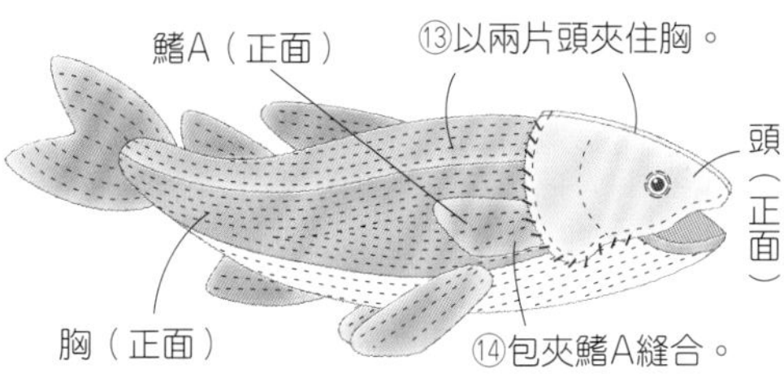

鰭A（正面）
⑬以兩片頭夾住胸。
頭
（正面）
胸（正面）
⑭包夾鰭A縫合。

6.接縫布繩

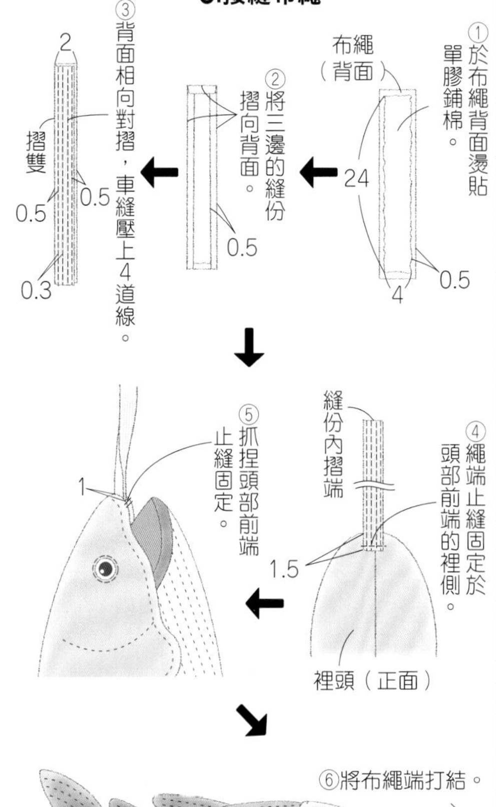

①於布繩背面燙貼單膠鋪棉。
布繩
（背面）
24
4
0.5
②將三邊的縫份摺向背面。
0.5
③背面相向對摺，車縫壓上4道線。
2
摺雙
0.5
0.5
0.3
④繩端止縫固定於頭部前端的裡側。
縫份內摺端
1.5
裡頭（正面）
⑤抓捏頭部前端止縫固定。
1
⑥將布繩端打結。

SEE YOU
NEXT
EDITION!

雅書堂 搜尋

www.elegantbooks.com.tw

Cotton friend 手作誌 Winter Edition 2020-2021 vol.51

針・線・布集合！
滿足日常實用&風格裝飾的手作選物

授權	BOUTIQUE-SHA
譯者	彭小玲 ・ 瞿中蓮
社長	詹慶和
執行編輯	陳姿伶
編輯	蔡毓玲・劉蕙寧・黃璟安
美術編輯	陳麗娜・周盈汝・韓欣恬
內頁排版	陳麗娜・造極彩色印刷
出版者	雅書堂文化事業有限公司
發行者	雅書堂文化事業有限公司
郵政劃撥帳號	18225950
郵政劃撥戶名	雅書堂文化事業有限公司
地址	新北市板橋區板新路 206 號 3 樓
網址	www.elegantbooks.com.tw
電子郵件	elegant.books@msa.hinet.net
電話	(02)8952-4078
傳真	(02)8952-4084

2020 年 12 月初版一刷　定價／ 380 元

經銷／易可數位行銷股份有限公司
地址／新北市新店區寶橋路 235 巷 6 弄 3 號 5 樓
電話／ (02)8911-0825
傳真／ (02)8911-0801

國家圖書館出版品預行編目 (CIP) 資料

針 ・ 線 ・ 布集合！滿足日常實用 & 風格裝飾的手作選物 / BOUTIQUE-SHA 授權；瞿中蓮，彭小玲譯．
-- 初版．-- 新北市：雅書堂文化，2020.12
面；　公分．-- (Cotton friend 手作誌；51)
ISBN 978-986-302-571-9 (平裝)

1. 拼布藝術 2. 手工藝

426.7　　109019914

STAFF 日文原書製作團隊

編輯長	根本さやか
編輯	渡辺千帆里　川島順子
攝影	回里純子　腰塚良彥　島田律子　白井由香里
造型	西森 萌
妝髮	タニ ジュンコ
視覺＆排版	みうらしゅう子　牧 陽子
繪圖	飯沼千晶　澤井清絵　爲季法子　三島恵子　中村有理　星野喜久代
紙型製作	山科文子
校對	澤井清絵

EARL GREY
KITCHEN